概率论与数理统计辅导

浙大四版

主　编◎张天德

副主编◎叶　宏　屈忠锋

北京理工大学出版社

BEIJING INSTITUTE OF TECHNOLOGY PRESS

图书在版编目（CIP）数据

概率论与数理统计辅导/张天德主编．—北京：北京理工大学出版社，2014.8（2020.4 重印）

ISBN 978－7－5640－9579－6

Ⅰ.①概…　Ⅱ.①张…　Ⅲ.①概率论－高等学校－教学参考资料②数理统计－高等学校－教学参考资料　Ⅳ.①O21

中国版本图书馆 CIP 数据核字（2014）第 186933 号

出版发行／北京理工大学出版社有限责任公司
社　　址／北京市海淀区中关村南大街 5 号
邮　　编／100081
电　　话／（010）68914775（总编室）
（010）82562903（教材售后服务热线）
（010）68948351（其他图书服务热线）
网　　址／http：//www.bitpress.com.cn
经　　销／全国各地新华书店
印　　刷／保定市中画美凯印刷有限公司
开　　本／880 毫米×1230 毫米　1/32
印　　张／12
字　　数／430 千字
版　　次／2014 年 8 月第 1 版　2020 年 4 月第 7 次印刷
定　　价／29.80 元

责任编辑／张慧峰
文案编辑／张慧峰
责任校对／孟祥敬
责任印制／李志强

前　言

概率论与数理统计是理工类专业一门重要的基础课，也是硕士研究生入学考试的重点科目。浙江大学主编的《概率论与数理统计》是一部深受读者欢迎并多次获奖的优秀教材。为了帮助读者学好概率论与数理统计，我们编写了《概率论与数理统计辅导》，该书与浙江大学主编的《概率论与数理统计》(第四版)配套，汇集了编者几十年的丰富经验，将一些典型例题及解题方法与技巧融入书中，将会成为读者学习《概率论与数理统计》的良师益友。

本书的章节划分和内容设置与浙江大学主编的《概率论与数理统计》第四版教材完全一致。在每一章的最后对本章知识进行简要的概括，然后用网络结构图的形式揭示出本章知识点之间的有机联系，以便于学生从总体上系统地掌握本章的知识体系和核心内容。

讲解结构六大部分

一、知识结构　用结构图解的形式对每节涉及的基本概念、基本定理和公式进行系统的梳理，并指出在理解与应用基本概念、定理、公式时需要注意的问题以及各类考试中经常考查的重要知识点。

二、考点精析　分类总结每章重点题型以及重要定理，使读者能更扎实地掌握各个知识点，最终提升读者的应试能力。

三、例题精解　这一部分是每一节讲解中的核心内容，也是全书的核心内容。作者基于多年的教学经验和对研究生入学考试试题及全国大学生数学竞赛试题研究的经验，将该节教材内容中学生需要掌握的、考研和数学竞赛中经常考到的重点、难点、考点，归纳为一个个在考试中可能出现的基本题型，然后针对每一个基本题型，举出大量精选例题深入讲解，使读者扎实掌握每一个知识点，并能熟练地运用在具体的解题中。可谓基础知识梳理、重点考点深讲、联系考试解题三重互动、一举突破，从而获得实际应用能力的全面提升。例题讲解中穿插出现的“思路探索”、“方法点击”，更是巧妙点拨，让读者举一反三、触类旁通。

四、本章知识总结　对本章所学的知识进行系统的回顾，帮助读者更好地复习、总结、提高。

五、本章同步自测 精选部分有代表性、测试价值高的题目(部分题目选自历年全国研究生入学考试和大学生数学竞赛试题),以此检测、巩固读者所学知识,达到提高应试水平的目的。

六、教材习题全解 为了方便读者对课本知识进行复习巩固,对教材课后习题作了详细的解答,这与市面上习题答案不全的某些参考书有很大的不同。在解题过程中,对部分有代表性的习题,设置了"思路探索"以引导读者尽快找到解决问题的思路和方法;安排有"方法点击"来帮助读者归纳解决问题的关键、技巧与规律。针对部分习题还给出了一题多解,以培养读者的分析能力和发散思维能力。

内容编写三大特色

一、重新修订、内容完善 本书是《概率论与数理统计辅导》的最新修订版,前一版在市场上受到了广大学子的欢迎,每年销量都在5万册以上。这次修订增加了大学生数学竞赛试题,更新了研究生入学考试试题,改正了原来的印刷错误,使其内容更加完善,体例更为合理。

二、知识清晰、学习高效 知识点讲解清晰明了,分析透彻到位,既有对重点及常考知识点进行归纳,同时又对基本题型的解题思路、解题方法和答题技巧进行了深层次的总结。据此,读者不仅可以从全局上对章节要点有整体性的把握,更可以纲举目张,系统地把握数学知识的内在逻辑性。

三、联系考研、经济实用 本书不仅是一本教材同步辅导书,而且是一本不可多得的考研复习用书,书中内容与研究生入学考试联系紧密。在知识全解部分设置了"考研大纲要求",例题精解和自测题部分选取了大量考研真题,让读者在同步学习中达到研究生入学考试的备考水平。

本书由张天德主编,叶宏、屈忠锋副主编。衷心希望这本《概率论与数理统计辅导》能对读者有所裨益。由于编者水平有限,书中疏漏之处在所难免,不足之处敬请读者批评指正,以便不断完善。

张天德

目　录

教材知识全解

教材习题全解

教材知识全解

第一章　概率论的基本概念

本章介绍了随机试验、随机事件的概念，事件间的关系及其运算，主要介绍了古典概率、条件概率的定义，概率的性质及运算法则，全概率公式和贝叶斯公式，同时对独立性也做了重点论述. 本章内容是整个概率论的基础，对后面内容有重要作用.

第一节　随机试验

知识全解

【考点精析】

1. 随机现象.

在个别试验中其结果呈现不确定性，在大量重复试验中其结果又具有统计规律性的现象，称为随机现象.

2. 统计规律性.

在大量重复试验或观察中所呈现出的固有规律性，称为统计规律性.

3. 随机试验.

在概率论中将具备下列三个条件的试验称为随机试验，简称试验：

(1)在相同条件下可重复进行；

(2)每次试验的结果具有多种可能性；

(3)在每次试验之前不能准确预言该次试验将出现何种结果，但是所有结果明确可知.

第二节　样本空间、随机事件

知识全解

【知识结构】

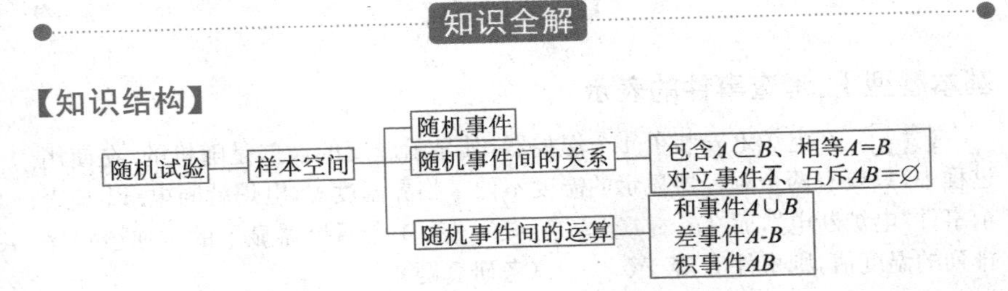

【考点精析】

1. 样本空间.

随机试验的所有可能结果构成的集合,常用Ω表示.

2. 随机事件.

随机试验的每一种可能的结果称为随机事件,常用A,B,C,D表示.

(1)基本事件　不能分解为其他事件组合的最简单的随机事件.

(2)必然事件　每次试验中一定发生的事件,常用Ω表示.

(3)不可能事件　每次试验中一定不发生的事件,常用$\varnothing$表示.

3. 事件的关系及其运算.

(1)包含　A发生必然导致B发生,则称B包含A(或A包含于B),记为$B\supset A$(或$A\subset B$).

(2)相等　若$A\supset B$且$B\supset A$,则称A与B相等,记为$A=B$.

(3)事件的和　A与B至少有一个发生,称为A与B的和事件,记为$A\cup B$.

(4)事件的积　A与B同时发生,称为A与B的积事件,记为$A\cap B$(或AB).

(5)事件的差　A发生而B不发生,称为A与B的差事件,记为$A-B$.

(6)互斥事件　在试验中,若事件A与B不能同时发生,即$A\cap B=\varnothing$,则称A,B为互斥事件.

(7)对立事件　在每次试验中,"事件A不发生"的事件称为事件A的对立事件.A的对立事件常记为$\overline{A}$.

4. 事件的运算律.

(1)交换律　$A\cup B=B\cup A,AB=BA$.

(2)结合律　$(A\cup B)\cup C=A\cup(B\cup C),(A\cap B)\cap C=A\cap(B\cap C)$.

(3)分配律　$(A\cup B)C=(AC)\cup(BC),A\cup(BC)=(A\cup B)(A\cup C)$.

(4)德摩根律　$\overline{A\cup B}=\overline{A}\cap\overline{B},\overline{A\cap B}=\overline{A}\cup\overline{B}$.

本节内容在考研数学中很少单独命题,但是分清事件之间的关系,合理正确地表示事件是求概率的重要前提.

例题精解

基本题型Ⅰ:考查事件的表示

例 1　在电炉上安装了4个温控器,其显示温度的误差是随机的.在使用过程中,只要有两个温控器显示的温度不低于临界温度t_0,电炉就断电.以E表示事件"电炉断电",而$T_{(1)}\leqslant T_{(2)}\leqslant T_{(3)}\leqslant T_{(4)}$为4个温控器显示的按递增顺序排列的温度值,则事件$E$等于(　　).(考研真题)

(A) $\{T_{(1)} \geqslant t_0\}$　(B) $\{T_{(2)} \geqslant t_0\}$　(C) $\{T_{(3)} \geqslant t_0\}$　(D) $\{T_{(4)} \geqslant t_0\}$

【解析】 $\{T_{(1)} \geqslant t_0\}$表示四个温控器显示温度均不低于 t_0；

$\{T_{(2)} \geqslant t_0\}$表示至少三个温控器显示温度均不低于 t_0；

$\{T_{(3)} \geqslant t_0\}$表示至少二个温控器显示温度均不低于 t_0；

$\{T_{(4)} \geqslant t_0\}$表示至少一个温控器显示温度不低于 t_0.

故应选(C).

基本题型Ⅱ：考查事件的关系及运算

例 2　用 A 表示事件"甲种产品畅销，乙种产品滞销"，则其对立事件 $\overline{A}$ 为(　　).（考研真题）

(A)"甲种产品滞销，乙种产品畅销"　(B)"甲、乙两种产品均畅销"

(C)"甲种产品滞销"　(D)"甲种产品滞销或乙种产品畅销"

【解析】 本题考查德摩根律.

令 B 和 C 分别表示事件"甲种产品畅销""乙种产品滞销"，则 $A=BC$，$\overline{A}=\overline{BC}=\overline{B}\cup\overline{C}$，即事件 $\overline{A}$ 表示"甲种产品滞销或乙种产品畅销". 故应选(D).

例 3　设 A 和 B 是任意两个随机事件，则与 $A\cup B=B$ 不等价的是(　　).（考研真题）

(A) $A\subset B$　(B) $\overline{B}\subset\overline{A}$　(C) $A\overline{B}=\varnothing$　(D) $\overline{A}B=\varnothing$

【解析】 根据题意，$A\cup B=B \Leftrightarrow A\subset B \Leftrightarrow \overline{B}\subset\overline{A} \Leftrightarrow A\overline{B}=\varnothing$，所以 $\overline{A}B$ 非空集. 故应选(D).

例 4　设任意两个随机事件 A 和 B 满足条件 $AB=\overline{A}\,\overline{B}$，则(　　).

(A) $A\cup B=\varnothing$　(B) $A\cup B=\Omega$

(C) $A\cup B=A$　(D) $A\cup B=B$

【解析】 **方法一：**排除法.

注意到 $AB=\overline{A}\,\overline{B}$，那么 A,B 的地位是"对等"的，从而(C)，(D)均不成立. (A)不正确是显然的. 故应选(B).

方法二：直接法.

运用德摩根律，$AB=\overline{A}\,\overline{B}=\overline{A\cup B}$，那么

$A\cup B=(A\cup B)\cup AB=(A\cup B)\cup\overline{A\cup B}=\Omega$. 故应选(B).

【方法点击】 事件的关系和运算本质上就是集合的关系与运算，因此对于比较复杂的事件，除了熟练运用定义及运算规律以外，还可以借助文氏图作为辅助工具，利用文氏图可以直观地理解、掌握这些关系及运算.

第三节　频率与概率

知识全解

【知识结构】

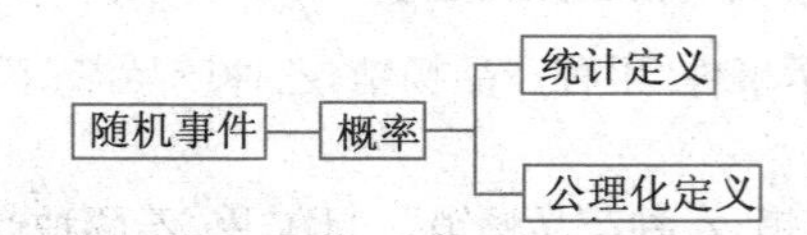

【考点精析】

1. 概率的统计定义.

在相同的条件下，重复进行 n 次试验，事件 A 发生的频率稳定地在某一常数 p 附近摆动. 且一般说来，n 越大，摆动幅度越小，则称常数 p 为事件 A 的概率，记作 $P(A)$.

2. 概率的公理化定义.

设 Ω 是一样本空间，称满足下列三条公理的集函数 $P(\cdot)$为定义在 Ω 上的概率：

(1)非负性　对任意事件 A，$P(A)\geqslant 0$；

(2)规范性　$P(\Omega)=1$；

(3) 可列可加性　若两两互不相容的事件列$\{A_n\}$是可列的，则

$$P(\sum_{i=1}^{\infty}A_i)=\sum_{i=1}^{\infty}P(A_i).$$

3. 概率的性质.

(1)对任何事件 A，$0\leqslant P(A)\leqslant 1$.

(2)$P(\Omega)=1$，$P(\varnothing)=0$.

(3)设 A 为任一随机事件，则 $P(\overline{A})=1-P(A)$.

(4)设 $A\subset B$，则 $P(B-A)=P(B)-P(A)$.

(5)设事件 $A_1,A_2,\cdots,A_n$ 两两互斥，则

$$P(A_1+A_2+\cdots+A_n)=P(A_1)+P(A_2)+\cdots+P(A_n).$$

(6)设 A,B 为任意两个随机事件，则 $P(A\cup B)=P(A)+P(B)-P(AB)$. 上式还能推广到多个事件的情况. 例如，设 A_1,A_2,A_3 为任意三个随机事件，则

$$\begin{aligned}&P(A_1\cup A_2\cup A_3)\\=&P(A_1)+P(A_2)+P(A_3)-P(A_1A_2)-P(A_1A_3)-P(A_2A_3)+P(A_1A_2A_3).\end{aligned}$$

一般地，对于任意 n 个随机事件 $A_1,A_2,\cdots,A_n$，则

$$P(A_1\cup A_2\cup\cdots\cup A_n)$$
$$=\sum_{i=1}^{\infty}P(A_i)-\sum_{1\leqslant i<j\leqslant n}P(A_iA_j)+\sum_{1\leqslant i<j<k\leqslant n}P(A_iA_jA_k)+\cdots+(-1)^{n-1}P(A_1A_2\cdots A_n).$$

概率的性质公式非常重要，是考研数学中的常考知识点.

例题精解

基本题型：考查概率的性质公式

例1　设事件 A 与事件 B 互不相容，则(　　).（考研真题）

(A)$P(\overline{A}\,\overline{B})=0$

(B)$P(AB)=P(A)P(B)$

(C)$P(A)=1-P(B)$

(D)$P(\overline{A}\cup\overline{B})=1$

【解析】　因为 A,B 互不相容，所以 $P(AB)=0$.

则 $P(\overline{A}\cup\overline{B})=1-P(AB)=1$. 故应选(D).

【方法点击】　本题也可以用排除法解决.

A 与 B 互斥，但$\overline{A}$与$\overline{B}$未必互斥，故(A)不正确；(B)选项为独立的条件，而 A 与 B 互斥未必独立，故(B)不正确；(C)选项为对立事件的性质，而 A 与 B 互斥未必对立，故(C)不正确.

例2　设随机事件 A,B 及其和事件 $A\cup B$ 的概率分别是 0.4，0.3，0.6. 若$\overline{B}$表示 B 的对立事件，那么积事件 $A\overline{B}$的概率 $P(A\overline{B})=$________.（考研真题）

【解析】　因为 $A\overline{B}=A-B=A-AB$，所以

$$P(A\overline{B})=P(A-AB)=P(A)-P(AB)$$
$$=P(A\cup B)-P(B)=0.6-0.3=0.3.$$

【方法点击】　充分运用减法公式的各种变形，特别注意以下方法在解决此类问题中的应用.

设 A,B 是任意两个随机事件，$A-B=A-AB=A\overline{B}$. 事实上，这是一个很容易理解的变形，不妨按下列方式理解：$A-B$ 表示事件“A 发生 B 不发生”，$A-AB$ 表示事件“在 A 发生的事件中除掉 AB 一起发生的事件”，$A\overline{B}$ 表示事件“A 发生 B 不发生”，很明显这三个事件是一样的.

例 3　设 A,B 为随机事件，$P(A)=0.7, P(A-B)=0.3$，则 $P(\overline{AB})=$ ________.（考研真题）

【解析】先求 $\overline{AB}$ 的对立事件 AB 发生的概率 $P(AB)$.

由题意，　$P(A-B)=P(A-AB)=P(A)-P(AB)=0.3$，

则　$$P(AB)=P(A)-0.3=0.7-0.3=0.4,$$

那么　$$P(\overline{AB})=1-P(AB)=1-0.4=0.6.$$

例 4　已知 $P(A)=P(B)=P(C)=\frac{1}{4}, P(AB)=0, P(AC)=P(BC)=\frac{1}{6}$，则事件 A,B,C 全不发生的概率为________.（考研真题）

【解析】因为 $P(AB)=0$，所以 $P(ABC)=0$.

$$\begin{aligned}P(\overline{A}\,\overline{B}\,\overline{C})&=P(\overline{A\cup B\cup C})=1-P(A\cup B\cup C)\\&=1-[P(A)+P(B)+P(C)-P(AB)-P(AC)-P(BC)+P(ABC)]\\&=1-\left(\frac{1}{4}+\frac{1}{4}+\frac{1}{4}-0-\frac{1}{6}-\frac{1}{6}+0\right)=\frac{7}{12}.\end{aligned}$$

【方法点击】本题考查了德摩根律、逆事件概率公式、广义加法公式以及概率的单调性，综合性较强，是考研数学中常见的命题方式.

例 5　设当事件 A 与 B 同时发生时，事件 C 必发生，则（　　）.（考研真题）

(A) $P(C)\leqslant P(A)+P(B)-1$　　(B) $P(C)\geqslant P(A)+P(B)-1$

(C) $P(C)=P(AB)$　　(D) $P(C)=P(A\cup B)$

【解析】由题意"当 A,B 发生时，C 必然发生"，从而 $AB\subset C$，所以 $P(AB)\leqslant P(C)$，那么

$$\begin{aligned}P(C)&\geqslant P(AB)=P(A)+P(B)-P(A\cup B)\\&\geqslant P(A)+P(B)-1.\end{aligned}$$

$P(A\cup B)\leqslant 1$

故应选(B).

【方法点击】本题考查概率的"单调性"，即若 $A\subset B$，A,B 是两个随机事件，则

$$0\leqslant P(A)\leqslant P(B)\leqslant 1.$$

事实上，因为 $A\subset B$，所以 $B-A$ 与 A 互不相容，并且满足 $B=(B-A)+A$，由概率的非负性和加法公式得

$$P(B)=P(B-A)+P(A),$$

从而 $0\leqslant P(A)\leqslant P(B)$.

例6　设A,B是任意两个随机事件,则$P\{(\overline{A}+B)(A+B)(\overline{A}+\overline{B})(A+\overline{B})\}=$________.(考研真题)

【解析】　注意到

$$(A+B)(\overline{A}+\overline{B})=A(\overline{A}+\overline{B})+B(\overline{A}+\overline{B})=A\overline{B}+\overline{A}B,$$

$$(\overline{A}+B)(A+\overline{B})=\overline{A}(A+\overline{B})+B(A+\overline{B})=\overline{A}\overline{B}+AB,$$

那么$(\overline{A}+B)(A+B)(\overline{A}+\overline{B})(A+\overline{B})=(A\overline{B}+\overline{A}B)(\overline{A}\overline{B}+AB)=\varnothing$,则

$$P\{(\overline{A}+B)(A+B)(\overline{A}+\overline{B})(A+\overline{B})\}=P\{\varnothing\}=0.$$

第四节　等可能概型(古典概型)

知识全解

【知识结构】

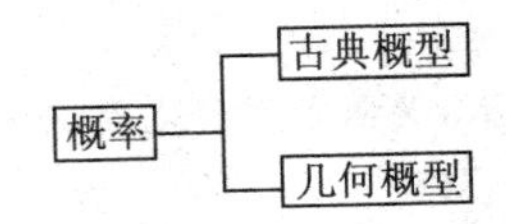

【考点精析】

1. 古典概型.

具有下列两个特点的试验称为古典概型.

(1)每次试验只有有限种可能的试验结果;

(2)每次试验中,各基本事件出现的可能性完全相同.

对于古典概型,事件A发生的概率为

$$P(A)=\frac{A\text{ 中基本事件数}}{\Omega\text{ 中基本事件数}}=\frac{m}{n}.$$

2. 几何概型.

如果随机试验的样本空间是一个区域(例如直线上的区间、平面或空间中的区域),而且样本空间中每个试验结果的出现具有等可能性,那么规定事件A的概率为

$$P(A)=\frac{A\text{ 的测度(长度、面积、体积)}}{\text{样本空间的测度(长度、面积、体积)}}.$$

本节内容属于考研数学中的重要知识点.其中古典概型很少单独命题,一般通过结合后面两章的离散型随机变量求概率分布进行考查;几何概型经常以填空题、选择题的方式出现,考生应将几何概型与后面的均匀分布联系在一起理解掌握.

例题精解

基本题型Ⅰ：古典概型

例 1 从 0,1,2,…,9 等十个数字中任意选出三个不同的数字，试求下列事件的概率：

$A_1=\{$三个数字中不含 0 和 5$\}$；$A_2=\{$三个数字中不含 0 或 5$\}$.（考研真题）

【解析】 基本事件总数为 C_{10}^3，A_1 的基本事件数为 C_8^3，A_2 的基本事件数为 $2C_9^3-C_8^3$. 由古典概率公式得

$$P(A_1)=\frac{C_8^3}{C_{10}^3}=\frac{7}{15},P(A_2)=\frac{2C_9^3-C_8^3}{C_{10}^3}=\frac{14}{15}.$$

例 2 考虑一元二次方程 $x^2+Bx+C=0$，其中 B,C 分别是将一枚骰子接连掷两次先后出现的点数. 求该方程有实根的概率 p 和有重根的概率 q.（考研真题）

【解析】 一枚骰子掷两次，其基本事件总数为 36. 令 $A_i(i=1,2)$ 分别表示"方程有实根"和"方程有重根"，则

$$A_1=\{B^2-4C\geqslant 0\}=\left\{C\leqslant\frac{B^2}{4}\right\},A_2=\{B^2-4C=0\}=\left\{C=\frac{B^2}{4}\right\}.$$

B	1	2	3	4	5	6
A_1 的基本事件个数	0	1	2	4	6	6
A_2 的基本事件个数	0	1	0	1	0	0

由此易知 A_1 的基本事件个数为 19，A_2 的基本事件个数为 2，则由古典型概率计算公式得 $p=P(A_1)=\frac{19}{36}$，$q=P(A_2)=\frac{2}{36}=\frac{1}{18}$.

【方法点击】 计算古典概型 $P(A)$ 的关键是找出 A 中的基本事件数，在计算过程中常常用到排列组合的知识，如例 1. 有时也需要用列举法逐一分析 A 中的基本事件，如例 2.

例 3 设一个袋中装有 a 个黑球，b 个白球，现将球随机地一个个摸出，问第 k 次摸出黑球的概率是多少？$(1\leqslant k\leqslant a+b)$

【解析】 **方法一：** 令 A 表示事件"第 k 次摸到黑球".

将这 $a+b$ 个球编号，并将球依摸出的先后次序排队，易知基本事件总数为 $(a+b)!$. 事件 A 等价于在第 k 个位置上放一个黑球，在其余 $a+b-1$ 个位置上放余下的 $(a+b-1)$ 个球，则 A 包含的基本事件数为 $a(a+b-1)!$. 那么所求概率为

$$P(A)=\frac{a(a+b-1)!}{(a+b)!}=\frac{a}{a+b}.$$

方法二：本题也可以只考虑前 k 个位置，则 $P(A)=\frac{C_a^1\cdot P_{a+b-1}^{k-1}}{P_{a+b}^k}=\frac{a}{a+b}$.

【方法点击】 本题可视为"抽签理论"模型，即抽到黑球的概率与抽取顺序无关，该结论可应用于许多实际问题中.

例 4 有 n 个人，每人都有同等的机会被分配到 $N(n\leqslant N)$ 间房中的任一间去，试求下列各事件的概率.

(1) A="某指定的 n 间房中各有一人"；

(2) B="恰有 n 间房各有一人"；

(3) C="某指定的一间房中恰有 $m(m\leqslant n)$ 人".

【解析】 (1)基本事件总数为 N^n. 将 n 个人分到某指定的 n 间房中，相当于 n 个元素的全排列，所以事件 A 包含的基本事件数为 $n!$，故

$$P(A)=\frac{n!}{N^n};$$

(2) n 间房中各有 1 人是指任意的 n 间房中各有 1 人，这共有 C_N^n 种情况，所以事件 B 包含的基本事件数为 $C_N^n n!$，故

$$P(B)=\frac{C_N^n n!}{N^n}=\frac{N!}{N^n(N-n)!};$$

(3)从 n 个人中选 m 个分配到指定的一间房中，有 C_n^m 种选法；而其余的 $n-m$ 个人分到其余 $N-1$ 间房，有 $(N-1)^{n-m}$ 种方法，所以事件 C 包含的基本事件数为 $C_n^m(N-1)^{n-m}$，故

$$P(C)=\frac{C_n^m(N-1)^{n-m}}{N^n}=C_n^m\left(\frac{1}{N}\right)^m\left(\frac{N-1}{N}\right)^{n-m}.$$

这实际上是第二章将要介绍的二项分布的特殊情形.

【方法点击】 本题是典型的"分房问题"，该模型应用较为广泛，例如"n 个人 $(n<365)$ 生日全不同"的概率就相当于本题(2)，其概率为 $\frac{C_{365}^n\cdot n!}{365^n}$.

基本题型Ⅱ:几何概型

例5 在区间(0,1)中随机地取两个数,则这两个数之差的绝对值小于$\frac{1}{2}$的概率为________.(考研真题)

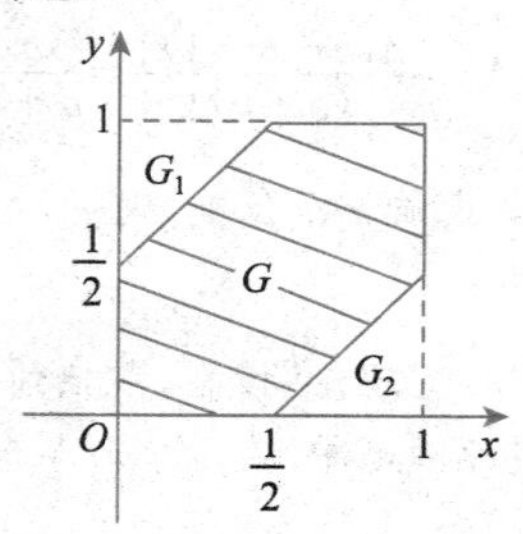

图 1-1

【解析】 这是一个几何概型的计算题.设所取的两个数分别为x和y,则以x为横坐标、以y为纵坐标的点(x,y)随机地落在边长为1的正方形内,如图1-1所示.

设事件A表示"所取两数之差的绝对值小于$\frac{1}{2}$",则样本空间$\Omega=\{(x,y)\mid 0<x<1,0<y<1\}$;事件$A$的样本点集合为区域$G$中所有的点,而$G=\{(x,y)\mid 0<x<1,0<y<1,|y-x|<\frac{1}{2}\}$.区域$\Omega$的面积$S_\Omega=1$,区域$G$的面积

$$S_G=S_\Omega-S_{G1}-S_{G2}=1-\frac{1}{4}=\frac{3}{4}.$$

因此
$$P(A)=\frac{S_G}{S_\Omega}=\frac{3}{4}.$$

故应填$\frac{3}{4}$.

【方法点击】 几何概型是考研数学中的常考题型,建立正确的几何概型是解题的关键:首先在坐标系中确定Ω与A所在区域,然后计算Ω与A的测度$m(\Omega)$与$m(A)$,则

$$P(A)=\frac{m(A)}{m(\Omega)}.$$

几何概型既可以视为古典概型的推广应用,又可以结合随机变量的均匀分布来计算.本题利用二维均匀分布也可以解决.

第五节　条件概率

知识全解

【知识结构】

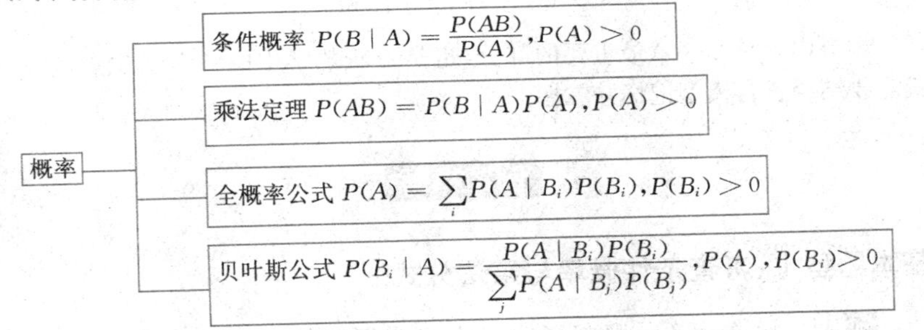

【考点精析】

1. 条件概率.

在事件 A 已经发生的条件下，事件 B 发生的概率，称为事件 B 在给定条件 A 下的条件概率，记作 $P(B|A)$，则

$$P(B|A)=\frac{P(AB)}{P(A)}, P(A)>0.$$

2. 乘法公式.

设 A,B 是任意两个随机事件，$P(A)>0, P(B)>0$，则

$$P(AB)=P(A|B)P(B)=P(B|A)P(A).$$

一般地，设 $A_1,\cdots,A_n$ 是 n 个随机事件，且 $P(A_1\cdots A_{n-1})>0$，则

$$P(A_1\cdots A_n)=P(A_n|A_1\cdots A_{n-1})\cdots P(A_3|A_1A_2)P(A_2|A_1)P(A_1).$$

3. 完备事件组.

设 Ω 为试验的样本空间，$B_1,B_2,\cdots,B_n$ 为试验的一组事件，若有

(1)$B_iB_j=\varnothing(i\neq j, i,j=1,2,\cdots,n)$；

(2)$\bigcup_{i=1}^{n}B_i=\Omega$.

则称 $B_1,B_2,\cdots,B_n$ 为 Ω 的一个划分或完备事件组.

由定义可见，若 $B_1,B_2,\cdots,B_n$ 为 Ω 的一个划分，则在一次试验中，B_1，$B_2,\cdots,B_n$ 必有且仅有一个发生.

4. 全概率公式.

设事件 $B_1,B_2,\cdots,B_n$ 是样本空间 Ω 的一个划分，$P(B_i)>0(i=1,2,\cdots,n)$，

A 是试验的任一事件，则有

$$P(A)=\sum_{i=1}^{n}P(B_i)P(A\mid B_i).$$

5. 贝叶斯公式.

设事件 $B_1,B_2,\cdots,B_n$ 是样本空间 Ω 的一个划分，$P(B_i)>0(i=1,2,\cdots,n)$，A 为试验的任一事件，且 $P(A)>0$，则有

$$P(B_i\mid A)=\frac{P(B_i)P(A\mid B_i)}{\sum\limits_{j=1}^{n}P(B_j)P(A\mid B_j)}(i=1,2,\cdots,n).$$

本节内容是第一章最重要的部分，也是考研数学中的常考知识点，各种公式需要结合各自模型记忆并掌握.

例题精解

基本题型Ⅰ：考查条件概率与乘法分式

例 1　设 A,B,C 是随机事件，A 与 C 互不相容，$P(AB)=\frac{1}{2}$，$P(C)=\frac{1}{3}$，则 $P(AB|\overline{C})=$________.（考研真题）

【解析】 $P(AB|\overline{C})=\frac{P(AB\overline{C})}{P(\overline{C})}=\frac{P(AB)-P(ABC)}{1-P(C)}=\frac{P(AB)}{1-P(C)}=\frac{3}{4}.$

【方法点击】 本题考查了条件概率公式、减法公式、逆事件概率公式以及事件的互斥关系，具有一定的综合性，属于常考题型.

例 2　设 A,B 为随机事件，且 $P(B)>0$，$P(A|B)=1$，则必有（　　）.（考研真题）

(A) $P(A\cup B)>P(A)$　　(B) $P(A\cup B)>P(B)$

(C) $P(A\cup B)=P(A)$　　(D) $P(A\cup B)=P(B)$

【解析】 因为 $P(A|B)=1$，故 $\frac{P(AB)}{P(B)}=1$，即 $P(AB)=P(B)$.

则 $P(A\cup B)=P(A)+P(B)-P(AB)=P(A)$. 故应选(C).

例 3　已知 $0<P(B)<1$，且 $P\{(A_1\cup A_2)|B\}=P(A_1|B)+P(A_2|B)$，则下列选项成立的是（　　）.（考研真题）

(A) $P\{(A_1\cup A_2)|\overline{B}\}=P(A_1|\overline{B})+P(A_2|\overline{B})$

(B) $P(A_1B\cup A_2B)=P(A_1B)+P(A_2B)$

(C) $P(A_1\cup A_2)=P(A_1|B)+P(A_2|B)$

(D)$P(B)=P(A_1)P(B|A_1)+P(A_2)P(B|A_2)$

【解析】 因为 $0<P(B)<1$,所以

$$P\{(A_1\cup A_2)|B\}=P(A_1|B)+P(A_2|B)$$
$$\Leftrightarrow\frac{P\{(A_1\cup A_2)B\}}{P(B)}=\frac{P(A_1B)}{P(B)}+\frac{P(A_2B)}{P(B)}$$
$$\Leftrightarrow P(A_1B\cup A_2B)=P(A_1B)+P(A_2B).$$

故应选(B).

例 4　设 A,B 是两个随机事件,且 $0<P(A)<1,P(B)>0,P(B|A)=P(B|\overline{A})$,则必有(　　).(考研真题)

(A)$P(A|B)=P(\overline{A}|B)$　　(B)$P(A|B)\neq P(\overline{A}|B)$

(C)$P(AB)=P(A)P(B)$　　(D)$P(AB)\neq P(A)P(B)$

【解析】 由 $P(B|A)=P(B|\overline{A})$ 得

$$\frac{P(AB)}{P(A)}=\frac{P(B\overline{A})}{1-P(A)}=\frac{P(B)-P(AB)}{1-P(A)}.$$

即 $P(AB)=P(A)P(B)$.故应选(C).

例 5　100 件产品中有 10 件次品,用不放回的方式从中每次取一件,连取三次,求第三次才取得次品的概率.

【解析】 设 A_i 表示第 i 次取得正品,其中 $i=1,2,3$.

由题意,所求概率应为 $P(A_1A_2\overline{A_3})$,根据乘法公式

$$P(A_1A_2\overline{A_3})=P(A_1)P(A_2|A_1)P(\overline{A_3}|A_1A_2)$$
$$=\frac{90}{100}\cdot\frac{89}{99}\cdot\frac{10}{98}=0.082\ 6.$$

【方法点击】 例 5 利用的是乘法公式.乘法公式适用的模型为:事件可视为多个阶段,每个阶段的结果都是已知的,则该事件可以表示成多个事件的积,利用乘法公式求概率.

基本题型Ⅱ:考查全概率公式与贝叶斯公式

例 6　从数 1,2,3,4 中任取一个数,记为 X,再从 $1,\cdots,X$ 中任取一个数,记为 Y,则 $P(Y=2)=$________.(考研真题)

【思路探索】 构造一个完备事件组,应用全概率公式.

【解析】 令 $A_i=\{X=i\},i=1,2,3,4$,则 A_1,A_2,A_3,A_4 构成一个完备事件组,且

$$P(A_i)=\frac{1}{4},i=1,2,3,4,$$

而

$$P(Y=2|A_1)=0,P(Y=2|A_i)=\frac{1}{i},i=2,3,4,$$

那么由全概率公式得

$$P\{Y=2\}=\sum_{i=1}^{4}P(A_i)P(Y=2\mid A_i)=\frac{1}{4}\left(0+\frac{1}{2}+\frac{1}{3}+\frac{1}{4}\right)=\frac{13}{48}.$$

例 7　玻璃杯成箱出售，每箱 20 只，假设各箱含 0，1，2 只残次品的概率相应为 0.8，0.1 和 0.1，一顾客欲购一箱玻璃杯，在购买时售货员随意取一箱，而顾客开箱随机地查看 4 只，若无残次品，则买下该箱玻璃杯，否则退回. 试求：

(1)顾客买下该箱的概率 α；

(2)在顾客买下的一箱中，确实没有残次品的概率 β.(考研真题)

【解析】　令 A 表示事件"顾客买下所查看的一箱玻璃杯"，B_i 表示事件"箱中恰有 i 件残次品"，$i=0,1,2$.

根据题意

$$P(B_0)=0.8,P(B_1)=P(B_2)=0.1,$$

$$P(A|B_0)=1,P(A|B_1)=\frac{C_{19}^4}{C_{20}^4}=\frac{4}{5},P(A|B_2)=\frac{C_{18}^4}{C_{20}^4}=\frac{12}{19}.$$

(1)由全概率公式

$$\alpha=P(A)=\sum_{i=0}^{2}P(A\mid B_i)P(B_i)=0.8\times1+0.1\times\frac{4}{5}+0.1\times\frac{12}{19}=0.94;$$

(2)由贝叶斯公式

$$\beta=P(B_0|A)=\frac{P(A|B_0)P(B_0)}{P(A)}=\frac{1\times0.8}{0.94}\approx0.85.$$

例 8　设有来自三个地区的各 10 名，15 名和 25 名考生的报名表，其中女生的报名表分别为 3 份，7 份和 5 份. 随机地取一个地区的报名表，从中先后抽出两份.

(1)求先抽到的一份是女生表的概率 p；

(2)已知后抽到的一份是男生表，求先抽到的一份是女生表的概率 q.(考研真题)

【解析】　令 A_i 表示事件"第 i 次取出的是女生表"，$i=1,2$，

B_i 表示事件"报名表来自第 j 个地区的考生"，$j=1,2,3$.

根据题意

$$P(B_1)=\frac{1}{3},P(B_2)=\frac{1}{3},P(B_3)=\frac{1}{3},$$

$$P(A_1|B_1)=\frac{3}{10},P(A_1|B_2)=\frac{7}{15},P(A_1|B_3)=\frac{5}{25}.$$

(1)由全概率公式

$$p=P(A_1)=\sum_{i=1}^{3}P(B_i)P(A_1\mid B_i)=\frac{1}{3}\left(\frac{3}{10}+\frac{7}{15}+\frac{5}{25}\right)=\frac{29}{90};$$

(2)由条件概率公式

$$q=P(A_1|\overline{A}_2)=\frac{P(A_1\overline{A}_2)}{P(\overline{A}_2)},$$

只需计算 $P(\overline{A}_2)$和 $P(A_1\overline{A}_2)$.

由题意 $P(\overline{A}_2|B_1)=\frac{7}{10},P(\overline{A}_2|B_2)=\frac{8}{15},P(\overline{A}_2|B_3)=\frac{20}{25},$

$$P(A_1\overline{A}_2|B_1)=\frac{C_3^1C_7^1}{P_{10}^2}=\frac{7}{30},$$

$$P(A_1\overline{A}_2|B_2)=\frac{C_7^1C_8^1}{P_{15}^2}=\frac{8}{30},$$

$$P(A_1\overline{A}_2|B_3)=\frac{C_5^1C_{20}^1}{P_{25}^2}=\frac{5}{30},$$

那么$P(\overline{A}_2)=\sum_{i=1}^{3}P(B_i)P(\overline{A}_2\mid B_i)=\frac{1}{3}\left(\frac{8}{15}+\frac{20}{25}+\frac{7}{10}\right)=\frac{61}{90},$

$$P(A_1\overline{A}_2)=\sum_{i=1}^{3}P(B_i)P(A_1\overline{A}_2\mid B_i)=\frac{1}{3}\left(\frac{7}{30}+\frac{8}{30}+\frac{5}{30}\right)=\frac{20}{90},$$

所以 $q=\frac{P(A_1\overline{A}_2)}{P(\overline{A}_2)}=\frac{\frac{20}{90}}{\frac{61}{90}}=\frac{20}{61}.$

【方法点击】 全概率公式与贝叶斯公式是第一章重要考点之一，除了单独命题之外，也可以与其他章节内容综合命题.例如在近几年的考研数学中，有关求随机变量的分布的题型中多次用到全概率公式.

利用全概率公式与贝叶斯公式求概率时，最关键的是建立相应的数学模型，尤其是确定完备事件组(划分).

第六节　独　立　性

知识全解

【知识结构】

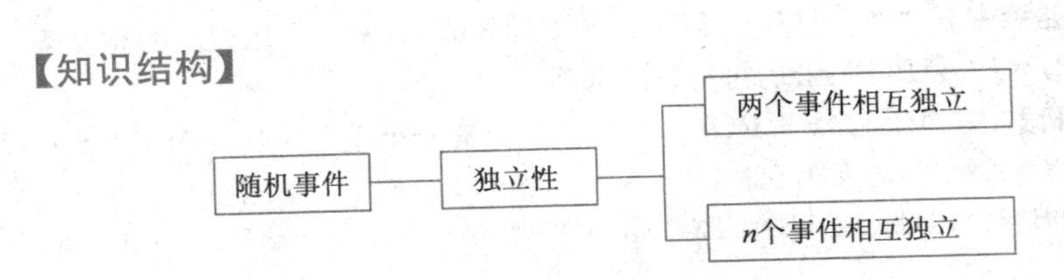

【考点精析】

1. 两事件相互独立.

设 A,B 是两事件,如果 $P(AB)=P(A)P(B)$,那么就称事件 A 与事件 B 相互独立.

基本性质:

(1)若 A 与 B 独立,且 $P(A)>0$,则 $P(B|A)=P(B)$.

(2)若 A 与 B 独立,则 A 与$\overline{B}$,$\overline{A}$与 B,$\overline{A}$与$\overline{B}$中的每一对事件都相互独立.

2. n 个事件相互独立.

如果事件 $A_1,\cdots,A_n$ 对于任意 $k(1<k\leqslant n)$ 和任意 $1\leqslant i_1<i_2<\cdots<i_k\leqslant n$, $P(A_{i_1}A_{i_2}\cdots A_{i_k})=P(A_{i_1})P(A_{i_2})\cdots P(A_{i_k})$成立,则称 $A_1,\cdots,A_n$ 相互独立.

基本性质:

(1)如果事件 $A_1,\cdots,A_n$ 相互独立,则将 $A_1,\cdots,A_n$ 中任意多个事件换成它们的逆事件,所得的 n 个事件仍相互独立.

(2) 如果事件 $A_1,\cdots,A_n$ 相互独立,则 $P(\bigcup\limits_{i=1}^{n} A_i)=1-\prod\limits_{i=1}^{n} P(\overline{A}_i)$.

3. 重复独立试验.

在 n 次试验中,若任意一次试验的诸结果是相互独立的,则称这 n 次试验为重复独立试验或独立试验序列.

伯努利概型:假定一次试验中只有事件 A 发生或$\overline{A}$发生,每次试验的结果与其他各次试验结果无关,这样的 n 次重复试验,称为 n 重伯努利试验或伯努利概型.

例题精解

基本题型Ⅰ:两个事件独立性的判断及应用

例 1　对于任意二事件 A 和 B,以下说法正确的是(　　).(考研真题)

(A)若 $AB\neq\varnothing$,则 A,B 一定独立

(B)若 $AB\neq\varnothing$,则 A,B 有可能独立

(C)若 $AB=\varnothing$,则 A,B 一定独立

(D)若 $AB=\varnothing$,则 A,B 一定不独立

【思路探索】 “独立”与“互斥”是两个不同的概念,本题利用独立的充要条件 $P(AB)=P(A)P(B)$判断,可得正确选项(B).

【解析】 若 $AB=\varnothing$,当 $P(A)$,$P(B)$ 中至少有一个等于 0 时,(D)不成立;当 $P(A)$,$P(B)$ 均大于 0 时,(C)不成立;

若 $AB\neq\varnothing$,如果 $P(AB)=P(A)P(B)$,则 A 与 B 独立,否则 A 与 B 不独

立，(A)不成立.

故应选(B).

例2　设$0<P(A)<1,0<P(B)<1,P(A|B)+P(\overline{A}|\overline{B})=1$，那么下列选项正确的是(　　).（考研真题）

(A)A与B相互独立　　(B)A与B相互对立

(C)A与B互不相容　　(D)A与B互不独立

【解析】 **方法一：**因为$P(A|B)=\dfrac{P(AB)}{P(B)}$，

$$P(\overline{A}|\overline{B})=\frac{P(\overline{A}\,\overline{B})}{P(\overline{B})}=\frac{1-P(A\cup B)}{1-P(B)},$$

所以
$$1=\frac{P(AB)}{P(B)}+\frac{1-P(A\cup B)}{1-P(B)},$$

整理得$P(AB)[1-P(B)]=P(B)[P(A)-P(AB)]$，

从而$P(AB)=P(B)[P(AB)+P(A\overline{B})]=P(B)P[A(B+\overline{B})]=P(B)P(A)$.

故应选(A).

方法二：注意到$P(\overline{A}|\overline{B})=1-P(A|\overline{B})$，又$P(A|\overline{B})=\dfrac{P(A\overline{B})}{P(\overline{B})}$.

由题意知$1=P(A|B)+P(\overline{A}|\overline{B})=P(A|B)+1-P(A|\overline{B})$，即

$$P(A|B)=P(A|\overline{B}).$$

那么
$$\frac{P(AB)}{P(B)}=\frac{P(A\overline{B})}{P(\overline{B})}=\frac{P(A)-P(AB)}{1-P(B)},$$

整理得
$$P(AB)=P(A)P(B).$$

即A与B相互独立. 故应选(A).

【方法点击】 (1)独立性的判断问题，一般利用定义解决，即当$P(AB)=P(A)P(B)$时，A与B相互独立.

(2)本题结论可以当作性质使用，当$0<P(A)<1,0<P(B)<1$时，A与B相互独立$\Leftrightarrow P(A|B)+P(\overline{A}|\overline{B})=1\Leftrightarrow P(A|B)=P(A|\overline{B})$.

例3　设两个相互独立的事件A和B都不发生的概率为$\dfrac{1}{9}$，A发生B不发生的概率与B发生A不发生的概率相等，则$P(A)=$________.（考研真题）

【解析】 注意到A,B相互独立，$P(A\overline{B})=P(\overline{A}B)$，$P(\overline{A}\,\overline{B})=\dfrac{1}{9}$，显然$P(A)=P(AB)+P(A\overline{B})=P(AB)+P(\overline{A}B)=P(B)$，那么$P(\overline{A})=P(\overline{B})$，又$\overline{A}$与$\overline{B}$相互独立，则$\dfrac{1}{9}=P(\overline{A}\,\overline{B})=P(\overline{A})P(\overline{B})=[P(\overline{A})]^2$，

即
$$P(\overline{A})=\frac{1}{3},P(A)=\frac{2}{3}.$$

【方法点击】 本题也可直接使用两事件相互独立的性质,$\overline{A}$与$\overline{B}$,A 与$\overline{B}$,$\overline{A}$与B 都独立,则得到

$$P(\overline{A}\overline{B})=P(\overline{A})P(\overline{B}),$$
$$P(A\overline{B})=P(A)P(\overline{B}),$$
$$P(\overline{A}B)=P(\overline{A})P(B).$$

方法更加简便.

例 4 设随机事件 A 与 B 相互独立,且 $P(B)=0.5$,$P(A-B)=0.3$,则 $P(B-A)=($　　$)$.(考研真题)

(A)0.1　　(B)0.2　　(C)0.3　　(D)0.4

【解析】 因为
$$\begin{aligned}P(A-B)&=P(A)-P(AB)\\&=P(A)-P(A)P(B)\\&=P(A)[1-P(B)]\\&=0.5P(A)=0.3,\end{aligned}$$

A与B相互独立$\Leftrightarrow P(AB)=P(A)P(B)$

所以 $P(A)=0.6$.

则
$$\begin{aligned}P(B-A)&=P(B)-P(AB)\\&=P(B)-P(A)P(B)\\&=0.5-0.6\times0.5=0.2.\end{aligned}$$

故应选(B).

基本题型Ⅱ:n 个事件独立性的判断及应用

例 5 设 A,B,C 三个事件两两独立,则 A,B,C 相互独立的充分必要条件是(　　).(考研真题)

(A)A 与 BC 独立　　(B)AB 与 $A\cup C$ 独立

(C)AB 与 AC 独立　　(D)$A\cup B$ 与 $A\cup C$ 独立

【思路探索】 两两独立和相互独立是两个容易混淆的概念,相互独立则两两独立,反之不真,若 A,B,C 是两两独立的三个事件,则当满足条件

$$P(ABC)=P(A)P(B)P(C)$$

时才相互独立.

【解析】 由题意,$P(ABC)=P(A)P(B)P(C)=P(A)P(BC)$,即当 A 与 BC 独立时,A,B,C 相互独立.故应选(A).

例 6 将一枚硬币独立地掷两次,引进事件:$A_1=\{$掷第一次出现正面$\}$,$A_2=\{$掷第二次出现正面$\}$,$A_3=\{$正、反面各出现一次$\}$,$A_4=\{$正面出现两次$\}$,则事件(　　).(考研真题)

(A)A_1,A_2,A_3 相互独立　　(B)A_2,A_3,A_4 相互独立

(C)A_1,A_2,A_3 两两独立　　(D)A_2,A_3,A_4 两两独立

【解析】 按照相互独立与两两独立的定义进行验算即可，注意应先检查两两独立，若成立，再检验是否相互独立.

因为 $P(A_1)=\frac{1}{2},P(A_2)=\frac{1}{2},P(A_3)=\frac{1}{2},P(A_4)=\frac{1}{4}$.

且 $P(A_1A_2)=\frac{1}{4},P(A_1A_3)=\frac{1}{4},P(A_2A_3)=\frac{1}{4},P(A_2A_4)=\frac{1}{4}$, $P(A_1A_2A_3)=0$.

可见有

$$P(A_1A_2)=P(A_1)P(A_2),$$
$$P(A_1A_3)=P(A_1)P(A_3),$$
$$P(A_2A_3)=P(A_2)P(A_3),$$
$$P(A_1A_2A_3)\neq P(A_1)P(A_2)P(A_3),$$
$$P(A_2A_4)\neq P(A_2)P(A_4).$$

故 A_1,A_2,A_3 两两独立但不相互独立；A_2,A_3,A_4 不两两独立更不相互独立. 故应选(C).

【方法点击】 本题用排除法更简便：因为 A_3,A_4 互斥，故 A_3,A_4 不相互独立，从而(B)、(D)排除. 如果(A)正确，则(C)也正确，作为单项选择题必选(C).

例 7 设两两独立的三事件 A,B,C 满足条件：$ABC=\varnothing$，$P(A)=P(B)=P(C)$，且已知 $P(A\cup B\cup C)=\frac{9}{16}$，则 $P(A)=$________. (考研真题)

【解析】
$$\begin{aligned}&P(A\cup B\cup C)\\&=P(A)+P(B)+P(C)-P(AB)-P(AC)-P(BC)+P(ABC)\\&=P(A)+P(B)+P(C)-P(A)P(B)-P(A)P(C)-P(B)P(C)\\&=3P(A)-3[P(A)]^2,\end{aligned}$$

那么，根据题意得

$$3P(A)-3[P(A)]^2=\frac{9}{16}, \text{即}[P(A)]^2-P(A)+\frac{3}{16}=0.$$

解得 $P(A)=\frac{1}{4}$ 或 $\frac{3}{4}$.

注意到 $P(A\cup B\cup C)=\frac{9}{16}$，故 $P(A)=\frac{3}{4}$ 不合题意，应该舍去. 那么 $P(A)=\frac{1}{4}$.

例 8 一实习生用一台机器接连独立地制造 3 个同种零件，第 i 个零件是不合格品的概率 $p_i=\frac{1}{1+i}(i=1,2,3)$，以 X 表示 3 个零件中合格品的个数，求

$P\{X=2\}$.(考研真题)

【解析】 设 A_i 表示第 i 个零件是不合格品,则

$$P(A_i)=p_i=\frac{1}{i+1} \quad (i=1,2,3).$$

故

$$\begin{aligned}P\{X=2\}&=P(A_1\overline{A}_2\overline{A}_3+\overline{A}_1A_2\overline{A}_3+\overline{A}_1\overline{A}_2A_3)\\&=P(A_1)P(\overline{A}_2)P(\overline{A}_3)+P(\overline{A}_1)P(A_2)P(\overline{A}_3)+P(\overline{A}_1)P(\overline{A}_2)P(A_3)\\&=\frac{1}{2}\left(1-\frac{1}{3}\right)\left(1-\frac{1}{4}\right)+\frac{1}{2}\cdot\frac{1}{3}\left(1-\frac{1}{4}\right)+\frac{1}{2}\left(1-\frac{1}{3}\right)\frac{1}{4}=\frac{11}{24}.\end{aligned}$$

【方法点击】 例 8 使用了多个事件独立的性质:若 $A_1,A_2,\cdots,A_n$ 相互独立,则将 $A_1,A_2,\cdots,A_n$ 中的任意事件换成其逆事件,所得的 n 个事件仍相互独立.

例 9 加工某一零件共需经过四道工序,设第一、二、三、四道工序的次品率分别为 0.02,0.03,0.05 和 0.03.假设各道工序是互不影响的,求加工出来的零件的次品率.

【解析】 设 A_i=“第 i 道工序出次品”,$i=1,2,3,4$;A=“零件为次品”,则 $A=A_1\cup A_2\cup A_3UA_4$.

由题设,A_1,A_2,A_3,A_4 相互独立,故 $\overline{A}_1,\overline{A}_2,\overline{A}_3,\overline{A}_4$ 也相互独立,从而

$$\begin{aligned}P(A)&=P(A_1\cup A_2\cup A_3\cup A_4)=1-P(\overline{A_1\cup A_2\cup A_3\cup A_4})\\&=1-P(\overline{A}_1\overline{A}_2\overline{A}_3\overline{A}_4)=1-P(\overline{A}_1)P(\overline{A}_2)P(\overline{A}_3)P(\overline{A}_4)\\&=1-0.98\times0.97\times0.95\times0.97=0.124.\end{aligned}$$

【方法点击】 例 9 用到了独立性的重要结论:若 $A_1,A_2,\cdots,A_n$ 相互独立,则

$$P(\bigcup_{i=1}^{n}A_i)=1-P(\prod_{i=1}^{n}\overline{A}_i)=1-\prod_{i=1}^{n}P(\overline{A}_i).$$

基本题型Ⅲ:关于重复独立试验

例 10 某人向同一目标独立重复射击,每次射击命中目标的概率为 $p(0<p<1)$,则此人第 4 次射击恰好第二次命中目标的概率为(　　).(考研真题)

(A)$3p(1-p)^2$　　(B)$6p(1-p)^2$　　(C)$3p^2(1-p)^2$　　(D)$6p(1-p)^2$

【解析】 设 A=“第 4 次射击恰好第二次命中目标”,则 A 表示共射击 4 次,其中前 3 次只有 1 次击中目标,且第 4 次击中目标.因此

$$P(A)=[C_3^1p(1-p)^2]\cdot p=3p^2(1-p)^2.$$

故应选(C).

【方法点击】　本题属于重复独立试验问题，需要注意的是“第4次射击恰好第2次命中”与“4次射击命中2次”的区别，所求概率不能直接使用二项概率公式.

本章整合

一　本章知识图解

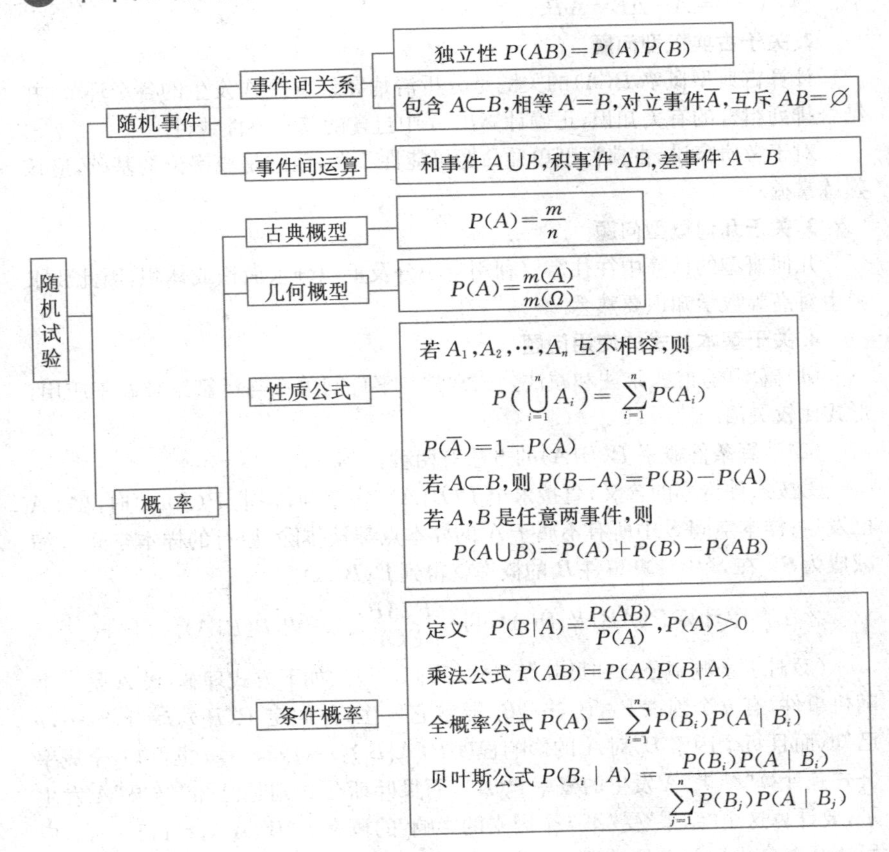

二 本章知识总结

1. 关于随机事件的关系与运算.

任意一个随机事件均可以表示为一个或几个与其等价的形式，在概率的计算中，可以根据条件的不同而选用不同的等价形式，题型灵活是这一章的共同特点，大家在做关于随机事件的关系及运算的题目时，应该注意下面几个结论的应用：

(1)$A=AB+A\overline{B}$，AB 与 $A\overline{B}$ 互不相容；

(2)当 A,B 互不相容时，$A-B=A$；$AB=\varnothing$；$(A+B)-B=A$；

(3)当 $B\subset A$ 时，$A+B=A$；$AB=B$；$(A-B)+B=A$；

(4)$A-B=A-AB=A\overline{B}$.

2. 关于古典概型问题.

计算古典型概率 $P(A)$ 的关键是分析清楚导致事件 A 发生的各个环节，并结合排列组合的有关知识，正确计算出 A 中包含的基本事件数目.

对于考研来讲，古典概型单独命题可能性不大，但它是概率论的基础，应该熟练掌握.

3. 关于几何概型问题.

几何概型的计算中往往需要利用定积分及重积分求面积或体积，因此要求考生对高等数学知识要熟悉.

4. 关于基本公式的使用问题.

(1)概率的加法、乘法和减法公式常常与事件间关系与运算结合起来应用，形式比较灵活.

(2)计算条件概率 $P(B|A)$ 的方法有两种：

①按条件概率的含义，直接求出 $P(B|A)$. 注意到，在求 $P(B|A)$ 时已知 A 已发生；样本空间 S 中所有不属于 A 的样本点都被排除，原有的样本空间 S 缩减成为 S'. 在 S' 中计算事件 B 的概率就得到 $P(B|A)$.

②在 S 中计算 $P(AB)$ 及 $P(A)$，再按 $\dfrac{P(AB)}{P(A)}$ 式求得 $P(B|A)$.

(3)对于全概率公式和贝叶斯公式，我们可以按如下方式理解：设 A 是一个随机事件，有 n 个因素 $B_1,B_2,\cdots,B_n$ 导致它发生，并假定 $P(B_i)$，$i=1,2,\cdots,n$ 已知，而且每个因素 B_i 对 A 的影响程度 $P(A|B_i)$，$i=1,2,\cdots,n$ 也可知，全概率公式是计算"结果"A 发生的概率 $P(A)$；而贝叶斯公式则是已知"结果"A 发生了，要计算这个"结果"受"第 i 个因素的影响"的概率 $P(B_i|A)$，$i=1,2,\cdots,n$，应用这两个公式的关键是找到一个完备事件组.

寻找完备事件组(划分)的两个常用方法：

①从第一个试验入手,分解其样本空间,找出完备事件组.

如果所求概率的事件与前后两个试验(两个工序)有关,且这两个试验(或工序)彼此关联,第一个试验(工序)的各种结果直接对第二个试验产生影响,而问第二个试验(工序)出现结果的概率.这类问题是属于使用全概率公式的问题.第一个试验的各种结果就是所求的一个完备事件组.

②从事件 B 发生的两两互不相容的诸原因找完备事件组.

如果事件 B 能且只能在"原因"$A_1,A_2,\cdots,A_n$ 下发生,且 $A_1,A_2,\cdots,A_n$ 是两两互不相容,那么这些"原因"$A_1,A_2,\cdots,A_n$ 就是一个完备事件组.

这类问题一般来说是各类考试的考查重点内容之一,且难度较大,应该多加练习.

5. 关于事件独立性与重复独立试验的问题.

事件的独立性是概率论中的一个非常重要的概念.概率论与数理统计中的很多内容都是在独立的前提下讨论的.应该注意到,在实际应用中,对于事件的独立性,我们往往不是根据定义来判断而是根据实际意义来加以判断的.根据实际背景判断事件的独立性,往往并不困难.

伯努利概型是重复独立试验的一个重要概率模型,其特点是:一次试验中只有事件 A 发生与不发生两种情况;各次试验中事件 A 发生的概率都相同;各次试验是相互独立的.利用二项概率公式,可以计算 n 次重复试验中某个事件 A 恰好发生 $k(0\leqslant k\leqslant n)$ 次的概率,也可以计算 A 至少发生 k 次或 A 最多发生 k 次的概率.此部分可以与第二章的二项分布合并记忆.

6. 考研大纲要求.

(1)理解随机事件概念,掌握事件间的关系与运算;

(2)理解概率、条件概率的定义,掌握概率的基本性质,会计算古典型概率和几何型概率;

(3)掌握概率的加法、减法和乘法公式,会应用全概率公式和贝叶斯公式;

(4)理解事件独立性的概念,掌握应用事件独立性进行概率计算的方法;

(5)理解重复独立试验的概念,掌握计算有关事件概率的方法.

三 本章同步自测

同步自测题

一、填空题

1. 已知 A,B 两个事件满足条件 $P(AB)=P(\overline{A}\ \overline{B})$,且 $P(A)=p$,则 $P(B)=$________.(考研真题)

2. 设 $P(A)=a,P(B)=0.3,P(\overline{A}\cup B)=0.7$.若事件 A 与 B 互不相容,则 $a=$________.若事件 A 与 B 相互独立,则 $a=$________.

3. 一批产品共有 10 个正品和 2 个次品，任意抽取两次，每次抽一个，抽出后不再放回，则第二次抽出的是次品的概率为________.（考研真题）

4. 假设一批产品中一、二、三等品各占 60%，30%，10%，从中随意取出一件，结果不是三等品，则取到的是一等品的概率为________.（考研真题）

5. 从区间(0,1)内任取两个数，则这两个数的积小于$\frac{1}{4}$的概率为________.

二、选择题

1. 设 A,B,C 是三个相互独立的随机事件，且 $0<P(C)<1$，则在下列给定的四对事件中不相互独立的是（　　）.（考研真题）

(A)$\overline{A+B}$与C　　(B)$\overline{AC}$与$\overline{C}$　　(C)$\overline{A-B}$与C　　(D)$\overline{AB}$与$\overline{C}$

2. 设 A,B,C 为随机事件，$P(ABC)=0$，且 $0<P(C)<1$，则一定有（　　）.

(A)$P(ABC)=P(A)P(B)P(C)$

(B)$P((A+B)|C)=P(A|C)+P(B|C)$

(C)$P(A+B+C)=P(A)+P(B)+P(C)$

(D)$P((A+B)|\overline{C})=P(A|\overline{C})+P(B|\overline{C})$

3. 对于事件 A 和 B，满足 $P(B|A)=1$ 的充分条件是（　　）.（考研真题）

(A)A 是必然事件　　(B)$P(B|\overline{A})=0$　　(C)$A\supset B$　　(D)$A\subset B$

4. 设 A,B 为任意两个事件且 $A\subset B$，$P(B)>0$，则下列选项必然成立的是（　　）.（考研真题）

(A)$P(A)<P(A|B)$　　(B)$P(A)\leqslant P(A|B)$

(C)$P(A)>P(A|B)$　　(D)$P(A)\geqslant P(A|B)$

5. 设 A 和 B 是任意两个概率不为零的不相容事件，则下列结论中肯定正确的是（　　）.

(A)$\overline{A}$与$\overline{B}$不相容　　(B)$\overline{A}$与$\overline{B}$相容

(C)$P(AB)=P(A)\cdot P(B)$　　(D)$P(A-B)=P(A)$

三、解答题

1. 设某种动物由出生算起活 20 年以上的概率为 0.8，活 25 年以上的概率为 0.4. 如果现在有一只 20 岁的这种动物，问它能活到 25 岁以上的概率是多少？

2. 袋中有 a 个白球 b 个黑球，随机取出一个球，然后放回，并同时再放进与取出的球同色的球 c 个，再取第二个，这样连续三次. 问取出的三个球中前两个是黑球，第三个是白球的概率是多少？

3. 设 A,B 是任意二事件，其中 A 的概率不等于 0 和 1，证明 $P(B|A)=P(B|\overline{A})$ 是事件 A 与 B 独立的充分必要条件.（考研真题）

4. 盒中有 12 个乒乓球，其中 9 个是新的，第一次比赛时从盒中任取 3 个，用后仍放回盒中，第二次比赛时再从盒中任取 3 个，求第二次取出的球都是新球的概率. 若已知第二次取出的球都是新球，求第一次取到的球都是新球的概率.

5. 在某城市中发行三种报纸 A,B,C，经调查，订阅 A 报的有 45%，订阅 B 报的有 35%，订阅 C 报的有 30%，同时订阅 A 及 B 报的有 10%，同时订阅 A 及 C 报的有 8%，同时订阅 B 及 C 报的有 5%，同时订阅 A,B,C 报的有 3%. 试求下列事件的概率：

(1)只订 A 报的；(2)只订 A 及 B 报的；(3)只订一种报纸的；(4)恰好订两种报纸的；(5)至少订阅一种报纸的；(6)不订阅任何报纸的；(7)至多订阅一种报纸的.

自测题答案

一、填空题

1. $1-p$　**2.** 0.3；$\frac{3}{7}$　**3.** $\frac{1}{6}$　**4.** $\frac{2}{3}$　**5.** $\frac{1}{4}+\frac{1}{2}\ln 2$

1. 解：因为 $\overline{A\cup B}=\overline{A}\,\overline{B}$，$P(A\cup B)=P(A)+P(B)-P(AB)$，

又 $P(A\cup B)=1-P(\overline{A\cup B})=1-P(\overline{A}\,\overline{B})$，

所以 $P(A)+P(B)=1$，

即 $P(B)=1-p$.

故应填 $1-p$.

2. 解：由概率的加法公式和概率的包含可减性知

$$\begin{aligned}P(\overline{A}\cup B)&=P(\overline{A})+P(B)-P(\overline{A}B)\\&=P(\overline{A})+P(B)-[P(B)-P(AB)]\\&=1-P(A)P(AB).\end{aligned}$$

由题设可知

$$0.7=1-a+P(AB) \tag{1}$$

(1)若事件 A 与 B 互不相容，则 $AB=\varnothing$，$P(AB)=0$，代入上式得 $a=0.3$；

(2)若事件 A 与 B 相互独立，则有

$$P(AB)=P(A)P(B) \tag{2}$$

将(2)式代入(1)式右端，可得

$$0.7=1-a+0.3a,$$

于是解得 $a=\frac{3}{7}$.

3. 解：设 A 表示事件{第一次抽取的是正品}，B 表示事件{第二次抽取的是次品}，则

$$P(A)=\frac{5}{6},P(\overline{A})=\frac{1}{6},$$

且 $P(B|A)=\frac{2}{11}$，$P(B|\overline{A})=\frac{1}{11}$，

由全概率公式知

$$P(B)=P(A)P(B|A)+P(\overline{A})P(B|\overline{A})=\frac{5}{6}\times\frac{2}{11}+\frac{1}{6}\times\frac{1}{11}=\frac{1}{6}.$$

4. 解:设 A_i="取到 i 等品",$i=1,2,3$,则根据题意知

$$P(A_1)=0.6,P(A_2)=0.3,P(A_3)=0.1,$$

由条件概率公式易知

$$P(A_1|\overline{A}_3)=\frac{P(A_1\overline{A}_3)}{P(\overline{A}_3)}=\frac{P(A_1)}{1-P(A_3)}=\frac{0.6}{0.9}=\frac{2}{3}.$$

5. 解:设两个数分别为 x 和 y,有 $0<x<1,0<y<1$,需要求事件 $\left\{xy<\frac{1}{4}\right\}$ 的概率,如图 1-2 所示,把 (x,y) 看作平面上的一个点,则 (x,y) 在边长为 1 的正方形内等可能取值,正方形面积为 1. 满足 $xy<\frac{1}{4}$ 的全体点 (x,y) 构成平面区域 D,D 的面积为

$$S=1-\int_{\frac{1}{4}}^{1}\left(1-\frac{1}{4x}\right)\mathrm{d}x=\frac{1}{4}+\frac{1}{2}\ln 2,$$

则

$$P\left\{xy<\frac{1}{4}\right\}=\frac{S}{1}=\frac{1}{4}+\frac{1}{2}\ln 2.$$

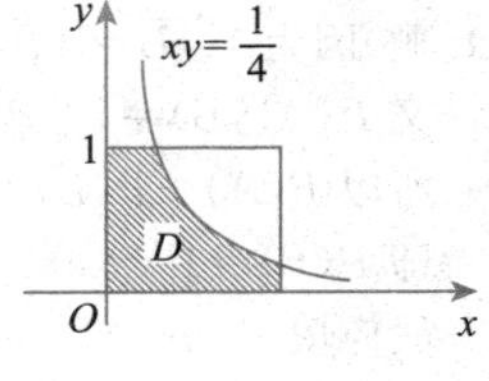

图 1-2

二、选择题

1. (B) **2.** (B) **3.** (D) **4.** (B) **5.** (D)

1. 解:A,B,C 相互独立时,(A),(C),(D)显然独立,应选(B).
事实上,由 $0<P(C)<1$ 知 C 并非必然事件与不可能事件,故 $\overline{AC}$ 与 $\overline{C}$ 不独立.
故应选(B).

【方法点击】 利用多个事件相互独立的性质非常方便. 例如:A,B,C,D 相互独立时,A,B 作任意运算得到的事件 $\sigma_1(A,B)$ 与 C,D 作任意运算得到的事件 $\sigma_2(C,D)$ 相互独立.

2. 解:$P((A+B)|C)=\frac{P(AC+BC)}{P(C)}=\frac{P(AC)+P(BC)}{P(C)}=P(A|C)+P(B|C)$.

故应选(B).

3. 解:$P(B|A)=1\Leftrightarrow\frac{P(AB)}{P(A)}=1\Leftrightarrow P(AB)=P(A)$,故应选(D).

4. 解:因为 $A\subset B$,$0<P(B)\leqslant1$,所以 $A=AB$,那么 $P(A)=P(AB)=P(B)P(A|B)\leqslant P(A|B)$. 故应选(B).

5. 解:根据题意,A 和 B 是任意两个不相容事件,$AB=\varnothing$,从而 $P(AB)=0$. 又 $A=(A-B)\cup(AB)$,且 $(A-B)\cap(AB)=\varnothing$,故 $P(A)=P(A-B)+P(AB)=P(A-B)$,所以(D)项一定成立.
另外,由于 $P(A)\neq0,P(B)\neq0$,(C)项不可能成立.

值得注意的是(A)项和(B)项，有读者可能认为(A)项与(B)项是互逆的，总有一个是正确的．实际上，若 $AB=\varnothing, A\cup B\neq\Omega$ 时，(A)项不成立；$AB=\varnothing$ 且 $A\cup B=\Omega$ 时，(B)项不成立．

故应选(D)．

三、解答题

1. 解：设事件 $B=$"能活 20 年以上"，$A=$"能活 25 年以上"．

按题意，$P(B)=0.8$，由于 $A\subset B$，所以 $BA=A$，因此 $P(AB)=P(A)=0.4$，

由概率的定义，得 $P(A|B)=\dfrac{P(AB)}{P(B)}=\dfrac{0.4}{0.8}=0.5$．

2. 解：设 A_i 表示取出的第 i 个球为白球．则所求的概率为

$$\begin{aligned}P(\overline{A}_1\overline{A}_2A_3)&=P(\overline{A}_1\overline{A}_2)(A_3|\overline{A}_1\overline{A}_2)\\&=P(\overline{A}_1)P(\overline{A}_2|\overline{A}_1)P(A_3|\overline{A}_1\overline{A}_2)\\&=\frac{b}{a+b}\cdot\frac{b+c}{a+b+c}\cdot\frac{a}{a+b+2c}.\end{aligned}$$

3. 证明：由于 A 的概率不等于 0 和 1，知题中两个条件概率都存在．

(1)必要性．

由事件 A 与 B 独立，知事件 $\overline{A}$ 与 B 也独立，因此 $P(B|A)=P(B)$，$P(B|\overline{A})=P(B)$，从而 $P(B|A)=P(B|\overline{A})$．

(2)充分性．

由 $P(B|A)=P(B|\overline{A})$，可见

$$\frac{P(AB)}{P(A)}=\frac{P(\overline{A}B)}{P(\overline{A})}=\frac{P(B)-P(AB)}{1-P(A)},$$

$$P(AB)[1-P(A)]=P(A)P(B)-P(A)P(AB),$$

$$P(AB)=P(A)P(B),$$

因此 A 和 B 独立．

4. 解：设 $A_i=$"第一次取出 i 个新球"，$i=0,1,2,3$，

$B_j=$"第二次取出 j 个新球"，$j=0,1,2,3$．

由于 A_0,A_1,A_2,A_3 是完备事件组，且

$$P(A_i)=\frac{C_9^iC_3^{3-i}}{C_{12}^3},P(B_3|A_i)=\frac{C_{9-i}^3}{C_{12}^3}(i=0,1,2,3).$$

由全概率公式可得：

$$P(B_3)=\sum_{i=0}^{3}P(A_i)P(B_3\mid A_i)=\sum_{i=0}^{3}\left(\frac{C_9^iC_3^{3-i}}{C_{12}^3}\times\frac{C_{9-i}^3}{C_{12}^3}\right)=\frac{441}{3\ 025}.$$

由贝叶斯公式得：

$$P(A_3|B_3)=\frac{P(A_3)P(B_3|A_3)}{P(B_3)}=0.238.$$

5. 解:(1) $P(A\overline{B}\overline{C})=P(A-B-C)=P(A-(B\cup C))=P(A-A(B\cup C))$

$=P(A)-P(A(B\cup C))=P(A)-P(AB)-P(AC)+P(ABC)$

$=0.45-0.1-0.08+0.03=0.30$;

(2) $P(AB\overline{C})=P(AB-C)=P(AB-ABC)=P(AB)-P(ABC)$

$=0.10-0.03=0.07$;

(3) $P(A\overline{B}\,\overline{C}\cup\overline{A}B\overline{C}\cup\overline{A}\,\overline{B}C)=P(A\overline{B}\,\overline{C})+P(\overline{A}B\overline{C})+P(\overline{A}\,\overline{B}C)$

$=0.30+P(B-B(A\cup C))+P(C-C(A\cup B))$

$=0.30+P(B)-P(AB)-P(BC)+P(ABC)+P(C)-P(CA)-P(CB)+P(ABC)$

$=0.30+0.35-0.10-0.05+0.03+0.30-0.08-0.05+0.03=0.73$;

(4) $P(AB\overline{C}\cup A\overline{B}C\cup\overline{A}BC)=P(AB\overline{C})+P(A\overline{B}C)+P(\overline{A}BC)$

$=P(AB)-P(ABC)+P(AC)-P(ABC)+P(BC)-P(ABC)$

$=P(AB)+P(AC)+P(BC)-3P(ABC)$

$=0.10+0.08+0.05-3\times0.03=0.14$;

(5) $P(A\cup B\cup C)=P(A)+P(B)+P(C)-P(AB)-P(AC)-P(BC)+P(ABC)$

$=0.45+0.35+0.30-0.10-0.08-0.05+0.03=0.90$;

(6) $P(\overline{A}\,\overline{B}\,\overline{C})=1-P(A\cup B\cup C)=1-0.90=0.10$;

(7) $P(\overline{A}\overline{B}\overline{C}+A\overline{B}\overline{C}+\overline{A}B\overline{C}+\overline{A}\overline{B}C)=P(\overline{A}\overline{B}\overline{C})+P(A\overline{B}\overline{C})+P(\overline{A}B\overline{C})+P(\overline{A}\overline{B}C)$

$=0.10+0.73=0.83$.

第二章　随机变量及其分布

本章首先引入了随机变量的概念，并简单介绍了离散型和非离散型随机变量．接着重点介绍了一维随机变量的分布，包括随机变量的分布函数及性质、一维离散型随机变量的分布律、一维连续型随机变量的概率密度．最后介绍了随机变量函数的分布．

随机变量概念的引入是为了利用数学分析的方法全面系统地研究随机试验的所有结果，来揭示其客观存在着的统计规律性．掌握好本章的内容是学好概率论与数理统计的基础．

第一节　随机变量

知识全解

【知识结构】

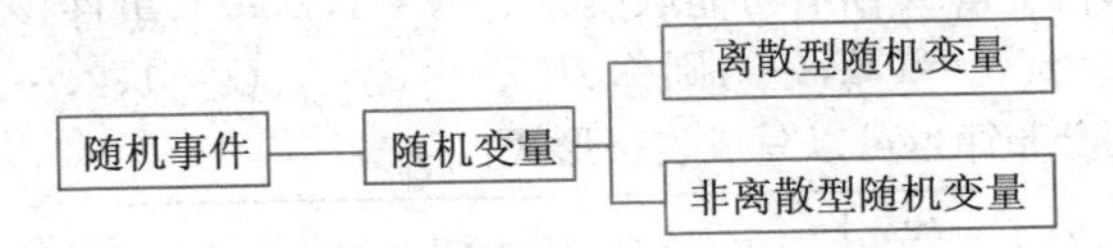

【考点精析】

随机变量.

设 E 是一个随机试验，其样本空间为 $\Omega=\{\omega\}$，如果对于每一个样本点 $\omega\in\Omega$，都有唯一的一个实数 $X(\omega)$ 与之对应，则称 $X(\omega)$ 为一维随机变量．通常用 $X,Y,Z,\cdots$ 表示随机变量．

第二节　离散型随机变量及其分布律

知识全解

【知识结构】

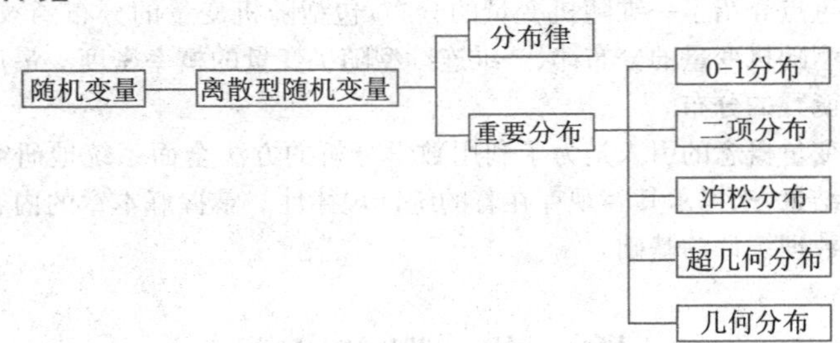

【考点精析】

1. 离散型随机变量.

若随机变量 X 的全部可能取值是有限个或无限可列个，则称 X 为离散型随机变量.

2. 分布律.

离散型随机变量 X 所有可能取值为 $x_k(k=1,2,\cdots)$，事件 $\{X=x_k\}$ 的概率为 $P\{X=x_k\}=p_k(k=1,2,\cdots)$，则称 $P\{X=x_k\}=p_k(k=1,2,\cdots)$ 为 X 的分布律或分布列．分布律也可以写成表格形式：

X	x_1	x_2	$\cdots$	x_k	$\cdots$
P	p_1	p_2	$\cdots$	p_k	$\cdots$

离散型随机变量的分布律的性质：

(1) $P\{X=x_k\}=p_k\geqslant 0,k=1,2,\cdots$；

(2) $\sum\limits_k p_k=1$.

3. 离散型随机变量 X 的分布律与事件概率的关系.

如果已知 X 的分布律为 $P\{X=x_k\}=p_k(k=1,2,\cdots)$，则事件 $\{a<X\leqslant b\}$ 的概率为

$$P\{a<X\leqslant b\}=\sum_{a<x_k\leqslant b}p_k.$$

4. 重要分布.

(1)(0－1)分布：其分布律为

X	1	0
P	p	$1-p$

其中 p 为事件 A 出现的概率，$0<p<1$.

(2)二项分布：设在 n 重伯努利试验中事件 A 发生的次数为 X，则

$$P\{X=k\}=C_n^k p^k q^{n-k},k=0,1,2,\cdots,n,$$

其中 p 为事件 A 在每次试验中出现的概率，$q=1-p$，称随机变量 X 服从二项分布，记为

$$X\sim B(n,p).$$

(3)泊松分布：设随机变量 X 的分布律为

$$P\{X=k\}=\frac{\lambda^k e^{-\lambda}}{k!}(k=0,1,2,\cdots),$$

其中 $\lambda>0$ 是常数，则称 X 服从参数为 λ 的泊松分布，记为 $X\sim\pi(\lambda)$ 或 $P(\lambda)$.

泊松定理：设随机变量 $X_n\sim B(n,p_n)$，若 $\lim\limits_{n\to\infty} np_n=\lambda>0$，则有

$$\lim_{n\to\infty} C_n^i p_n^i (1-p_n)^{n-i}=\frac{\lambda^i}{i!}e^{-\lambda}(i=1,2,\cdots).$$

由泊松定理，当 n 充分大时，二项分布可以用泊松分布作为近似.

(4)超几何分布：设随机变量 X 的分布律是

$$P\{X=i\}=\frac{C_M^i C_{N-M}^{n-i}}{C_N^n}(i=0,1,2,\cdots,l;l=\min\{n,M\}),$$

其中 M,N,n 都是自然数，且 $n<N,M<N$，则称 X 服从参数为 N,M,n 的超几何分布，记作 $X\sim H(N,M,n)$.

(5)几何分布：设随机变量 X 的分布律为

$$P\{X=i\}=(1-p)^{i-1}p,i=1,2,3,\cdots,$$

其中 $0<p<1$，则称 X 服从参数为 p 的几何分布，记为 $X\sim G(p)$.

本节是考研的重点内容之一，可以单独命题，常见题型有：求分布律；利用分布律求分布函数及概率；利用二项分布、泊松分布等常用分布解决各类问题，也可以与其他内容(如数学特征等)综合命题.

例题精解

基本题型Ⅰ：考查分布律的性质

例1 设离散型随机变量 X 的分布律为：$P\{X=k\}=b\lambda^k(k=1,2,3,\cdots)$，且 $b>0$，则(　　).

(A)λ 为大于0的任意实数　　(B)$\lambda=b+1$

(C)$\lambda=\frac{1}{1+b}$　　　　　　(D)$\lambda=\frac{1}{b-1}$

【解析】 因为 $\sum_{k=1}^{\infty}P\{X=k\}=\sum_{k=1}^{\infty}b\lambda^k=1$,

于是可知,当$|\lambda|<1$时,$b\cdot\frac{\lambda}{1-\lambda}=1$,

所以
$$\lambda=\frac{1}{1+b}<1(因\ b>0).$$

故应选(C).

【方法点击】 离散型随机变量的分布律性质非常重要,利用性质可以判断分布律是否正确,也可以确定分布律中的未知参数.

基本题型Ⅱ:求离散型随机变量的分布律

例2　一辆汽车沿一街道行驶,需要通过三个均设有红绿信号灯的路口,某个信号灯为红或绿与其他信号灯为红或绿相互独立,且红绿两种信号显示时间相等.以 X 表示该汽车首次遇到红灯前已通过的路口的个数,求 X 的概率分布.(考研真题)

【思路探索】 X 为离散型随机变量,其全部可能取值是0,1,2,3,再通过概率计算公式求得.

【解析】 设 A_i 为汽车在第 i 个路口首次遇到红灯,$i=1,2,3$.

因为 A_1,A_2,A_3,相互独立,

所以$P\{X=0\}=P(A_1)=\frac{1}{2}$;

$$P\{X=1\}=P(\overline{A}_1A_2)=P(\overline{A}_1)P(A_2)=\frac{1}{2}\times\frac{1}{2}=\frac{1}{2^2};$$

$$P\{X=2\}=P(\overline{A}_1\,\overline{A}_2A_3)=P(\overline{A}_1)P(\overline{A}_2)P(A_3)=\frac{1}{2}\times\frac{1}{2}\times\frac{1}{2}=\frac{1}{2^3};$$

$$P\{X=3\}=P(\overline{A}_1\,\overline{A}_2\,\overline{A}_3)=P(\overline{A}_1)P(\overline{A}_2)P(\overline{A}_3)=\frac{1}{2}\times\frac{1}{2}\times\frac{1}{2}=\frac{1}{2^3}.$$

故 X 的分布律为:

X	0	1	2	3
P	$\frac{1}{2}$	$\frac{1}{4}$	$\frac{1}{8}$	$\frac{1}{8}$

例3　设10件产品中有7件正品,3件次品,随机地从中抽取产品,每次取1件,直到取到正品为止.

(1)若有放回地抽取,求抽取次数 X 的概率分布;

(2)若不放回地抽取,求抽取次数 X 的概率分布.

【解析】 (1)若有放回地抽取,则下一次抽取的情形与前一次完全相同,因此 X 的取值为 1,2,…,利用独立性可得

$$P\{X=1\}=\frac{7}{10},$$

$$P\{X=2\}=\frac{3}{10}\times\frac{7}{10},$$

$$P\{X=3\}=\left(\frac{3}{10}\right)^2\times\frac{7}{10},$$

…

即 X 的分布律为:

$$P\{X=k\}=\left(\frac{3}{10}\right)^{k-1}\frac{7}{10},k=1,2,\cdots.$$

也就是说,X 服从参数为$\frac{7}{10}$的几何分布.

(2)若不放回地抽取,由于共有 3 件次品,7 件正品,因此,X 的可能取值应为 1,2,3,4,令 A_k="第 k 次取到正品",$k=1,2,3,4$,则利用乘法公式可得

$$P\{X=1\}=P(A_1)=\frac{7}{10};$$

$$P\{X=2\}=P(\overline{A}_1A_2)=P(\overline{A}_1)P(A_2|\overline{A}_1)=\frac{3}{10}\times\frac{7}{9}=\frac{7}{30};$$

$$P\{X=3\}=P(\overline{A}_1\,\overline{A}_2A_3)=P(\overline{A}_1)P(\overline{A}_2|\overline{A}_1)P(A_3|\overline{A}_1\,\overline{A}_2)=\frac{3}{10}\times\frac{2}{9}\times\frac{7}{8}$$
$$=\frac{7}{120};$$

$$P\{X=4\}=P(\overline{A}_1\,\overline{A}_2\,\overline{A}_3A_4)=P(\overline{A}_1)P(\overline{A}_2|\overline{A}_1)P(\overline{A}_3|\overline{A}_1\,\overline{A}_2)P(A_4|\overline{A}_1\,\overline{A}_2\,\overline{A}_3)$$
$$=\frac{3}{10}\times\frac{2}{9}\times\frac{1}{8}\times\frac{7}{7}=\frac{1}{120}.$$

故 X 的分布律为:

X	1	2	3	4
P	$\frac{7}{10}$	$\frac{7}{30}$	$\frac{7}{120}$	$\frac{1}{120}$

【方法点击】 (1)求离散型随机变量的分布律,先要搞清楚其所有可能的取值.然后计算随机变量取各相应值的概率.计算应结合求随机事件概率的各种方法和概率基本公式.

(2)本题第(1)问中 X 服从几何分布,几何分布的实际背景是重复独立试验下首次成功的概率,它可作为描述"独立射击,首次击中时的射击次数""有放回地抽取产品,首次抽到次品时的抽取次数"等概率分布的数学模型.

基本题型Ⅲ:利用分布律求概率

例 4 设随机变量的分布律为 $P\{X=k\}=\frac{1}{2^k},k=1,2,\cdots$,则 $P\{X=$偶数$\}=$________,$P\{X\geqslant5\}=$________.

【解析】 $P\{X=\text{偶数}\}=\sum\limits_{k=1}^{\infty}P\{X=2k\}=\sum\limits_{k=1}^{\infty}\frac{1}{2^{2k}}=\frac{\frac{1}{4}}{1-\frac{1}{4}}=\frac{1}{3}$,

$$P\{X\geqslant5\}=\sum_{k=5}^{\infty}P\{X=k\}=\sum_{k=5}^{\infty}\frac{1}{2^k}=\frac{\frac{1}{2^5}}{1-\frac{1}{2}}=\frac{1}{16}.$$

故应填$\frac{1}{3}$;$\frac{1}{16}$.

【方法点击】 对于离散型随机变量,利用其分布律可以求任意事件的概率,即

$$P\{X\in G\}=\sum_{x_k\in G}p_k.$$

基本题型Ⅳ:考查重要分布

例 5 设随机变量 X 服从参数为$(2,p)$的二项分布,随机变量 Y 服从参数为$(3,p)$的二项分布,若 $P\{X\geqslant1\}=\frac{5}{9}$,则 $P\{Y\geqslant1\}=$________.(考研真题)

【解析】 因为$\frac{5}{9}=P\{X\geqslant1\}=1-P\{X<1\}=1-C_2^0p^0(1-p)^2=1-(1-p)^2$,

所以$(1-p)=\frac{2}{3}$.

即 $P\{Y\geqslant1\}=1-P\{Y<1\}=1-C_3^0p^0(1-p)^3=1-(\frac{2}{3})^3=\frac{19}{27}$.

故应填$\frac{19}{27}$.

例 6　设 $X \sim B(n,p)$，若 $(n+1)p$ 不是整数，则(　　)时 $P\{X=k\}$ 最大．

(A) $k=(n+1)p$　　(B) $k=(n+1)p-1$

(C) $k=np$　　(D) $k=[(n+1)p]$

【解析】　由二项分布的性质知，应选(D)．

【方法点击】　(1)二项分布是离散型随机变量中的重要分布，利用二项分布解决问题的关键在于熟练地掌握伯努利概型的特点．

(2)设 $X \sim B(n,p)$，则使 $P\{X=k\}$ 达到最大的 k，称为二项分布的最可能值，记为 k_0 且

$$k_0=\begin{cases}(n+1)p \text{ 和 } (n+1)p-1, & \text{当 } (n+1)p \text{ 是整数时}, \\ [(n+1)p], & \text{其他}.\end{cases}$$

例 7　若每只母鸡产 k 个蛋的概率服从参数为 λ 的泊松分布，而每个蛋能孵化成小鸡的概率为 p. 试证：每只母鸡有 n 只小鸡的概率服从参数为 λp 的泊松分布．

【证明】　设 $X=\{\text{蛋数}\}$，$Y=\{\text{鸡数}\}$. 则 $P\{X=k\}=\dfrac{\lambda^k e^{-\lambda}}{k!}$，$k=0,1,2,\cdots$.

$P\{Y=n|X=k\}=C_k^n p^n(1-p)^{k-n}$，$n=0,1,\cdots,k$.

由全概率公式，

$$\begin{aligned}P\{Y=n\}&=P\{X=n\}P\{Y=n|X=n\}+P\{X=n+1\}P\{Y=n|X=n+1\}+\cdots \\ &=\frac{\lambda^n}{n!}e^{-\lambda}p^n+\frac{\lambda^{n+1}}{(n+1)!}e^{-\lambda}C_{n+1}^n p^n q+\cdots \\ &=\frac{(\lambda p)^n}{n!}e^{-\lambda(1-q)}=\frac{(\lambda p)^n}{n!}e^{-\lambda p}\ (n=0,1,2,\cdots),\end{aligned}$$

所以 $Y \sim P(\lambda p)$.

例 8　现有 500 人检查身体，初步发现有 50 人患有某种病，从中任找出 10 人，求下列事件的概率：

(1)恰有 1 人患此病；

(2)最多有 1 人患此病；

(3)至少有 1 人患此病．

【解析】　设任找的 10 人中患此病的人数为 X，据题意知 X 服从超几何分布，有

$$P\{X=k\}=\frac{C_{50}^k C_{450}^{10-k}}{C_{500}^{10}},k=0,1,\cdots,10.$$

因为总数 N 很大，而抽取个数 n 相对较小，故可用二项分布近似代替超几何分布．

$$P\{X=k\}\approx C_{10}^{k}\left(\frac{50}{500}\right)^{k}\left(\frac{450}{500}\right)^{10-k}=C_{10}^{k}\cdot 0.1^{k}\cdot 0.9^{10-k}.$$

(1) $P\{X=1\}\approx 10\times 0.1\times 0.9^{9}\approx 0.387\ 4$;

(2) $P\{X\leqslant 1\}=P\{X=0\}+P\{X=1\}\approx 0.9^{10}+0.387\ 4\approx 0.736\ 1$;

(3) $P\{X\geqslant 1\}=1-P\{X<1\}=1-P\{X=0\}\approx 1-0.9^{10}\approx 0.651\ 3$.

【方法点击】 可以证明,当 $N\to+\infty$ 时,超几何分布以二项分布为极限,即当 N 充分大,n 相对较小时,X 近似服从 $B\left(n,\frac{M}{N}\right)$.

例 9 假设一厂家生产的每台仪器以概率 0.7 可以直接出厂,以概率 0.3 需进一步调试,经调试后以概率 0.8 可以出厂,以概率 0.2 定为不合格品不能出厂,现该厂新生产了 $n(n\geqslant 2)$ 台仪器(假设各台仪器的生产过程相互独立). 求:

(1)全部能出厂的概率 α;

(2)其中恰好有两件不能出厂的概率 β;

(3)其中至少有两件不能出厂的概率 θ.(考研真题)

【解析】 设 $A=\{$仪器需进一步调试$\}$,$B=\{$仪器能出厂$\}$,则

$$\begin{aligned}P(B)&=P(\overline{A}+AB)=P(\overline{A})+P(AB)\\&=1-P(A)+P(A)P(A|B)=0.94.\end{aligned}$$

因此能出厂的仪器数量服从二项分布 $B(n,0.94)$,

由二项概率公式可知:

(1) $\alpha=0.94^{n}$;

(2) $\beta=C_{n}^{2}\cdot 0.94^{n-2}\cdot 0.06^{2}$;

(3) $\theta=1-C_{n}^{1}\cdot 0.94^{n-1}\cdot 0.06-0.94^{n}$.

例 10 现有同型设备 300 台,各台设备的工作是相互独立的,发生故障的概率都是 0.01. 设一台设备的故障可由一名维修工人处理,问至少需配备多少名维修工人,才能保证设备发生故障但不能及时维修的概率小于 0.01?

【解析】 设需配备 N 名工人,X 为同一时刻发生故障的设备的台数,则 $X\sim B(300,0.01)$. 所需解决的问题是确定 N 的最小值,使 $P\{X\leqslant N\}\geqslant 0.99$.

因 $np=\lambda=3$,由泊松定理

$$P\{X\leqslant N\}\approx\sum_{k=0}^{N}\frac{3^{k}}{k!}e^{-3},$$

故问题转化为求 N 的最小值,使 $\sum_{k=0}^{N}\frac{3^{k}}{k!}e^{-3}\geqslant 0.99$,即

$$1-\sum_{k=0}^{N}\frac{3^{k}}{k!}e^{-3}=\sum_{k=N+1}^{+\infty}\frac{3^{k}}{k!}e^{-3}\leqslant 0.01,$$

查表可知,当 $N\geqslant 8$ 时,上式成立. 因此,为达到上述要求,至少需配备 8 名

维修工人．

【方法点击】 利用二项分布求概率时，如果遇到多个概率的和式不易求，可以运用泊松定理或后面的中心极限定理求其近似值．本题就是如此，设 $X\sim B(n,p)$，当 n 较大，p 较小时，X 近似服从 $P(np)$．

第三节　随机变量的分布函数

知识全解

【知识结构】

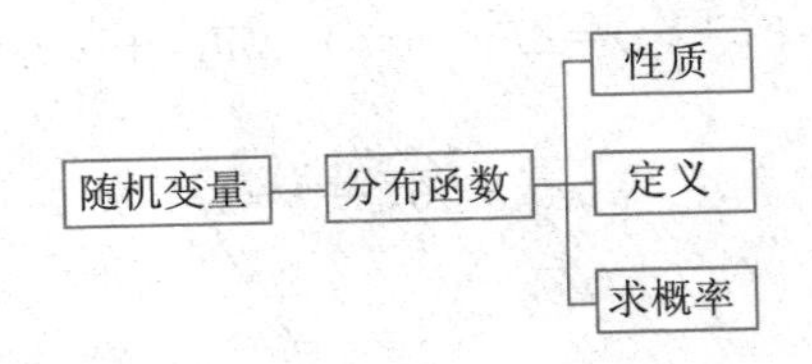

【考点精析】

1. 分布函数．

设 X 是一个随机变量，x 是任意实数，则称函数

$$F(x)=P\{X\leqslant x\}$$

为 X 的分布函数．

基本性质：

(1)单调性：$F(x)$是一个单调不减的函数，即当 $x_1<x_2$ 时，$F(x_1)\leqslant F(x_2)$；

(2)有界性：$0\leqslant F(x)\leqslant 1$，且

$$F(+\infty)=\lim_{x\to+\infty}F(x)=1,$$
$$F(-\infty)=\lim_{x\to-\infty}F(x)=0;$$

(3)连续性：$F(x+0)=F(x)$，即 $F(x)$是右连续函数．

2. 由分布函数求概率．

$$P\{a<X\leqslant b\}=P\{X\leqslant b\}-P\{X\leqslant a\}=F(b)-F(a).$$

分布函数是概率论中的重要概念，是所有随机变量(包括离散型随机变量和非离散型随机变量)的共同的分布工具，在考研数学中经常考查分布函数的性质以及分布函数与分布律、概率密度之间的关系．

例题精解

基本题型Ⅰ:考查分布函数的性质

例1 设 $F_1(x)$ 与 $F_2(x)$ 分别为随机变量 X_1 与 X_2 的分布函数,为使 $F(x)=aF_1(x)-bF_2(x)$ 是某一随机变量的分布函数,下列给定的各组数值中应取(　　).(考研真题)

(A)$a=\frac{3}{5},b=-\frac{2}{5}$　　(B)$a=\frac{2}{3},b=\frac{2}{3}$

(C)$a=-\frac{1}{2},b=\frac{3}{2}$　　(D)$a=\frac{1}{2},b=-\frac{3}{2}$

【解析】 由 $\lim\limits_{x\to+\infty}F(x)=1$,结合已知条件得

$$\lim_{x\to+\infty}F(x)=F(+\infty)=aF_1(+\infty)-bF_2(+\infty),$$

因为 $\lim\limits_{x\to+\infty}F(x)=F(+\infty)=aF_1(+\infty)-bF_2(+\infty)=1$,且分布函数非负不减,则必有

$$a>0,b<0,a-b=1.$$

故应选(A).

【方法点击】 分布函数 $F(x)$ 的性质非常重要,用性质可以判断函数是否为某随机变量的分布函数,也可以确定分布函数中的未知参数.

基本题型Ⅱ:利用分布函数求概率

例2 设随机变量 X 的分布函数为

$$F(x)=\begin{cases}0, & x<0,\\ \frac{x}{3}, & 0\leqslant x<1,\\ \frac{x}{2}, & 1\leqslant x<2,\\ 1, & x\geqslant 2.\end{cases}$$

求:(1)$P\left\{\frac{1}{2}<X\leqslant\frac{3}{2}\right\}$;　(2)$P\left\{X>\frac{1}{2}\right\}$;　(3)$P\left\{X>\frac{3}{2}\right\}$.

【解析】 (1)$P\left\{\frac{1}{2}<X\leqslant\frac{3}{2}\right\}=F(\frac{3}{2})-F(\frac{1}{2})=\frac{3}{4}-\frac{1}{6}=\frac{7}{12}$;

(2)$P\left\{X>\frac{1}{2}\right\}=1-P\left\{X\leqslant\frac{1}{2}\right\}=1-F(\frac{1}{2})=1-\frac{1}{6}=\frac{5}{6}$;

(3)$P\left\{X>\frac{3}{2}\right\}=1-F(\frac{3}{2})=1-\frac{3}{4}=\frac{1}{4}$.

【方法点击】 分布函数可以完整、准确地描述随机变量的取值规律，利用 X 的分布函数可求如下概率：

(1) $P\{X\leqslant b\}=F(b)$；

(2) $P\{X>b\}=1-F(b)$；

(3) $P\{a<X\leqslant b\}=F(b)-F(a)$.

其他情形的概率需根据随机变量的类型——离散型或连续型分别讨论归纳．

例3　设随机变量 X 的分布函数 $F(x)=\begin{cases}0, & x<0,\\ \dfrac{1}{2}, & 0\leqslant x<1,\\ 1-e^{-x}, & x\geqslant 1,\end{cases}$

则 $P\{X=1\}=$(　　). (考研真题)

(A) 0　　(B) $\dfrac{1}{2}$　　(C) $\dfrac{1}{2}-e^{-1}$　　(D) $1-e^{-1}$

【解析】 $P\{X=1\}=P\{X\leqslant 1\}-P\{X<1\}=F(1)-F(1-0)$

$$=1-e^{-1}-\frac{1}{2}=\frac{1}{2}-e^{-1}.$$

故应选(C).

【方法点击】 设随机变量 X 的分布函数为 $F(x)$，则

(1)若 X 为连续型随机变量，则 $P\{X=x_0\}=0$；

(2)若 X 为非连续型随机变量，则 $P\{X=x_0\}=F(x_0)-F(x_0-0)$.

基本题型Ⅲ：求分布函数

例4　假设随机变量 X 的绝对值不大于 1，$P\{X=-1\}=\dfrac{1}{8}$，$P\{X=1\}=\dfrac{1}{4}$. 在事件 $\{-1<x<1\}$ 出现的条件下，X 在 $(-1,1)$ 内任一子区间上取值的条件概率与该子区间长度成正比．试求 X 的分布函数 $F(x)=P\{X\leqslant x\}$. (考研真题)

【思路探索】 本题是求随机变量的分布函数问题，熟练掌握事件概率与分布函数的关系是关键，首先要求出随机变量在 $(-1,1)$ 上的条件概率．

【解析】 由已知条件，当 $x<-1$ 时，$F(x)=0$，且有 $F(-1)=\dfrac{1}{8}$.

当 $x\geqslant 1$ 时，$F(x)=1$，且有

$$P\{-1<X<1\}=1-P\{X=-1\}-P\{X=1\}=1-\frac{1}{4}-\frac{1}{8}=\frac{5}{8}.$$

当 $-1<x<1$ 时，$F(x)=P\{X\leqslant x\}=P\{X\leqslant -1\}+P\{-1<X\leqslant x\}$，因为

$$P\{-1<X\leqslant x\}=P\{-1<X\leqslant x,-1<X<1\},$$

由条件概率运算得

$$P\{-1<X\leqslant x\}=P\{-1<X<1\}P\{-1<X\leqslant x|-1<X<1\}$$
$$=\frac{5}{8}\cdot\frac{x+1}{2}=\frac{5x+5}{16},$$

故 $F(x)=F(-1)+P\{-1<X\leqslant x\}=\dfrac{5x+7}{16}$.

从而得 X 的分布函数 $F(x)=\begin{cases}0, & x<-1,\\ \dfrac{5x+7}{16}, & -1\leqslant x<1,\\ 1, & x\geqslant 1.\end{cases}$

基本题型Ⅳ：分布函数与分布律的关系

例5 从学校乘汽车到火车站的途中有3个交通岗，假设在各个交通岗遇到红灯的事件是相互独立的，并且概率都是 $\frac{2}{5}$，设 X 为途中遇到红灯的次数，求随机变量 X 的分布律和分布函数.

【解析】 X 服从二项分布 $B\left(3,\frac{2}{5}\right)$，$X$ 可能取值为 0,1,2,3，从而

$$P\{X=0\}=\left(1-\frac{2}{5}\right)^3=\frac{27}{125};$$
$$P\{X=1\}=C_3^1\cdot\frac{2}{5}\cdot\left(1-\frac{2}{5}\right)^2=\frac{54}{125};$$
$$P\{X=2\}=C_3^2\cdot\left(\frac{2}{5}\right)^2\cdot\left(1-\frac{2}{5}\right)=\frac{36}{125};$$
$$P\{X=3\}=\left(\frac{2}{5}\right)^3=\frac{8}{125}.$$

即 X 的分布律为：

X	0	1	2	3
P	$\frac{27}{125}$	$\frac{54}{125}$	$\frac{36}{125}$	$\frac{8}{125}$

因此，X 的分布函数为

$$F(x)=P\{X\leqslant x\}=\begin{cases}0, & x<0,\\ \frac{27}{125}, & 0\leqslant x<1,\\ \frac{81}{125}, & 1\leqslant x<2,\\ \frac{117}{125}, & 2\leqslant x<3,\\ 1, & x\geqslant 3.\end{cases}$$

【方法点击】 在求解离散型随机变量的分布函数时，先通过概率公式求得分布律，再应用

$$F(x)=P\{X\leqslant x\}=\sum_{x_k\leqslant x}p_k$$

这一公式，这是最基本的方法．

例 6 设随机变量 X 的分布函数为

$$F(x)=P\{X\leqslant x\}=\begin{cases}0, & x<-1,\\ 0.4, & -1\leqslant x<1,\\ 0.8, & 1\leqslant x<3,\\ 1, & x\geqslant 3.\end{cases}$$

则 X 的概率分布为________.

【解析】 **方法一：**作图法.

根据题意作出 X 的分布函数 $F(x)$ 的图像(如图 2-1 所示).

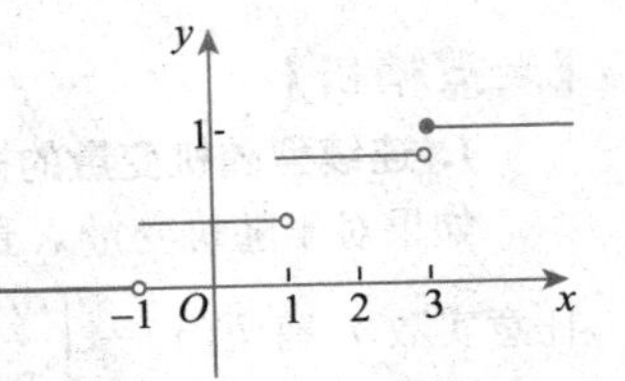

图 2-1

因为离散型随机变量的分布函数为阶梯型，而且随机变量在间断点处取值概率不为零且是跳跃幅度大小，所以易得到

$$P\{X=-1\}=0.4;\quad P\{X=1\}=0.4;\quad P\{X=3\}=0.2.$$

方法二：公式法.

由 $P\{X=x\}=P\{X\leqslant x\}-P\{X<x\}=F(x)-F(x-0)$，

则 $P\{X=-1\}=F(-1)-F(-1-0)=0.4$；

$P\{X=1\}=F(1)-F(1-0)=0.8-0.4=0.4$；

$P\{X=3\}=F(3)-F(3-0)=1-0.8=0.2$.

故 X 的概率分布为：

X	-1	1	3
P	0.4	0.4	0.2

【方法点击】 利用分布函数求解离散型随机变量的概率分布一般采用作图法或公式法.

离散型随机变量的统计规律一般用分布律来描述,离散型随机变量的分布函数是阶梯函数,也是研究随机变量的统计规律的重要工具,但不如分布律直观简单.

第四节 连续型随机变量及其概率密度

知识全解

【知识结构】

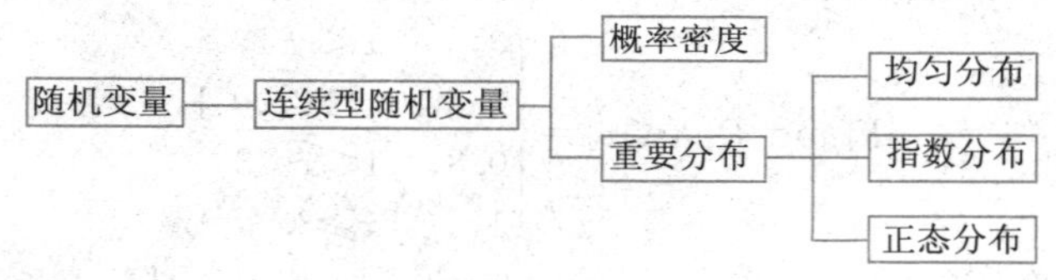

【考点精析】

1. 连续型随机变量的概率密度.

如果对于随机变量 X 的分布函数 $F(x)$,存在非负可积函数 $f(x)$,使得对任意实数 x,有 $F(x)=\int_{-\infty}^{x} f(t)\mathrm{d}t$ 成立,则称 X 为连续型随机变量,函数 $f(x)$ 称为 X 的概率密度(或分布密度).

2. 概率密度 $f(x)$ 的性质.

(1) $f(x)\geqslant 0$;

(2) $\int_{-\infty}^{+\infty} f(x)\mathrm{d}x=1$.

3. 连续型随机变量的概率密度与分布函数以及事件概率的关系.

(1)若 X 的概率密度为 $f(x)$,则 X 的分布函数为 $F(x)=\int_{-\infty}^{x} f(t)\mathrm{d}t$,当 $f(x)$ 为分段函数时,其分布函数 $F(x)$ 要做分段讨论;

(2)若 $f(x)$ 在点 x 处连续,则有 $F'(x)=f(x)$;

(3)
$$P\{a<X\leqslant b\}=P\{a<X<b\}=P\{a\leqslant X<b\}=P\{a\leqslant X\leqslant b\}$$
$$=F(b)-F(a)=\int_{a}^{b} f(x)\mathrm{d}x;$$

(4) $P\{X=a\}=0(-\infty<a<+\infty)$.

4. 重要分布.

(1)均匀分布：若连续型随机变量 X 的概率密度函数为

$$f(x)=\begin{cases}\dfrac{1}{b-a}, & a\leqslant x\leqslant b,\\ 0, & \text{其他}\end{cases}\quad (\text{如图 2-2 所示}),$$

则称 X 服从$[a,b]$上的均匀分布．

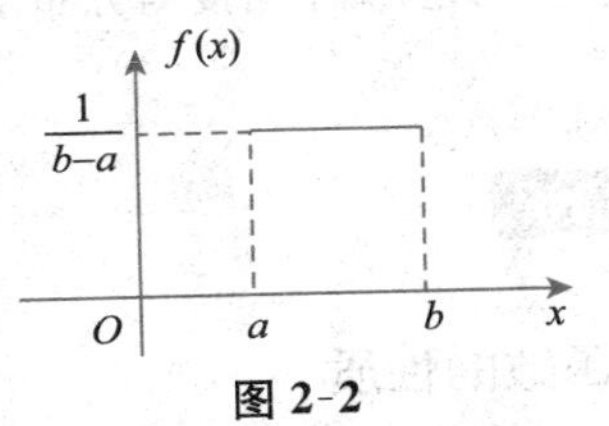

图 2-2

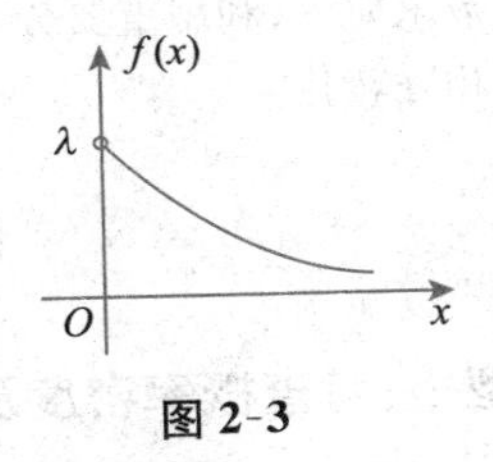

图 2-3

(2)指数分布：若连续型随机变量 X 的概率密度函数为

$$f(x)=\begin{cases}\lambda e^{-\lambda x}, & x>0,\\ 0, & \text{其他}\end{cases}\quad (\text{如图 2-3 所示}),$$

其中 $\lambda>0$,则称 X 服从参数为 λ 的指数分布．

性质(无记忆性)：对于任意 $s,t>0$,有 $P\{X>s+t|X>s\}=P\{X>t\}$.

(3)正态分布：若连续型随机变量 X 的概率密度函数为

$$f(x)=\frac{1}{\sqrt{2\pi}\sigma}e^{-\frac{(x-\mu)^2}{2\sigma^2}}\ (-\infty<x<+\infty)\quad (\text{如图 2-4 所示}),$$

其中 μ 与 σ 都是常数,$\sigma>0$,则称 X 服从参数为 μ 和 σ 的正态分布．简记为 $X\sim N(\mu,\sigma^2)$.

性质：$P\{X\leqslant\mu\}=P\{X>\mu\}=\dfrac{1}{2}$.

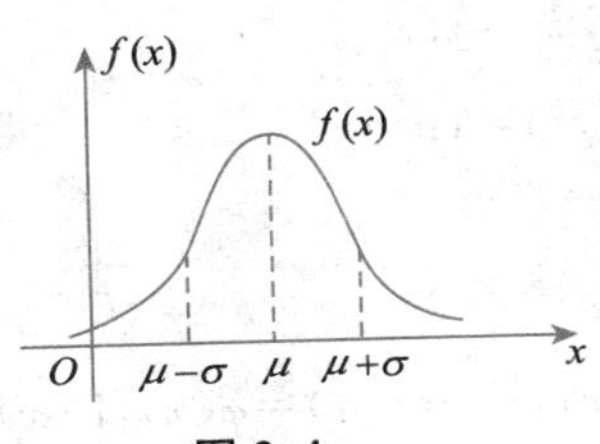

图 2-4

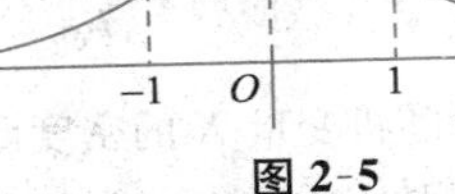

图 2-5

(4)标准正态分布：当 $\mu=0,\sigma=1$ 时称 X 服从标准正态分布,简记为 $X\sim N(0,1)$,其概率密度函数和分布函数分别用 $\varphi(x)$,$\Phi(x)$表示,即有

$$\varphi(x)=\frac{1}{\sqrt{2\pi}}e^{-\frac{x^2}{2}}\quad (\text{如图 2-5 所示}),$$

$$\Phi(x)=\frac{1}{\sqrt{2\pi}}\int_{-\infty}^{x}\mathrm{e}^{-\frac{t^2}{2}}\mathrm{d}t.$$

性质 1:$\Phi(-x)=1-\Phi(x)$.

性质 2:当 $X\sim N(\mu,\sigma^2)$时,$U=\frac{X-\mu}{\sigma}\sim N(0,1)$,即 $F(x)=\Phi(\frac{x-\mu}{\sigma})$.

本节内容属于考研数学中的重点内容,经常考到的题型有:利用概率密度和分布函数求概率;利用重要分布解决各种问题;概率密度与分布函数的性质以及两者相互转化.

例题精解

基本题型Ⅰ:考查概率密度及分布函数的性质

例 1 设 $F_1(x)$,$F_2(x)$为两个分布函数,其相应的概率密度 $f_1(x)$,$f_2(x)$是连续函数,则必为概率密度的是( ).(考研真题)

(A)$f_1(x)f_2(x)$　　(B)$2f_2(x)F_1(x)$

(C)$f_1(x)F_2(x)$　　(D)$f_1(x)F_2(x)+f_2(x)F_1(x)$

【解析】 检验概率密度的性质:$f_1(x)F_2(x)+f_2(x)F_1(x)\geqslant 0$.

$$\int_{-\infty}^{+\infty}[f_1(x)F_2(x)+f_2(x)F_1(x)]\mathrm{d}x=\int_{-\infty}^{+\infty}[F'_1(x)F_2(x)+F'_2(x)F_1(x)]\mathrm{d}x$$

$$=F_1(x)F_2(x)\Big|_{-\infty}^{+\infty}=1.$$

可知 $f_1(x)F_2(x)+f_2(x)F_1(x)$为概率密度.故应选(D).

【方法点击】 本题将多个基本知识点综合在一起:

(1)概率密度的性质:$f(x)\geqslant 0,\int_{-\infty}^{+\infty}f(x)\mathrm{d}x=1$;

(2)分布函数的性质:$F(-\infty)=0,F(+\infty)=1$;

(3)分布函数与概率密度的关系:$F'(x)=f(x)$.

此类题目具有极高的参考价值.

例 2 设随机变量 X 的密度函数为 $\varphi(x)$,且 $\varphi(-x)=\varphi(x)$,$F(x)$是 X 的分布函数,则对任意实数 a,有( ).(考研真题)

(A)$F(-a)=1-\int_0^a\varphi(x)\mathrm{d}x$　　(B)$F(-a)=\frac{1}{2}-\int_0^a\varphi(x)\mathrm{d}x$

(C)$F(-a)=F(a)$　　(D)$F(-a)=2F(a)-1$

【解析】 由分布函数与密度函数关系可知

$$F(-a)=\int_{-\infty}^{-a}\varphi(x)\mathrm{d}x.$$

令 $x=-t$，得到 $F(-a)=-\int_{+\infty}^{a}\varphi(t)\mathrm{d}t=\int_{a}^{+\infty}\varphi(x)\mathrm{d}x.$

又因为 $\int_{-\infty}^{+\infty}\varphi(x)\mathrm{d}x=1$，且有 $\varphi(-x)=\varphi(x)$，

故
$$\begin{aligned}&\int_{-\infty}^{-a}\varphi(x)\mathrm{d}x+\int_{-a}^{0}\varphi(x)\mathrm{d}x\\=&\int_{0}^{a}\varphi(x)\mathrm{d}x+\int_{a}^{\infty}\varphi(x)\mathrm{d}x\\=&\frac{1}{2}\int_{-\infty}^{+\infty}\varphi(x)\mathrm{d}x=\frac{1}{2},\end{aligned}$$

得
$$\int_{0}^{a}\varphi(x)\mathrm{d}x+F(-a)=\frac{1}{2},$$

所以 $F(-a)=\frac{1}{2}-\int_{0}^{a}\varphi(x)\mathrm{d}x$. 故应选(B).

【方法点击】 另外还可以根据随机变量 X 的密度函数图形来判定.

由于密度函数 $\varphi(x)$ 满足 $\varphi(x)=\varphi(-x)$ 是关于 y 轴对称的，如图 2-6 所示. S_1,D_1,D_2,S_2 表示图中对应部分的面积. 根据密度函数的性质及 $\varphi(-x)=\varphi(x)$ 知

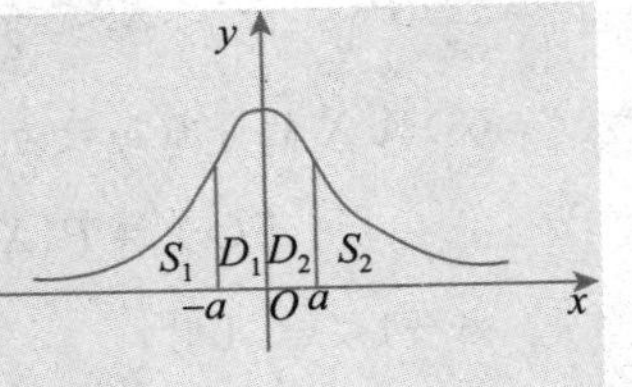

图 2-6

$$S_1=S_2, D_1=D_2, S_1+D_1=D_2+S_2=\frac{1}{2}.$$

因此 $F(-a)=S_1=S_2=\frac{1}{2}-D_2=\frac{1}{2}-\int_{0}^{a}\varphi(x)\mathrm{d}x$. 故应选(B).

基本题型Ⅱ：考查概率密度与分布函数的关系以及求概率

例 3　设随机变量 X 的分布函数为 $F(x)=\begin{cases}1-(1+x)\mathrm{e}^{-x}, & x\geqslant 0,\\ 0, & \text{其他}.\end{cases}$

(1)求 X 的概率密度 $f(x)$；

(2)求 $P\{|X|>1\}$.(考研真题)

【解析】 (1)由分布函数与概率密度的关系得

$$f(x)=F'(x)=\begin{cases}x\mathrm{e}^{-x}, & x>0,\\ 0, & \text{其他}.\end{cases}$$

(2)由随机变量 X 的分布函数知

$$P\{|X|>1\}=P\{X>1\}=1-F(1)=2\mathrm{e}^{-1}.$$

例 4　连续型随机变量 X 的密度函数为

$$f(x)=\begin{cases}\dfrac{A}{\sqrt{1-x^2}}, & |x|<1,\\ 0, & \text{其他}.\end{cases}$$

求:(1)系数 A;

(2)X 落在区间$\left(-\dfrac{1}{2},\dfrac{1}{2}\right)$内的概率;

(3)X 的分布函数.

【解析】 (1)因为 $\int_{-\infty}^{+\infty}f(x)\mathrm{d}x=1$,故

$$\int_{-\infty}^{+\infty}f(x)\mathrm{d}x=\int_{-1}^{1}\frac{A}{\sqrt{1-x^2}}\mathrm{d}x=A\arcsin x\Big|_{-1}^{1}=A\left(\frac{\pi}{2}+\frac{\pi}{2}\right)=1,$$

由此得 $A=\dfrac{1}{\pi}$.

(2) $P\left\{-\dfrac{1}{2}<X<\dfrac{1}{2}\right\}=\displaystyle\int_{-\frac{1}{2}}^{\frac{1}{2}}\frac{1}{\pi}\frac{1}{\sqrt{1-x^2}}\mathrm{d}x=\frac{1}{\pi}\arcsin x\Big|_{-\frac{1}{2}}^{\frac{1}{2}}=\frac{1}{3}.$

(3)设 X 的分布函数为 $F(x)$,当 $x\leqslant-1$ 时,

$$F(x)=P\{X\leqslant x\}=\int_{-\infty}^{x}f(t)\mathrm{d}t=\int_{-\infty}^{x}0\mathrm{d}t=0;$$

当 $-1<x\leqslant1$ 时,

$$\begin{aligned}F(x)&=P\{X\leqslant x\}=P\{X\leqslant-1\}+P\{-1<X\leqslant x\}\\&=\int_{-\infty}^{-1}0\mathrm{d}t+\int_{-1}^{x}\frac{1}{\pi\sqrt{1-t^2}}\mathrm{d}t=\frac{1}{2}+\frac{1}{\pi}\arcsin x;\end{aligned}$$

当 $x>1$ 时,

$$\begin{aligned}F(x)&=P\{X\leqslant x\}=P\{X\leqslant-1\}+P\{-1<X\leqslant1\}+P\{1<X\leqslant x\}\\&=\int_{-\infty}^{-1}0\mathrm{d}t+\int_{-1}^{1}\frac{1}{\pi\sqrt{1-t^2}}\mathrm{d}t+\int_{1}^{x}0\mathrm{d}t=1.\end{aligned}$$

综合起来,得

$$F(x)=\begin{cases}0, & x\leqslant-1,\\ \dfrac{1}{2}+\dfrac{1}{\pi}\arcsin x, & -1<x\leqslant1,\\ 1, & x>1.\end{cases}$$

【方法点击】 利用概率密度 $f(x)$ 求分布函数 $F(x)$,公式为 $F(x)=\int_{-\infty}^{x}f(t)\mathrm{d}t$,此时若 $f(x)$ 为分段函数,需要对积分上限 x 的范围分段讨论.

例 5 设随机变量 X 的概率密度为

$$f(x)=\begin{cases}\dfrac{1}{3}, & x\in[0,1],\\ \dfrac{2}{9}, & x\in[3,6],\\ 0, & 其他.\end{cases}$$

若 k 使得 $P\{X\geqslant k\}=\dfrac{2}{3}$，则 k 的取值范围是________.（考研真题）

【思路探索】 本题中 $f(x)$ 是分段函数，要求 k 的取值范围，对于 k 要分段来讨论，再由已知条件为限制得到 k 的取值范围.

【解析】 当 $k<1$ 时，$P\{X\geqslant k\}>P\{X\geqslant 1\}$，因为 $P\{X\geqslant 1\}=\dfrac{2}{9}\times(6-3)=\dfrac{2}{3}$，所以 $P\{X\geqslant k\}>\dfrac{2}{3}$；

当 $k>3$ 时，$P\{X\geqslant k\}<P\{X\geqslant 3\}$，因为 $P\{X\geqslant 3\}=\dfrac{2}{9}\times(6-3)=\dfrac{2}{3}$，所以 $P\{X\geqslant k\}<\dfrac{2}{3}$；

当 $1\leqslant k\leqslant 3$ 时，$P\{X\geqslant k\}=P\{k\leqslant X<3\}+P\{X\geqslant 3\}=\dfrac{2}{3}$，所以 k 的取值范围为 $[1,3]$.

基本题型Ⅲ：考查重要分布

例 6 设 X_1,X_2,X_3 是随机变量，且 $X_1\sim N(0,1)$，$X_2\sim N(0,2^2)$，$X_3\sim N(5,3^2)$，$p_i=P\{-2\leqslant X_i\leqslant 2\}(i=1,2,3)$，则(　　).（考研真题）

(A) $p_1>p_2>p_3$　　(B) $p_2>p_1>p_3$

(C) $p_3>p_1>p_2$　　(D) $p_1>p_3>p_2$

【解析】 本题为概率的比较，因为随机变量服从正态分布，标准化后逐个计算.

由题设可知，$X_1\sim N(0,1)$，$\dfrac{X_2}{2}\sim N(0,1)$，$\dfrac{X_3-5}{3}\sim N(0,1)$.

故

$$p_1=P\{-2\leqslant X_1\leqslant 2\}=\Phi(2)-\Phi(-2)=2\Phi(2)-1,$$

$$p_2=P\{-2\leqslant X_2\leqslant 2\}=P\left\{-1\leqslant\frac{X_2}{2}\leqslant 1\right\}=\Phi(1)-\Phi(-1)=2\Phi(1)-1,$$

$$p_3=P\{-2\leqslant X_3\leqslant 2\}=P\left\{-\frac{7}{3}\leqslant\frac{X_3-5}{3}\leqslant -1\right\}$$

$$=\Phi(-1)-\Phi\left(-\frac{7}{3}\right)=\Phi\left(\frac{7}{3}\right)-\Phi(1).$$

显然，$p_1>p_2>p_3$. 故应选(A).

例 7　设随机变量 X 服从正态分布 $N(\mu_1,\sigma_1^2)$，Y 服从正态分布 $N(\mu_2,\sigma_2^2)$，且 $P\{|X-\mu_1|<1\}>P\{|Y-\mu_2|<1\}$，则必有(　　).(考研真题)

(A)$\sigma_1<\sigma_2$　　　　(B)$\sigma_1>\sigma_2$

(C)$\mu_1<\mu_2$　　　　(D)$\mu_1>\mu_2$

【解析】 $P\{|X-\mu_1|<1\}>P\{|Y-\mu_2|<1\}$即

$$P\left\{\frac{-1}{\sigma_1}<\frac{X-\mu_1}{\sigma_1}<\frac{1}{\sigma_1}\right\}>P\left\{\frac{-1}{\sigma_2}<\frac{Y-\mu_2}{\sigma_2}<\frac{1}{\sigma_2}\right\},$$

从而 $2\Phi\left(\frac{1}{\sigma_1}\right)-1>2\Phi\left(\frac{1}{\sigma_2}\right)-1$，

故 $\Phi\left(\frac{1}{\sigma_1}\right)>\Phi\left(\frac{1}{\sigma_2}\right)$，$\frac{1}{\sigma_1}>\frac{1}{\sigma_2}$，得 $\sigma_2>\sigma_1$.

故应选(A).

【方法点击】 例 6，例 7 是考研数学中的常考题型，考查知识点为正态分布的标准化问题，即当 $X\sim N(\mu,\sigma^2)$时，

$$\frac{X-\mu}{\sigma}\sim N(0,1)\text{或者 }F(x)=\Phi\left(\frac{x-\mu}{\sigma}\right).$$

例 8　设随机变量 X 服从正态分布 $N(\mu,\sigma^2)(\sigma>0)$，且二次方程 $y^2+4y+X=0$ 无实根的概率为$\frac{1}{2}$，则 $\mu=$________.(考研真题)

【解析】 二次方程 $y^2+4y+X=0$ 无实根，则 $\Delta=4^2-4X<0$，即 $4<X$.

因为 $P\{4<X\}=\frac{1}{2}$，故 $\mu=4$.

故应填 4.

【方法点击】 正态分布是考研数学的重点，正态分布的有关结论要熟记，本题用到的结论为：

若 $X\sim N(\mu,\sigma^2)$，则 $P\{X\leqslant\mu\}=P\{X>\mu\}=\frac{1}{2}$.

该结论在考研数学中经常出现.

例 9　设随机变量 X 服从正态分布 $N(0,1)$，对给定的 $\alpha(0<\alpha<1)$，数 u_α 满足 $P\{X>u_\alpha\}=\alpha$. 若 $P\{|X|<x\}=\alpha$，则 x 等于(　　).(考研真题)

(A)$u_{\frac{\alpha}{2}}$　　(B)$u_{1-\frac{\alpha}{2}}$　　(C)$u_{\frac{1-\alpha}{2}}$　　(D)$u_{1-\alpha}$

【解析】 由标准正态分布密度函数的对称性知

$1-\alpha=1-P\{|X|<x\}=P\{|X|\geqslant x\}=P\{X\geqslant x\}+P\{X\leqslant -x\}=2P\{X\geqslant x\}$.

即有 $P\{X\geqslant x\}=\dfrac{1-\alpha}{2}$,则 $x=u_{\frac{1-\alpha}{2}}$.

故应选(C).

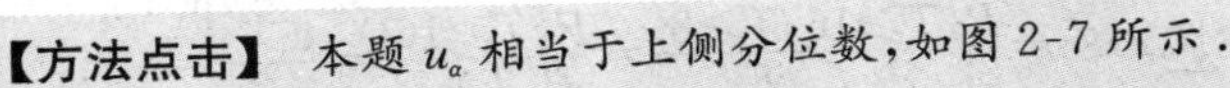

【方法点击】 本题 u_α 相当于上侧分位数,如图 2-7 所示.

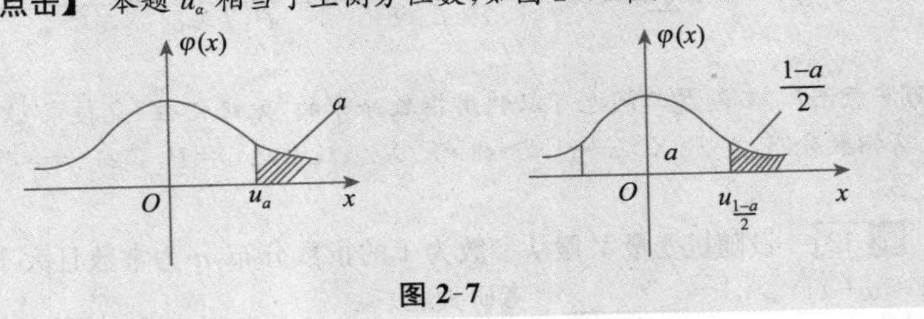

图 2-7

例 10 设 $f_1(x)$为标准正态分布的概率密度,$f_2(x)$为$[-1,3]$上均匀分布的概率密度,若

$$f(x)=\begin{cases}af_1(x), & x\leqslant 0,\\ bf_2(x), & x>0\end{cases}\quad (a>0,b>0)$$

为概率密度,则 a,b 应满足(　　).(考研真题)

(A)$2a+3b=4$　　(B)$3a+2b=4$

(C)$a+b=1$　　(D)$a+b=2$

【解析】 由概率密度的性质:$\int_{-\infty}^{+\infty}f(x)\mathrm{d}x=1$,而

$$\int_{-\infty}^{+\infty}f(x)\mathrm{d}x=a\int_{-\infty}^{0}f_1(x)\mathrm{d}x+b\int_{0}^{+\infty}f_2(x)\mathrm{d}x.$$

其中

$$\int_{-\infty}^{0}f_1(x)\mathrm{d}x=\frac{1}{2}\int_{-\infty}^{+\infty}f_1(x)\mathrm{d}x=\frac{1}{2},$$

$$\int_{0}^{+\infty}f_2(x)\mathrm{d}x=\int_{0}^{3}\frac{1}{4}\mathrm{d}x=\frac{3}{4}.$$

故$\dfrac{a}{2}+\dfrac{3b}{4}=1$,即 $2a+3b=4$. 故应选(A).

例 11 设一大型设备在任何长为 t 的时间内发生故障的次数 $N(t)$服从参数为 λ 的泊松分布.

(1)求在相继两次故障之间时间间隔 T 的概率分布;

(2)求在设备已经无故障工作 8 小时的情况下,再无故障运行 8 小时的概率 Q.(考研真题)

【解析】 (1)由于 T 是非负随机变量,可见

当 $t<0$ 时，$F(t)=P\{T\leqslant t\}=0$；

当 $t\geqslant 0$ 时，则事件 $\{T>t\}$ 与 $\{N(t)=0\}$ 等价．因此，当 $t\geqslant 0$ 时，有

$$F(t)=P\{T\leqslant t\}=1-P\{T>t\}=1-P\{N(t)=0\}=1-e^{-\lambda t}.$$

于是，T 服从参数为 λ 的指数分布．

(2) $Q=P\{T\geqslant 16|T\geqslant 8\}=\dfrac{P\{T\geqslant 16,T\geqslant 8\}}{P\{T\geqslant 8\}}=\dfrac{P\{T\geqslant 16\}}{P\{T\geqslant 8\}}=\dfrac{e^{-16\lambda}}{e^{-8\lambda}}=e^{-8\lambda}$.

【方法点击】 本题第二问也可以利用指数分布的"无记忆性"直接求 Q. 设 X 服从指数分布，则 $P\{X>s+t|X>s\}=P\{X>t\}$，由此 $Q=P\{T\geqslant 8\}=e^{-8\lambda}$.

例 12 设随机变量 Y 服从参数为 1 的指数分布，a 为常数且大于零，则 $P\{Y\leqslant a+1|Y>a\}=$________.（考研真题）

【解析】 由已知可知随机变量 Y 服从参数为 1 的指数分布，则 Y 的分布函数为

$$F(y)=\begin{cases}1-e^{-y}, & y>0,\\ 0, & y\leqslant 0.\end{cases}$$

所以

$$P\{Y\leqslant a+1|Y>a\}=\frac{P\{Y\leqslant a+1,Y>a\}}{P\{Y>a\}}=\frac{P\{a<Y\leqslant a+1\}}{1-P\{Y\leqslant a\}}$$

$$=\frac{F(a+1)-F(a)}{1-F(a)}=\frac{1-e^{-a-1}-(1-e^{-a})}{1-(1-e^{-a})}=1-e^{-1}.$$

【方法点击】 本题也可以利用指数分布的重要性质——"无记忆性"：设 Y 服从指数分布 $E(\lambda)$，则 $P\{Y>a+t|Y>a\}=P\{Y>t\}$，$P\{Y\leqslant a+1|Y>a\}=1-P\{Y>a+1|Y>a\}=1-P\{Y>1\}=P\{Y\leqslant 1\}=1-e^{-1}$.

例 13 假设测量的随机误差 $X\sim N(0,10^2)$，试求在 100 次独立重复测量中，至少有三次测量误差的绝对值大于 19.6 的概率为 α，并利用泊松分布求出 α 的近似值．（考研真题）

【解析】 设在 100 次测量中，有 Y 次的测量误差的绝对值大于 19.6，则 $Y\sim B(100,p)$．其中

$$p=P\{|X|>19.6\}=1-P\{-19.6\leqslant X\leqslant 19.6\}$$
$$=1-[\Phi(1.96)-\Phi(-1.96)]=2-2\Phi(1.96)=2-2\times 0.975=0.05.$$

故 $$\alpha=P\{Y\geqslant 3\}=\sum_{k=3}^{100}C_{100}^{k}\times 0.05^{k}\times 0.95^{100-k}.$$

若用泊松近似，则 $\lambda=100\times 0.05=5$，即 $Y\sim B(100,0.05)$ 近似于 $P(5)$，故

$\alpha \approx 0.87$.

【方法点击】 本题将正态分布、二项分布以及泊松分布结合在一起，属于典型的综合应用题.

例 14　设随机变量 X 的概率分布为 $P\{X=1\}=P\{X=2\}=\frac{1}{2}$. 在给定 $X=i$ 的条件下，随机变量 Y 服从均匀分布 $U(0,i)(i=1,2)$.

(1)求 Y 的分布函数 $F_Y(y)$；

(2)求 Y 的概率密度 $f_Y(y)$.(考研真题)

【解析】 (1)

$$\begin{aligned}F_Y(y)&=P\{Y\leqslant y\}\\&=P\{X=1\}P\{Y\leqslant y|X=1\}+P\{X=2\}P\{Y\leqslant y|X=2\}\\&=\frac{1}{2}P\{Y\leqslant y|X=1\}+\frac{1}{2}P\{Y\leqslant y|X=2\}.\end{aligned}$$

当 $y<0$ 时，$F_Y(y)=0$；

当 $0\leqslant y<1$ 时，$F_Y(y)=\frac{3y}{4}$；

当 $1\leqslant y<2$ 时，$F_Y(y)=\frac{1}{2}+\frac{y}{4}$；

当 $y\geqslant 2$ 时，$F_Y(y)=1$.

所以 Y 的分布函数为

$$F_Y(y)=\begin{cases}0, & y<0,\\ \frac{3y}{4}, & 0\leqslant y<1,\\ \frac{1}{2}+\frac{y}{4}, & 1\leqslant y<2,\\ 1, & y\geqslant 2.\end{cases}$$

(2)随机变量 Y 的概率密度为

$$f_Y(y)=F'_Y(y)=\begin{cases}\frac{3}{4}, & 0<y<1,\\ \frac{1}{4}, & 1\leqslant y<2,\\ 0, & \text{其他}.\end{cases}$$

【方法点击】 本题关键在于建立全概率公式的模型，其中 $\{X=1\}$，$\{X=2\}$ 为完备事件组，利用全概率公式求 $P\{Y\leqslant y\}$.

第五节　随机变量函数的分布

知识全解

【知识结构】

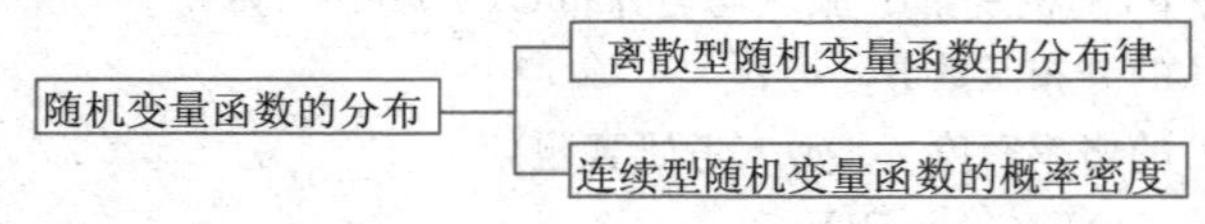

【考点精析】

1. 离散型随机变量函数的分布.

设随机变量 X 的分布律为 $P\{X=x_k\}=p_k,k=1,2,3,\cdots$，则当 $Y=g(X)$ 的所有取值为 $y_j(j=1,2,\cdots)$ 时，随机变量 Y 有分布律

$$P\{Y=y_j\}=\sum_{g(x_k)=y_j}P\{X=x_k\}.$$

2. 连续型随机变量函数的分布.

方法一：设随机变量 X 的概率密度函数为 $f_X(x)(-\infty<x<+\infty)$，那么 $Y=g(X)$ 的分布函数为

$$F_Y(y)=P\{Y\leqslant y\}=P\{g(X)\leqslant y\}=\int_{g(x)\leqslant y}f_X(x)\mathrm{d}x,$$

其概率密度为 $f_Y(y)=F'_Y(y)$.

方法二：设随机变量 X 具有概率密度函数 $f_X(x)(-\infty<x<+\infty)$，$g(x)$ 为 $(-\infty,+\infty)$ 内的严格单调的可导函数，则随机变量 $Y=g(X)$ 的概率密度为

$$f_Y(y)=\begin{cases}f_X[h(y)]|h'(y)|, & \alpha<y<\beta,\\ 0, & \text{其他},\end{cases}$$

其中 $h(y)$ 是 $g(x)$ 的反函数，$\alpha=\min\{g(-\infty),g(+\infty)\}$，$\beta=\max\{g(-\infty),g(+\infty)\}$.

本节属于考研数学中的重要内容，尤其是连续型随机变量函数的分布是考研中的常考题型，考生一定要掌握其基本方法.

例题精解

基本题型Ⅰ：离散型随机变量函数的分布

例1 已知 X 的分布律如下表所示

X	0	1	2	3	4	5
$P\{X=x\}$	$\frac{1}{12}$	$\frac{1}{6}$	$\frac{1}{3}$	$\frac{1}{12}$	$\frac{2}{9}$	$\frac{1}{9}$

则 $Y=(X-2)^2$ 的分布律为________.

【解析】 记 $g(x)=(x-2)^2$. 由于 $g(0)=g(4)=4, g(1)=g(3)=1$, $g(2)=0, g(5)=9$，因此

$$P\{Y=0\}=P\{X=2\}=\frac{1}{3};$$

$$P\{Y=1\}=P\{X=1\}+P\{X=3\}=\frac{1}{6}+\frac{1}{12}=\frac{1}{4};$$

$$P\{Y=4\}=P\{X=0\}+P\{X=4\}=\frac{1}{12}+\frac{2}{9}=\frac{11}{36};$$

$$P\{Y=9\}=P\{X=5\}=\frac{1}{9}.$$

则 $Y=(X-2)^2$ 的分布律为

Y	0	1	4	9
$P\{Y=y\}$	$\frac{1}{3}$	$\frac{1}{4}$	$\frac{11}{36}$	$\frac{1}{9}$

【方法点击】 求离散型随机变量函数的分布律时，要注意两种情形.

设 X 为离散型随机变量，其分布律为 $P\{X=x_k\}=p_k, k=1,2,\cdots$，则 $Y=g(X)$ 的分布律为：

(1)当 y_k 各不相同时，$P\{Y=y_k\}=P\{g(X)=y_k\}=p_k, k=1,2,\cdots$；

(2)当 y_k 有重复时，$P\{Y=y_k\}=P\{g(X)=y_k\}=\sum\limits_{g(x_i)=y_k} p_i$.

例2 设随机变量 X 的概率分布为 $P\{X=k\}=\frac{1}{2^k}, k=1,2,3,\cdots$. 试求随机变量 $Y=\sin\left(\frac{\pi}{2}X\right)$ 的分布律.

【解析】 $P\{Y=0\}=P\{X=2\}+P\{X=4\}+P\{X=6\}+\cdots$

$$=\frac{1}{2^2}+\frac{1}{2^4}+\frac{1}{2^6}+\cdots=\frac{1}{3};$$

$$P\{Y=-1\}=P\{X=3\}+P\{X=7\}+P\{X=11\}+\cdots$$

$$=\frac{1}{2^3}+\frac{1}{2^7}+\frac{1}{2^{11}}+\cdots=\frac{2}{15};$$

$$P\{Y=1\}=1-P\{Y=0\}-P\{Y=-1\}=\frac{8}{15}.$$

故 $Y=\sin\left(\frac{\pi}{2}X\right)$ 的分布律为：

Y	-1	0	1
P	$\frac{2}{15}$	$\frac{1}{3}$	$\frac{8}{15}$

基本题型Ⅱ:连续型随机变量函数的分布

例3 设随机变量 X 服从参数为 2 的指数分布，证明 $Y=1-e^{-2X}$ 在区间 $(0,1)$ 上服从均匀分布．(考研真题)

【证明】 X 的分布函数为 $F(x)=\begin{cases}1-e^{-2x}, & x>0,\\ 0, & x\leqslant 0,\end{cases}$ $y=1-e^{-2x}$ 是单调增函数，其反函数为 $x=-\frac{\ln(1-y)}{2}$.

设 $G(y)$ 是 Y 的分布函数，则

$$G(y)=P\{Y\leqslant y\}=P\{1-e^{-2X}\leqslant y\}$$

$$=\begin{cases}0, & y\leqslant 0,\\ P\{X\leqslant -\frac{1}{2}\ln(1-y)\}, & 0<y<1,\\ 1, & y\geqslant 1.\end{cases}$$

$$=\begin{cases}0, & y\leqslant 0,\\ y, & 0<y<1,\\ 1, & y\geqslant 1.\end{cases}$$

于是，Y 在 $(0,1)$ 上服从均匀分布．

例4 设随机变量 X 的概率密度为 $f_X(x)=\begin{cases}e^{-x}, & x\geqslant 0,\\ 0, & x<0.\end{cases}$ 试求随机变量 $Y=e^X$ 的概率密度 $f_Y(y)$.(考研真题)

【解析】 **方法一**：利用分布函数法．

当 $y\leqslant 1$ 时，$f_X(x)=0, F_Y(y)=0$；

当 $y>1$ 时，$F_Y(y)=P\{Y\leqslant y\}=P\{e^X\leqslant y\}=P\{X\leqslant \ln y\}$

$$=\int_0^{\ln y} e^{-x}dx=1-y^{-1}.$$

则 $f_Y(y)=F'_Y(y)=\begin{cases}\dfrac{1}{y^2}, & y>1,\\ 0, & y\leqslant 1.\end{cases}$

方法二:利用公式法.

因为 $y=e^x$ 在 $(0,+\infty)$ 内是单调的,其反函数 $x=\ln y$ 在 $(1,+\infty)$ 内是可导的,且 $x'=\dfrac{1}{y}>0$,所以根据公式有,$f_Y(y)=\dfrac{1}{y^2}$.

所以
$$f_Y(y)=\begin{cases}\dfrac{1}{y^2}, & y>1,\\ 0, & y\leqslant 1.\end{cases}$$

例 5　设随机变量 X 的概率密度为

$$f(x)=\begin{cases}\dfrac{1}{3\sqrt[3]{x^2}}, & x\in[1,8],\\ 0, & 其他.\end{cases}$$

$F(x)$ 是 X 的分布函数.求随机变量 $Y=F(X)$ 的分布函数.(考研真题)

【思路探索】　随机变量函数 $Y=F(X)$ 隐含的条件是在 $X\in[1,8]$ 时,$Y=F(X)$,此处 $F(x)$ 是 $f(x)$ 的分布函数的表达式.

【解析】　当 $x<1$ 时,$F(x)=0$;当 $x>8$ 时,有 $F(x)=1$;

当 $x\in[1,8]$ 时,$F(x)=\int_1^x \dfrac{1}{3\sqrt[3]{t^2}}dt=\sqrt[3]{x}-1$.

令 $G(y)$ 为 $Y=F(X)$ 的分布函数.

当 $y\leqslant 0$ 时,$G(y)=0$;当 $y\geqslant 1$ 时,$G(y)=1$.

当 $y\in(0,1)$ 时,

$$\begin{aligned}G(y)&=P\{Y\leqslant y\}=P\{F(X)\leqslant y\}=P\{\sqrt[3]{X}-1\leqslant y\}\\&=P\{X\leqslant (y+1)^3\}=F[(y+1)^3]=y.\end{aligned}$$

因此 $Y=F(X)$ 的分布函数为

$$G(y)=\begin{cases}0, & y<0,\\ y, & 0\leqslant y<1,\\ 1, & y\geqslant 1.\end{cases}$$

【方法点击】　本题也可以不求 $F(x)$ 的具体表达式.

因为 $Y=F(X)$ 的分布函数为 $G(y)=P(Y\leqslant y)=P\{F(X)\leqslant y\}$,注意到 $F(x)$ 为分布函数,于是 $0\leqslant F(x)\leqslant 1$,因此当 $y<0$ 时,$G(y)=0$;当 $y\geqslant 1$ 时,$G(y)=1$;当 $0\leqslant y<1$ 时,因为 $F(x)$ 为单调增加函数,故

$$G(y)=P\{Y\leqslant y\}=P\{F(X)\leqslant y\}=P\{X\leqslant F^{-1}(y)\}=F[F^{-1}(y)]=y.$$

则
$$G(y)=\begin{cases}0, & y<0,\\ y, & 0\leqslant y<1,\\ 1, & y\geqslant 1.\end{cases}$$

实际上，$Y=F(X)$的分布与X服从什么分布无关．

结论：若连续型随机变量X的分布函数是$F(x)$，则$Y=F(X)$服从$(0,1)$上的均匀分布．

例6 设随机变量X的概率密度为$f(x)=\begin{cases}\dfrac{1}{9}x^2, & 0<x<3,\\ 0, & 其他.\end{cases}$

令随机变量$Y=\begin{cases}2, & X\leqslant 1,\\ X, & 1<X<2,\\ 1, & X\geqslant 2.\end{cases}$

(1)求Y的分布函数；

(2)求概率$P\{X\leqslant Y\}$．(考研真题)

【解析】 (1)由题设条件知，$P\{1\leqslant Y\leqslant 2\}=1$．

记Y的分布函数为$F_Y(y)$，则

当$y<1$时，$F_Y(y)=0$；

当$1\leqslant y<2$时，
$$\begin{aligned}F_Y(y)&=P\{Y\leqslant y\}=P\{Y=1\}+P\{1<Y\leqslant y\}\\&=\int_2^3\frac{1}{9}x^2\mathrm{d}x+\int_1^y\frac{1}{9}x^2\mathrm{d}x\\&=\frac{y^3+18}{27};\end{aligned}$$

当$y\geqslant 2$时，$F_Y(y)=1$．

所以Y的分布函数为
$$F_Y(y)=\begin{cases}0, & y<1,\\ \dfrac{y^3+18}{27}, & 1\leqslant y<2,\\ 1, & y\geqslant 2.\end{cases}$$

(2)$P\{X\leqslant Y\}=P\{X<2\}=\int_0^2\frac{1}{9}x^2\mathrm{d}x=\frac{8}{27}$.

【方法点击】 本题中$Y=g(X)$不是单调函数，所以不能用公式法，只能用分布函数法，即用分布函数的定义求$F_Y(y)$.

本章整合

一 本章知识图解

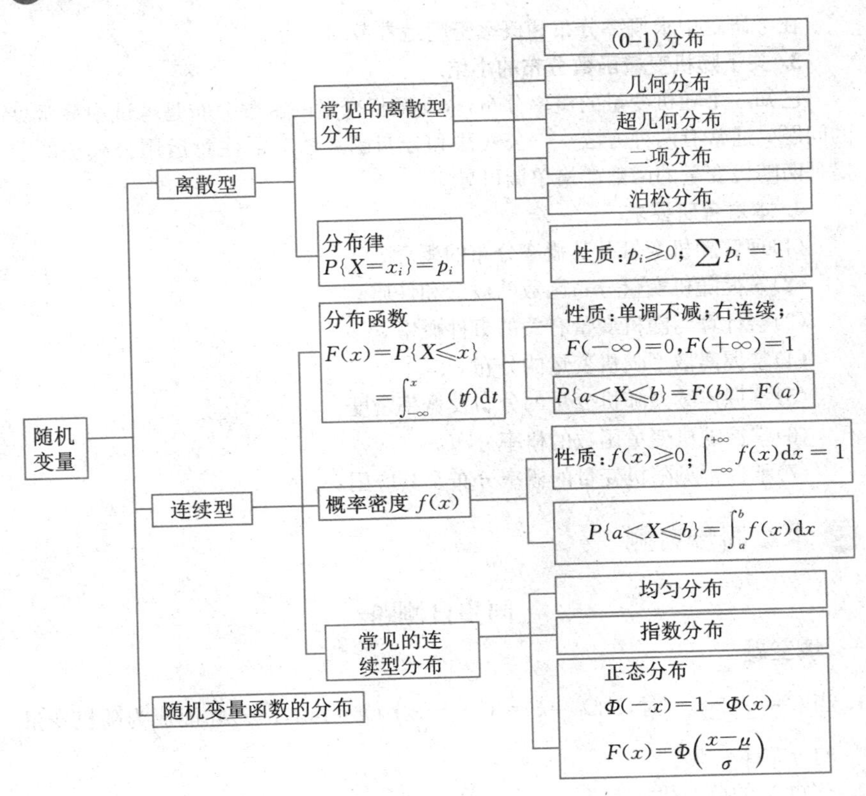

二 本章知识总结

1. 关于随机变量的小结.

随机变量是近代概率论中描述随机现象的重要方法．它的引入使随机事件有了数量标志，能够用函数来刻画、研究随机事件．将高等数学中有关函数

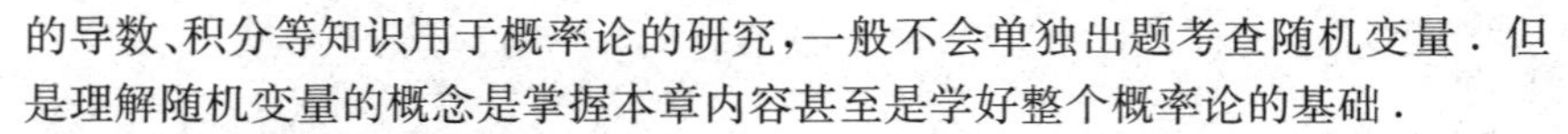

的导数、积分等知识用于概率论的研究，一般不会单独出题考查随机变量．但是理解随机变量的概念是掌握本章内容甚至是学好整个概率论的基础．

2. 关于随机变量分布的小结.

(1)关于分布函数：分布函数可以完整、准确地描述随机变量的取值规律．

(2)关于分布律：求离散型随机变量的分布律，先要搞清楚其所有可能的取值．然后计算随机变量取各相应值的概率．计算应结合求随机事件概率的各种方法和概率基本公式．

(3)关于概率密度：连续型随机变量的概率密度的性质与各种运算要熟练掌握．

在考研题中求概率分布和概率密度是常考的内容．

3. 关于随机变量函数分布的小结.

已知一个随机变量的概率分布，求此随机变量的函数分布是考试中最常见的问题．通常有两种方法——公式法和分布函数法．需注意运用公式法的前提是两随机变量的函数严格单调可导．

4. 本章考研要求.

(1)理解随机变量及其概率分布的概念．

(2)掌握随机变量分布函数的概念和性质．

(3)会计算与随机变量有关的事件概率．

(4)掌握离散型随机变量的分布．

(5)掌握连续型随机变量的分布及概率密度．

(6)掌握随机变量函数的概率分布．

(7)掌握常见随机变量的概率分布及其应用．

三 本章同步自测

同步自测题

一、填空题

1. 当 $C=$______时，$P\{X=k\}=C\cdot\left(\frac{2}{3}\right)^k(k=1,2,3\cdots)$ 才能成为随机变量的分布律．

2. 已知 X 的分布律如下，

X	-2	-1	0	1	2	3
P	$4a$	$\frac{1}{12}$	$3a$	a	$10a$	$4a$

$Y=X^2$，则 Y 的分布律为______．

3. 设有随机变量 $X\sim\begin{pmatrix}-1 & 0 & 1\\ \frac{1}{3} & \frac{1}{6} & \frac{1}{2}\end{pmatrix}$，则 X 的分布函数为________.

4. 设随机变量 X 服从$(0,2)$上的均匀分布，则随机变量 $Y=X^2$ 在$(0,4)$内的概率密度 $f_Y(y)=$________.（考研真题）

5. 设随机变量 X 和 Y 独立，且都在区间$[1,3]$上服从均匀分布．引进事件 $A=\{X\leqslant a\}$，$B=\{Y>a\}$. 已知 $P\{A\cup B\}=\frac{7}{9}$，则常数 $a=$________.

二、选择题

1. 已知离散型随机变量 X 的可能取值为 $-2,0,2,\sqrt{5}$，相应的概率依次为 $\frac{1}{a}$，$\frac{3}{2a}$，$\frac{5}{4a}$，$\frac{7}{8a}$，则 $P\{|X|\leqslant 2|X\geqslant 0\}=$（　　）.

(A) $\frac{21}{29}$　　(B) $\frac{22}{29}$　　(C) $\frac{2}{3}$　　(D) $\frac{1}{3}$

2. 设 X 为随机变量，若矩阵 $A=\begin{bmatrix}2 & 3 & 2\\ 0 & -2 & -X\\ 0 & 1 & 0\end{bmatrix}$ 的特征值全为实数的概率为 0.5，则（　　）.

(A) X 服从区间$[0,2]$上的均匀分布　　(B) X 服从二项分布 $B(2,0.5)$

(C) X 服从参数为 1 的指数分布　　(D) X 服从正态分布 $N(0,1)$

3. 设随机变量 X 的密度函数为 $f_X(x)$，则 $Y=3-2X$ 的密度函数为（　　）.

(A) $-\frac{1}{2}f_X(-\frac{y-3}{2})$　　(B) $\frac{1}{2}f_X(-\frac{y-3}{2})$

(C) $-\frac{1}{2}f_X(-\frac{y+3}{2})$　　(D) $\frac{1}{2}f_X(-\frac{y+3}{2})$

4. 设随机变量 X 具有对称的概率密度，即 $f(-x)=f(x)$，则对任意 $a>0$，$P\{|X|>a\}=$（　　）.

(A) $1-2F(a)$　　(B) $2F(a)-1$

(C) $2-F(a)$　　(D) $2[1-F(a)]$

5. 设随机变量 X 在区间$(2,5)$上服从均匀分布．现对 X 进行三次独立观测，则至少有两次观测值大于 3 的概率为（　　）.

(A) $\frac{20}{27}$　　(B) $\frac{27}{30}$　　(C) $\frac{2}{5}$　　(D) $\frac{2}{3}$

三、解答题

1. 设连续型随机变量 X 的分布函数为

$$F(x)=\begin{cases}0, & x\leqslant -a,\\ A+B\arcsin\dfrac{x}{a}, & -a<x<a,\\ 1, & x\geqslant a.\end{cases}$$

求：(1)A 和 B；

(2)随机变量 X 落在区间 $\left(-\dfrac{a}{2},\dfrac{a}{2}\right)$内的概率；

(3)随机变量 X 的概率密度．

2. 设随机变量 X 的概率密度函数为 $f_X(x)=\dfrac{1}{\pi(1+x^2)}$，求随机变量 $Y=1-\sqrt[3]{X}$的概率密度函数 $f_Y(y)$．

3. 假设随机变量 X 的概率密度为 $f(x)=\begin{cases}2x, & 0<x<1,\\ 0, & \text{其他},\end{cases}$ 现在对 X 进行 n 次独立重复观测，以 V_n 表示观测值不大于 0.1 的次数．试求随机变量 V_n 的概率分布．

4. 一本 500 页的书，共有 500 个错字，每个错字等可能地出现在每一页上(每一页的印刷符号超过 500 个)，试求在给定的一页上至少有三个错字的概率．

5. 某单位招聘 155 人，按考试成绩录用，共有 526 人报名，假设报名者的考试成绩 $X\sim N(\mu,\sigma^2)$．已知 90 分以上的 12 人，60 分以下的 83 人，若从高分到低分依次录取，某人成绩为 78 分，问此人能否被录取？

自测题答案

一、填空题

1. $\dfrac{1}{2}$ **2.**

Y	0	1	4	9
P	$\frac{1}{8}$	$\frac{1}{8}$	$\frac{7}{12}$	$\frac{1}{6}$

3. $F(x)=\begin{cases}0, & x<-1,\\ \dfrac{1}{3}, & -1\leqslant x<0,\\ \dfrac{1}{2}, & 0\leqslant x<1,\\ 1, & x\geqslant 1.\end{cases}$ **4.** $\dfrac{1}{4\sqrt{y}}(0<y<4)$ **5.** $\dfrac{5}{3}$或$\dfrac{7}{3}$

1. 解：由分布律的性质 $\sum\limits_k p_k=1$，

所以
$$\sum_{k=1}^{\infty}C\cdot\left(\frac{2}{3}\right)^k=1,$$

即
$$C\left[\frac{2}{3}+\left(\frac{2}{3}\right)^2+\cdots+\left(\frac{2}{3}\right)^n+\cdots\right]=1,$$

所以
$$C\cdot\frac{\frac{2}{3}}{1-\frac{2}{3}}=1,C=\frac{1}{2}.$$

故当 $C=\frac{1}{2}$ 时，$P\{X=k\}=C\cdot\left(\frac{2}{3}\right)^k$ 才能成为随机变量的分布律．

2. 解：Y 的分布律可表示为

Y	0	1	4	9
P	$3a$	$\frac{1}{12}+a$	$14a$	$4a$

由性质确定 $a=\frac{1}{24}$，

则 Y 的分布律为

Y	0	1	4	9
P	$\frac{1}{8}$	$\frac{1}{8}$	$\frac{7}{12}$	$\frac{1}{6}$

3. 解：当 $x<-1$ 时，$F(x)=P\{X\leqslant x\}=0$；

当 $-1\leqslant x<0$ 时，$F(x)=P\{X\leqslant x\}=\frac{1}{3}$；

当 $0\leqslant x<1$ 时，$F(x)=P\{X\leqslant x\}=\frac{1}{3}+\frac{1}{6}=\frac{1}{2}$；

当 $x\geqslant 1$ 时，$F(x)=P\{X\leqslant x\}=\frac{1}{3}+\frac{1}{6}+\frac{1}{2}=1.$

故
$$F(x)=\begin{cases}0, & x<-1,\\ \frac{1}{3}, & -1\leqslant x<0,\\ \frac{1}{2}, & 0\leqslant x<1,\\ 1, & x\geqslant 1.\end{cases}$$

4. 解：当 $0<y<4$ 时，$F_Y(y)=P\{Y\leqslant y\}=P\{X^2\leqslant y\}$
$$=P\{X\leqslant\sqrt{y}\}=F_X(\sqrt{y}).$$

由于 X 服从 $(0,2)$ 上的均匀分布，

所以 $F_Y(y)=F_X(\sqrt{y})=\frac{\sqrt{y}}{2}$.

因此 $f_Y(y)=F'_Y(y)=\dfrac{1}{4\sqrt{y}}, 0<y<4.$

5. 解：设 $p=P(A)$，由 X,Y 同分布，知 $P(\overline{B})=P\{Y\leqslant a\}=P(A)=p$，

所以 $P(B)=1-p$.

由条件知

$$P(A\cup B)=P(A)+P(B)-P(A)P(B)$$
$$=p+(1-p)-p(1-p)=p^2-p+1=\frac{7}{9},$$

由此得
$$p_1=\frac{1}{3}, p_2=\frac{2}{3}.$$

又 X 的分布函数为 $F(x)=\dfrac{x-1}{2}, 1\leqslant x\leqslant 3$，因此

$$p=P(A)=\frac{a-1}{2}, \text{即 } a=1+2p.$$

于是问题有两个解，即 $a_1=1+2p_1=\dfrac{5}{3}, a_2=1+2p_2=\dfrac{7}{3}.$

二、选择题

1. (B) **2.** (A) **3.** (B) **4.** (D) **5.** (A)

1. 解：首先根据概率分布的性质求出常数 a 的值，其次确定概率分布的具体形式，然后计算条件概率.

$$\sum_{i=1}^{4}P\{X=x_i\}=\frac{1}{a}+\frac{3}{2a}+\frac{5}{4a}+\frac{7}{8a}=\frac{37}{8a}=1,$$

解得 $a=\dfrac{37}{8}$.

故 $X\sim\begin{bmatrix}-2 & 0 & 2 & \sqrt{5}\\ \dfrac{8}{37} & \dfrac{12}{37} & \dfrac{10}{37} & \dfrac{7}{37}\end{bmatrix}$,

$$P\{|X|\leqslant 2|X\geqslant 0\}=\frac{P\{|X|\leqslant 2, X\geqslant 0\}}{P\{X\geqslant 0\}}$$
$$=\frac{P\{X=0\}+P\{X=2\}}{P\{X=0\}+P\{X=2\}+P\{X=\sqrt{5}\}}=\frac{22}{29}.$$

故应选(B).

2. 解：$|\lambda E-A|=\begin{vmatrix}\lambda-2 & -3 & -2\\ 0 & \lambda+2 & X\\ 0 & -1 & \lambda\end{vmatrix}=(\lambda-2)(\lambda^2+2\lambda+X)$，而其特征值全为实数的概率 $P\{2^2-4X\geqslant 0\}=P\{X\leqslant 1\}=0.5$，可见当 X 服从$[0,2]$上的均匀分布时成立．故应选(A).

3. 解：本题是求连续型随机变量函数的概率密度，因为 $Y=g(X)$ 是单调函数，由公式法可知(B)正确．

4. 解：因为 $f(-x)=f(x)$，所以

$$F(-a)=\int_{-\infty}^{-a}f(x)\mathrm{d}x=\int_{a}^{+\infty}f(x)\mathrm{d}x,$$

所以 $F(a)+F(-a)=\int_{-\infty}^{+\infty}f(x)\mathrm{d}x=1$

$$\begin{aligned}
&\Rightarrow F(-a)=1-F(a)\\
&\Rightarrow P\{|X|>a\}=1-P\{|X|<a\}\\
&\qquad=1-P\{-a<x<a\}\\
&\qquad=1-[F(a)-F(-a)]\\
&\qquad=1-[F(a)-(1-F(a))]\\
&\qquad=2[1-F(a)].
\end{aligned}$$

故应选(D)．

5. 解：由题意“对 X 进行三次独立观测”即是在相同条件下进行三次独立重复试验，因此所求概率属于伯努利概型的概率计算问题．

以 A 表示事件“对 X 的观测值大于 3”，即 $A=\{X>3\}$，由题设知 X 的概率密度为

$$f(x)=\begin{cases}\dfrac{1}{3}, & 2<x<5,\\ 0, & \text{其他}.\end{cases}$$

因此
$$P(A)=P\{X>3\}=\int_{3}^{5}\frac{1}{3}\mathrm{d}x=\frac{2}{3}.$$

以 Y 表示三次独立观测中观测值大于 3 的次数，则 Y 的可能值为 0，1，2，3，且据伯努利概型的计算公式，Y 取各可能值的概率为

$$P\{Y=k\}=C_3^k p^k q^{3-k}=C_3^k\left(\frac{2}{3}\right)^k\left(\frac{1}{3}\right)^{3-k}\quad(k=0,1,2,3),$$

即 $Y\sim B(3,\frac{2}{3})$．从而，所求概率为

$$P\{Y\geqslant 2\}=C_3^2\left(\frac{2}{3}\right)^2\left(\frac{1}{3}\right)+C_3^3\left(\frac{2}{3}\right)^3=\frac{20}{27}.$$

故应选(A)．

三、解答题

1. 解：(1)利用函数的连续性的定义

$$\lim_{x\to -a^-}F(x)=\lim_{x\to -a^-}0=0=F(-a),$$

$$\lim_{x\to -a^+}F(x)=A+B\lim_{x\to a^+}\arcsin\frac{x}{a}=F(-a).$$

即
$$A-\frac{\pi}{2}B=0.$$

$$\lim_{x\to a^-}F(x)=A+B\lim_{x\to a^-}\arcsin\frac{x}{a}=F(a),$$
$$\lim_{x\to a^+}F(x)=\lim_{x\to a^+}1=1=F(a).$$

即
$$A+\frac{\pi}{2}B=1.$$

解方程组
$$\begin{cases}A-\frac{\pi}{2}B=0,\\ A+\frac{\pi}{2}B=1,\end{cases}\text{得}\begin{cases}A=\frac{1}{2},\\ B=\frac{1}{\pi}.\end{cases}$$

因而随机变量 X 的分布函数为
$$F(x)=\begin{cases}0, & x\leqslant -a,\\ \frac{1}{2}+\frac{1}{\pi}\arcsin\frac{x}{a}, & -a<x<a,\\ 1, & x\geqslant a.\end{cases}$$

(2)要求 $P\{-\frac{a}{2}<X<\frac{a}{2}\}$,利用分布函数 $F(x)$.

$$\begin{aligned}P\{-\frac{a}{2}<X<\frac{a}{2}\}&=F\left(\frac{a}{2}\right)-F\left(-\frac{a}{2}\right)\\&=\frac{1}{2}+\frac{1}{\pi}\arcsin\frac{1}{2}-\left[\frac{1}{2}+\frac{1}{\pi}\arcsin\left(-\frac{1}{2}\right)\right]\\&=\frac{1}{6}+\frac{1}{6}=\frac{1}{3}.\end{aligned}$$

(3)$f(x)=F'(x)=\begin{cases}\dfrac{1}{\pi\sqrt{a^2-x^2}}, & -a<x<a,\\ 0, & |x|\geqslant a.\end{cases}$

2. 解:运用求随机变量函数的概率密度函数的一般方法,即先求出 Y 的分布函数,然后求导数.

Y 的分布函数为
$$\begin{aligned}F_Y(y)&=P\{Y\leqslant y\}=P\{1-\sqrt[3]{X}\leqslant y\}\\&=P\{\sqrt[3]{X}\geqslant 1-y\}=P\{X\geqslant(1-y)^3\}\\&=\int_{(1-y)^3}^{+\infty}\frac{\mathrm{d}x}{\pi(1+x^2)}=\frac{1}{\pi}\arctan x\Big|_{(1-y)^3}^{+\infty}\\&=\frac{1}{\pi}\left[\frac{\pi}{2}-\arctan(1-y)^3\right].\end{aligned}$$

因此,Y 的概率密度函数为

$$f_Y(y)=\frac{\mathrm{d}F_Y(y)}{\mathrm{d}y}=\frac{3}{\pi}\cdot\frac{(1-y)^2}{1+(1-y)^6}.$$

3. 解：事件“观测值不大于 0.1”，即事件$\{X\leqslant 0.1\}$的概率为

$$p=P\{X\leqslant 0.1\}=\int_{-\infty}^{0.1}f(x)\mathrm{d}x=2\int_0^{0.1}x\mathrm{d}x=0.01.$$

每次观测所得观测值不大于 0.1 为成功，则 V_n 作为 n 次独立重复试验成功的次数，服从参数为$(n,0.01)$的二项分布，故 V_n 的分布律为

$$P\{V_n=m\}=C_n^m(0.01)^m(0.99)^{n-m}\quad(m=0,1,2,\cdots,n).$$

4. 解：500 个错别字中的每一个在该页上的概率为 $p=\frac{1}{500}$. 设该页上的错字数为 X，则

$$P\{X=i\}=C_{500}^i p^i(1-p)^{500-i},i=0,1,2,\cdots,500.$$

因 $n=500$ 较大，而 $p=\frac{1}{500}$较小，由泊松定理

$$P\{X=i\}\approx\frac{(np)^i}{i!}\mathrm{e}^{-np}=\frac{\mathrm{e}^{-1}}{i!},i=0,1,2,\cdots.$$

$$\begin{aligned}P(\text{该页至少有三个错字})&=1-P(\text{该页上至多有两个错字})\\&\approx 1-[P\{X=0\}+P\{X=1\}+P\{X=2\}]\\&=1-\left(\mathrm{e}^{-1}+\mathrm{e}^{-1}+\frac{1}{2!}\mathrm{e}^{-1}\right)=1-\frac{5}{2}\mathrm{e}^{-1}.\end{aligned}$$

5. 解：本题中只知成绩 $X\sim N(\mu,\sigma^2)$，但不知 μ,σ 的值是多少，所以必须首先求出 μ 和σ. 根据已知条件有

$$P\{X>90\}=\frac{12}{526}\approx 0.022\ 8,$$

$$P\{X\leqslant 90\}=1-P\{X>90\}\approx 1-0.022\ 8=0.977\ 2,$$

又因为 $P\{X\leqslant 90\}\xlongequal{\text{标准化}}P\left\{\frac{X-\mu}{\sigma}\leqslant\frac{90-\mu}{\sigma}\right\}=\Phi\left(\frac{90-\mu}{\sigma}\right)$,

所以 $\Phi\left(\frac{90-\mu}{\sigma}\right)=0.977\ 2.$

查标准正态分布表得$\frac{90-\mu}{\sigma}\approx 2.0.$ ①

又 $P\{X<60\}=\frac{83}{526}\approx 0.158\ 8$,

$P\{X<60\}\xlongequal{\text{标准化}}P\left\{\frac{X-\mu}{\sigma}<\frac{60-\mu}{\sigma}\right\}=\Phi\left(\frac{60-\mu}{\sigma}\right)$,

所以 $\Phi\left(\frac{60-\mu}{\sigma}\right)\approx 0.158\ 8,\Phi\left(\frac{\mu-60}{\sigma}\right)\approx 1-0.158\ 8=0.841\ 2.$

查标准正态分布表得$\frac{\mu-60}{\sigma}\approx 1.0.$ ②

由①,②联立解出 $\sigma=10,\mu=70$. 所以 $X\sim N(70,10^2)$.

某人成绩 78 分,能否被录取,关键在于录取率. 已知录取率为$\frac{155}{526}\approx 0.2947$.

看是否能被录取,解法有两种.

方法一:看 $P\{X>78\}=?$

$$P\{X>78\}=1-P\{X\leqslant 78\}=1-P\left\{\frac{X-70}{10}\leqslant\frac{78-70}{10}\right\}=1-P\{X^*\leqslant 0.8\}$$
$$=1-\Phi(0.8)\approx 1-0.7881=0.2119.$$

因为 $0.2119<0.2947$(录取率),所以此人能被录取.

方法二:看录取分数限.

设被录用者的最低分为 x_0,则 $P\{X\geqslant x_0\}=0.2947$(录取率),

$$P\{X\leqslant x_0\}=1-P\{X>x_0\}\approx 1-0.2947=0.7053,$$

而 $P\{X\leqslant x_0\}=P\left\{\frac{X-70}{10}\leqslant\frac{x_0-70}{10}\right\}=P\left\{X^*\leqslant\frac{x_0-70}{10}\right\}=\Phi\left(\frac{x_0-70}{10}\right)$,

所以 $\Phi\left(\frac{x_0-70}{10}\right)=0.7053$.

查标准正态分布表得$\frac{x_0-70}{10}\approx 0.54$,解出 $x_0=75$.

某人成绩 78 分,在 75 分以上,所以能被录取.

第三章　多维随机变量及其分布

本章介绍由多个随机变量来表示某一随机现象的问题，即多维随机变量及其分布，重点讨论二维随机变量的分布函数、分布律或概率密度，条件分布及随机变量的独立性，随机变量函数的分布.

第一节　二维随机变量

知识全解

【知识结构】

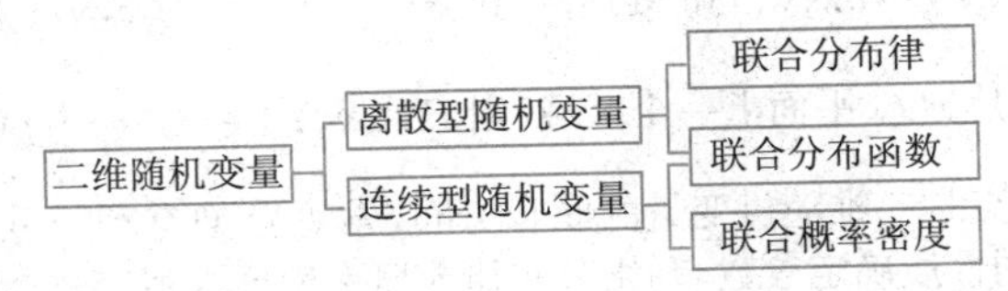

【考点精析】

1. 二维随机变量.

设 E 是随机试验，样本空间 $\Omega=\{\omega\}$，由 $X=X(\omega)$，$Y=Y(\omega)$ 构成的向量 (X,Y) 称为二维随机变量.

2. 联合分布函数.

设 (X,Y) 是二维随机变量，x，y 是两个任意实数，则称定义在平面上的二元函数 $P\{X\leqslant x,Y\leqslant y\}$ 为 (X,Y) 的分布函数，或称为 X 和 Y 的联合分布函数，记作 $F(x,y)$，即

$$F(x,y)=P\{X\leqslant x,Y\leqslant y\}.$$

联合分布函数 $F(x,y)$ 的性质：

(1) $0\leqslant F(x,y)\leqslant 1$，且 $F(-\infty,y)=F(x,-\infty)=F(-\infty,-\infty)=0$，$F(+\infty,+\infty)=1$.

(2) $F(x,y)$ 是变量 x 和 y 的单调不减函数.

(3) $F(x,y)=F(x+0,y)$，$F(x,y)=F(x,y+0)$，$F(x,y)$ 关于 x 和 y 都是右连续的.

(4) 对任意 (x_1,y_1)，(x_2,y_2)：当 $x_1<x_2$，$y_1<y_2$ 时有

$$P\{x_1<X\leqslant x_2,y_1<Y\leqslant y_2\}=F(x_2,y_2)-F(x_1,y_2)-F(x_2,y_1)+F(x_1,y_1)\geqslant 0.$$

3. 二维离散型随机变量.

若(X,Y)所有可能取值为(x_i,y_j)，$i,j=1,2,\cdots$. 则$P\{X=x_i,Y=y_i\}=p_{ij}$称为联合分布律.

联合分布律的性质：

(1) $p_{ij}\geqslant 0$；

(2) $\sum\limits_{i=1}^{\infty}\sum\limits_{j=1}^{\infty}p_{ij}=1$；

(3) $P\{(X,Y)\in G\}=\sum\limits_{(x_i,y_j)\in G}p_{ij}$.

4. 二维连续型随机变量.

若分布函数 $F(x,y)=\int_{-\infty}^{x}\int_{-\infty}^{y}f(u,v)\mathrm{d}u\mathrm{d}v$，则称$(X,Y)$是连续型随机变量，$f(x,y)$称为$(X,Y)$的联合概率密度.

联合密度的性质：

(1) $f(x,y)\geqslant 0$；

(2) $\int_{-\infty}^{+\infty}\int_{-\infty}^{+\infty}f(x,y)\mathrm{d}y\mathrm{d}x=1$；

(3) 若 $f(x,y)$ 在点(x,y)处连续，则$\dfrac{\partial^2 F(x,y)}{\partial x\partial y}=f(x,y)$；

(4) 设G是xOy平面上一个区域，则 $P\{(X,Y)\in G\}=\iint\limits_{G}f(x,y)\mathrm{d}x\mathrm{d}y$.

本节的重点是二维随机变量的联合分布，常见题型有利用分布函数、概率密度、分布律的性质确定参数，利用分布律或概率密度求概率，连续型随机变量的分布函数与概率密度相互转化.

例题精解

基本题型Ⅰ：二维离散型随机变量的分布

例 1 袋中有一个红球，两个黑球，三个白球，现有放回地从袋中取两次，每次取一球，以X,Y,Z分别表示两次取得的红、黑、白球的个数.

(1)求$P\{X=1|Z=0\}$；

(2)求二维随机变量(X,Y)的概率分布.（考研真题）

【解析】 (1)在没有取白球的情况下取了一次红球，利用样本空间的缩减法，相当于只有1个红球，2个黑球有放回摸两次，其中摸一个红球的概率，所以

$$P\{X=1|Z=0\}=\frac{C_2^1\times 2}{3^2}=\frac{4}{9}.$$

或者利用条件概率公式：

$$P\{X=1|Z=0\}=\frac{P\{X=1,Z=0\}}{P\{Z=0\}}=\frac{C_2^1\cdot\frac{1}{6}\cdot\frac{1}{3}}{\left(\frac{1}{2}\right)^2}=\frac{4}{9}.$$

(2)因为 X,Y 的可能取值为 0,1,2,所以

$$P\{X=0,Y=0\}=\frac{C_3^1\times C_3^2}{6^2}=\frac{1}{4}\quad P\{X=1,Y=0\}=\frac{C_2^1\times C_3^1}{6^2}=\frac{1}{6},$$

$$P\{X=2,Y=0\}=\frac{1}{6^2}=\frac{1}{36},\quad P\{X=0,Y=1\}=\frac{C_2^1\times C_2^1\times C_3^1}{6^2}=\frac{1}{3},$$

$$P\{X=1,Y=1\}=\frac{C_2^1\times C_2^1}{6^2}=\frac{1}{9},\quad P\{X=2,Y=1\}=0,$$

$$P\{X=0,Y=2\}=\frac{C_2^1\times C_2^1}{6^2}=\frac{1}{9},\quad P\{X=1,Y=2\}=0,$$

$$P\{X=2,Y=2\}=0.$$

故二维随机变量(X,Y)的联合分布律为

Y \ X	0	1	2
0	$\frac{1}{4}$	$\frac{1}{6}$	$\frac{1}{36}$
1	$\frac{1}{3}$	$\frac{1}{9}$	0
2	$\frac{1}{9}$	0	0

【方法点击】 本题第(2)问求二维随机变量(X,Y)的联合分布律，一般方法有两种：

(1)利用乘法公式求 $P\{X=x_i,Y=y_j\}=p_{ij}$，即 $P\{X=x_i,Y=y_j\}=P\{X=x_i\}P\{Y=y_j|X=x_i\}$.

(2)利用古典概型公式计算，本解法就是用此公式.

例2　设某班车起点站上客人数 X 服从参数为$\lambda(\lambda>0)$的泊松分布，每位乘客在中途下车的概率为 $p(0<p<1)$，且中途下车与否相互独立. 以 Y 表示在中途下车的人数，求：

(1)在发车时有 n 个乘客的条件下，中途有 m 人下车的概率；

(2)二维随机变量(X,Y)的概率分布.（考研真题）

【解析】　(1)$P\{Y=m|X=n\}=C_n^m p^m(1-p)^{n-m},0\leqslant m\leqslant n,n=0,1,2,\cdots$.

(2)$P\{X=n,Y=m\}=P\{Y=m|X=n\}P\{X=n\}$

$$=C_n^m p^m(1-p)^{n-m}\cdot\frac{e^{-\lambda}}{n!}\lambda^n,0\leqslant m\leqslant n,n=0,1,2,\cdots.$$

【方法点击】 本题将许多基本内容综合在一起:(1)二项分布;(2)泊松分布;(3)条件概率;(4)二维离散型随机变量的分布律.很有参考价值.

例3 设随机变量(ξ,η)的联合分布如下表

ξ \ η	-1	0
1	$\frac{1}{4}$	$\frac{1}{4}$
2	$\frac{1}{6}$	k

求:(1)k值;(2)联合分布函数$F(x,y)$.

【解析】 (1) 因为$\sum_{i=1}^{\infty}\sum_{j=1}^{\infty}p_{ij}=1$,所以$\frac{1}{4}+\frac{1}{4}+\frac{1}{6}+k=1$,所以$k=\frac{1}{3}$.

(2)由联合分布函数$F(x,y)=P\{\xi\leqslant x,\eta\leqslant y\}$知需对$x,y$的取值范围分别讨论.

当$x<1$或$y<-1$时,$F(x,y)=P\{\varnothing\}=0$;

当$1\leqslant x<2,-1\leqslant y<0$时,$F(x,y)=P\{\xi=1,\eta=-1\}=\frac{1}{4}$;

当$x\geqslant 2,-1\leqslant y<0$时,

$$F(x,y)=P\{\xi=1,\eta=-1\}+P\{\xi=2,\eta=-1\}=\frac{5}{12};$$

当$1\leqslant x<2,y\geqslant 0$时,

$$F(x,y)=P\{\xi=1,\eta=-1\}+P\{\xi=1,\eta=0\}=\frac{1}{2};$$

当$x\geqslant 2,y\geqslant 0$时,

$$\begin{aligned}F(x,y)=&P\{\xi=1,\eta=-1\}+P\{\xi=2,\eta=-1\}+P\{\xi=1,\eta=0\}+\\&P\{\xi=2,\eta=0\}\\=&1.\end{aligned}$$

$$\text{所以 } F(x,y)=\begin{cases}0, & x<1\text{ 或 }y<-1,\\ \frac{1}{4}, & 1\leqslant x<2\text{ 且 }-1\leqslant y<0,\\ \frac{5}{12}, & x\geqslant 2\text{ 且 }-1\leqslant y<0,\\ \frac{1}{2}, & 1\leqslant x<2\text{ 且 }y\geqslant 0,\\ 1, & x\geqslant 2\text{ 且 }y\geqslant 0.\end{cases}$$

基本题型Ⅱ:二维连续型随机变量的分布

例4 设二维随机变量(X,Y)的概率密度为

$$f(x,y)=\begin{cases}6x, & 0\leqslant x\leqslant y\leqslant 1,\\ 0, & \text{其他}.\end{cases}$$

则 $P\{X+Y\leqslant 1\}=$______.(考研真题)

【解析】
$$P\{X+Y\leqslant 1\}=\iint\limits_{x+y\leqslant 1} f(x,y)\mathrm{d}x\mathrm{d}y$$
$$=\int_0^{\frac{1}{2}} 6x\mathrm{d}x\int_x^{1-x}\mathrm{d}y=\frac{1}{4}.$$

故应填 $\frac{1}{4}$.

【方法点击】 已知 (X,Y) 的联合密度 $f(x,y)$，求 $P\{(X,Y)\in G\}$ 属于基本题型.其中 $P\{(X,Y)\in G\}=\iint\limits_G f(x,y)\mathrm{d}x\mathrm{d}y$ 计算二重积分时，应找出 G 与 $f(x,y)$ 的非零区域的公共部分 D，再在 D 上积分即可.

例 5 设随机变量 (X,Y) 的概率密度为

$$f(x,y)=\begin{cases}A\mathrm{e}^{-(3x+4y)}, & x>0,y>0,\\ 0, & \text{其他}.\end{cases}$$

求：(1) A 的值；

(2) (X,Y) 的联合分布函数 $F(x,y)$；

(3) $P\{(X,Y)\in G\}$，其中 $G=\{(x,y)\mid 0<x\leqslant 1,0<y\leqslant 2\}$.

【解析】 (1) 由 $\int_{-\infty}^{+\infty}\int_{-\infty}^{+\infty} f(x,y)\mathrm{d}x\mathrm{d}y=1$，可得 $\frac{A}{12}=1$，故 $A=12$.

(2) 分情况讨论分布函数 $F(x,y)$.

① 当 $x>0,y>0$ 时，

$$F(x,y)=\int_{-\infty}^{x}\int_{-\infty}^{y} f(u,v)\mathrm{d}u\mathrm{d}v=\int_0^x\int_0^y 12\mathrm{e}^{-(3u+4v)}\mathrm{d}u\mathrm{d}v$$
$$=(1-\mathrm{e}^{-3x})(1-\mathrm{e}^{-4y});$$

② 当 x,y 属于其他范围时，$f(x,y)=0$，$F(x,y)=\int_{-\infty}^{x}\int_{-\infty}^{y} 0\mathrm{d}x\mathrm{d}y=0$.

所以 $F(x,y)=\begin{cases}(1-\mathrm{e}^{-3x})(1-\mathrm{e}^{-4y}), & x>0,y>0,\\ 0, & \text{其他}.\end{cases}$

(3) **方法一：**利用概率密度.

$$P\{0<X\leqslant 1,0<Y\leqslant 2\}=\int_0^1\int_0^2 12\mathrm{e}^{-(3x+4y)}\mathrm{d}x\mathrm{d}y$$
$$=\int_0^1\mathrm{e}^{-3x}\mathrm{d}x\int_0^2 12\mathrm{e}^{-4y}\mathrm{d}y$$
$$=(1-\mathrm{e}^{-3})(1-\mathrm{e}^{-8}).$$

方法二:利用分布函数.

由 $F(x,y)$ 的性质可知

$$P\{0<X\leqslant 1,0<Y\leqslant 2\}=F(1,2)-F(1,0)-F(0,2)+F(0,0)=(1-e^{-3})(1-e^{-8}).$$

例 6　设随机变量(X,Y) 的分布函数为

$$F(x,y)=A(B+\arctan\frac{x}{2})(C+\arctan\frac{y}{3}).$$

求:(1)A,B,C 的值;(2)(X,Y) 的联合密度函数.

【解析】　(1) 由联合分布函数的性质知

$$F(+\infty,+\infty)=A(B+\frac{\pi}{2})(C+\frac{\pi}{2})=1,$$

$$F(-\infty,+\infty)=A(B-\frac{\pi}{2})(C+\frac{\pi}{2})=0,$$

$$F(+\infty,-\infty)=A(B+\frac{\pi}{2})(C-\frac{\pi}{2})=0,$$

得 $A=\frac{1}{\pi^2},B=\frac{\pi}{2},C=\frac{\pi}{2}$.

(2)$f(x,y)=\frac{\partial^2 F}{\partial x\partial y}=\frac{6}{\pi^2(4+x^2)(9+y^2)}$.

例 7　已知随机变量 X 和 Y 的联合概率密度为

$$\varphi(x,y)=\begin{cases}4xy, & 0\leqslant x\leqslant 1,0\leqslant y\leqslant 1,\\ 0, & \text{其他}.\end{cases}$$

求 X 和 Y 的联合分布函数 $F(x,y)$.(考研真题)

【解析】　当 $x<0$ 或 $y<0$ 时,$F(x,y)=P\{X\leqslant x,Y\leqslant y\}=0$;

当 $0\leqslant x\leqslant 1,0\leqslant y\leqslant 1$ 时,$F(x,y)=4\int_0^x\int_0^y uv\,\mathrm{d}u\mathrm{d}v=x^2y^2$;

当 $x>1,y>1$ 时,$F(x,y)=1$;

当 $x>1,0\leqslant y\leqslant 1$ 时,$F(x,y)=P\{X\leqslant 1,Y\leqslant y\}=y^2$;

当 $y>1,0\leqslant x\leqslant 1$ 时,$F(x,y)=P\{X\leqslant x,Y\leqslant 1\}=x^2$.

故 X 和 Y 的联合分布函数为

$$F(x,y)=\begin{cases}0, & x<0\text{ 或 }y<0,\\ x^2y^2, & 0\leqslant x\leqslant 1,0\leqslant y\leqslant 1,\\ x^2, & 0\leqslant x\leqslant 1,1<y,\\ y^2, & 1<x,0\leqslant y\leqslant 1,\\ 1, & 1<x,1<y.\end{cases}$$

例 8 设随机变量 X 的概率密度为

$$f_X(x)=\begin{cases}\frac{1}{2}, & -1<x<0,\\ \frac{1}{4}, & 0\leqslant x<2,\\ 0, & \text{其他}.\end{cases}$$

令 $Y=X^2$，$F(x,y)$ 为二维随机变量 (X,Y) 的分布函数. 求：

(1) Y 的概率密度 $f_Y(y)$；

(2) $F\left(-\frac{1}{2},4\right)$.（考研真题）

【解析】 (1) Y 的分布函数为

$$F_Y(y)=P\{Y\leqslant y\}=P\{X^2\leqslant y\}.$$

当 $y\leqslant 0$ 时，$F_Y(y)=0$，$f_Y(y)=0$；

当 $0<y<1$ 时，

$$\begin{aligned}F_Y(y)&=P\{-\sqrt{y}\leqslant X\leqslant\sqrt{y}\}\\&=P\{-\sqrt{y}\leqslant X<0\}+P\{0\leqslant X\leqslant\sqrt{y}\}\\&=\frac{1}{2}\sqrt{y}+\frac{1}{4}\sqrt{y}=\frac{3}{4}\sqrt{y},\end{aligned}$$

$$f_Y(y)=\frac{3}{8\sqrt{y}};$$

当 $1\leqslant y<4$ 时，

$$\begin{aligned}F_Y(y)&=P\{-1\leqslant X<0\}+P\{0\leqslant X\leqslant\sqrt{y}\}\\&=\frac{1}{2}+\frac{1}{4}\sqrt{y},\end{aligned}$$

$$f_Y(y)=\frac{1}{8\sqrt{y}};$$

当 $y\geqslant 4$ 时，$F_Y(y)=1$，$f_Y(y)=0$.

故 Y 的概率密度为

$$f_Y(y)=\begin{cases}\frac{3}{8\sqrt{y}}, & 0<y<1,\\ \frac{1}{8\sqrt{y}}, & 1\leqslant y<4,\\ 0, & \text{其他}.\end{cases}$$

$$\begin{aligned}(2)\ F\left(-\frac{1}{2},4\right)&=P\left\{X\leqslant-\frac{1}{2},Y\leqslant 4\right\}=P\left\{X\leqslant-\frac{1}{2},X^2\leqslant 4\right\}\\&=P\left\{X\leqslant-\frac{1}{2},-2\leqslant X\leqslant 2\right\}=P\left\{-2\leqslant X\leqslant-\frac{1}{2}\right\}\end{aligned}$$

$$=P\left\{-1\leqslant X\leqslant -\frac{1}{2}\right\}=\frac{1}{4}.$$

【方法点击】 本题将一维随机变量与二维随机变量的知识点结合在一起考查，属于考研数学中的综合题型，其中第二问需要使用本节的联合分布函数的定义进行计算.

第二节 边缘分布

知识全解

【知识结构】

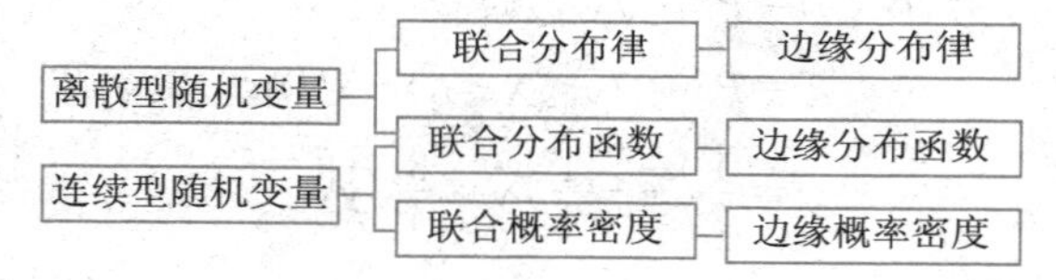

【考点精析】

1. 边缘分布函数.

设二维随机变量(X,Y)的分布函数为$F(x,y)$，分别称函数

$$F_X(x)=\lim_{y\to+\infty}F(x,y)=F(x,+\infty)\text{和}F_Y(y)=\lim_{x\to+\infty}F(x,y)=F(+\infty,y)$$

为(X,Y)关于X和Y的边缘分布函数.

2. 边缘分布律.

设二维离散型随机变量(X,Y)的联合分布律为$P\{X=x_i,Y=y_j\}=p_{ij}$，则分别称$p_{i\cdot}=\sum\limits_{j=1}^{\infty}p_{ij}=p\{X=x_i\}(i=1,2,3,\cdots)$和$p_{\cdot j}=\sum\limits_{i=1}^{\infty}p_{ij}=P\{Y=y_j\}(j=1,2,3,\cdots)$为$(X,Y)$关于$X$和$Y$的边缘分布律.

3. 边缘概率密度.

$f_X(x)=\int_{-\infty}^{+\infty}f(x,y)\mathrm{d}y$和$f_Y(y)=\int_{-\infty}^{+\infty}f(x,y)\mathrm{d}x$分别称为$(X,Y)$关于$X$和$Y$的边缘概率密度.

4. 常用的二维分布.

(1)二维均匀分布：如果二维随机变量(X,Y)有概率密度

$$f(x,y)=\begin{cases}\dfrac{1}{A}, & (x,y)\in G,\\ 0, & 其他,\end{cases}$$

其中 G 为平面有界区域,A 为其面积,则称(X,Y)在 G 上服从二维均匀分布.

(2)二维正态分布:如果二维随机变量(X,Y)的概率密度为

$$f(x,y)=\frac{1}{2\pi\sigma_1\sigma_2\sqrt{1-\rho^2}}\exp\left\{-\frac{1}{2(1-\rho^2)}\left[\frac{(x-\mu_1)^2}{\sigma_1^2}-2\rho\frac{(x-\mu_1)(y-\mu_2)}{\sigma_1\sigma_2}+\frac{(y-\mu_2)^2}{\sigma_2^2}\right]\right\},-\infty<x,y<+\infty,$$

其中 $\mu_1,\mu_2,\sigma_1,\sigma_2,\rho$ 均为常数,且 $\sigma_1>0,\sigma_2>0,-1<\rho<1$,则称$(X,Y)$服从参数为 $\mu_1,\mu_2,\sigma_1,\sigma_2,\rho$ 的二维正态分布,记作

$$(X,Y)\sim N(\mu_1,\sigma_1^2;\mu_2,\sigma_2^2;\rho).$$

特别地,当 $\mu_1=\mu_2=0,\sigma_1=\sigma_2=1$ 时,称(X,Y)服从标准正态分布.

性质:$(X,Y)\sim N(\mu_1,\sigma_1^2;\mu_2,\sigma_2^2;\rho)\Rightarrow X\sim N(\mu_1,\sigma_1^2),Y\sim N(\mu_2,\sigma_2^2)$. 逆命题不成立.

本节的基本题型是由联合分布求边缘分布,很容易掌握,属于考研中基本要求.另外,掌握好边缘分布的概念与计算对后面的条件分布及独立性的掌握有很大帮助.

例题精解

基本题型Ⅰ:离散型随机变量的边缘分布律

例1 设随机变量 $X_i\sim\begin{bmatrix}-1 & 0 & 1\\ \frac{1}{4} & \frac{1}{2} & \frac{1}{4}\end{bmatrix}(i=1,2)$,且满足$P\{X_1X_2=0\}=1$,则$P\{X_1=X_2\}=($　　$)$.(考研真题)

(A)0　　(B)$\frac{1}{4}$　　(C)$\frac{1}{2}$　　(D)1

【思路探索】 本题已知边缘分布律,可先求出联合分布律,再求概率$P\{X_1=X_2\}$,其中 $P\{X_1X_2=0\}=1$ 是解决本题的关键,隐含了$P\{X_1X_2\neq0\}=0$.由此条件再根据联合分布及边缘分布的关系计算.

【解析】 $P\{X_1X_2=0\}=1\Rightarrow P\{X_1X_2\neq0\}=0$,

即 $P\{X_1=-1,X_2=-1\}$, $P\{X_1=-1,X_2=1\}$, $P\{X_1=1,X_2=-1\}$, $P\{X_1=1,X_2=1\}$均为 0.

由以上条件求出(X_1,X_2)的联合概率分布如下表所示

X_1 \ X_2	-1	0	1	$p_{i\cdot}$
-1	0	$\frac{1}{4}$	0	$\frac{1}{4}$
0	$\frac{1}{4}$	0	$\frac{1}{4}$	$\frac{1}{2}$
1	0	$\frac{1}{4}$	0	$\frac{1}{4}$
$p_{\cdot j}$	$\frac{1}{4}$	$\frac{1}{2}$	$\frac{1}{4}$	1

那么

$$P\{X_1=X_2\}=P\{X_1=-1,X_2=-1\}+P\{X_1=0,X_2=0\}+P\{X_1=1,X_2=1\}$$
$$=0.$$

故应选(A).

【方法点击】 列表法是解决联合分布和边缘分布问题常用的方法,直观明显.

例 2　假设随机变量 Y 服从参数为 $\lambda=1$ 的指数分布,随机变量 $X_k=\begin{cases}0, & Y\leqslant k,\\ 1, & Y>k\end{cases}(k=1,2)$.求 X_1 和 X_2 的联合概率分布和边缘分布.(考研真题)

【解析】 Y 的分布函数为 $F(y)=1-e^{-y}(y>0)$,$F(y)=0(y\leqslant 0)$.

(X_1,X_2)有四个可能值:$(0,0)(0,1)$,$(1,0)$,$(1,1)$.

易见

$$\begin{aligned}P\{X_1=0,X_2=0\}&=P\{Y\leqslant 1,Y\leqslant 2\}\\&=P\{Y\leqslant 1\}=1-e^{-1},\\P\{X_1=0,X_2=1\}&=P\{Y\leqslant 1,Y>2\}=0,\\P\{X_1=1,X_2=0\}&=P\{Y>1,Y\leqslant 2\}\\&=P\{1<Y\leqslant 2\}=e^{-1}-e^{-2},\\P\{X_1=1,X_2=1\}&=P\{Y>1,Y>2\}\\&=P\{Y>2\}=e^{-2}.\end{aligned}$$

于是，X_1 和 X_2 的联合概率分布如下表所示

X_2 \ X_1	0	1
0	$1-e^{-1}$	$e^{-1}-e^{-2}$
1	0	e^{-2}

易见，$X_k(k=1,2)$服从 0-1 分布：

$$X_k \sim \begin{bmatrix} 0 & 1 \\ P\{Y \leqslant k\} & P\{Y > k\} \end{bmatrix} = \begin{bmatrix} 0 & 1 \\ 1-e^{-k} & e^{-k} \end{bmatrix}.$$

其本题型Ⅱ：连续型随机变量的边缘密度

例 3　设二维随机变量(X,Y)的联合概率密度为

$$f(x,y)=\begin{cases} e^{-y}, & 0<x<y, \\ 0, & \text{其他}. \end{cases}$$

求随机变量 X 的边缘概率密度 $f_X(x)$.（考研真题）

【解析】　由联合密度和边缘概率密度关系可知 $f_X(x)=\int_{-\infty}^{+\infty} f(x,y)\mathrm{d}y$.

当 $x \leqslant 0$ 时，$f(x,y)=0, f_X(x)=0$；当 $x>0$ 时，$f_X(x)=\int_x^{+\infty} e^{-y}\mathrm{d}y=e^{-x}$.

所以 $f_X(x)=\begin{cases} e^{-x}, & x>0, \\ 0, & x \leqslant 0. \end{cases}$

【方法点击】　由联合概率密度求边缘概率密度是考研数学中的重要题型，使用公式

$$f_X(x)=\int_{-\infty}^{+\infty} f(x,y)\mathrm{d}y, \quad f_Y(y)=\int_{-\infty}^{+\infty} f(x,y)\mathrm{d}x$$

时，若 $f(x,y)$ 为分段函数，则要注意讨论范围及积分定限，必要时将 $f(x,y)$ 的非零区域用图形表示，便于讨论分析.

例 4　设(X,Y)在区域 G 内（如图 3-1 所示）服从均匀分布，G 由直线$\frac{x}{2}+y=1$及 x 轴，y 轴围成. 求：

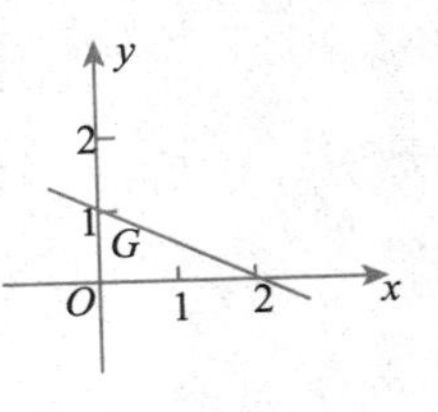

图 3-1

(1)(X,Y)的联合密度；

(2)关于 X 和关于 Y 的边缘密度；

(3)$P\{Y \geqslant X\}$.

【解析】　(1)G 的面积 $S(G)=\frac{1}{2}\times 2\times 1=1$，所以

$$f(x,y)=\begin{cases}1, & (x,y)\in G,\\ 0, & \text{其他}.\end{cases}$$

(2) 当 $0\leqslant x\leqslant 2$ 时，$f_X(x)=\int_{-\infty}^{+\infty}f(x,y)\mathrm{d}y=\int_0^{1-\frac{x}{2}}1\mathrm{d}y=1-\frac{x}{2}$；

当 $x<0$ 或 $x>2$ 时，$f(x,y)=0$，所以 $f_X(x)=0$.

所以 $f_X(x)=\begin{cases}1-\frac{x}{2}, & 0\leqslant x\leqslant 2,\\ 0, & \text{其他}.\end{cases}$

同理可得 $f_Y(y)=\begin{cases}2(1-y), & 0\leqslant y\leqslant 1,\\ 0, & \text{其他}.\end{cases}$

(3) $P\{Y\geqslant X\}=\iint\limits_{y\geqslant x}f(x,y)\mathrm{d}x\mathrm{d}y=\int_0^{\frac{2}{3}}\mathrm{d}x\int_x^{1-\frac{x}{2}}\mathrm{d}y=\frac{1}{3}$.

【方法点击】 二维均匀分布是考研数学中经常考查的重要分布，利用均匀分布求概率可以与第一章的几何概型相联系，选择合理的方法，例如本题第三问也可以利用几何概型计算，如图 3-2 所示，

$$P\{Y\geqslant X\}=\frac{S(G_1)}{S(G)}=\frac{1}{3}.$$

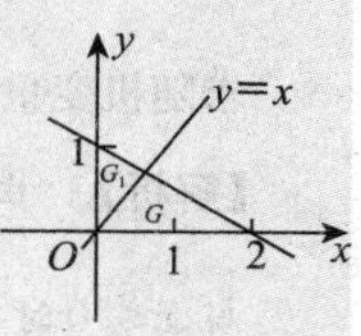

图 3-2

基本题型Ⅲ：关于边缘分布函数

例 5 已知二维随机变量 (X,Y) 的分布函数为

$F(x,y)=\frac{1}{\pi^2}\left(\frac{\pi}{2}+\arctan\frac{x}{2}\right)\left(\frac{\pi}{2}+\arctan\frac{y}{2}\right)(-\infty<x,y<+\infty)$.

试求 (X,Y) 关于 X,Y 的边缘分布函数.

【解析】 分别运用公式得

$$F_X(x)=F(x,+\infty)=\frac{1}{\pi}\left(\frac{\pi}{2}+\arctan\frac{x}{2}\right)(-\infty<x<+\infty),$$

$$F_Y(y)=F(+\infty,y)=\frac{1}{\pi}\left(\frac{\pi}{2}+\arctan\frac{y}{2}\right)(-\infty<y<+\infty).$$

第三节　条件分布

知识全解

【知识结构】

【考点精析】

1. 条件分布律.

设(X,Y)是二维离散型随机变量，若$p_{\cdot j}>0$，则称

$$p_{X|Y}(i|j)=P\{X=x_i|Y=y_j\}=\frac{p_{ij}}{p_{\cdot j}}(i=1,2\cdots)$$

为在$\{Y=y_i\}$条件下随机变量X的条件分布律.

若$p_{i\cdot}>0$，则称

$$p_{Y|X}(j|i)=P\{Y=y_j|X=x_i\}=\frac{p_{ij}}{p_{i\cdot}}(j=1,2\cdots)$$

为在$\{X=x_i\}$条件下随机变量Y的条件分布律.

2. 条件概率密度.

设(X,Y)是二维连续型随机变量，若$f_Y(y)>0$，则称

$$f_{X|Y}(x|y)=\frac{f(x,y)}{f_Y(y)}(-\infty<x<+\infty)$$

为在$\{Y=y\}$条件下X的条件概率密度.

若$f_X(x)>0$，则称

$$f_{Y|X}(y|x)=\frac{f(x,y)}{f_X(x)}(-\infty<y<+\infty)$$

为在$\{X=x\}$条件下Y的条件概率密度.

本节所讨论的条件分布是针对某些特殊概率及数字特征所使用的工具，在以往的考研数学中只考查过连续型随机变量条件概率密度的计算，掌握公式即可.

例题精解

基本题型：利用联合概率分布求条件概率分布

例1　设(X,Y)是二维随机变量，X的边缘概率密度为

$$f_X(x)=\begin{cases}3x, & 0<x<1,\\0, & 其他.\end{cases}$$

在给定 $X=x(0<x<1)$ 的条件下，Y 的条件概率密度为

$$f_{Y|X}(y|x)=\begin{cases}\dfrac{3y^2}{x^2}, & 0<y<x,\\0, & 其他.\end{cases}$$

求：(1)(X,Y)的概率密度 $f(x,y)$；

(2)Y 的边缘概率密度 $f(y)$；

(3)$P\{X>2Y\}$.（考研真题）

【解析】 (1)$f(x,y)=f_X(x)f_{Y|X}(y|x)$

$$=\begin{cases}\dfrac{9y^2}{x}, & 0<x<1,0<y<x,\\0, & 其他.\end{cases}$$

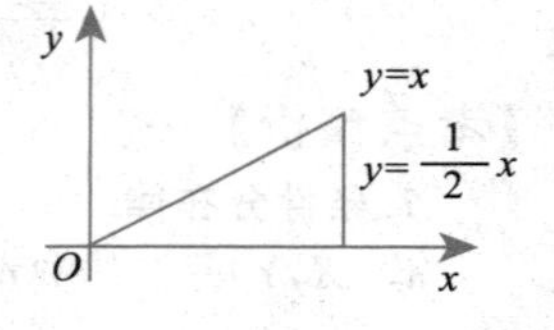

图 3-2

(2) $f_Y(y)=\int_{-\infty}^{+\infty}f(x,y)\mathrm{d}x$,

当 $0<y<1$ 时，$f_Y(y)=\int_y^1\dfrac{9y^2}{x}\mathrm{d}x=-9y^2\cdot\ln y$,

所以 y 的边缘概率密度为 $f_Y(y)=\begin{cases}-9y^2\cdot\ln y, & 0<y<1,\\0, & 其他.\end{cases}$

(3) $P\{X>2Y\}=\iint\limits_{x>2y}f(x,y)\mathrm{d}x\mathrm{d}y=\int_0^1\mathrm{d}x\int_0^{\frac{x}{2}}\dfrac{9y^2}{x}\mathrm{d}y=\dfrac{1}{8}$.

例 2　设二维随机变量(X,Y)的概率密度为

$$f(x,y)=\begin{cases}\mathrm{e}^{-x}, & 0<y<x,\\0, & 其他.\end{cases}$$

(1)求条件概率密度 $f_{Y|X}(y|x)$；

(2)求条件概率 $P\{X\leqslant1|Y\leqslant1\}$.（考研真题）

【解析】 (1)X 的概率密度为

$$f_X(x)=\int_{-\infty}^{+\infty}f(x,y)\mathrm{d}y=\begin{cases}\int_0^x\mathrm{e}^{-x}\mathrm{d}y, & x>0,\\0, & x\leqslant0\end{cases}=\begin{cases}x\mathrm{e}^{-x}, & x>0,\\0, & x\leqslant0.\end{cases}$$

当 $x>0$ 时，Y 的条件概率密度为

$$f_{Y|X}(y|x)=\frac{f(x,y)}{f_X(x)}=\begin{cases}\dfrac{1}{x}, & 0<y<x,\\0, & 其他.\end{cases}$$

(2)Y 的概率密度为

$$f_Y(y)=\int_{-\infty}^{+\infty}f(x,y)\mathrm{d}x=\begin{cases}\mathrm{e}^{-y}, & y>0,\\0, & y\leqslant0.\end{cases}$$

$$P\{X\leqslant 1\mid Y\leqslant 1\}=\frac{P\{X\leqslant 1,Y\leqslant 1\}}{P\{Y\leqslant 1\}}=\frac{\int_{-\infty}^{1}\int_{-\infty}^{1}f(x,y)\mathrm{d}x\mathrm{d}y}{\int_{0}^{1}\mathrm{e}^{-y}\mathrm{d}y}$$

$$=\frac{\int_{0}^{1}\mathrm{d}x\int_{0}^{x}\mathrm{e}^{-x}\mathrm{d}y}{1-\mathrm{e}^{-1}}=\frac{\mathrm{e}-2}{\mathrm{e}-1}.$$

例3　设二维随机变量(X,Y)的概率密度为$f(x,y)=A\mathrm{e}^{-2x^2+2xy-y^2}$，$-\infty<x<+\infty,-\infty<y<+\infty$，求常数$A$及条件概率密度$f_{Y|X}(y|x)$.（考研真题）

【思路探索】 利用概率密度函数的性质即可求得A，然后求$f_X(x)$，利用公式

$$f_{Y|X}(y|x)=\frac{f(x,y)}{f_X(x)}.$$

【解析】 因为$f(x,y)=A\mathrm{e}^{-2x^2+2xy-y^2}=A\mathrm{e}^{-(x-y)^2}\cdot\mathrm{e}^{-x^2}$

$$=A\pi\left[\frac{1}{\sqrt{2\pi}\cdot\frac{1}{\sqrt{2}}}\mathrm{e}^{-\frac{(x-y)^2}{2\cdot\left(\frac{1}{\sqrt{2}}\right)^2}}\right]\left[\frac{1}{\sqrt{2\pi}\cdot\frac{1}{\sqrt{2}}}\mathrm{e}^{-\frac{x^2}{2\cdot\left(\frac{1}{\sqrt{2}}\right)^2}}\right],$$

由概率密度的性质得到

$$1=\int_{-\infty}^{+\infty}\int_{-\infty}^{+\infty}f(x,y)\mathrm{d}x\mathrm{d}y$$

$$=A\pi\int_{-\infty}^{+\infty}\frac{1}{\sqrt{2\pi}\cdot\frac{1}{\sqrt{2}}}\mathrm{e}^{-\frac{x^2}{2\left(\frac{1}{\sqrt{2}}\right)^2}}\mathrm{d}x\int_{-\infty}^{+\infty}\frac{1}{\sqrt{2\pi}\cdot\frac{1}{\sqrt{2}}}\mathrm{e}^{-\frac{(x-y)^2}{2\left(\frac{1}{\sqrt{2}}\right)^2}}\mathrm{d}y=A\pi,$$

故$A=\dfrac{1}{\pi}$.

从而$f(x,y)=\dfrac{1}{\pi}\mathrm{e}^{-2x^2+2xy-y^2}\quad(-\infty<x<+\infty,-\infty<y<+\infty)$，

又$f_X(x)=\displaystyle\int_{-\infty}^{+\infty}f(x,y)\mathrm{d}y=\frac{1}{\sqrt{\pi}}\mathrm{e}^{-x^2}\int_{-\infty}^{+\infty}\frac{1}{\sqrt{2\pi}\cdot\frac{1}{\sqrt{2}}}\mathrm{e}^{-\frac{(x-y)^2}{2\left(\frac{1}{\sqrt{2}}\right)^2}}\mathrm{d}y=\frac{1}{\sqrt{\pi}}\mathrm{e}^{-x^2}$，

所以$f_{Y|X}(y\mid x)=\dfrac{f(x,y)}{f_X(x)}=\dfrac{1}{\sqrt{\pi}}\mathrm{e}^{-x^2+2xy-y^2}=\dfrac{1}{\sqrt{\pi}}\mathrm{e}^{-(x-y)^2}\quad(-\infty<x<+\infty,-\infty<y<+\infty)$.

【错解分析】 本题的难度还是比较大的，不少考生没有想到借助密度函数的性质：$\int_{-\infty}^{+\infty}\frac{1}{\sqrt{2\pi}\sigma}\mathrm{e}^{-\frac{(x-\mu)^2}{2\sigma^2}}\mathrm{d}x=1$，或者泊松积分$\int_{-\infty}^{+\infty}\mathrm{e}^{-x^2}\mathrm{d}x=\sqrt{\pi}$，从而无法继续解题.

【方法点击】 (1) 泊松积分$\int_{-\infty}^{+\infty} e^{-x^2} dx = \sqrt{\pi}$,这是一个很重要的结论,在概率论中有重要的应用.

(2) 设$X \sim N(\mu,\sigma^2)$,则$f(x) = \frac{1}{\sqrt{2\pi}\sigma} e^{-\frac{(x-\mu)^2}{2\sigma^2}}$,$\int_{-\infty}^{+\infty} \frac{1}{\sqrt{2\pi}\sigma} e^{-\frac{(x-\mu)^2}{2\sigma^2}} dx = 1$.

(3) 若已知二维连续型随机变量(X,Y)的联合概率密度为$f(x,y)$,则当$f_X(x) > 0$时,$f_{Y|X}(y \mid x) = \frac{f(x,y)}{f_X(x)}$,其中$f_X(x) = \int_{-\infty}^{+\infty} f(x,y)dy$.

第四节　相互独立的随机变量

知识全解

【知识结构】

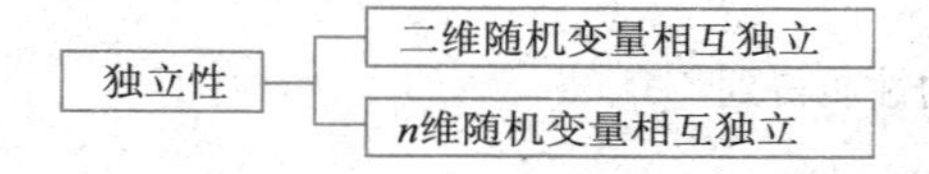

【考点精析】

1. 随机变量的独立性:若二维随机变量(X,Y)对任意实数均有

$$P\{X \leqslant x, Y \leqslant y\} = P\{X \leqslant x\} P\{Y \leqslant y\},$$

即$F(x,y) = F_X(x) \cdot F_Y(y)$,则$X$与$Y$相互独立.

2. 离散型随机变量相互独立的条件是$p_{ij} = p_{i\cdot} \cdot p_{\cdot j}, i,j = 1,2,\cdots$.

3. 连续型随机变量相互独立的充要条件是$f(x,y) = f_X(x) \cdot f_Y(y)$,$x$,$y$为任意实数.

随机变量的独立性是考试的重点,常考题型有:判断随机变量的独立性,利用独立性确定未知参数,以及关于独立性的实际应用题.另外,随机变量独立性的概念对于后面的内容(如随机变量函数的分布,数理统计等)都有一定的作用,应该很好地掌握它.

例题精解

基本题型Ⅰ:考查独立性的应用

例 1　设随机变量X和Y相互独立,下表列出随机变量(X,Y)的联合分

布律及关于 X 和 Y 的边缘分布律中的部分数值，试将其余数值填入表中空白处.（考研真题）

X \ Y	y_1	y_2	y_3	$p_{i\cdot}$
x_1		$\frac{1}{8}$		
x_2	$\frac{1}{8}$			
$p_{\cdot j}$	$\frac{1}{6}$			1

【思路探索】 运用边缘分布公式及随机变量的独立性. 题中只有先考查 $j=1$ 时的情况才可逐次求出其他值.

【解析】 因为 $p_{\cdot 1}=\sum_{i=1}^{2}p_{i1}=\frac{1}{6}=p_{11}+p_{21}=p_{11}+\frac{1}{8}$，得 $p_{11}=\frac{1}{24}$.

由独立性，$p_{11}=p_{1\cdot}\cdot p_{\cdot 1}$，即 $\frac{1}{24}=p_{1\cdot}\cdot\frac{1}{6}$，故 $p_{1\cdot}=\frac{1}{4}$.

同理依次求出其余值：

$$p_{13}=\frac{1}{12},\quad p_{\cdot 2}=\frac{1}{2},\quad p_{22}=\frac{3}{8},$$

$$p_{2\cdot}=\frac{3}{4},\quad p_{23}=\frac{1}{4},\quad p_{\cdot 3}=\frac{1}{3}.$$

所以列表得

X \ Y	y_1	y_2	y_3	$p_{i\cdot}$
x_1	$\frac{1}{24}$	$\frac{1}{8}$	$\frac{1}{12}$	$\frac{1}{4}$
x_2	$\frac{1}{8}$	$\frac{3}{8}$	$\frac{1}{4}$	$\frac{3}{4}$
$p_{\cdot j}$	$\frac{1}{6}$	$\frac{1}{2}$	$\frac{1}{3}$	1

例2 设随机变量 X 和 Y 相互独立，且 X 和 Y 的概率分布分别为

X	0	1	2	3
P	$\frac{1}{2}$	$\frac{1}{4}$	$\frac{1}{8}$	$\frac{1}{8}$

Y	-1	0	1
P	$\frac{1}{3}$	$\frac{1}{3}$	$\frac{1}{3}$

则 $P\{X+Y=2\}=($　　$)$.（考研真题）

(A) $\frac{1}{12}$　　(B) $\frac{1}{8}$　　(C) $\frac{1}{6}$　　(D) $\frac{1}{2}$

【思路探索】 本题考查对二维随机变量的样本空间的理解. 用到相互独立

随机变量的概率公式.

【解析】 $P\{X+Y=2\}=P\{X=1,Y=1\}+P\{X=2,Y=0\}+P\{X=3,Y=-1\}$
$=P\{X=1\}P\{Y=1\}+P\{X=2\}P\{Y=0\}+P\{X=3\}P\{Y=-1\}$
$=\frac{1}{4}\times\frac{1}{3}+\frac{1}{8}\times\frac{1}{3}+\frac{1}{8}\times\frac{1}{3}=\frac{1}{6}$.

故应选(C).

例3 设二维随机变量(X,Y)的概率分布为

$X \backslash Y$	0	1
0	0.4	a
1	b	0.1

已知随机事件$\{X=0\}$与$\{X+Y=1\}$相互独立,则(　　).(考研真题)

(A)$a=0.2,b=0.3$　　(B)$a=0.4,b=0.1$

(C)$a=0.3,b=0.2$　　(D)$a=0.1,b=0.4$

【思路探索】 由$\sum\limits_i\sum\limits_j p_{ij}=1$可得$a$和$b$的关系,再由事件$\{X=0\}$与$\{X+Y=1\}$相互独立得到另外一个关系,由方程组解出$a,b$的值.

【解析】 由$\sum\limits_i\sum\limits_j p_{ij}=0.4+a+b+0.1=1$,得到$a+b=0.5$,由$\{X=0\}$与$\{X+Y=1\}$相互独立,得到

$$P\{X=0\}P\{X+Y=1\}=P\{X=0,X+Y=1\}.$$

由已知条件可得

$P\{X=0,X+Y=1\}=P\{X=0,Y=1\}=a$,

$P\{X=0\}=P\{X=0,Y=0\}+P\{X=0,Y=1\}=a+0.4$,

$P\{X+Y=1\}=P\{X=0,Y=1\}+P\{X=1,Y=0\}=a+b=0.5$.

联立方程组$\begin{cases}0.5\times(a+0.4)=a,\\a+b=0.5,\end{cases}$解之得$\begin{cases}a=0.4,\\b=0.1.\end{cases}$故应选(B).

例4 设(ξ,η)的联合分布律为

$\xi \backslash \eta$	0	1	2
-1	$\frac{1}{6}$	$\frac{1}{9}$	$\frac{1}{18}$
1	$\frac{1}{3}$	A	B

试求：A,B 为何值时随机变量 ξ,η 相互独立.

【思路探索】 对于此类确定概率的问题需要考虑的是 ξ,η 独立的充要条件是对一切 i,j 都要满足 $p_{ij}=p_{i\cdot}\,p_{\cdot j}$.

【解析】 由(ξ,η)的联合分布律可得到

ξ \ η	0	1	2	$p_{i\cdot}$
-1	$\frac{1}{6}$	$\frac{1}{9}$	$\frac{1}{18}$	$\frac{1}{3}$
1	$\frac{1}{3}$	A	B	$\frac{1}{3}+A+B$
$p_{\cdot j}$	$\frac{1}{2}$	$\frac{1}{9}+A$	$\frac{1}{18}+B$	1

若 ξ,η 相互独立，则必有对一切 i,j 均满足 $p_{ij}=p_{i\cdot}\,p_{\cdot j}$，选择两个简便方程

$$\begin{cases}p_{1\cdot}\,p_{\cdot 2}=\dfrac{1}{3}\times\left(\dfrac{1}{9}+A\right)=\dfrac{1}{9},\\ p_{1\cdot}\,p_{\cdot 3}=\dfrac{1}{3}\times\left(\dfrac{1}{18}+B\right)=\dfrac{1}{18},\end{cases}$$

解方程组得 $A=\frac{2}{9},B=\frac{1}{9}$.

例 5 设随机变量 X 与 Y 相互独立，且分别服从参数为 1 与参数为 4 的指数分布，则 $P\{X<Y\}=($　　$)$.（考研真题）

(A)$\frac{1}{5}$　　(B)$\frac{1}{3}$　　(C)$\frac{2}{5}$　　(D)$\frac{4}{5}$

【解析】 X 与 Y 的概率密度分别为

$$f_X(x)=\begin{cases}e^{-x}, & x>0,\\ 0, & x\leqslant 0,\end{cases}\quad f_Y(y)=\begin{cases}4e^{-4y}, & y>0,\\ 0, & y\leqslant 0.\end{cases}$$

由 X 与 Y 相互独立，可得

$$f(x,y)=f_X(x)\cdot f_Y(y)=\begin{cases}4e^{-x-4y}, & x>0,y>0,\\ 0, & \text{其他}.\end{cases}$$

则 $P\{X<Y\}=\iint\limits_{x<y}f(x,y)\mathrm{d}x\mathrm{d}y=\int_0^{+\infty}4e^{-4y}\mathrm{d}y\int_0^{y}e^{-x}\mathrm{d}x=\frac{1}{5}$. 故应选(A).

例 6 设随机变量 X 与 Y 相互独立，且都服从区间$(0,1)$上的均匀分布，

则 $P\{X^2+Y^2\leqslant1\}=($　　$)$.(考研真题)

(A)$\frac{1}{4}$　　(B)$\frac{1}{2}$　　(C)$\frac{\pi}{8}$　　(D)$\frac{\pi}{4}$

【解析】 本题求随机事件的概率.由于给出了边缘分布,结合随机变量 X 与 Y 相互独立的条件可直接得到 (X,Y) 的联合概率密度 $f(x,y)$,然后计算二重积分 $P\{X^2+Y^2\leqslant1\}=\iint\limits_{x^2+y^2\leqslant1}f(x,y)\mathrm{d}x\mathrm{d}y$ 即可.但本题联合分布为均匀分布,属几何概型,利用图示法(如图 3-3 所示),即利用面积计算会更简便.

随机变量 X 与 Y 相互独立,且都服从区间 $(0,1)$ 上的均匀分布,所以 X 与 Y 的联合分布为区域 $D=\{(x,y)|0<x<1,0<y<1\}$ 上的均匀分布,于是

$$P\{X^2+Y^2\leqslant1\}=\frac{S(D_1)}{S(D)}=\frac{\frac{\pi}{4}}{1}=\frac{\pi}{4}.$$

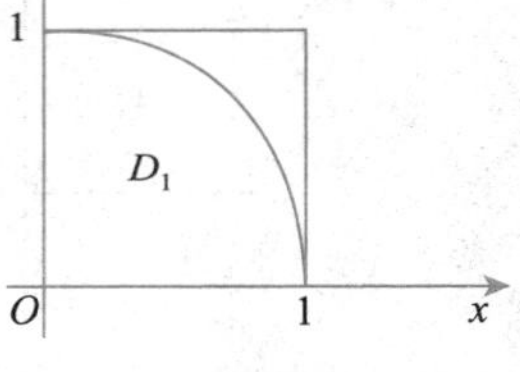

图 3-3

基本题型Ⅱ:随机变量独立性的判断问题

例 7　设随机变量 (X,Y) 服从二维正态分布,且 X 与 Y 不相关,$f_X(x)$,$f_Y(y)$ 分别表示 X,Y 的概率密度,则在 $Y=y$ 的条件下,X 的条件概率密度 $f_{X|Y}(x|y)$ 为(　　).(考研真题)

(A)$f_X(x)$　　(B)$f_Y(y)$

(C)$f_X(x)f_Y(y)$　　(D)$\frac{f_X(x)}{f_Y(y)}$

【解析】 当 (X,Y) 服从二维正态时,

$$X\text{ 与 }Y\text{ 不相关}\Leftrightarrow X,Y\text{ 相互独立},$$

则 $f_{X|Y}(x|y)=\frac{f(x,y)}{f_Y(y)}=\frac{f_X(x)\cdot f_Y(y)}{f_Y(y)}=f_X(x).$

故应选(A).

例 8　一个电子仪器由两个部件构成,以 X 和 Y 分别表示两个部件的寿命(单位:千小时).已知 X 和 Y 的联合分布函数为

$$F(x,y)=\begin{cases}1-\mathrm{e}^{-0.5x}-\mathrm{e}^{-0.5y}+\mathrm{e}^{-0.5(x+y)}, & x\geqslant0,y\geqslant0,\\0, & \text{其他}.\end{cases}$$

(1)问 X 和 Y 是否独立?

(2)求两个部件的寿命都超过 100 小时的概率 α.

【解析】 (1)由 $F(x,y)$ 易知 X,Y 的边缘分布函数分别为

$$F_X(x)=F(x,+\infty)=\begin{cases}1-\mathrm{e}^{-0.5x}, & x\geqslant0,\\0, & x<0.\end{cases}$$

$$F_Y(y)=F(+\infty,y)=\begin{cases}1-e^{-0.5y}, & y\geqslant 0,\\ 0, & y<0.\end{cases}$$

因为当 $x\geqslant 0,y\geqslant 0$ 时，

$F_X(x)F_Y(y)=(1-e^{-0.5x})(1-e^{-0.5y})=1-e^{-0.5x}-e^{-0.5y}+e^{-0.5(x+y)}$，

当 x,y 为其他情况时，$F_X(x)F_Y(y)=0$.

所以对任意实数 x,y 都有 $F(x,y)=F_X(x)F_Y(y)$，故 X 与 Y 相互独立.

(2)由题意可知

$$\begin{aligned}\alpha&=P\{X>0.1,Y>0.1\}=P\{X>0.1\}P\{Y>0.1\}\\&=[1-F_X(0.1)][1-F_Y(0.1)]\\&=e^{-0.05}e^{-0.05}=e^{-0.1}.\end{aligned}$$

例 9　设二维随机变量(X,Y)的联合概率密度函数为

$$f(x,y)=\begin{cases}\dfrac{1+xy}{4}, & |x|<1,|y|<1,\\ 0, & \text{其他}.\end{cases}$$

证明：X 与 Y 不独立，但 X^2 与 Y^2 独立.

【证明】　对 X,Y 而言，

$$f_X(x)=\begin{cases}\dfrac{1}{2}, & |x|<1,\\ 0, & \text{其他},\end{cases}\qquad f_Y(y)=\begin{cases}\dfrac{1}{2}, & |y|<1,\\ 0, & \text{其他}.\end{cases}$$

因为 $f(x,y)\neq f_X(x)f_Y(y)$，所以 X,Y 不独立.

而

$$F_U(u)=P\{X^2\leqslant u\}=\begin{cases}0, & u<0,\\ \sqrt{u}, & 0\leqslant u<1,\\ 1, & u\geqslant 1.\end{cases}$$

$$F_V(v)=P\{Y^2\leqslant v\}=\begin{cases}0, & v<0,\\ \sqrt{v}, & 0\leqslant v<1,\\ 1, & v\geqslant 1.\end{cases}$$

$U=X^2,V=Y^2$ 的联合分布函数为

$$F(u,v)=P\{X^2\leqslant u,Y^2\leqslant v\}=\begin{cases}0, & u<0\text{ 或 }v<0,\\ \sqrt{uv}, & 0\leqslant u<1,0\leqslant v<1,\\ \sqrt{u}, & 0\leqslant u<1,v\geqslant 1,\\ \sqrt{v}, & u\geqslant 1,0\leqslant v<1,\\ 1, & u\geqslant 1,v\geqslant 1.\end{cases}$$

可见，对 $U=X^2,V=Y^2$ 而言，有 $F(u,v)=F_U(u)F_V(v)$，即 X^2 和 Y^2 相互独立.

例10　设随机变量 X_1 和 X_2 的概率分布分别为

$$X_1 \sim \begin{bmatrix} -1 & 0 & 1 \\ \frac{1}{4} & \frac{1}{2} & \frac{1}{4} \end{bmatrix}, X_2 \sim \begin{bmatrix} 0 & 1 \\ \frac{1}{2} & \frac{1}{2} \end{bmatrix}.$$

而且 $P\{X_1X_2=0\}=1$.

试求:(1)X_1 和 X_2 的联合分布;

(2)X_1 和 X_2 是否独立?(考研真题)

【解析】 (1)因为 $P\{X_1X_2=0\}=1$,所以有 $P\{X_1X_2\neq 0\}=0$.

因此 $P\{X_1=-1,X_2=1\}=P\{X_1=1,X_2=1\}=0$.

那么 $P\{X_1=-1,X_2=0\}=P\{X_1=-1\}=\frac{1}{4}$,

$$P\{X_1=0,X_2=1\}=P\{X_2=1\}=\frac{1}{2},$$

$$P\{X_1=1,X_2=0\}=P\{X_1=1\}=\frac{1}{4},$$

$$P\{X_1=0,X_2=0\}=1-\left(\frac{1}{4}+\frac{1}{2}+\frac{1}{4}\right)=0.$$

故 X_1 和 X_2 的联合分布列表为

X_2 \ X_1	-1	0	1	$p_{\cdot j}$
0	$\frac{1}{4}$	0	$\frac{1}{4}$	$\frac{1}{2}$
1	0	$\frac{1}{2}$	0	$\frac{1}{2}$
$p_{i\cdot}$	$\frac{1}{4}$	$\frac{1}{2}$	$\frac{1}{4}$	1

(2)由于 $P\{X_1=0,X_2=0\}=0\neq P\{X_1=0\}P\{X_2=0\}=\frac{1}{2}\times\frac{1}{2}=\frac{1}{4}$,所以 X_1 与 X_2 不相互独立.

【方法点击】 两随机变量独立的充要条件是解决相互独立性问题最直接最重要的方法.

第五节　两个随机变量的函数的分布

知识全解

【知识结构】

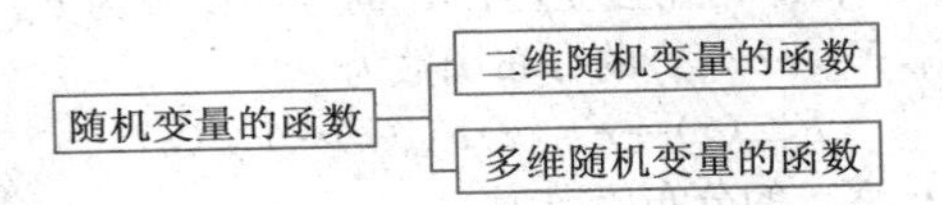

【考点精析】

1. 二维随机变量函数的分布.

(1)已知离散型随机变量(X,Y)的分布律为$P\{X=x_i,Y=y_j\}=p_{ij}$，则$Z=g(X,Y)$的分布为

$$P\{Z=z_k\}=P\{g(X,Y)=z_k\}=\sum_{g(x_i,y_j)=z_k}p_{ij}.$$

(2) 设连续型随机变量(X,Y)的概率密度为$f(x,y)$，则$Z=g(X,Y)$的分布函数为$F_Z(z)=P\{Z\leqslant z\}=\iint\limits_{g(x,y)\leqslant z}f(x,y)\mathrm{d}x\mathrm{d}y$，概率密度为$f_Z(z)=F'_Z(z)$.

特殊类型：①$Z=X+Y$的密度函数为

$$f_Z(z)=\int_{-\infty}^{+\infty}f(x,z-x)\mathrm{d}x=\int_{-\infty}^{+\infty}f(z-y,y)\mathrm{d}y.$$

特别地，当X与Y相互独立时，

$$f_Z(z)=f_X*f_Y=\int_{-\infty}^{+\infty}f_X(x)\cdot f_Y(z-x)\mathrm{d}x=\int_{-\infty}^{+\infty}f_X(z-y)f_Y(y)\mathrm{d}y.$$

②$Z=Y/X,Z=XY$的密度函数分别为

$$f_{Y|X}(z)=\int_{-\infty}^{+\infty}|x|f(x,xz)\mathrm{d}x,\quad f_{XY}(z)=\int_{-\infty}^{+\infty}\frac{1}{|x|}f\left(x,\frac{z}{x}\right)\mathrm{d}x.$$

特别地，当X与Y相互独立时，

$$f_{Y|X}(z)=\int_{-\infty}^{+\infty}|x|f_X(x)f_Y(xz)\mathrm{d}x,\quad f_{XY}(z)=\int_{-\infty}^{+\infty}\frac{1}{|x|}f_X(x)f_Y\left(\frac{z}{x}\right)\mathrm{d}x.$$

③设$X\sim N(\mu_1,\sigma_1^2)$，$Y\sim N(\mu_2,\sigma_2^2)$，且$X,Y$相互独立，则

$$aX+bY\sim N(a\mu_1+b\mu_2,a^2\sigma_1^2+b^2\sigma_2^2).$$

④设X,Y相互独立，分布函数分别为$F_X(x)$和$F_Y(y)$，$M=\max\{X,Y\}$，$N=\min\{X,Y\}$，则

$$F_M(z)=F_X(z)F_Y(z),\quad F_N(z)=1-[1-F_X(z)][1-F_Y(z)].$$

2. 多维随机变量函数的分布.

对于相互独立的多维随机变量所构成的简单函数,可利用二维随机变量的结果加以推广. 常用结论及公式如下:

(1)设 $X_1,X_2,\cdots,X_n$ 相互独立,且 $X_i\sim N(\mu_i,\sigma_i^2)$,$k_i$ 为任意常数($i=1,2,\cdots,n$),则

$$Z=\sum_{i=1}^{n}k_iX_i\sim N(\sum_{i=1}^{n}k_i\mu_i,\sum_{i=1}^{n}k_i^2\sigma_i^2).$$

(2)设 $X_1,X_2,\cdots,X_n$ 相互独立,且 X_i 的分布函数为 $F_{X_i}(x_i)$($i=1,2,\cdots,n$),则 $Z=\max\{X_1,X_2,\cdots,X_n\}$ 的分布函数为

$$F_{\max}(z)=F_{X_1}(z)F_{X_2}(z)\cdots F_{X_n}(z),$$

$Z=\min\{X_1,X_2,\cdots,X_n\}$ 的分布函数为

$$F_{\min}(z)=1-[1-F_{X_1}(z)][1-F_{X_2}(z)]\cdots[1-F_{X_n}(z)].$$

本节内容是考研的重点内容之一,尤其是二维连续型随机变量的函数求概率分布经常考到,掌握好相应的方法及公式非常重要.

例题精解

基本题型Ⅰ:求离散型随机变量函数的分布

例 1 设二维随机变量(X,Y)的概率分布为

X \ Y	-1	0	1
-1	0.2	0	0.2
0	0.1	0.1	0.2
1	0	0.1	0.1

记 $Z=X+Y$. 求 Z 的概率分布.(考研真题)

【解析】 Z 的可能取值为 $-2,-1,0,1,2$.

$P\{Z=-2\}=P\{X=-1,Y=-1\}=0.2,$

$P\{Z=-1\}=P\{X=-1,Y=0\}+P\{X=0,Y=-1\}=0.1,$

$P\{Z=0\}=P\{X=-1,Y=1\}+P\{X=0,Y=0\}+P\{X=1,Y=-1\}$
$=0.3,$

$P\{Z=1\}=P\{X=1,Y=0\}+P\{X=0,Y=1\}=0.3,$

$P\{Z=2\}=P\{X=1,Y=1\}=0.1.$

即 Z 的概率分布为

Z	-2	-1	0	1	2
P	0.2	0.1	0.3	0.3	0.1

例 2　设随机变量 X 与 Y 独立同分布，且 X,Y 的概率分布为

X	1	2
P	$\frac{2}{3}$	$\frac{1}{3}$

Y	1	2
P	$\frac{2}{3}$	$\frac{1}{3}$

记 $U=\max\{X,Y\}$，$V=\min\{X,Y\}$. 求 (U,V) 的概率分布.（考研真题）

【解析】　(U,V) 有三个可能值：$(1,1)$，$(2,1)$，$(2,2)$.

而 $P\{U=1,V=1\}=P\{X=1,Y=1\}=P\{X=1\}\cdot P\{Y=1\}=\frac{4}{9}$，

$$P\{U=2,V=1\}=P\{X=1,Y=2\}+P\{X=2,Y=1\}=\frac{4}{9},$$

$$P\{U=2,V=2\}=P\{X=2,Y=2\}=P\{X=2\}\cdot P\{Y=2\}=\frac{1}{9}.$$

故 (U,V) 的概率分布为

U \ V	1	2
1	$\frac{4}{9}$	0
2	$\frac{4}{9}$	$\frac{1}{9}$

例 3　假设随机变量 X_1,X_2,X_3,X_4 相互独立且同分布，$P\{X_i=0\}=0.6$，$P\{X_i=1\}=0.4(i=1,2,3,4)$，求行列式 $X=\begin{vmatrix} X_1 & X_2 \\ X_3 & X_4 \end{vmatrix}$ 的概率分布.（考研真题）

【解析】　记 $Y_1=X_1X_4$，$Y_2=X_2X_3$，则 $X=Y_1-Y_2$，随机变量 Y_1 和 Y_2 独立同分布.

$$P\{Y_1=1\}=P\{Y_2=1\}=P\{X_2=1,X_3=1\}=0.16,$$

$$P\{Y_1=0\}=P\{Y_2=0\}=1-0.16=0.84.$$

随机变量 $X=Y_1-Y_2$ 有三个可能值 $-1,0,1$，易见

$$P\{X=-1\}=P\{Y_1=0,Y_2=1\}=0.84\times0.16=0.134\ 4,$$

$$P\{X=1\}=P\{Y_1=1,Y_2=0\}=0.16\times0.84=0.134\ 4,$$

$$P\{X=0\}=1-2\times0.134\ 4=0.731\ 2.$$

于是行列式的概率分布为

$$X=\begin{vmatrix} X_1 & X_2 \\ X_3 & X_4 \end{vmatrix}\sim\begin{bmatrix} -1 & 0 & 1 \\ 0.134\ 4 & 0.731\ 2 & 0.134\ 4 \end{bmatrix}.$$

【方法点击】 例1,例2,例3属于典型的“多维离散型随机变量的函数的分布”问题,虽然类型不同,但是无论求$Z=g(X,Y)$的分布,还是求(U,V)(其中$U=u(X,Y),V=v(X,Y)$)的分布,所使用的思路是一致的,都是先定新随机变量的取值,再通过事件的转换求概率.

基本题型Ⅱ:求连续型随机变量函数的分布

例4 设二维随机变量(X,Y)的概率密度为

$$f(x,y)=\begin{cases}1, & 0<x<1,0<y<2x,\\0, & \text{其他}.\end{cases}$$

求:(1)(X,Y)的边缘概率密度$f_X(x)$,$f_Y(y)$;

(2)$Z=2X-Y$的概率密度$f_Z(z)$.(考研真题)

【解析】 (1)当$0<x<1$时,$f_X(x)=\int_{-\infty}^{+\infty}f(x,y)\mathrm{d}y=\int_0^{2x}\mathrm{d}y=2x$;

当$x\leqslant 0$或$x\geqslant 1$时,$f_X(x)=0$.

即$f_X(x)=\begin{cases}2x, & 0<x<1,\\0, & \text{其他}.\end{cases}$

当$0<y<2$时,$F_Y(y)=\int_{-\infty}^{+\infty}f(x,y)\mathrm{d}x=\int_{\frac{y}{2}}^{1}\mathrm{d}x=1-\frac{y}{2}$;

当$y\leqslant 0$或$y\geqslant 2$时,$f_Y(y)=0$.

即$f_Y(y)=\begin{cases}1-\dfrac{y}{2}, & 0<y<2,\\0, & \text{其他}.\end{cases}$

(2) **方法一:** 当$z\leqslant 0$时,$F_Z(z)=0$;

当$0<z<2$时,$F_Z(z)=P\{2X-Y\leqslant z\}=\iint\limits_{2x-y\leqslant z}f(x,y)\mathrm{d}x\mathrm{d}y=z-\frac{z^2}{4}$;

当$z\geqslant 2$时,$F_Z(z)=1$.

所以$f_Z(z)=\begin{cases}1-\dfrac{z}{2}, & 0<z<2,\\0, & \text{其他}.\end{cases}$

方法二: $f_Z(z)=\int_{-\infty}^{+\infty}f(x,2x-z)\mathrm{d}x$,

其中$f(x,2x-z)=\begin{cases}1, & 0<x<1,0<z<2x,\\0, & \text{其他}.\end{cases}$

当$z\leqslant 0$或$z\geqslant 2$时,$f_Z(z)=0$;

当 $0<z<2$ 时，$f_Z(z)=\int_{\frac{z}{2}}^{1}\mathrm{d}x=1-\frac{z}{2}$.

即 $f_Z(z)=\begin{cases}1-\frac{z}{2}, & 0<z<2,\\ 0, & 其他.\end{cases}$

【方法点击】 例4，例5属于求二维随机变量函数的分布的常见类型. 已知 (X,Y) 的分布，求 $Z=g(X,Y)=aX+bY$ 的分布. 一般有两种方法：

方法一（分布函数法）：

先求 $F_Z(z)=P\{Z\leqslant z\}=P\{aX+bY\leqslant z\}=\iint\limits_{ax+by\leqslant z}f(x,y)\mathrm{d}x\mathrm{d}y$，

再求 $f_Z(z)=F'_Z(z)$.

方法二（公式法）：

$$f_Z(z)=\int_{-\infty}^{+\infty}\frac{1}{|b|}f\left(x,\frac{z-ax}{b}\right)\mathrm{d}x \text{ 或} \int_{-\infty}^{+\infty}\frac{1}{|a|}f\left(\frac{z-by}{a},y\right)\mathrm{d}y.$$

当 X 与 Y 相互独立且边缘密度分别为 $f_X(x)$，$f_Y(y)$ 时，

$$f_Z(z)=\int_{-\infty}^{+\infty}\frac{1}{|b|}f_X(x)f_Y\left(\frac{z-ax}{b}\right)\mathrm{d}x \text{ 或} \int_{-\infty}^{+\infty}\frac{1}{|a|}f_X\left(\frac{z-by}{a}\right)f_Y(y)\mathrm{d}y.$$

例5　设二维随机变量 (X,Y) 的概率密度为

$$f(x,y)=\begin{cases}2-x-y, & 0<x<1,0<y<1,\\ 0, & 其他.\end{cases}$$

(1)求 $P\{X>2Y\}$；

(2)求 $Z=X+Y$ 的概率密度 $f_Z(z)$.（考研真题）

【解析】 (1) $P\{X>2Y\}=\iint\limits_{x>2y}f(x,y)\mathrm{d}x\mathrm{d}y=\int_0^1\mathrm{d}x\int_0^{\frac{x}{2}}(2-x-y)\mathrm{d}y$

$$=\int_0^1\left(x-\frac{5}{8}x^2\right)\mathrm{d}x=\frac{7}{24}.$$

(2) $f_Z(z)=\int_{-\infty}^{+\infty}f(x,z-x)\mathrm{d}x$，

其中 $f(x,z-x)=\begin{cases}2-x-(z-x), & 0<x<1,0<z-x<1,\\ 0, & 其他.\end{cases}$

$=\begin{cases}2-z, & 0<x<1,0<z-x<1,\\ 0, & 其他.\end{cases}$

当 $z\leqslant 0$ 或 $z\geqslant 2$ 时，$f_Z(z)=0$；

当 $0 < z < 1$ 时，$f_Z(z) = \int_0^z (2-z)\mathrm{d}x = z(2-z)$；

当 $1 \leqslant z < 2$ 时，$f_Z(z) = \int_{z-1}^1 (2-z)\mathrm{d}x = (2-z)^2$.

即 Z 的概率密度为

$$f_Z(z)=\begin{cases} z(2-z), & 0<z<1, \\ (2-z)^2, & 1\leqslant z<2, \\ 0, & \text{其他}. \end{cases}$$

例 6 设两个相互独立的随机变量 X 和 Y 分别服从正态分布 $N(0,1)$ 和 $N(1,1)$，则（　　）.（考研真题）

(A) $P\{X+Y\leqslant 0\}=\frac{1}{2}$　　　　(B) $P\{X+Y\leqslant 1\}=\frac{1}{2}$

(C) $P\{X-Y\leqslant 0\}=\frac{1}{2}$　　　　(D) $P\{X-Y\leqslant 1\}=\frac{1}{2}$

【解析】 由已知条件可看出 $X+Y\sim N(1,2)$，$X-Y\sim N(-1,2)$. 由正态分布的几何意义易知(B)正确. 故应选(B).

【方法点击】 本题利用了正态分布的重要结论：

(1)若 $X\sim N(\mu_1,\sigma_1^2)$，$Y\sim N(\mu_2,\sigma_2^2)$ 且 X,Y 独立，则

$$aX+bY\sim N(a\mu_1+b\mu_2,a^2\sigma_1^2+b^2\sigma_2^2).$$

(2)若 $X\sim N(\mu,\sigma^2)$，则 $P\{X\leqslant\mu\}=\frac{1}{2}$.

例 7 假设一电路装有 3 个同种电气元件，其工作状态相互独立，且无故障工作时间都服从参数为 $\lambda>0$ 的指数分布. 当 3 个元件都无故障时，电路正常工作，否则整个电路不能正常工作. 试求电路正常工作的时间 T 的概率分布.（考研真题）

【解析】 以 $X_i(i=1,2,3)$ 表示第 i 个电气元件无故障工作的时间，则 X_1，X_2，X_3 相互独立且同分布，其分布函数为 $F(x)=\begin{cases} 1-\mathrm{e}^{-\lambda x}, & x>0, \\ 0, & x\leqslant 0. \end{cases}$

设 $G(t)$ 是 T 的分布函数. 当 $t\leqslant 0$ 时，$G(t)=0$；当 $t>0$ 时，有

$$\begin{aligned} G(t) &= P\{T\leqslant t\}=1-P\{T>t\} \\ &= 1-P\{X_1>t,X_2>t,X_3>t\} \\ &= 1-P\{X_1>t\}\cdot P\{X_2>t\}\cdot P\{X_3>t\} \\ &= 1-[1-F(t)]^3=1-\mathrm{e}^{-3\lambda t}. \end{aligned}$$

故 $G(t)=\begin{cases}1-e^{-3\lambda t}, & t>0,\\ 0, & t\leqslant 0.\end{cases}$

于是，T 服从参数为 3λ 的指数分布.

【方法点击】 本题也可直接利用公式计算，因为 X_1,X_2,X_3 独立同分布，而 $T=\min\{X_1,X_2,X_3\}$，故 $G(t)=1-[1-F(t)]^3$.

例 8　设随机变量 (X,Y) 在矩形区域 $G=\{(x,y)\mid 0\leqslant x\leqslant 2,0\leqslant y\leqslant 1\}$ 上服从均匀分布，试求 $Z=XY$ 的密度函数.（考研真题）

【解析】 (X,Y) 的联合密度函数 $f(x,y)=\begin{cases}\dfrac{1}{2}, & (x,y)\in G,\\ 0, & 其他.\end{cases}$

Z 的分布函数 $F_Z(z)=P\{XY\leqslant z\}=\displaystyle\iint_{xy\leqslant z} f(x,y)\mathrm{d}x\mathrm{d}y$.

当 $z<0$ 时，$F_Z(z)=0$；

当 $0\leqslant z<2$ 时，

$$\begin{aligned}F_Z(z)&=P\{XY\leqslant z\}=1-P\{XY>z\}=1-\iint_{xy>z} f(x,y)\mathrm{d}x\mathrm{d}y\\&=1-\frac{1}{2}\int_z^2\left(\int_{z/x}^1\mathrm{d}y\right)\mathrm{d}x=\frac{1}{2}(1+\ln 2-\ln z)z;\end{aligned}$$

当 $z\geqslant 2$ 时，$F_Z(z)=1$. 即

$$F_Z(z)=\begin{cases}0, & z<0,\\ \dfrac{1}{2}(1+\ln 2-\ln z)z, & 0\leqslant z<2,\\ 1, & z\geqslant 2.\end{cases}$$

故得 Z 的分布密度函数为

$$f_Z(z)=\begin{cases}\dfrac{1}{2}(\ln 2-\ln z), & 0\leqslant z<2,\\ 0, & 其他.\end{cases}$$

【方法点击】 本题也可利用公式计算：

$$f_Z(a)=\int_{-\infty}^{+\infty}\frac{1}{|x|}f\left(x,\frac{z}{x}\right)\mathrm{d}x=\begin{cases}\dfrac{1}{2}(\ln 2-\ln a), & 0<a<2,\\ 0, & 其他.\end{cases}$$

例 9　设随机变量X和Y的联合分布是正方形$G=\{(x,y)\mid 1\leqslant x\leqslant 3,1\leqslant y\leqslant 3\}$上的均匀分布,试求随机变量$U=|X-Y|$的概率密度$p(u)$.(考研真题)

【解析】　由条件知X和Y的联合密度为

$$f(x,y)=\begin{cases}\frac{1}{4}, & 1\leqslant x\leqslant 3,1\leqslant y\leqslant 3,\\ 0, & 其他.\end{cases}$$

以$F(u)=P\{U\leqslant u\}(-\infty<u<+\infty)$表示随机变量$U$的分布函数.显然,当$u\leqslant 0$时,$F(u)=0$;当$u\geqslant 2$时,$F(u)=1$.

设$0<u<2$,如图 3-4 所示,则

$$F(u)=\iint\limits_{|x-y|\leqslant u} f(x,y)\mathrm{d}x\mathrm{d}y=\iint\limits_{|x-y|\leqslant u}\frac{1}{4}\mathrm{d}x\mathrm{d}y=\frac{1}{4}[4-(2-u)^2]=1-\frac{1}{4}(2-u)^2.$$

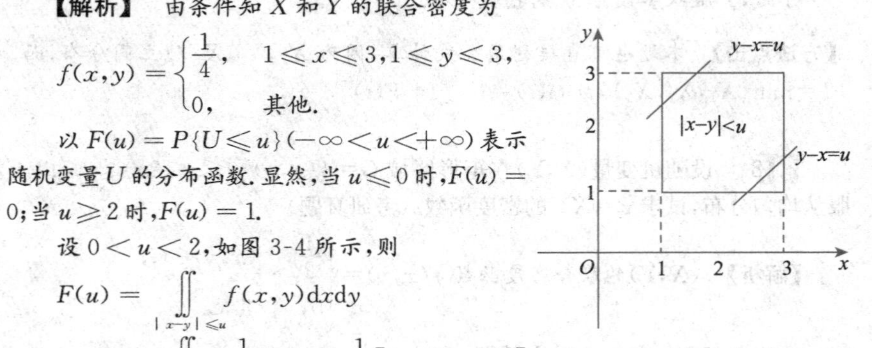

图 3-4

于是,随机变量U的概率密度为

$$p(u)=\begin{cases}\frac{1}{2}(2-u), & 0<u<2,\\ 0, & 其他.\end{cases}$$

基本题型Ⅲ:其他类型

例 10　设随机变量X与Y相互独立,且X服从标准正态分布$N(0,1)$,Y的概率分布为$P\{Y=0\}=P\{Y=1\}=\frac{1}{2}$.记$F_Z(z)$为随机变量$Z=XY$的分布函数,则函数$F_Z(z)$的间断点个数为(　　).(考研真题)

(A)0　　(B)1　　(C)2　　(D)3

【解析】　$F_Z(z)=P\{XY\leqslant z\}$

$$=P\{XY\leqslant z|Y=0\}P\{Y=0\}+P\{XY\leqslant z|Y=1\}P\{Y=1\}$$
$$=\frac{1}{2}[P\{XY\leqslant z|Y=0\}+P\{XY\leqslant z|Y=1\}].$$

由于X,Y相互独立,故

$$F_Z(z)=\frac{1}{2}[P\{X\cdot 0\leqslant z\}+P\{X\leqslant z\}].$$

(1)若$z<0$,则$F_Z(z)=\frac{1}{2}\Phi(z)$,

(2)若$z\geqslant 0$,则$F_Z(z)=\frac{1}{2}[1+\Phi(z)]$,所以$z=0$为间断点.

故应选(B).

例11　设随机变量 X 与 Y 相互独立，X 的概率分布为 $P\{X=i\}=\frac{1}{3}(i=-1,0,1)$，$Y$ 的概率密度为 $f_Y(y)=\begin{cases}1, & 0\leqslant y<1,\\ 0, & 其他.\end{cases}$ 记 $Z=X+Y$.

(1)求 $P\left\{Z\leqslant\frac{1}{2}\mid X=0\right\}$；

(2)求 Z 的概率密度 $f_Z(z)$.（考研真题）

【解析】　(1)$P\left\{Z\leqslant\frac{1}{2}\mid X=0\right\}=\dfrac{P\left\{X=0,Z\leqslant\frac{1}{2}\right\}}{P\{X=0\}}=\dfrac{P\left\{X=0,Y\leqslant\frac{1}{2}\right\}}{P\{X=0\}}$

$$=P\left\{Y\leqslant\frac{1}{2}\right\}=\frac{1}{2}.$$

(2)先求 Z 的分布函数，由于 $\{X=-1\}$，$\{X=0\}$，$\{X=1\}$ 构成一个完备事件组，因此根据全概率公式得 Z 的分布函数.

$$\begin{aligned}F_Z(z)&=P\{Z\leqslant z\}=P\{X+Y\leqslant z\}\\&=P\{X+Y\leqslant z\mid X=-1\}P\{X=-1\}+P\{X+Y\leqslant z\mid X=0\}\\&\quad P\{X=0\}+P\{X+Y\leqslant z\mid X=1\}P\{X=1\}\\&=\frac{1}{3}[P\{X+Y\leqslant z\mid X=-1\}+P\{X+Y\leqslant z\mid X=0\}+P\{X+Y\leqslant z\mid X=1\}]\\&=\frac{1}{3}[P\{Y\leqslant z+1\}+P\{Y\leqslant z\}+P\{Y\leqslant z-1\}]\\&=\frac{1}{3}[F_Y(z+1)+F_Y(z)+F_Y(z-1)],\end{aligned}$$

其中 $F_Y(y)$ 表示 Y 的分布函数.

由 $F'_Z(z)=f_Z(z)$ 得

$$\begin{aligned}f_Z(z)&=F'_Z(z)=\frac{1}{3}[f_Y(z+1)+f_Y(z)+f_Y(z-1)]\\&=\frac{1}{3}\left[\begin{cases}1, & 0\leqslant z+1<1\\ 0, & 其他\end{cases}+\begin{cases}1, & 0\leqslant z<1\\ 0, & 其他\end{cases}+\begin{cases}1, & 0\leqslant z-1<1\\ 0, & 其他\end{cases}\right]\\&=\begin{cases}\frac{1}{3}, & -1\leqslant z<2,\\ 0, & 其他.\end{cases}\end{aligned}$$

【方法点击】　上面两例考查了离散型随机变量与连续型随机变量的函数的分布，属于考研数学中的创新题型. 虽然 X 与 Y 独立，但不可套用公式，只能利用分布函数的定义及全概率公式求解.

例12 假设一设备开机后无故障工作的时间 X（小时）服从参数为 $\lambda=\frac{1}{5}$ 的指数分布.设备定时开机，出现故障时自动关机，而在无故障的情况下工作 2 小时便关机.试求该设备每次开机无故障工作的时间 Y 的分布函数 $F(y)$.

【解析】 显然，$Y=\min\{X,2\}$.

对于 $y<0, F(y)=0$；对于 $y\geqslant 2, F(y)=1$.

设 $0\leqslant y<2$，有

$$F(y)=P\{Y\leqslant y\}=P\{\min\{X,2\}\leqslant y\}=P\{X\leqslant y\}=1-e^{-\frac{y}{5}}.$$

于是，Y 的分布函数为

$$F(y)=\begin{cases}0, & y<0,\\ 1-e^{-\frac{y}{5}}, & 0\leqslant y<2,\\ 1, & y\geqslant 2.\end{cases}$$

本章整合

一 本章知识图解

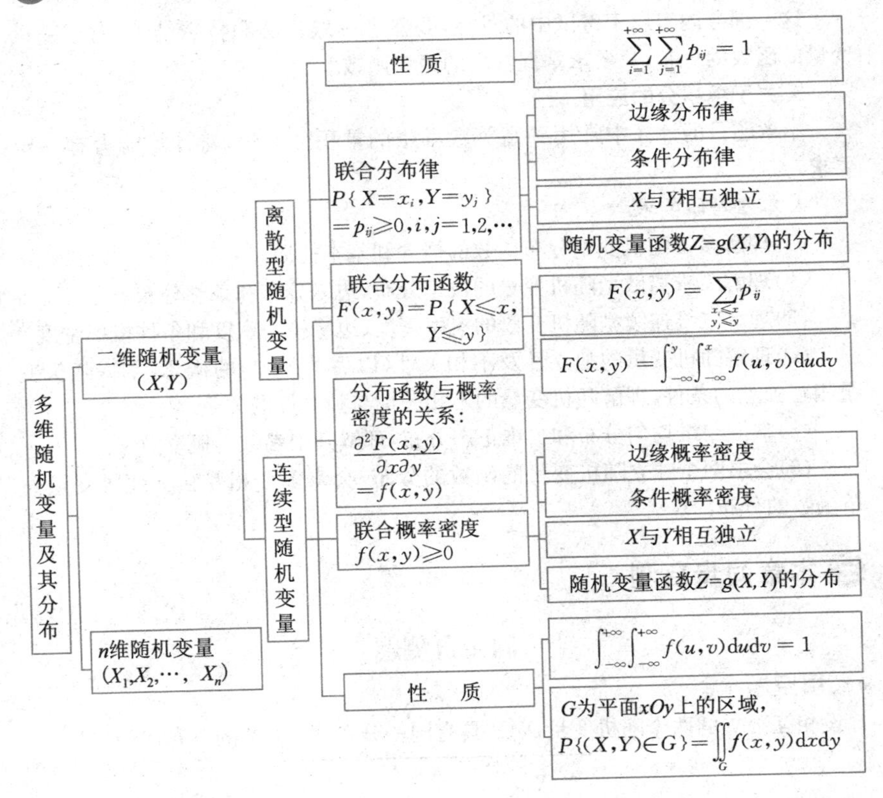

二 本章知识总结

1. 关于二维随机变量.

二维随机变量的取值规律主要由联合分布来描述，考研中的常见题型有：

(1)联合分布与边缘分布、条件分布之间的关系及转化.

(2)分布函数与概率密度的关系.

(3)利用联合密度求概率.

(4)独立性的判断与应用.

其中基本题型要熟悉,典型题型要灵活掌握.求二维离散型随机变量的联合分布律的思路与一维相同,同样是先确定随机变量的取值,再计算相应的概率;

利用联合概率密度求概率以及求边缘概率密度时,要注意积分区域的选取和讨论,这一点是最容易出错的.

2. 关于随机变量函数的分布.

这一部分内容属于考试中的难点,要熟悉一般方法和特殊结论.对于随机变量的函数的分布,只要求掌握常见的简单函数.

3. 关于重积分的应用.

本章题目的计算中常用到高等数学中的重积分知识,对计算能力有一定要求.

4. 本章考研要求.

(1)理解多维随机变量分布函数的概念和基本性质.

(2)理解二维离散型随机变量的概率分布、边缘分布和条件分布.

(3)理解二维连续型随机变量的概率密度、边缘概率密度和条件概率密度.

(4)理解随机变量的独立性及不相关性(以后章节中)的概念,掌握随机变量相互独立的条件,理解随机变量的不相关性与独立性的关系.

(5)掌握二维均匀分布和二维正态分布,理解其中参数的概率意义.

(6)会求两个独立随机变量的函数的分布,会求多个相互独立随机变量简单函数的分布.

三 本章同步自测

同步自测题

一、填空题

1. 设相互独立的两个随机变量 X,Y 具有同一分布律,且 X 的分布律为

X	0	1
P	$\frac{1}{2}$	$\frac{1}{2}$

则随机变量 $Z=\max\{X,Y\}$ 的分布律为______.(考研真题)

2. 设平面区域 D 由曲线 $y=\dfrac{1}{x}$ 及直线 $y=0,x=1,x=e^2$ 所围成.二维随机变量

(X,Y)在区域D上服从均匀分布，则(X,Y)关于X的边缘概率密度在$x=2$处的值为______.(考研真题)

3. 设随机变量X与Y相互独立，且均服从区间$[0,3]$上的均匀分布，则$P\{\max\{X,Y\}\leqslant 1\}=$______.(考研真题)

4. 设随机变量X和Y独立，均服从相同的$(0-1)$分布：$P\{X=1\}=p$，$P\{X=0\}=1-p$. 又设$Z=\begin{cases}0, & X+Y=\text{偶数},\\ 1, & X+Y=\text{奇数},\end{cases}$则$p\ (0<p<1)$为______时，能使$Z$和$X$相互独立.

5. 设随机变量X,Y的概率密度分别为$f_X(x)=\begin{cases}2x, & 0<x<1,\\ 0, & \text{其他},\end{cases}$ $f_Y(y)=\begin{cases}e^{-y}, & y>0,\\ 0, & \text{其他}.\end{cases}$又设$X,Y$相互独立，则$\mu$的二次方程$\mu^2-2X\mu+Y=0$具有实根的概率是______.

二、选择题

1. 设二维连续型随机变量(X_1,X_2)与(Y_1,Y_2)的联合密度分别为$p(x,y)$和$g(x,y)$，令$f(x,y)=ap(x,y)+bg(x,y)$. 要使函数$f(x,y)$是某个二维随机变量的联合密度，则a,b应满足(　　).

(A)$a+b=1$　　(B)$a>0,b>0$

(C)$0\leqslant a\leqslant 1,0\leqslant b\leqslant 1$　　(D)$a\geqslant 0,b\geqslant 0$，且$a+b=1$

2. 假设随机变量X服从指数分布，则随机变量$Y=\min\{X,2\}$的分布函数(　　).(考研真题)

(A)是连续函数　　(B)至少有两个间断点

(C)是阶梯函数　　(D)恰好有一个间断点

3. 设随机变量X_1,X_2,X_3相互独立，并且有相同的概率分布

$$P\{X_i=1\}=p,P\{X_i=0\}=q,i=1,2,3,p+q=1.$$

考虑随机变量$Y_1=\begin{cases}1, & \text{若 } X_1+X_2 \text{ 为奇数},\\ 0, & \text{若 } X_1+X_2 \text{ 为偶数},\end{cases}$ $Y_2=\begin{cases}1, & \text{若 } X_2+X_3 \text{ 为奇数},\\ 0, & \text{若 } X_2+X_3 \text{ 为偶数},\end{cases}$

则乘积Y_1Y_2的概率分布为(　　).

(A)$Y_1Y_2\sim\begin{bmatrix}0 & 1\\ 1-pq & pq\end{bmatrix}$　　(B)$Y_1Y_2\sim\begin{bmatrix}0 & 1\\ pq & 1-pq\end{bmatrix}$

(C)$Y_1Y_2\sim\begin{bmatrix}0 & 1\\ p & q\end{bmatrix}$　　(D)$Y_1Y_2\sim\begin{bmatrix}0 & 1\\ q & p\end{bmatrix}$

4. 设随机变量X,Y相互独立，且X服从正态分布$N(0,\sigma_1^2)$，Y服从正态分布$N(0,\sigma_2^2)$，则概率$P\{|X-Y|<1\}$(　　).

(A)随σ_1与σ_2的减少而减少

(B)随 σ_1 与 σ_2 的增加而增加

(C)随 σ_1 与 σ_2 的增加而减少,减少而增加

(D)随 σ_1 与 σ_2 的增加而增加,减少而减少

5. 设随机变量 X,Y 独立同分布,且 X 的分布函数为 $F(x)$,则 $Z=\max\{X,Y\}$ 的分布函数为(　　).(考研真题)

(A)$F^2(x)$　　　　(B)$F(x)F(y)$

(C)$1-[1-F(x)]^2$　　　　(D)$[1-F(x)][1-F(y)]$

三、解答题

1. 设 A,B 为两个随机事件,且 $P(A)=\frac{1}{4}$,$P(B|A)=\frac{1}{3}$,$P(A|B)=\frac{1}{2}$,令

$$X=\begin{cases}1, & A\text{ 发生},\\ 0, & A\text{ 不发生},\end{cases}\qquad Y=\begin{cases}1, & B\text{ 发生},\\ 0, & B\text{ 不发生}.\end{cases}$$

求:(1)二维随机变量(X,Y)的概率分布;

(2)$Z=X^2+Y^2$ 的概率分布.(考研真题)

2. 设随机变量 X 在区间$(0,1)$上服从均匀分布,在 $X=x(0<x<1)$的条件下,随机变量 Y 在区间$(0,x)$上服从均匀分布,求:

(1)随机变量 X 和 Y 的联合概率密度;

(2)Y 的概率密度;

(3)概率 $P\{X+Y>1\}$.(考研真题)

3. 设(X,Y)的联合密度函数为 $f(x,y)=\begin{cases}A\mathrm{e}^{-(2x+y)}, & x>0,y>0,\\ 0, & \text{其他}.\end{cases}$

(1)确定 A;

(2)求 $f_{X|Y}(x|y)$及 $f_{Y|X}(y|x)$,并判断 X,Y 的独立性;

(3)求 $P\{X\leqslant 2|Y\leqslant 1\}$;

(4)求 $P\{X\leqslant 2|Y=1\}$.

4. 设(X,Y)的联合密度函数为 $f(x,y)=\begin{cases}\mathrm{e}^{-y}, & 0\leqslant x\leqslant 1,y\geqslant 0,\\ 0, & \text{其他}.\end{cases}$

(1)问 X,Y 是否独立?

(2)求 $Z=2X+Y$ 的密度函数 $f_Z(z)$和分布函数 $F_Z(z)$;

(3)求 $P\{Z>3\}$.

5. 设随机变量 X 与 Y 独立,其中 X 的概率分布为 $X\sim\begin{pmatrix}1 & 2\\ 0.3 & 0.7\end{pmatrix}$,而 Y 的概率密度为 $f(y)$,求随机变量 $U=X+Y$ 的概率密度 $g(u)$.(考研真题)

自测题答案

一、填空题

1.

Z	0	1
P	$\frac{1}{4}$	$\frac{3}{4}$

2. $\frac{1}{4}$ 3. $\frac{1}{9}$ 4. $\frac{1}{2}$ 5. e^{-1}

1. 解：由于 X 与 Y 相互独立，所以 $P\{X=i,Y=j\}=P\{X=i\}P\{Y=j\}$.

于是 $P\{Z=0\}=P\{\max(X,Y)=0\}=P\{X=0,Y=0\}=\frac{1}{2^2}$,

$$P\{Z=1\}=1-P\{Z=0\}=\frac{3}{2^2}.$$

故 $Z=\max\{X,Y\}$ 的分布律为

Z	0	1
P	$\frac{1}{4}$	$\frac{3}{4}$

2. 解：区域 D 的面积 $S_D=\int_1^{e^2}\frac{1}{x}dx=\ln x\Big|_1^{e^2}=2.$

所以二维随机变量 (X,Y) 的联合分布密度为

$$\varphi(x,y)=\begin{cases}\frac{1}{2}, & (x,y)\in D,\\ 0, & 其他,\end{cases}$$

则 (X,Y) 关于 X 的边缘概率密度为

$$\varphi_X(x)=\int_{-\infty}^{+\infty}\varphi(x,y)dy=\int_0^{\frac{1}{x}}\frac{1}{2}dy=\frac{1}{2x},\varphi_X(x)\Big|_{x=2}=\frac{1}{4}.$$

3. 解：X 与 Y 具有相同概率密度 $f(x)=\begin{cases}\frac{1}{3}, & 0\leqslant x\leqslant 3,\\ 0, & 其他,\end{cases}$ 则

$$P\{X\leqslant 1\}=P\{Y\leqslant 1\}=\frac{1}{3},$$

由 X,Y 相互独立，

$$P\{\max\{X,Y\}\leqslant 1\}=P\{X\leqslant 1,Y\leqslant 1\}=P\{X\leqslant 1\}\cdot P\{Y\leqslant 1\}$$

$$=\frac{1}{3}\times\frac{1}{3}=\frac{1}{9}.$$

4. 解：由 X 和 Y 独立，易知 $P\{Z=0\}=(1-p)^2+p^2,P\{Z=1\}=2p(1-p)$. 要使 Z 与 X 独立，必须 $P\{X=i,Z=j\}=P\{X=i\}P\{Z=j\},i=0,1;j=0,1.$

即 $\begin{cases}[(1-p)^2+p^2](1-p)=(1-p)^2,\\ 2p(1-p)(1-p)=p(1-p),\\ [(1-p)^2+p^2]p=p^2,\\ 2p(1-p)p=p(1-p).\end{cases}$

解得 $p=\frac{1}{2}$.

5. 解:由独立性得(X,Y)的联合概率密度为

$$f(x,y)=\begin{cases}2xe^{-y}, & 0<x<1,y>0,\\ 0, & \text{其他}.\end{cases}$$

又设 $A=\{w:\mu^2-2X\mu+Y=0\text{ 有实根}\}=\{w:X^2-Y\geqslant 0\}$,

故 $P(A)=\iint\limits_{y\leqslant x^2}f(x,y)\mathrm{d}x\mathrm{d}y=\iint\limits_{D}2xe^{-y}\mathrm{d}x\mathrm{d}y=\int_0^1 2x\mathrm{d}x\int_0^{x^2}e^{-y}\mathrm{d}y=e^{-1}$.

二、选择题

1. (D) **2.** (D) **3.** (A) **4.** (C) **5.** (A)

1. 解:$f(x,y)$ 为密度函数$\Leftrightarrow f(x,y)\geqslant 0$ 且$\int_{-\infty}^{+\infty}\int_{-\infty}^{+\infty}f(x,y)\mathrm{d}x\mathrm{d}y=1$,

由此可推得 $1=a+b$,且 $ap(x,y)+bg(x,y)\geqslant 0(\forall x,y\in\mathbf{R})$,

如果 $a<0$(或 $b<0$),则对一切 x,y 有 $bg(x,y)\geqslant(-a)p(x,y)$,或

$ap(x,y)\geqslant(-b)g(x,y)$,此式未必成立. 故应选(D).

2. 解:Y 的分布函数 $F_Y(y)=P\{Y\leqslant y\}=P\{\min\{X,2\}\leqslant y\}$,

显然 $y<0$ 时,$F_Y(y)=0$;$y\geqslant 2$ 时,$F_Y(y)=1$;

$0\leqslant y<2$ 时,$F_Y(y)=P\{\min\{X,2\}\leqslant y\}=P\{X\leqslant y\}=1-e^{-\lambda y}$,

故 $F_Y(y)=\begin{cases}0, & y<0,\\ 1-e^{-\lambda y}, & 0\leqslant y<2,\\ 1, & y\geqslant 2,\end{cases}$ 可见 $F_Y(y)$ 只在 $y=2$ 间断.

故应选(D).

3. 解:根据 Y_1 和 Y_2 的取值情况知,Y_1Y_2 只可能取 0 和 1 两个数值.

$$\begin{aligned}P\{Y_1Y_2=1\}&=P\{Y_1=1,Y_2=1\}\\&=P\{X_1=0,X_2=1,X_3=0\}+P\{X_1=1,X_2=0,X_3=1\}\\&=pq^2+p^2q=pq,\end{aligned}$$

$P\{Y_1Y_2=0\}=1-P\{Y_1Y_2=1\}=1-pq$.

所以 Y_1Y_2 的概率分布为 $Y_1Y_2\sim\begin{bmatrix}0 & 1\\ 1-pq & pq\end{bmatrix}$. 故应选(A).

4. 解:因为 $X-Y\sim N(0,\sigma_1^2+\sigma_2^2)$,故 $P\{|X-Y|<1\}=2\Phi\left(\frac{1}{\sqrt{\sigma_1^2+\sigma_2^2}}\right)-1$,

即随 σ_1,σ_2 的增加而减小,减少而增加. 故应选(C).

5. 解:$F(x)=P\{Z\leqslant x\}=P\{\max\{X,Y\}\leqslant x\}$

$=P\{X\leqslant x,Y\leqslant x\}=P\{X\leqslant x\}\cdot P\{Y\leqslant x\}$

$=[F(X)]^2$.

故应选(A).

三、解答题

1. 解:(1)$P(AB)=P(A)P(B|A)=\frac{1}{12}$,$P(B)=\frac{P(AB)}{P(A|B)}=\frac{1}{6}$,

则 $P\{X=1,Y=1\}=P(AB)=\frac{1}{12}$,

$P\{X=1,Y=0\}=P(A\bar{B})=P(A)-P(AB)=\frac{1}{6}$,

$P\{X=0,Y=1\}=P(\bar{A}B)=P(B)-P(AB)=\frac{1}{12}$,

$P\{X=0,Y=0\}=P(\bar{A}\bar{B})=1-P(A\cup B)=1-[P(A)+P(B)-P(AB)]=\frac{2}{3}$.

(或 $P\{X=0,Y=0\}=1-\frac{1}{12}-\frac{1}{6}-\frac{1}{12}=\frac{2}{3}$)

即(X,Y)的概率分布为

X \ Y	0	1
0	$\frac{2}{3}$	$\frac{1}{12}$
1	$\frac{1}{6}$	$\frac{1}{12}$

(2)Z 的可能取值为 0,1,2.

$P\{Z=0\}=P\{X=0,Y=0\}=\frac{2}{3}$,

$P\{Z=1\}=P\{X=0,Y=1\}+P\{X=1,Y=0\}=\frac{1}{4}$,

$P\{Z=2\}=P\{X=1,Y=1\}=\frac{1}{12}$.

即 Z 的概率分布为

Z	0	1	2
P	$\frac{2}{3}$	$\frac{1}{4}$	$\frac{1}{12}$

2. 解:(1)X 的概率密度为

$$f_X(x)=\begin{cases}1, & 0<x<1,\\ 0, & 其他.\end{cases}$$

在 $X=x(0<x<1)$ 条件下,Y 的条件密度为

$$f_{Y|X}(y|x)=\begin{cases}\dfrac{1}{x}, & 0<y<x,\\ 0, & 其他.\end{cases}$$

当 $0<y<x<1$ 时,随机变量 X 和 Y 的联合概率密度为

$$f(x,y)=f_X(x)f_{Y|X}(y|x)=\frac{1}{x},$$

在其他点处,有 $f(x,y)=0$,即

$$f(x,y)=\begin{cases}\dfrac{1}{x}, & 0<y<x<1,\\ 0, & 其他.\end{cases}$$

(2)当 $0<y<1$ 时,Y 的概率密度为

$$f_Y(y)=\int_{-\infty}^{+\infty}f(x,y)\mathrm{d}x=\int_y^1\frac{1}{x}\mathrm{d}x=-\ln y.$$

当 $y\leqslant 0$ 或 $y\geqslant 1$ 时,$f_Y(y)=0$. 因此

$$f_Y(y)=\begin{cases}-\ln y, & 0<y<1,\\ 0, & 其他.\end{cases}$$

(3)所求概率

$$\begin{aligned}P\{X+Y>1\}&=\iint\limits_{x+y>1}f(x,y)\mathrm{d}x\mathrm{d}y\\&=\int_{\frac{1}{2}}^1\mathrm{d}x\int_{1-x}^{x}\frac{1}{x}\mathrm{d}y\\&=\int_{\frac{1}{2}}^1(2-\frac{1}{x})\mathrm{d}x\\&=1-\ln 2.\end{aligned}$$

3. 解:(1)因为 $\int_{-\infty}^{+\infty}\int_{-\infty}^{+\infty}f(x,y)\mathrm{d}y\mathrm{d}x=1$,所以在这里应有

$$\int_0^{+\infty}\int_0^{+\infty}A\mathrm{e}^{-(2x+y)}\mathrm{d}y\mathrm{d}x=\frac{A}{2}=1,$$

故 $A=2$.

(2)根据公式有 $f_{X|Y}(x|y)=\dfrac{f(x,y)}{f_Y(y)}$, $f_{Y|X}(y|x)=\dfrac{f(x,y)}{f_X(x)}$.

由于

$y\leqslant 0$ 时,$f_Y(y)=0$,

$y>0$ 时,$f_Y(y)=\int_0^{+\infty}2\mathrm{e}^{-(2x+y)}\mathrm{d}x=\mathrm{e}^{-y}$,

所以　　$f_Y(y)=\begin{cases} e^{-y}, & y>0, \\ 0, & y\leqslant 0. \end{cases}$

因此，$x>0,y>0$ 时，$f_{X|Y}(x|y)=\dfrac{2e^{-(2x+y)}}{e^{-y}}=2e^{-2x}$，

所以　　$f_{X|Y}(x|y)=\begin{cases} 2e^{-2x}, & x>0,y>0, \\ 0, & \text{其他}. \end{cases}$

又由于

$x\leqslant 0$ 时，$f_X(x)=0$，

$x>0$ 时，$f_X(x)=\int_0^{+\infty}2e^{-(2x+y)}dy=2e^{-2x}$，

所以　　$f_X(x)=\begin{cases} 2e^{-2x}, & x>0, \\ 0, & x\leqslant 0. \end{cases}$

因此，$x>0,y>0$ 时，$f_{Y|X}(y|x)=\dfrac{2e^{-(2x+y)}}{2e^{-2x}}=e^{-y}$，

所以　　$f_{Y|X}(y|x)=\begin{cases} e^{-y}, & x>0,y>0, \\ 0, & \text{其他}. \end{cases}$

从以上所得的结果可以看出，$f_{X|Y}(x|y)=f_X(x)$，$f_{Y|X}(y|x)=f_Y(y)$，这说明 X 与 Y 是相互独立的.

(3)由(2)中已判断出 X,Y 相互独立，则

$$\begin{aligned} P\{X\leqslant 2|Y\leqslant 1\}&=P\{X\leqslant 2\}=F_X(2) \\ &=\int_{-\infty}^{2}f_X(x)dx=\int_0^2 2e^{-2x}dx \\ &=1-e^{-4}\approx 0.981\,7. \end{aligned}$$

(4)因为 X,Y 相互独立，这个概率与条件 $Y=1$ 无关.

$$P\{X\leqslant 2|Y=1\}=P\{X\leqslant 2\}\approx 0.981\,7.$$

【方法点击】 对于(2)，可以先由 $f(x,y)=f_X(x)f_Y(y)$，判断出 X 与 Y 的相互独立，因此 $f_{X|Y}(x|y)=f_X(x)$，$f_{Y|X}(y|x)=f_Y(y)$，计算更加简便.

4. 解：(1)先求边缘密度函数 $f_X(x)$，$f_Y(y)$.

当 $0\leqslant x\leqslant 1$ 时，$f_X(x)=\int_0^{+\infty}e^{-y}dy=1$，

所以 $f_X(x)=\begin{cases} 1, & 0\leqslant x\leqslant 1, \\ 0, & \text{其他}. \end{cases}$　$X\sim U[0,1]$.

当 $y\geqslant 0$ 时，$f_Y(y)=\int_0^1 e^{-y}dx=e^{-y}$，

所以 $f_Y(y)=\begin{cases} e^{-y}, & y\geqslant 0, \\ 0, & y<0. \end{cases}$　Y 服从指数分布.

显然有 $f_X(x)f_Y(y)=\begin{cases}e^{-y}, & 0\leqslant x\leqslant 1, y\geqslant 0,\\ 0, & \text{其他}\end{cases}=f(x,y)$，

所以 X,Y 相互独立.

(2)求 $Z=2X+Y$ 的 $f_Z(z)$ 和 $F_Z(z)$.

方法一:①先求 $f_Z(z)$，因为 Y,Y 相互独立，用推广的卷积公式

$$f_Z(z)=\int_{-\infty}^{+\infty}f_X(x)f_Y(z-2x)\mathrm{d}x.$$

首先要进行密度函数非零值的域的变换，

由 $\begin{cases}0\leqslant x\leqslant 1,\\ y\geqslant 0\end{cases}\Rightarrow\begin{cases}0\leqslant x\leqslant 1,\\ z-2x\geqslant 0\end{cases}\Rightarrow\begin{cases}0\leqslant x\leqslant 1.\\ z\geqslant 2x.\end{cases}$

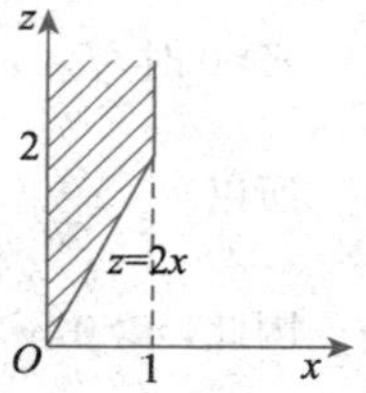

图 3-5

由图 3-5 看出：

当 $z<0$ 时，$f_Z(z)=0$，

当 $0\leqslant z\leqslant 2$ 时，$f_Z(z)=\int_0^{\frac{z}{2}}e^{-(z-2x)}\mathrm{d}x=\frac{1}{2}(1-e^{-z})$，

当 $z>2$ 时，$f_Z(z)=\int_0^1 e^{-(z-2x)}\mathrm{d}x=\frac{1}{2}(e^2-1)e^{-z}$.

所以 $f_Z(z)=\begin{cases}0, & z<0,\\ \frac{1}{2}(1-e^{-z}), & 0\leqslant z\leqslant 2,\\ \frac{1}{2}(e^2-1)e^{-z}, & z>2.\end{cases}$

②再求 $F_Z(z)$. 由 $f_Z(z)$ 经过定积分求得，

当 $z<0$ 时，$F_Z(z)=0$，

当 $0\leqslant z\leqslant 2$ 时，$F_Z(z)=\int_0^z\frac{1}{2}(1-e^{-z})\mathrm{d}z=\frac{1}{2}(z-1+e^{-z})$，

$$\text{当 } z>2 \text{ 时}, F_Z(z)=\int_0^2\frac{1}{2}(1-e^{-z})\mathrm{d}z+\int_2^z\frac{1}{2}(e^2-1)e^{-z}\mathrm{d}z$$
$$=1+\frac{1}{2}(1-e^2)e^{-z},$$

所以

$$F_Z(z)=\begin{cases}0, & z<0,\\ \frac{1}{2}(z-1+e^{-z}), & 0\leqslant z\leqslant 2,\\ 1+\frac{1}{2}(1-e^2)e^{-z}, & z>2.\end{cases}$$

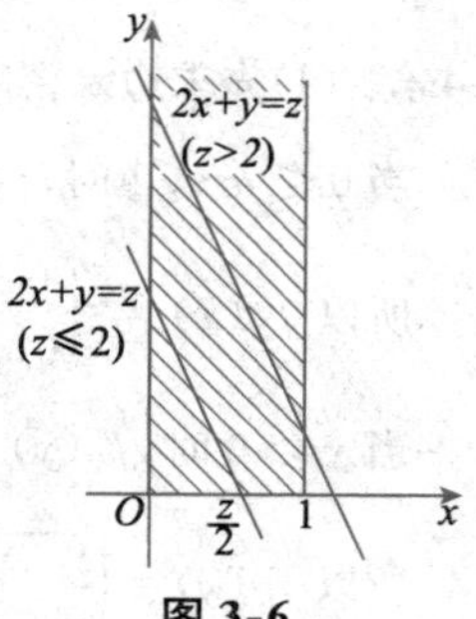

图 3-6

方法二:①先求 $F_Z(z)$，根据 $F_Z(z)$ 的定义，用二重积分计算求出.

$$F_Z(z)=P\{Z\leqslant z\}=P\{2X+Y\leqslant z\}=\iint\limits_{2x+y\leqslant z} f(x,y)\mathrm{d}y\mathrm{d}x.$$

积分域如图 3-6 所示.

当 $z<0$ 时,$F_Z(z)=0$,

当 $0\leqslant z\leqslant 2$ 时,$F_Z(z)=\int_0^{\frac{z}{2}}\int_0^{z-2x}\mathrm{e}^{-y}\mathrm{d}y\mathrm{d}x=\frac{1}{2}(z-1+\mathrm{e}^{-z})$,

当 $z>2$ 时,$F_Z(z)=\int_0^1\int_0^{z-2x}\mathrm{e}^{-y}\mathrm{d}y\mathrm{d}x=1+\frac{1}{2}(1-\mathrm{e}^2)\mathrm{e}^{-z}$,

所以
$$F_Z(z)=\begin{cases}0, & z<0,\\ \frac{1}{2}(z-1+\mathrm{e}^{-z}), & 0\leqslant z\leqslant 2,\\ 1+\frac{1}{2}(1-\mathrm{e}^2)\mathrm{e}^{-z}, & z>2.\end{cases}$$

②再求 $f_Z(z)$,因为 $f_Z(z)=F_Z'(z)$,所以

当 $z<0$ 时,$f_Z(z)=0$,

当 $0\leqslant z\leqslant 2$ 时,$f_Z(z)=\frac{1}{2}(1-\mathrm{e}^{-z})$,

当 $z>2$ 时,$f_Z(z)=\frac{1}{2}(\mathrm{e}^2-1)\mathrm{e}^{-z}$.

故
$$f_Z(z)=\begin{cases}0, & z<0,\\ \frac{1}{2}(1-\mathrm{e}^{-z}), & 0\leqslant z\leqslant 2,\\ \frac{1}{2}(\mathrm{e}^2-1)\mathrm{e}^{-z}, & z>2.\end{cases}$$

(3)求 $P\{Z>3\}$,利用已经得出的分布函数 $F_Z(z)$.

$$\begin{aligned}P\{Z>3\}&=1-P\{Z\leqslant 3\}=1-F_Z(3)\\&=1-\left[1+\frac{1}{2}(1-\mathrm{e}^2)\mathrm{e}^{-3}\right]\\&=\frac{1}{2}(\mathrm{e}^2-1)\mathrm{e}^{-3}\approx 0.159\,1.\end{aligned}$$

5. 解:设 $F(y)$ 是 Y 的分布函数,则由全概率公式,知 $U=X+Y$ 的分布函数为

$$\begin{aligned}G(u)&=P\{X+Y\leqslant u\}=0.3P\{X+Y\leqslant u|X=1\}+0.7P\{X+Y\leqslant u|X=2\}\\&=0.3P\{Y\leqslant u-1|X=1\}+0.7P\{Y\leqslant u-2|X=2\}.\end{aligned}$$

由于 X 和 Y 独立,可见

$$\begin{aligned}G(u)&=0.3P\{Y\leqslant u-1\}+0.7P\{Y\leqslant u-2\}\\&=0.3F(u-1)+0.7F(u-2).\end{aligned}$$

由此,得 U 的概率密度为

$$g(u)=G'(u)=0.3F'(u-1)+0.7F'(u-2)$$

$$=0.3f(u-1)+0.7f(u-2).$$

【方法点击】 本题求两个随机变量和的分布，其中一个是连续型，一个是离散型，计算中需用全概率公式以及随机变量的独立性，有一定的难度.

另外，也可写成

$$G(u)=0.3\int_{-\infty}^{u-1}f(y)\mathrm{d}y+0.7\int_{-\infty}^{u-2}f(y)\mathrm{d}y,$$

同样可得到

$$g(u)=0.3f(u-1)+0.7f(u-2).$$

第四章　随机变量的数字特征

本章首先介绍了数学期望的概念、性质以及应用,然后给出了方差的概念与性质,最后介绍了协方差和相关系数等其他数字特征.

随机变量的数字特征就是用数字表示随机变量的分布特点,数学期望、方差、相关系数等都有明显的概率意义,在概率论与数理统计中具有很重要的地位,求随机变量的数字特征,实际上多可以归结为求随机变量及其函数的数学期望的问题,因此掌握好数学期望的概念是学好本章内容的基础.

第一节　数学期望

知识全解

【知识结构】

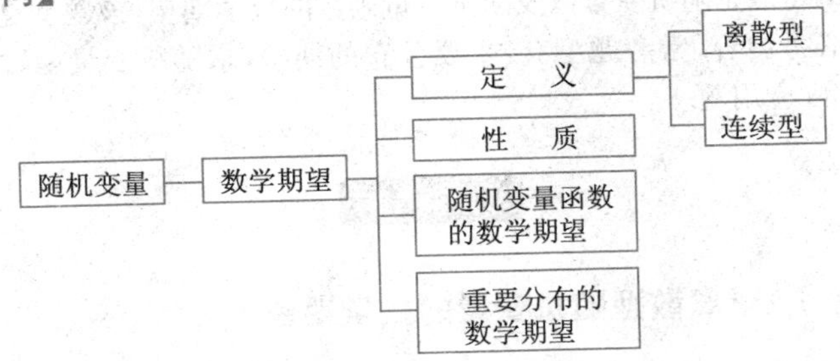

【考点精析】

1. 数学期望的概念.

(1) 离散型随机变量 X 的分布律为 $P\{X=x_k\}=p_k(k=1,2,\cdots)$,如果级数 $\sum\limits_{k=1}^{\infty}x_kp_k$ 绝对收敛,称此级数为 X 的数学期望,记 $E(X)=\sum\limits_{k=1}^{\infty}x_kp_k$.

(2) 连续型随机变量 X 的概率密度为 $f(x)$,若广义积分 $\int_{-\infty}^{+\infty}xf(x)\mathrm{d}x$ 绝对收敛,称 $\int_{-\infty}^{+\infty}xf(x)\mathrm{d}x$ 为 X 的数学期望,记 $E(X)=\int_{-\infty}^{+\infty}xf(x)\mathrm{d}x$.

2. 数学期望的性质.

(1) 设 C 为常数,则有 $E(C)=C$.

(2) 设 C 为常数,X 为随机变量,则有 $E(CX)=CE(X)$.

(3) 设 X,Y 为任意两个随机变量,则有 $E(X+Y)=E(X)+E(Y)$.

同理,若 $a_1,a_2,\cdots,a_n$ 为常数,则有

$E(a_1X_1+a_2X_2+\cdots+a_nX_n)=a_1E(X_1)+a_2E(X_2)+\cdots+a_nE(X_n)$.

(4) 若 X,Y 为相互独立的随机变量,则有 $E(XY)=E(X)E(Y)$.

3. 随机变量函数的数学期望.

(1) 设随机变量 $Y=g(X)$ 是连续函数,当 X 为离散型随机变量时,其分布律为 $P\{X=x_k\}=p_k,k=1,2,\cdots$,则 $E(Y)=E[g(X)]=\sum\limits_{k=1}^{\infty}g(x_k)p_k$.

当 X 为连续型随机变量时,其密度函数为 $f(x)$,则

$$E(Y)=E[g(X)]=\int_{-\infty}^{+\infty}g(x)f(x)\mathrm{d}x.$$

(2) 设随机变量 $Z=g(x,y)$ 是连续函数,当离散型二维随机变量 (X,Y) 的分布律为 $P\{X=x_i,Y=y_j\}=p_{ij}$ 时,$E(Z)=\sum\limits_{i}\sum\limits_{j}g(x_i,y_j)p_{ij}$;

当连续型二维随机变量 (X,Y) 的概率密度为 $f(x,y)$ 时,

$$E(Z)=\int_{-\infty}^{+\infty}\int_{-\infty}^{+\infty}g(x,y)\cdot f(x,y)\mathrm{d}x\mathrm{d}y.$$

本节的重点是随机变量以及随机变量函数的数学期望,该题型是考研数学中每年的必考内容. 常考题型有:重要分布的期望,求随机变量函数的数学期望,包括实际应用题.

例题精解

基本题型 Ⅰ:求离散型随机变量的数学期望

例 1 设随机变量 X 的分布律为 $P\{X=(-1)^k k\}=\dfrac{1}{k(k+1)}(k=1,2,\cdots)$. 求 X 的数学期望.

【思路探索】 离散型随机变量数学期望存在的条件是级数绝对收敛.

【解析】 因为
$$\sum_{k=1}^{\infty}|x_kp_k|=\sum_{k=1}^{\infty}\left|(-1)^k k\cdot\frac{1}{k(k+1)}\right|=\sum_{k=1}^{\infty}\frac{1}{k+1}.$$

考查级数 $\sum\limits_{k=1}^{\infty}\dfrac{1}{k+1}$,由高等数学级数敛散性知识可知此级数是发散的.

所以级数 $\sum_{k=1}^{\infty} x_k p_k$ 不绝对收敛.故 X 的数学期望不存在.

例 2　已知甲、乙两箱装有同种产品,其中甲箱中装有 3 件合格品和 3 件次品,乙箱中仅装有 3 件合格品,从甲箱中任取 3 件产品放入乙箱后,求:

(1) 乙箱中次品数 X 的数学期望.

(2) 从乙箱中任取一件产品是次品的概率.(考研真题)

【思路探索】　根据所设定事件的角度不同,可有不同的求其概率分布的方法.但是求得同一随机变量的期望是相同的.

【解析】　**方法一:**(1) 设 $X_i = \begin{cases} 0, \text{从甲中取出的第 } i \text{ 件产品是合格品}, \\ 1, \text{从甲中取出的第 } i \text{ 件产品是次品}, \end{cases}$ $i = 1,2,3.$

易知:$P\{X_i = 0\} = \dfrac{1}{2}, P\{X_i = 1\} = \dfrac{1}{2}, i = 1,2,3,$

则 $E(X_i) = \dfrac{1}{2}$,又由于 $X = X_1 + X_2 + X_3$,所以

$$E(X) = E(X_1 + X_2 + X_3)$$
$$= E(X_1) + E(X_2) + E(X_3) = \frac{3}{2}.$$

用到数学期望的性质

(2) 设 A 为从乙箱中任取一件产品是次品,$\{X=0\},\{X=1\},\{X=2\}$ 和 $\{X=3\}$ 构成完备事件组,因此利用全概率公式

$$P(A) = \sum_{k=0}^{3} P\{X=k\}P\{A \mid X=k\}$$
$$= \sum_{k=0}^{3} P\{X=k\} \times \frac{k}{6}$$
$$= \frac{1}{6}\sum_{k=0}^{3} kP\{X=k\}$$
$$= \frac{1}{6}E(X) = \frac{1}{6} \times \frac{3}{2} = \frac{1}{4}.$$

利用期望定义及第一问结论

方法二:(1) 由题意知 X 的所有可能取值为 0,1,2,3,则 X 的概率分布为

此方法更直观

$$P\{X=k\} = \frac{C_3^k C_3^{3-k}}{C_6^3}, k = 0,1,2,3.$$

列表为

X	0	1	2	3
P	$\frac{1}{20}$	$\frac{9}{20}$	$\frac{9}{20}$	$\frac{1}{20}$

所以 $E(X)=0\times\frac{1}{20}+1\times\frac{9}{20}+2\times\frac{9}{20}+3\times\frac{1}{20}=\frac{3}{2}$.

(2) 设 A 为从乙箱中任取的一件产品是次品，则有

$$\begin{aligned}P(A)&=\sum_{k=0}^{3}P\{X=k\}P\{A\mid X=k\}\\&=\frac{1}{20}\times 0+\frac{9}{20}\times\frac{1}{6}+\frac{9}{20}\times\frac{2}{6}+\frac{1}{20}\times\frac{3}{6}=\frac{1}{4}.\end{aligned}$$

例 3　设随机变量 X 的概率分布为 $P\{X=k\}=\frac{C}{k!},k=0,1,2,\cdots$，则 $E(X^2)=$________.（考研真题）

【思路探索】 先利用分布律的性质确定 C，再求出 $E(X^2)$.

【解析】 **方法一**：因为 $\sum\limits_{k=0}^{\infty}p_k=1$，故

$$\sum_{k=0}^{\infty}p_k=\sum_{k=0}^{\infty}\frac{C}{k!}=C\sum_{k=0}^{\infty}\frac{1}{k!}=C\mathrm{e}=1\ \left(其中\sum_{k=0}^{\infty}\frac{\lambda^k}{k!}=\mathrm{e}^{\lambda}\right).$$

即得 $C=\mathrm{e}^{-1}$. 所以 $P\{X=k\}=\frac{\mathrm{e}^{-1}}{k!},k=0,1,2,\cdots$.

则 $E(X^2)=\sum\limits_{k=0}^{\infty}k^2\cdot\frac{\mathrm{e}^{-1}}{k!}=\mathrm{e}^{-1}\cdot\sum\limits_{k=1}^{\infty}\frac{k}{(k-1)!}=\mathrm{e}^{-1}\sum\limits_{k=1}^{\infty}\frac{(k-1)+1}{(k-1)!}=2$.

方法二：同方法一得出 $P\{X=k\}=\frac{\mathrm{e}^{-1}}{k!},k=0,1,2,\cdots$.

由泊松分布的分布律：$P\{X=k\}=\frac{\lambda^k\mathrm{e}^{-\lambda}}{k!},k=0,1,2,\cdots$，可直接分析出 X 服从 $\lambda=1$ 的泊松分布，则 $E(X)=D(X)=\lambda=1$，故

$$E(X^2)=D(X)+[E(X)]^2=2.$$

【方法点击】 求随机变量的数字特征，应尽量利用已知的一些小结论，尤其是常见分布的特征，本题的方法二就使用了这个思路，将随机变量转化为泊松分布，然后利用泊松分布的结论，可大大减少计算量.

例 4　设二维随机变量的概率分布为

X \ Y	1	2
1	0.25	0.32
2	0.08	0.35

求 $E(X^2+Y)$.

【解析】 由公式 $E[g(X,Y)]=\sum\limits_{i}\sum\limits_{j}g(x_i,y_j)p_{ij}$ 得

$$E(X^2+Y)=(1^2+1)\times 0.25+(1^2+2)\times 0.32+(2^2+1)\times 0.08+(2^2+2)\times 0.35$$
$$=3.96.$$

基本题型 Ⅱ:求连续型随机变量的数学期望

例 5　设随机变量 X 服从标准正态分布 $X\sim N(0,1)$，则 $E(Xe^{2X})=$ ________.(考研真题)

【解析】　标准正态分布的概率密度 $f(x)=\frac{1}{\sqrt{2\pi}}e^{-\frac{x^2}{2}}$，

$$E(Xe^{2X})=\int_{-\infty}^{+\infty}xe^{2x}\frac{1}{\sqrt{2\pi}}e^{-\frac{x^2}{2}}dx=\frac{1}{\sqrt{2\pi}}\int_{-\infty}^{+\infty}xe^{-\frac{1}{2}(x-2)^2+2}dx$$
$$=e^2\int_{-\infty}^{+\infty}x\frac{1}{\sqrt{2\pi}}e^{-\frac{1}{2}(x-2)^2}dx=2e^2.$$

故应填 $2e^2$.

例 6　设连续型随机变量 X 的分布函数为

$$F(x)=\begin{cases}1-\frac{4}{x^2}, & x\geqslant 2,\\ 0, & x<2.\end{cases}$$

求 X 的期望.

【解析】　因为 X 的概率密度 $f(x)=F'(x)=\begin{cases}\frac{8}{x^3}, & x\geqslant 2,\\ 0, & x<2,\end{cases}$

所以 $E(X)=\int_{-\infty}^{+\infty}xf(x)dx=\int_2^{+\infty}\frac{8}{x^2}dx=4.$

【方法点击】　对于未直接给出概率密度的问题，首先要通过前两章所学的方法求出概率密度，再应用期望公式得到期望.

例 7　设随机变量 X 服从参数为 1 的指数分布，则数学期望 $E(X+e^{-2X})=$ ________.(考研真题)

【解析】　由 X 服从参数为 1 的指数分布，则 X 的概率密度为

$$f(x)=\begin{cases}e^{-x}, & x>0,\\ 0, & x\leqslant 0,\end{cases}$$

所以 $E(X+e^{-2X})=\int_{-\infty}^{+\infty}(x+e^{-2x})f(x)dx=\int_0^{+\infty}(x+e^{-2x})e^{-x}dx$

$$=\int_0^{+\infty}xe^{-x}dx+\int_0^{+\infty}e^{-3x}dx$$
$$=1+\frac{1}{3}=\frac{4}{3}.$$

【方法点击】 本题也可以结合数学期望的性质进行计算：

$$E(X+\mathrm{e}^{-2X})=E(X)+E(\mathrm{e}^{-2x})=1+\int_{-\infty}^{+\infty}\mathrm{e}^{-2x}f(x)\mathrm{d}x=\frac{4}{3}.$$

例8 设二维随机变量(X,Y)的联合概率密度为

$$f(x,y)=\begin{cases}x+y, & 0\leqslant x\leqslant 1,0\leqslant y\leqslant 1,\\ 0, & 其他.\end{cases}$$

求$E(XY)$，$E(X)$，$E(Y)$.

【解析】 由公式$E[g(X,Y)]=\int_{-\infty}^{+\infty}\int_{-\infty}^{+\infty}g(x,y)f(x,y)\mathrm{d}x\mathrm{d}y$，得

$$E(XY)=\int_{-\infty}^{+\infty}\int_{-\infty}^{+\infty}xyf(x,y)\mathrm{d}x\mathrm{d}y=\int_{0}^{1}\int_{0}^{1}xy(x+y)\mathrm{d}x\mathrm{d}y=\frac{1}{3}.$$

求$E(X)$与$E(Y)$有两种方法：

方法一：先求出$f_X(x)$，$f_Y(y)$，利用公式$E(X)=\int_{-\infty}^{+\infty}xf_X(x)\mathrm{d}x$，得

$$f_X(x)=\int_{-\infty}^{+\infty}f(x,y)\mathrm{d}y=\begin{cases}x+\frac{1}{2}, & 0\leqslant x\leqslant 1,\\ 0, & 其他.\end{cases}$$

$$E(X)=\int_{-\infty}^{+\infty}xf_X(x)\mathrm{d}x=\int_{0}^{1}x\left(x+\frac{1}{2}\right)\mathrm{d}x=\frac{7}{12}.$$

同理可得$E(Y)=\frac{7}{12}$.

方法二：直接使用公式$E[g(X,Y)]=\int_{-\infty}^{+\infty}\int_{-\infty}^{+\infty}g(x,y)f(x,y)\mathrm{d}x\mathrm{d}y$，得

$$E(X)=\int_{-\infty}^{+\infty}\int_{-\infty}^{+\infty}xf(x,y)\mathrm{d}x\mathrm{d}y=\frac{7}{12},$$

$$E(Y)=\int_{-\infty}^{+\infty}\int_{-\infty}^{+\infty}yf(x,y)\mathrm{d}x\mathrm{d}y=\frac{7}{12}.$$

当已知(X,Y)的概率密度$f(x,y)$，求$E(X)$，$E(Y)$时，方法二求解简便.

【方法点击】 利用公式计算数学期望的题型，包括求$E(X)$，$E[g(X)]$，$E[g(X,Y)]$三种类型，计算过程中，一方面要牢记公式并灵活运用，另一方面要熟悉微积分当中级数与积分的计算方法.

例9 设随机变量X的分布函数为$F(x)=0.3\Phi(x)+0.7\Phi\left(\frac{x-1}{2}\right)$，其中$\Phi(x)$为标准正态分布的分布函数，则$E(X)=$________.（考研真题）

(A)0 (B)0.3 (C)0.7 (D)1

【解析】 由于 $f(x)=F'(x)=0.3\Phi'(x)+\frac{0.7}{2}\Phi'\left(\frac{x-1}{2}\right)$，则

$$E(X)=\int_{-\infty}^{+\infty}xf(x)\mathrm{d}x=0.3\int_{-\infty}^{+\infty}x\Phi'(x)\mathrm{d}x+0.35\int_{-\infty}^{+\infty}x\Phi'\left(\frac{x-1}{2}\right)\mathrm{d}x.$$

由于 $\Phi(x)$ 为标准正态分布函数，所以 $\int_{-\infty}^{+\infty}x\Phi'(x)\mathrm{d}x=0$，

$$\int_{-\infty}^{+\infty}x\Phi'\left(\frac{x-1}{2}\right)\mathrm{d}x\xlongequal{\frac{x-1}{2}=u}2\int_{-\infty}^{+\infty}(2u+1)\Phi'(u)\mathrm{d}u=2.$$

则 $E(X)=0.3\times0+0.35\times2=0.7$. 故应选(C).

【方法点击】 对于重要分布的数字特征一定要熟记，本题用到了正态分布的数字特征，当 $X\sim N(\mu,\sigma^2)$ 时，$E(X)=\mu$.

基本题型 Ⅲ：关于数学期望的性质

例 10 已知离散型随机变量 X 服从参数为 2 的泊松分布，即

$$P\{X=k\}=\frac{2^k\mathrm{e}^{-2}}{k!},\quad k=0,1,2,\cdots,$$

则随机变量 $Z=3X-2$ 的数学期望 $E(Z)=$ ________.（考研真题）

【解析】 本题要求读者熟悉泊松分布的数字特征，并会利用数学期望的性质求随机变量线性函数的数学期望.

由于 X 服从参数为 2 的泊松分布，则 $E(X)=2$，所以

$$E(Z)=E(3X-2)=3E(X)-2=4.$$

例 11 设随机变量 $X_{ij}(i,j=1,2,\cdots,n;n\geqslant2)$ 独立同分布，$E(X_{ij})=2$，则行列式

$$Y=\begin{vmatrix}X_{11}&X_{12}&\cdots&X_{1n}\\X_{21}&X_{22}&\cdots&X_{2n}\\\vdots&\vdots&&\vdots\\X_{n1}&X_{n2}&\cdots&X_{nn}\end{vmatrix}$$

的数学期望 $E(Y)=$ ________.（考研真题）

【解析】 由 $Y=\sum\limits_{j_1j_2\cdots j_n}(-1)^{\tau(j_1j_2\cdots j_n)}X_{1j_1}X_{2j_2}\cdot\cdots\cdot X_{nj_n}$， 行列式定义

且随机变量 $X_{ij}(i,j=1,2,\cdots,n)$ 相互独立同分布，$E(X_{ij})=2$. 有

$$\begin{aligned}E(Y)&=E\Big(\sum_{j_1j_2\cdots j_n}(-1)^{\tau(j_1j_2\cdots j_n)}X_{1j_1}X_{2j_2}\cdot\cdots\cdot X_{nj_n}\Big)\\&=\sum_{j_1j_2\cdots j_n}(-1)^{\tau(j_1j_2\cdots j_n)}E(X_{1j_1})E(X_{2j_2})\cdot\cdots\cdot E(X_{nj_n})\end{aligned}$$

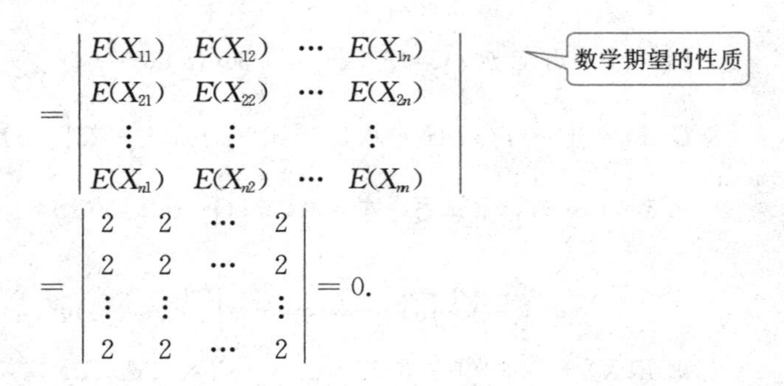

$$=\begin{vmatrix} E(X_{11}) & E(X_{12}) & \cdots & E(X_{1n}) \\ E(X_{21}) & E(X_{22}) & \cdots & E(X_{2n}) \\ \vdots & \vdots & & \vdots \\ E(X_{n1}) & E(X_{n2}) & \cdots & E(X_{nn}) \end{vmatrix}$$

$$=\begin{vmatrix} 2 & 2 & \cdots & 2 \\ 2 & 2 & \cdots & 2 \\ \vdots & \vdots & & \vdots \\ 2 & 2 & \cdots & 2 \end{vmatrix}=0.$$

故应填 0.

【方法点击】 本题是概率论与线性代数的综合题，如果对行列式定义不熟悉，则无法顺利解出答案，另外相互独立的随机变量的数学期望的性质是解题关键.

例 12　设随机变量 X 和 Y 独立，且 $E(X)$ 与 $E(Y)$ 存在，记 $U=\max\{X,Y\}$，$V=\min\{X,Y\}$，则 $E(UV)=$ ________.（考研真题）

(A) $E(U)\cdot E(V)$　　(B) $E(X)\cdot E(Y)$

(C) $E(U)\cdot E(Y)$　　(D) $E(X)\cdot E(V)$

【解析】 由于 $UV=\max\{X,Y\}\min\{X,Y\}=XY$，可知

$E(UV)=E(\max\{X,Y\}\min\{X,Y\})=E(XY)=E(X)E(Y)$.　数学期望的性质

故应填(B).

【方法点击】 本题考查随机变量数字特征的运算性质. 计算时需要先对随机变量 UV 进行处理，计算方法有一定的灵活性.

例 13　从甲地到乙地的旅游车载 20 位旅客自甲地开出，沿途有 10 个车站，如到达一个车站没有旅客下车就不停车. 以 X 表示停车次数，求 $E(X)$（设每位旅客在各个车站下车是等可能的）.

【解析】 引进随机变量 $X_i=\begin{cases}0, & \text{第 } i \text{ 站没有人下车},\\ 1, & \text{第 } i \text{ 站有人下车},\end{cases}$ 则

$$X=X_1+X_2+\cdots+X_n.$$

根据题意任一旅客在第 i 站不下车的概率为 $\frac{9}{10}$，因此 20 位旅客在第 i 站不下车的概率为 $\left(\frac{9}{10}\right)^{20}$，在第 i 站有人下车的概率为 $1-\left(\frac{9}{10}\right)^{20}$.

即 $P\{X_i=0\}=\left(\frac{9}{10}\right)^{20}$，$P\{X_i=1\}=1-\left(\frac{9}{10}\right)^{20}$ $(i=1,2,\cdots,10)$，由此

$$E(X_i)=0\times\left(\frac{9}{10}\right)^{20}+1\times\left[1-\left(\frac{9}{10}\right)^{20}\right]=1-\left(\frac{9}{10}\right)^{20},$$

所以 $E(X)=\sum_{i=1}^{10}\left[1-\left(\frac{9}{10}\right)^{20}\right]\approx 8.8$，故平均停车 9 次.

【方法点击】 将 X 分解为数个随机变量之和，然后利用数学期望的性质求 $E(X)$，这种方法对于不易求分布律的随机变量计算数学期望有很大作用.

基本题型 Ⅳ：关于数学期望的综合题与应用题

例 14 设随机变量 X 与 Y 相互独立，且都服从参数为 1 的指数分布，记

$$U=\max\{X,Y\},V=\min\{X,Y\}.$$

求：(1)V 的概率密度 $f_V(v)$；　(2)$E(U+V)$.（考研真题）

【解析】 (1) 因为 X,Y 的分布函数为 $F(x)=\begin{cases}1-e^{-x}, & x>0,\\ 0, & x\leqslant 0,\end{cases}$

则 $V=\min\{X,Y\}$ 的分布函数为 $F_V(v)=1-[1-F(v)]^2=\begin{cases}1-e^{-2v}, & v>0,\\ 0, & v\leqslant 0,\end{cases}$

故 V 的概率密度为 $f_V(v)=F'_V(v)=\begin{cases}2e^{-2v}, & v>0,\\ 0, & v\leqslant 0.\end{cases}$

(2) 同理可求 $U=\max\{X,Y\}$ 的概率密度为

$$f_U(u)=\begin{cases}2(1-e^{-u})e^{-u}, & u>0,\\ 0, & u\leqslant 0.\end{cases}$$

故 $E(U+V)=E(U)+E(V)=\int_{-\infty}^{+\infty}uf_U(u)du+\int_{-\infty}^{+\infty}vf_V(v)dy=\frac{3}{2}+\frac{1}{2}=2$,

或者 $U+V=\max\{X,Y\}+\min\{X,Y\}=X+Y$，则

$$E(U+V)=E(X+Y)=E(X)+E(Y)=2.$$

例 15 游客乘电梯从底层到电视塔顶层观光. 电梯于每个整点的第 5 分钟、第 25 分钟和第 55 分钟从底层起行，假设一游客在早八点的第 X 分钟到达底层候梯处，且 X 在 $[0,60]$ 上服从均匀分布，求该游客等候时间的数学期望.（考研真题）

【解析】 已知 X 在 $[0,60]$ 上服从均匀分布，其密度为

$$f(x)=\begin{cases}\frac{1}{60}, & 0\leqslant x\leqslant 60,\\ 0, & \text{其他}.\end{cases}$$

设 Y 为游客等候电梯的时间(单位：分)，则

$$Y=g(X)=\begin{cases}5-X, & 0<X\leqslant 5,\\ 25-X, & 5<X\leqslant 25,\\ 55-X, & 25<X\leqslant 55,\\ 60-X+5, & 55<X\leqslant 60.\end{cases}$$

$$E(Y)=E[g(X)]=\int_{-\infty}^{+\infty}g(x)f(x)\mathrm{d}x=\frac{1}{60}\int_0^{60}g(x)\mathrm{d}x$$

$$=\frac{1}{60}\left[\int_0^5(5-x)\mathrm{d}x+\int_5^{25}(25-x)\mathrm{d}x+\int_{25}^{55}(55-x)\mathrm{d}x+\int_{55}^{60}(60-x)\mathrm{d}x\right]$$

$$=\frac{1}{60}(12.5+200+450+37.5)\approx 11.67.$$

例 16　设某种商品每周的需求量X是服从区间[10,30]上均匀分布的随机变量,而经销商店进货数量为区间[10,30]中的某一整数,商店每销售一单位商品可获利500元;若供大于求则削价处理,每处理一单位商品亏损100元;若供不应求,则可从外部调剂供应,此时每一单位商品仅获利300元,为使商店所获利润期望值不少于9 280元,试确定最少进货量.(考研真题)

【解析】　设进货数量为a,则利润为

$$Y=\begin{cases}500X-(a-X)100, & 10\leqslant X\leqslant a,\\ 500a+(X-a)300, & a<X\leqslant 30.\end{cases}$$

$$=\begin{cases}600X-100a, & 10\leqslant X\leqslant a,\\ 300X+200a, & a<X\leqslant 30.\end{cases}$$

利润期望

$$E(Y)=\int_{10}^{30}\frac{1}{20}\cdot M(a)\mathrm{d}x$$

$$=\frac{1}{20}\int_{10}^{a}(600x-100a)\mathrm{d}x+\frac{1}{20}\int_a^{30}(300x+200a)\mathrm{d}x$$

$$=\frac{1}{20}\left(600\cdot\frac{x^2}{2}-100ax\right)\Bigg|_{10}^{a}+\frac{1}{20}\left(300\cdot\frac{x^2}{2}+200ax\right)\Bigg|_a^{30}$$

$$=-7.5a^2+350a+5\,250.$$

依题意,有$-7.5a^2+350a+5\,250\geqslant 9\,280$,即

$$7.5a^2-350a+4\,030\leqslant 0,$$

解得$20\dfrac{2}{3}\leqslant a\leqslant 26$.

故利润期望值不少于9 280元的最少进货量为21单位.

【方法点击】　上述两例属于求随机变量函数的数学期望的典型应用题,此类题目的关键就是将随机变量的函数关系$Y=g(X)$或$Z=g(X,Y)$确定,然后利用公式求期望.

例 17　假设一部机器在一天内发生故障的概率为 0.2,机器发生故障时全天停止工作,若一周 5 个工作日里无故障,可获利润 10 万元;发生一次故障仍可获利润 5 万元;发生二次故障所获利润 0 元;发生三次或三次以上故障要亏损 2 万元.求一周内期望利润是多少?(考研真题)

【解析】　设一周 5 个工作日内发生故障的天数为 X,由题意知 X 服从二项分布,则

$P\{X=0\}=0.8^5=0.32768$,

$P\{X=1\}=C_5^1 0.2\times 0.8^4=0.4096$,

$P\{X=2\}=C_5^2 0.8^3\times 0.2^2=0.2048$,

$P\{X\geqslant 3\}=1-P\{X=0\}-P\{X=1\}-P\{X=2\}=0.05792$.

假设一周内获利为 Y 万元,则 Y 的分布律为

Y	10	5	0	-2
P	0.327 68	0.409 6	0.204 8	0.057 92

则 $E(Y)=10\times 0.32768+5\times 0.4096-2\times 0.05792=5.20896$.

例 18　设某企业生产线上产品合格率为 0.96,不合格产品中只有 $\frac{3}{4}$ 的产品可进行再加工且再加工的合格率为 0.8,其余均为废品,每件合格品获利 80 元,每件废品亏损 20 元,为保证该企业每天平均利润不低于 2 万元,问企业每天至少生产多少产品?(考研真题)

【解析】　方法一:设每天至少生产 x 件产品.

则合格产品为:$0.96x+(1-0.96)x\cdot\frac{3}{4}\cdot 0.8=0.984x$,

废品为:$x-0.984x=0.016x$,

由题意知 $80\times 0.984x-20\times 0.016x\geqslant 2\times 10^4$,

解得 $x\geqslant 255.10$,

因为 x 为整数,所以 $x=256$.

方法二:进行再加工后,产品的合格率

$$p=0.96+0.04\times 0.75\times 0.8=0.984.$$

记 X 为 n 件产品中的合格产品数,$T(n)$ 为 n 件产品的利润,则 $X\sim B(n,p)$,

$$E(X)=np=0.984n,\quad T(n)=80X-20(n-X),$$

$E[T(n)]=80E(X)-20n+20E(X)=100E(X)-20n=78.4n$,

要使 $E[T(n)]\geqslant 20000$,则 $n\geqslant 255.1$,即该企业每天至少应生产 256 件产品.

第二节　方　差

知识全解

【知识结构】

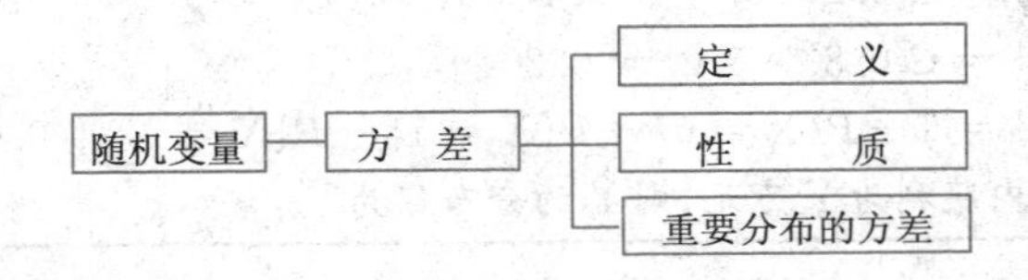

【考点精析】

1. 方差的概念.

设 X 为随机变量，如果$[X-E(X)]^2$ 的期望存在，称 $E\{[X-E(X)]^2\}=D(X)$ 为 X 的方差. 方差是一个非负常数，它的意义在于描述随机变量稳定与波动、集中与分散的状况，方差表明随机变量 X 的取值与其均值 $E(X)$ 偏离的程度，$D(X)$ 越小表示 X 取值越集中在 $E(X)$ 附近，反之则表明 X 取值分散.

2. 方差的计算公式.

$$D(X)=E(X^2)-[E(X)]^2.$$

3. 方差的性质.

(1) 设 C 为常数，则 $D(C)=0$.

(2) 设 X 为随机变量，C 为常数，则有

$$D(CX)=C^2D(X).$$

(3) 设随机变量 X 与 Y 相互独立，则有

$$D(X\pm Y)=D(X)+D(Y);$$

同理，若多个随机变量相互独立时有

$$D(X_1+X_2+\cdots+X_n)=D(X_1)+D(X_2)+\cdots+D(X_n).$$

(4)$D(X)=0$ 的充要条件是 X 依概率 1 取常数 C，即

$$P\{X=C\}=1,C=E(X).$$

4. 重要分布的数学期望与方差.

(1) 若 $X\sim B(n,p)$，则 $E(X)=np,D(X)=npq(0<p<1,p+q=1)$.

(2) 若 $X\sim N(\mu,\sigma^2)$，则 $E(X)=\mu,D(X)=\sigma^2$.

(3) 若 X 服从参数为 λ 的泊松分布，则 $E(X)=\lambda,D(X)=\lambda(\lambda>0)$.

(4) 若 X 服从参数为 λ 的指数分布，则 $E(X)=\frac{1}{\lambda},D(X)=\frac{1}{\lambda^2}(\lambda>0)$.

(5) 若 X 服从 $[a,b]$ 上的均匀分布，则 $E(X)=\frac{a+b}{2}$，$D(X)=\frac{(b-a)^2}{12}$.

本节的重点是利用公式及性质计算方差，另外对于常用的重要分布，其数字特征几乎在每次考研中都会出现，因此需要牢记.

例题精解

基本题型Ⅰ：有关重要分布的数学期望与方差

例 1　设随机变量 X 服从参数为 1 的泊松分布，则 $P\{X=E(X^2)\}=$ ________.（考研真题）

【解析】　因为 $X\sim P(1)$，所以 $E(X)=D(X)=1$，则

$$E(X^2)=D(X)+[E(X)]^2=2,$$

$$P\{X=E(X^2)\}=P\{X=2\}=\frac{1}{2}\mathrm{e}^{-1},$$

故应填 $\frac{1}{2}\mathrm{e}^{-1}$.

例 2　设 X 表示10次独立重复射击命中目标的次数，每次射中目标的概率为 0.4，则 X^2 的数学期望 $E(X^2)=$ ________.（考研真题）

【解析】　由于 X 服从二项分布 $B(10,0.4)$，所以

$$E(X)=np=10\times0.4=4,$$

$$D(X)=npq=10\times0.4\times(1-0.4)=2.4,$$

由方差公式得 $E(X^2)=D(X)+[E(X)]^2=2.4+4^2=18.4$.

【方法点击】　将方差公式 $D(X)=E(X^2)-[E(X)]^2$ 变换成 $E(X^2)=D(X)+[E(X)]^2$ 是一种常用技巧，需要牢记.

例 3　设 X 服从参数为 $\lambda(\lambda>0)$ 的泊松分布，且已知 $E[(X-1)(X-2)]=1$，则 $\lambda=$ ________.（考研真题）

【解析】　由 $X\sim P(\lambda)$，有 $E(X)=D(X)=\lambda$，从而

$$E(X^2)=[E(X)]^2+D(X)=\lambda^2+\lambda,$$

而 $[E(X-1)(X-2)]=E(X^2-3X+2)=E(X^2)-3E(X)+2=1$，

得 $\lambda^2+\lambda-3\lambda+2=1$，即 $\lambda^2-2\lambda+1=0$，有 $\lambda=1$.

例 4　设随机变量 X 的概率密度为

$$f(x)=\begin{cases}\frac{1}{2}\cos\frac{x}{2}, & 0\leqslant x\leqslant\pi,\\ 0, & \text{其他}.\end{cases}$$

对 X 独立地重复观察 4 次,用 Y 表示观察值大于$\frac{\pi}{3}$的次数,求 Y^2 的数学期望.(考研真题)

【解析】 **方法一:** 由于 $P\{X>\frac{\pi}{3}\}=\int_{\frac{\pi}{3}}^{\pi}\frac{1}{2}\cos\frac{x}{2}\mathrm{d}x=\frac{1}{2}$,故 $Y\sim B\left(4,\frac{1}{2}\right)$.因此

$$E(Y)=4\times\frac{1}{2}=2,D(Y)=4\times\frac{1}{2}\times\left(1-\frac{1}{2}\right)=1,$$

所以 $E(Y^2)=D(Y)+[E(Y)]^2=1+2^2=5$.

方法二: 由于 $P\left\{X>\frac{\pi}{3}\right\}=\int_{\frac{\pi}{3}}^{\pi}\frac{1}{2}\cos\frac{x}{2}\mathrm{d}x=\frac{1}{2}$,故 $Y\sim B\left(4,\frac{1}{2}\right)$.

因此,Y 的概率分布为

Y	0	1	2	3	4
P	$\frac{1}{16}$	$\frac{4}{16}$	$\frac{6}{16}$	$\frac{4}{16}$	$\frac{1}{16}$

所以 $E(Y^2)=\frac{1}{16}(0\times1+1\times4+2^2\times6+3^2\times4+4^2\times1)=5$.

例 5 设一次试验成功的概率为 p,进行 100 次独立重复试验,当 $p=$________时,成功次数的标准差的值最大,其最大值为________.(考研真题)

【解析】 成功次数 $X\sim B(100,p)$,$D(X)=100p(1-p)$.则

$$\sqrt{D(X)}=10\sqrt{p(1-p)},$$

显然当 $p=\frac{1}{2}$ 时,标准差 $\sqrt{D(X)}$ 最大,最大值为 5.故应填$\frac{1}{2}$;5.

例 6 设随机变量 X 服从参数为 λ 的指数分布,则 $P\{X>\sqrt{D(X)}\}=$________.(考研真题)

【思路探索】 已知连续型变量 X 的分布,求其满足一定条件的概率,转化为定积分计算即可.

【解析】 由题设,知 $D(X)=\frac{1}{\lambda^2}$,于是

$$P\{X>\sqrt{D(X)}\}=P\{X>\frac{1}{\lambda}\}=\int_{\frac{1}{\lambda}}^{+\infty}\lambda\mathrm{e}^{-\lambda x}\mathrm{d}x$$

$$=-\mathrm{e}^{-\lambda x}\Big|_{\frac{1}{\lambda}}^{+\infty}=\frac{1}{\mathrm{e}}.$$

故应填$\frac{1}{\mathrm{e}}$.

例 7　已知连续型随机变量 X 的概率密度函数为 $f(x)=\frac{1}{\sqrt{\pi}}\cdot e^{-x^2+2x-1}$，则 X 的数学期望为________；X 的方差为________.

【解析】　最简便的方法是利用均值为 μ，方差为 σ^2 的正态分布的密度函数为 $\frac{1}{\sigma\sqrt{2\pi}}e^{-\frac{(x-\mu)^2}{2\sigma^2}}$，由于 $f(x)=\frac{1}{\sqrt{\pi}}e^{-x^2+2x-1}=\frac{1}{\sqrt{2\pi}\cdot\frac{1}{\sqrt{2}}}e^{-\frac{(x-1)^2}{2\cdot\frac{1}{2}}}$，所以 X 的数学期望是 1，方差是 $\frac{1}{2}$. 另外也可由数学期望和方差的定义直接求 $E(X)$ 和 $D(X)$.

例 8　设两个随机变量相互独立，且都服从均值为 0，方差为 $\frac{1}{2}$ 的正态分布，求随机变量 $|X-Y|$ 的方差.（考研真题）

【解析】　令 $Z=X-Y$，由于 $X\sim N\left(0,\left(\frac{1}{\sqrt{2}}\right)^2\right)$，$Y\sim N\left(0,\left(\frac{1}{\sqrt{2}}\right)^2\right)$，且 X 和 Y 相互独立，故 $Z\sim N(0,1)$，因为

$$\begin{aligned}D(|X-Y|)&=D(|Z|)=E(|Z|^2)-[E(|Z|)]^2\\&=E(Z^2)-[E(|Z|)]^2,\end{aligned}$$

而 $E(Z^2)=D(Z)=1$，

$$E(|Z|)=\int_{-\infty}^{+\infty}|z|\frac{1}{\sqrt{2\pi}}e^{-\frac{z^2}{2}}dz=\frac{2}{\sqrt{2\pi}}\int_0^{+\infty}ze^{-\frac{z^2}{2}}dz=\sqrt{\frac{2}{\pi}},$$

所以 $D(|X-Y|)=E(Z^2)-[E(|Z|)]^2=1-\frac{2}{\pi}$.

基本题型 Ⅱ：利用计算公式及性质求方差

例 9　设 X 是一个随机变量，其概率密度为

$$f(x)=\begin{cases}1+x, & -1\leqslant x<0,\\ 1-x, & 0\leqslant x<1,\\ 0, & 其他,\end{cases}$$

则 $D(X)=$________.（考研真题）

【解析】　$E(X)=\int_{-1}^{0}x(1+x)dx+\int_0^1 x(1-x)dx=0$,

$$E(X^2)=\int_{-1}^{0}x^2(1+x)dx+\int_0^1 x^2(1-x)dx=\frac{1}{6},$$

$$D(X)=E(X^2)-[E(X)]^2=\frac{1}{6}.$$

故应填 $\frac{1}{6}$.

例 10 设两个相互独立的随机变量 X 和 Y 的方差分别为 4 和 2，则随机变量 $3X-2Y$ 的方差是(　　).(考研真题)

(A)8　　(B)16　　(C)28　　(D)44

【解析】 由方差的性质知

$D(3X-2Y)=D(3X)+D(-2Y)=3^2D(X)+(-2)^2D(Y)=36+8=44.$

故应选(D).

例 11 设 X 是一个随机变量，$E(X)=\mu, D(X)=\sigma^2(\mu,\sigma\geqslant 0$ 为常数)，则对任意常数 C 必有(　　).(考研真题)

(A)$E[(X-C)^2]=E(X^2)-C^2$

(B)$E[(X-C)^2]=E[(X-\mu)^2]$

(C)$E[(X-C)^2]<E[(X-\mu)^2]$

(D)$E[(X-C)^2]\geqslant E[(X-\mu)^2]$

【思路探索】 利用方差的性质，再构造出 $E[(X-C)^2]$ 和 $E[(X-\mu)^2]$ 的表达式.

【解析】
$$E[(X-C)^2]=E[(X-\mu+\mu-C)^2]$$
$$=E[(X-\mu)^2]+2E[(X-\mu)(\mu-C)]+E[(\mu-C)^2].$$

因为 $E(X)=\mu$，故 $2E[(X-\mu)(\mu-C)]=0$. 所以

$$E[(X-C)^2]=E[(X-\mu)^2]+E[(\mu-C)^2]\geqslant E[(X-\mu)^2].$$

故应选(D).

例 12 设随机变量 X 在区间$[-1,2]$上服从均匀分布，随机变量

$$Y=\begin{cases}1, & X>0,\\ 0, & X=0,\\ -1, & X<0.\end{cases}$$

则方差 $D(Y)=$ ________.(考研真题)

【思路探索】 由 X 的分布得到 Y 的分布律进而求得期望，然后计算方差.

【解析】 根据题意得

$$P\{Y=1\}=P\{X>0\}=\frac{2}{3},$$

$$P\{Y=0\}=P\{X=0\}=0,$$

$$P\{Y=-1\}=P\{X<0\}=\frac{1}{3},$$

所以
$$E(Y)=1\times\frac{2}{3}+(-1)\times\frac{1}{3}+0=\frac{1}{3},$$

$$E(Y^2)=1\times\frac{2}{3}+(-1)^2\times\frac{1}{3}+0=1,$$

$$D(Y)=E(Y^2)-[E(Y)]^2=1-\frac{1}{9}=\frac{8}{9}.$$

例 13 假设随机变量 U 在区间 $[-2,2]$ 上服从均匀分布,随机变量

$$X=\begin{cases}-1, & U\leqslant -1,\\ 1, & U>-1.\end{cases}\qquad Y=\begin{cases}-1, & U\leqslant 1,\\ 1, & U>1.\end{cases}$$

试求:(1)X 和 Y 的联合概率分布;(2)$D(X+Y)$.(考研真题)

【解析】 (1) 随机变量 (X,Y) 有四个可能值:$(-1,-1)$,$(-1,1)$,$(1,-1)$,$(1,1)$.则

$$P\{X=-1,Y=-1\}=P\{U\leqslant -1,U\leqslant 1\}=P\{U\leqslant -1\}=\frac{1}{4},$$

$$P\{X=-1,Y=1\}=P\{U\leqslant -1,U>1\}=0,$$

$$P\{X=1,Y=-1\}=P\{U>-1,U\leqslant 1\}=\frac{1}{2},$$

$$P\{X=1,Y=1\}=P\{U>-1,U>1\}=\frac{1}{4}.$$

于是,得 X 和 Y 的联合概率分布为

X \ Y	-1	1
-1	$\frac{1}{4}$	0
1	$\frac{1}{2}$	$\frac{1}{4}$

(2)$X+Y$ 和 $(X+Y)^2$ 的概率分布相应为

$$X+Y\sim\begin{bmatrix}-2 & 0 & 2\\ \frac{1}{4} & \frac{1}{2} & \frac{1}{4}\end{bmatrix},(X+Y)^2\sim\begin{bmatrix}0 & 4\\ \frac{1}{2} & \frac{1}{2}\end{bmatrix}.$$

由此可见

$$E(X+Y)=-\frac{2}{4}+\frac{2}{4}=0,$$

$$D(X+Y)=E[(X+Y)^2]=2.$$

例 14 设随机变量 X 和 Y 的联合分布在以点 $(0,1)$,$(1,0)$,$(1,1)$ 为顶点的三角形区域上服从均匀分布.试求随机变量 $Z=X+Y$ 的方差.(考研真题)

【思路探索】 可以将 $Z=X+Y$ 作为随机变量函数,直接应用随机变量函数的期望公式及方差公式求出方差,也可利用协方差的性质求出方差(协方差在下一节学习,读者学完之后再看方法二),还可以先计算 Z 的概率密度再求 Z 的方差.因此共有三种解法.

【解析】 **方法一**:X 和 Y 的联合密度为

$$f(x,y)=\begin{cases}2, & 0\leqslant x\leqslant 1,1-x\leqslant y\leqslant 1,\\0, & \text{其他}.\end{cases}$$

由随机变量函数期望公式

$$E[g(X,Y)]=\int_{-\infty}^{+\infty}\int_{-\infty}^{+\infty}g(x,y)f(x,y)\mathrm{d}x\mathrm{d}y$$

可知,

$$E(Z)=E(X+Y)=\int_{-\infty}^{+\infty}\int_{-\infty}^{+\infty}(x+y)f(x,y)\mathrm{d}x\mathrm{d}y$$

$$=\int_0^1\mathrm{d}y\int_{1-y}^1 2(x+y)\mathrm{d}x=\int_0^1(y^2+2y)\mathrm{d}y=\frac{4}{3}.$$

而 $E(Z^2)=E[(X+Y)^2]=\int_{-\infty}^{+\infty}\int_{-\infty}^{+\infty}(x+y)^2 f(x+y)\mathrm{d}x\mathrm{d}y$

$$=\int_0^1\mathrm{d}y\int_{1-y}^1 2(x^2+2xy+y^2)\mathrm{d}x$$

$$=\int_0^1\left(2y+2y^2+\frac{3}{2}y^3\right)\mathrm{d}y=\frac{11}{6},$$

由方差的计算公式 $D(Z)=E(Z^2)-[E(Z)]^2=\frac{11}{6}-\frac{16}{9}=\frac{1}{18}$.

方法二:三角形区域为 $G=\{(x,y):0\leqslant x\leqslant 1,0\leqslant y\leqslant 1,x+y\geqslant 1\}$.

随机变量 X 和 Y 的联合密度为

$$f(x,y)=\begin{cases}2, & (x,y)\in G,\\0, & (x,y)\overline{\in}G.\end{cases}$$

以 $f_1(x)$ 表示 X 的概率密度,则当 $x\leqslant 0$ 或 $x\geqslant 1$ 时,$f_1(x)=0$;

当 $0<x<1$ 时,有 $f_1(x)=\int_{-\infty}^{+\infty}f(x,y)\mathrm{d}y=\int_{1-x}^1 2\mathrm{d}y=2x$.

因此 $E(X)=\int_0^1 2x^2\mathrm{d}x=\frac{2}{3}$,$E(X^2)=\int_0^1 2x^3\mathrm{d}x=\frac{1}{2}$,

$$D(X)=E(X^2)-[E(X)]^2=\frac{1}{2}-\frac{4}{9}=\frac{1}{18}.$$

同理可得 $E(Y)=\frac{2}{3}$,$D(Y)=\frac{1}{18}$.

现在求 X 和 Y 的协方差

$$E(XY)=\iint_G 2xy\mathrm{d}x\mathrm{d}y=2\int_0^1 x\mathrm{d}x\int_{1-x}^1 y\mathrm{d}y=\frac{5}{12},$$

$$\mathrm{Cov}(X,Y)=E(XY)-E(X)E(Y)=\frac{5}{12}-\frac{4}{9}=-\frac{1}{36}.$$

于是 $D(Z)=D(X+Y)=D(X)+D(Y)+2\mathrm{Cov}(X,Y)$

$$=\frac{1}{18}+\frac{1}{18}-\frac{2}{36}=\frac{1}{18}.$$

方法三:由于 X,Y 服从均匀分布，

所以当 $Z=X+Y<1$ 时,$F(z)=0$;

当 $z>2$ 时,$F(z)=1$;

当 $1\leqslant z\leqslant 2$ 时,$F(z)=P\{X+Y\leqslant z\}=\dfrac{S_{D'}}{S_D}$,

区域 D',D 如图 4-1 所示.

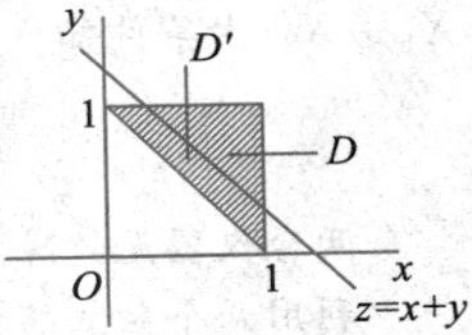

图 4-1

因为 $S_{D'}=\dfrac{1}{2}-S_{\triangle}=\dfrac{1}{2}-\dfrac{1}{2}(2-z)^2,S_D=\dfrac{1}{2}$,

所以 $F(z)=1-(2-z)^2$.

故 $f(z)=F'(z)=\begin{cases}2(2-z), & 1\leqslant z\leqslant 2,\\ 0, & 其他.\end{cases}$

所以 $E(Z)=\dfrac{4}{3},E(Z^2)=\dfrac{11}{6}$. 故

$$D(Z)=D(X+Y)=E(Z^2)-[E(Z)]^2=\frac{1}{18}.$$

基本题型 Ⅲ:关于方差的综合题及应用题

例 15　某生产流水线上每个产品不合格的概率为 $p(0<p<1)$,各产品合格与否相互独立,当出现一个不合格产品时即停机检修. 设开机后第一次停机时已生产了的产品个数为 X,求 X 的数学期望 $E(X)$ 和方差 $D(X)$.(考研真题)

【解析】　记 $q=1-p$,X 的概率分布为

$$P\{X=i\}=q^{i-1}p,i=1,2,\cdots.$$

X 的数学期望为

$$E(X)=\sum_{i=1}^{\infty}iq^{i-1}p=p\sum_{i=1}^{\infty}(q^i)'=p\Big(\sum_{i=1}^{\infty}q^i\Big)'=p\Big(\frac{q}{1-q}\Big)'=\frac{1}{p}.$$

因为 $E(X^2)=\sum\limits_{i=1}^{\infty}i^2q^{i-1}p=p\Big[q\Big(\sum\limits_{i=1}^{\infty}q^i\Big)'\Big]'=p\Big[\dfrac{q}{(1-q)^2}\Big]'=\dfrac{2-p}{p^2}$.

所以 X 的方差为

$$D(X)=E(X^2)-[E(X)]^2=\frac{2-p}{p^2}-\frac{1}{p^2}=\frac{1-p}{p^2}.$$

【方法点击】　本题中 X 实际上服从几何分布,但是利用几何分布的期望和方差结论直接写出答案不妥,需要计算过程.

例 16　两台同样自动记录仪,每台无故障工作的时间服从参数为 5 的指

数分布;首先开动其中一台,当其发生故障时停用而另一台自行开动.试求两台记录仪无故障工作的总时间 T 的概率密度 $f(t)$,数学期望和方差.(考研真题)

【解析】 以 X_1 和 X_2 表示先后开动的记录仪无故障工作的时间,则 $T=X_1+X_2$,由条件知 $X_i(i=1,2)$ 的概率密度为

$$p_i(x)=\begin{cases}5\mathrm{e}^{-5x}, & x>0,\\ 0, & x\leqslant 0.\end{cases}$$

两台仪器无故障工作时间 X_1 和 X_2 显然相互独立.

利用两个独立随机变量和的密度公式求 T 的概率密度,对于 $t>0$,有

$$f(t)=\int_{-\infty}^{+\infty}p_1(x)p_2(t-x)\mathrm{d}x=25\int_0^t\mathrm{e}^{-5x}\mathrm{e}^{-5(t-x)}\mathrm{d}x=25\mathrm{e}^{-5t}\int_0^t\mathrm{d}x=25t\mathrm{e}^{-5t}.$$

当 $t\leqslant 0$ 时,显然 $f(t)=0$,于是,得

$$f(t)=\begin{cases}25t\mathrm{e}^{-5t}, & t>0,\\ 0, & t\leqslant 0.\end{cases}$$

由 X_i 服从参数为 $\lambda=5$ 的指数分布,知 $E(X_i)=\dfrac{1}{5}$,$D(X_i)=\dfrac{1}{25}(i=1,2)$.

因此,有 $E(T)=E(X_1+X_2)=E(X_1)+E(X_2)=\dfrac{2}{5}$.

由于 X_1 和 X_2 独立,可见 $D(T)=D(X_1+X_2)=D(X_1)+D(X_2)=\dfrac{2}{25}$.

例 17 一台设备由三大部件构成,在设备运转中各部件需要调整的概率相应为 0.10,0.20 和 0.30,假设各部件的状态相互独立,以 X 表示同时需要调整的部件数,试求 X 的数学期望 $E(X)$ 和方差 $D(X)$.(考研真题)

【解析】 因为各部件状态相互独立,设

$$X_i=\begin{cases}1, & \text{第 } i \text{ 个部件需要调整},\\ 0, & \text{第 } i \text{ 个部件不需要调整},\end{cases}\quad i=1,2,3,$$

则 $X=X_1+X_2+X_3$.

又因 X_i 服从 0—1 分布,

如何定义X_i的表示很重要

$$p_1=P\{X_1=1\}=0.1,$$

$$p_2=P\{X_2=1\}=0.2,\ p_3=P\{X_3=1\}=0.3.$$

所以 $E(X_i)=p_i$,$D(X_i)=p_i(1-p_i)$,且 X_1,X_2,X_3 相互独立,那么有

$$\begin{aligned}E(X)&=E(X_1+X_2+X_3)=E(X_1)+E(X_2)+E(X_3)\\&=0.1+0.2+0.3=0.6,\\D(X)&=D(X_1)+D(X_2)+D(X_3)\\&=0.1\times(1-0.1)+0.2\times(1-0.2)+0.3\times(1-0.3)\\&=0.46.\end{aligned}$$

【方法点击】 本题也可先求 X 的分布律再计算期望和方差,但过程较为烦琐.

第三节　协方差及相关系数

知识全解

【知识结构】

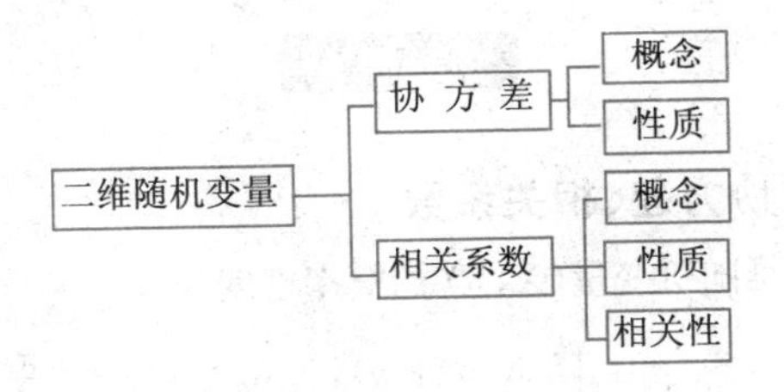

【考点精析】

1. 协方差.

对于二维随机变量(X,Y)，$\mathrm{Cov}(X,Y)=E\{[X-E(X)][Y-E(Y)]\}$是其协方差，或用$\mathrm{Cov}(X,Y)=E(XY)-E(X)E(Y)$表示.

协方差的性质：

(1)$\mathrm{Cov}(X,X)=D(X)$；

(2)$\mathrm{Cov}(X,Y)=\mathrm{Cov}(Y,X)$；

(3)$\mathrm{Cov}(aX,bY)=ab\mathrm{Cov}(X,Y)$；

(4)$\mathrm{Cov}(X_1+X_2,Y)=\mathrm{Cov}(X_1,Y)+\mathrm{Cov}(X_2,Y)$；

(5)$D(X\pm Y)=D(X)+D(Y)\pm 2\mathrm{Cov}(X,Y)$.

2. 相关系数.

$$\rho_{XY}=\frac{\mathrm{Cov}(X,Y)}{\sqrt{D(X)}\sqrt{D(Y)}}(D(x)>0,D(y)>0),$$

当$\rho_{XY}=0$时，X与Y是不相关的.

相关系数反映了两个随机变量的线性相关程度. 当其绝对值越接近1时，X与Y的线性相关程度就越强；反之，越接近0时，X与Y线性相关程度就越弱.

相关系数的性质：

(1) $-1\leqslant\rho_{XY}\leqslant 1$；

(2) 若X与Y相互独立，则$\rho_{XY}=0$，即X,Y不相关，反之不一定成立；

(3) 若X,Y之间有线性关系，即$Y=aX+b$(a,b为常数且$a\neq 0$)，则$|\rho_{XY}|=1$，且$a>0$时，$\rho_{XY}=1$；$a<0$时，$\rho_{XY}=-1$.

3. 二维正态分布的参数意义.

当$(X,Y)\sim N(\mu_1,\sigma_1^2;\mu_2,\sigma_2^2;\rho)$时,

$$E(X)=\mu_1,E(Y)=\mu_2,D(X)=\sigma_1^2,D(Y)=\sigma_2^2,\rho_{XY}=\rho.$$

且 $$X,Y\text{ 独立}\Leftrightarrow X,Y\text{ 不相关}.$$

本节的重点是协方差和相关系数的性质与计算,以及相关与独立的关系.考研中这节内容占的比重很大,主要题型有:求协方差和相关系数,判断随机变量的相关性.

例题精解

基本题型 Ⅰ:求协方差、相关系数

例 1 设二维随机变量(X,Y)的概率密度为

$$f(x,y)=\begin{cases}k\sin(x+y), & 0\leqslant x,y\leqslant\frac{\pi}{2},\\0, & \text{其他}.\end{cases}$$

求k值,$E(X)$,$E(Y)$,$D(X)$,$D(Y)$和ρ_{XY}.

【思路探索】 由概率密度性质可求k值,利用概率密度,可求期望、方差、相关系数.

【解析】 由$\int_{-\infty}^{+\infty}\int_{-\infty}^{+\infty}f(x,y)\mathrm{d}x\mathrm{d}y=1$,可知$\int_0^{\frac{\pi}{2}}\int_0^{\frac{\pi}{2}}k\sin(x+y)\mathrm{d}x\mathrm{d}y=1$,得$k=\frac{1}{2}$.因此$(X,Y)$的概率密度为

$$f(x,y)=\begin{cases}\frac{1}{2}\sin(x+y), & 0\leqslant x,y\leqslant\frac{\pi}{2},\\0, & \text{其他}.\end{cases}$$

所以 $$E(X)=\int_{-\infty}^{+\infty}\int_{-\infty}^{+\infty}xf(x,y)\mathrm{d}x\mathrm{d}y$$

$$=\int_0^{\frac{\pi}{2}}\int_0^{\frac{\pi}{2}}x\cdot\frac{1}{2}\sin(x+y)\mathrm{d}x\mathrm{d}y=\frac{\pi}{4},$$

$$E(X^2)=\int_0^{\frac{\pi}{2}}\int_0^{\frac{\pi}{2}}x^2\cdot\frac{1}{2}\sin(x+y)\mathrm{d}x\mathrm{d}y=\frac{\pi^2}{8}+\frac{\pi}{2}-2,$$

$$D(X)=E(X^2)-[E(X)]^2=\frac{\pi^2}{16}+\frac{\pi}{2}-2,$$

同理可得$E(Y)=\frac{\pi}{4}$,$D(Y)=\frac{\pi^2}{16}+\frac{\pi}{2}-2$,

$$E(XY)=\int_{-\infty}^{+\infty}\int_{-\infty}^{+\infty}xyf(x,y)\mathrm{d}x\mathrm{d}y$$

$$=\int_0^{\frac{\pi}{2}}\int_0^{\frac{\pi}{2}} xy\cdot\frac{1}{2}\sin(x+y)\mathrm{d}x\mathrm{d}y=\frac{\pi}{2}-1,$$

所以 $\mathrm{Cov}(X,Y)=E(XY)-E(X)E(Y)$

$$=\frac{\pi}{2}-1-\frac{\pi}{4}\times\frac{\pi}{4}=\frac{\pi}{2}-\frac{\pi^2}{16}-1,$$

因此 $\rho_{XY}=\dfrac{\mathrm{Cov}(X,Y)}{\sqrt{D(X)}\sqrt{D(Y)}}=\dfrac{\frac{\pi}{2}-\frac{\pi^2}{16}-1}{\frac{\pi^2}{16}+\frac{\pi}{2}-2}=\dfrac{8\pi-\pi^2-16}{\pi^2+8\pi-32}$.

例 2　设随机变量 X 和 Y 的联合概率分布为

概率 Y \ X	-1	0	1
0	0.07	0.18	0.15
1	0.08	0.32	0.20

则 X 和 Y 的相关系数 $\rho=$ ________, X^2 和 Y^2 的协方差 $\mathrm{Cov}(X^2,Y^2)=$ ________.(考研题)

【解析】 X 的分布律为

X	0	1
P	0.4	0.6

Y 的分布律为

Y	-1	0	1
P	0.15	0.5	0.35

$$E(X)=0.6,\quad E(Y)=0.35-0.15=0.2,$$

$$E(XY)=\sum_i\sum_j x_iy_ip_{ij}=-0.08+0.20=0.12,$$

$$\mathrm{Cov}(X,Y)=E(XY)-E(X)E(Y)=0,$$

所以

$$\rho_{XY}=\frac{\mathrm{Cov}(X,Y)}{\sqrt{D(X)}\sqrt{D(Y)}}=0.$$

$$E(X^2)=0.6,\quad E(Y^2)=0.5,$$

$$E(X^2Y^2)=\sum_i\sum_j x_i^2y_j^2p_{ij}=0.28,$$

所以

$$\mathrm{Cov}(X^2,Y^2)=E(X^2Y^2)-E(X^2)E(Y^2)=-0.02.$$

故应填 0；-0.02.

例 3　设随机变量 X 和 Y 的相关系数为 0.9，若 $Z=X-0.4$，则 Y 与 Z 的相关系数为________.（考研真题）

【思路探索】　考查方差的性质 $D(Z)=D(X-0.4)=D(X)$，再利用协方差和相关系数定义.

【解析】　由于 $D(Z)=D(X-0.4)=D(X)$，所以

$$\begin{aligned}\mathrm{Cov}(Y,Z)&=\mathrm{Cov}(Y,X-0.4)=\mathrm{Cov}(Y,X)\\&=\rho_{XY}\sqrt{D(X)}\sqrt{D(Y)}=0.9\sqrt{D(X)}\sqrt{D(Y)},\end{aligned}$$

因此 $\rho_{XY}=\dfrac{\mathrm{Cov}(Y,Z)}{\sqrt{D(X)}\sqrt{D(Z)}}=\dfrac{0.9\sqrt{D(X)}\sqrt{D(Y)}}{\sqrt{D(Y)}\sqrt{D(X)}}=0.9.$

例 4　设随机变量 (X,Y) 的概率分布为

X \ Y	0	1	2
0	$\frac{1}{4}$	0	$\frac{1}{4}$
1	0	$\frac{1}{3}$	0
2	$\frac{1}{12}$	0	$\frac{1}{12}$

求：(1) $P\{X=2Y\}$；(2) $\mathrm{Cov}(X-Y,Y)$.（考研真题）

【解析】　(1) $P\{X=2Y\}=P\{X=2,Y=1\}+P\{X=0,Y=0\}=\frac{1}{4}$；

(2) X 的边缘分布律为

X	0	1	2
P	$\frac{1}{2}$	$\frac{1}{3}$	$\frac{1}{6}$

Y 的边缘分布律为

Y	0	1	2
P	$\frac{1}{3}$	$\frac{1}{3}$	$\frac{1}{3}$

且 $\mathrm{Cov}(X-Y,Y)=\mathrm{Cov}(X,Y)-D(Y)$，

而 $\mathrm{Cov}(X,Y)=E(XY)-E(X)E(Y)$，

其中 $E(XY)=0\times\frac{7}{12}+1\times\frac{1}{3}+2\times0+4\times\frac{1}{12}=\frac{2}{3}$，

$E(X)E(Y)=\left(0\times\frac{1}{2}+1\times\frac{1}{3}+2\times\frac{1}{6}\right)\times\left(0\times\frac{1}{3}+1\times\frac{1}{3}+2\times\frac{1}{3}\right)=\frac{2}{3}$，

可得 $\mathrm{Cov}(X,Y)=E(XY)-E(X)E(Y)=\frac{2}{3}-\frac{2}{3}=0$，

$$D(Y)=E(Y^2)-[E(Y)]^2=\left(0\times\frac{1}{3}+1^2\times\frac{1}{3}+2^2\times\frac{1}{3}\right)-\left(0\times\frac{1}{3}+1\times\frac{1}{3}+2\times\frac{1}{3}\right)^2=\frac{2}{3},$$

可得 $\mathrm{Cov}(X-Y,Y)=\mathrm{Cov}(X,Y)-D(Y)=-\frac{2}{3}$.

基本题型Ⅱ：考查协方差、相关系数的性质及结论

例 5　把一枚硬币重复掷几次，用 X 和 Y 分别表示正面向上和反面向上出现的次数，试求 X 与 Y 的相关系数.（考研真题）

【思路探索】　根据本题的特点可通过相关系数的性质求相关系数，亦可利用相关系数公式来求.

【解析】　**方法一**：由题意可知 X 和 Y 的函数关系，即 $X+Y=n$，又可表示为 $Y=-X+n$. 易知 Y 与 X 之间存在线性关系为负相关，故 $\rho_{XY}=-1$.

方法二：根据协方差性质可知，

$$\mathrm{Cov}(X,Y)=\mathrm{Cov}(X,n-X)=\mathrm{Cov}(X,n)-\mathrm{Cov}(X,X),$$

由 $\mathrm{Cov}(X,n)=0$，得 $\mathrm{Cov}(X,Y)=-\mathrm{Cov}(X,X)=-D(X)$，

又由方差性质知 $D(Y)=D(-X+n)=D(X)$，所以

$$\rho_{XY}=\frac{\mathrm{Cov}(X,Y)}{\sqrt{D(X)}\sqrt{D(Y)}}=\frac{-D(X)}{D(X)}=-1.$$

例 6　设随机变量 $X\sim N(0,1)$，$Y\sim N(1,4)$，且相关系数 $\rho_{XY}=1$，则（　　）.（考研真题）

(A) $P\{Y=-2X-1\}=1$　　　　(B) $P\{Y=2X-1\}=1$

(C) $P\{Y=-2X+1\}=1$　　　　(D) $P\{Y=2X+1\}=1$

【解析】　用排除法. 设 $Y=aX+b$，因为 $\rho_{XY}=1\Leftrightarrow P\{Y=aX+b\}=1$ $(a>0)$，所以排除(A)、(C).

由 $X\sim N(0,1)$，$Y\sim N(1,4)$ 知，

$$E(X)=0,E(Y)=1,$$

故 $E(Y)=E(aX+b)=aE(X)+b=b=1$，则排除(B). 故应选(D).

例 7　已知随机变量 X 和 Y 分别服从正态分布 $N(1,3^2)$ 和 $N(0,4^2)$，且 X 与 Y 的相关系数 $\rho_{XY}=-\frac{1}{2}$. 设 $Z=\frac{X}{3}+\frac{Y}{2}$.

(1) 求 Z 的数学期望 $E(Z)$ 和方差 $D(Z)$；

(2) 求 X 与 Z 的相关系数 ρ_{XZ}.（考研真题）

【解析】　(1) $E(Z)=\frac{1}{3}E(X)+\frac{1}{2}E(Y)=\frac{1}{3}+\frac{0}{2}=\frac{1}{3}$,

$$D(Z)=\frac{1}{9}D(X)+\frac{1}{4}D(Y)+2\mathrm{Cov}\left(\frac{X}{3},\frac{Y}{2}\right)$$

$$= \frac{1}{9}D(X) + \frac{1}{4}D(Y) + \frac{1}{3}\rho_{XY}\sqrt{D(X)}\sqrt{D(Y)}$$

$$= 1 + 4 - 2 = 3.$$

(2) $\text{Cov}(X,Z) = \frac{1}{3}\text{Cov}(X,X) + \frac{1}{2}\text{Cov}(X,Y)$

$$= \frac{1}{3} \times 3^2 + \frac{1}{2} \times \left(-\frac{1}{2}\right) \times 3 \times 4 = 0,$$

所以 $\rho_{XZ} = \dfrac{\text{Cov}(X,Z)}{\sqrt{D(X)}\sqrt{D(Z)}} = 0.$

例 8 设随机变量 X 和 Y 的相关系数为 0.5，$E(X) = E(Y) = 0$，$E(X^2) = E(Y^2) = 2$，则 $E[(X+Y)^2] =$ ________.（考研真题）

【思路探索】 根据已知条件可得到 $D(X)$，$D(Y)$，再把 $E[(X+Y)^2]$ 转化为含有 $D(X)$，$D(Y)$ 的表达式.

【解析】 **方法一：** 由已知条件 $E(X) = E(Y) = 0$，$E(X^2) = E(Y^2) = 2$ 得到

$$D(X) = E(X^2) - [E(X)]^2 = 2,$$

同理 $D(Y) = 2$.

所以 $\text{Cov}(X,Y) = \rho_{XY}\sqrt{D(X)}\sqrt{D(Y)} = 0.5 \times 2 = 1.$

因此 $E[(X+Y)^2] = D(X+Y) + [E(X+Y)]^2$

$$= D(X+Y) + [E(X) + E(Y)]^2.$$

由 $E(X) = 0$，$E(Y) = 0$ 得

$$E[(X+Y)^2] = D(X+Y) = D(X) + D(Y) + 2\text{Cov}(X,Y)$$

$$= 2 + 2 + 2 \times 1 = 6.$$

方法二： $E[(X+Y)^2] = E(X^2) + 2E(XY) + E(Y^2)$

$$= 4 + 2[\text{Cov}(X,Y) + E(X) \cdot E(Y)]$$

$$= 4 + 2\rho_{XY} \cdot \sqrt{D(X)} \cdot \sqrt{D(Y)}$$

$$= 4 + 2 \times 0.5 \times 2 = 6.$$

例 9 设随机变量 $X_1, X_2, \cdots, X_n (n > 1)$ 独立同分布，且其方差为 $\sigma^2 > 0$. 令 $Y = \frac{1}{n}\sum_{i=1}^{n} X_i$，则（　　）.（考研真题）

(A) $\text{Cov}(X_1, Y) = \frac{\sigma^2}{n}$　　(B) $\text{Cov}(X_1, Y) = \sigma^2$

(C) $D(X_1 + Y) = \frac{n+2}{n}\sigma^2$　　(D) $D(X_1 - Y) = \frac{n+1}{n}\sigma^2$

【解析】 本题用方差和协方差的运算性质直接计算即可，注意利用独立性有：$\text{Cov}(X_1, X_i) = 0$，$i = 2, 3, \cdots, n$.

$$\mathrm{Cov}(X_1,Y)=\mathrm{Cov}\Big(X_1,\frac{1}{n}\sum_{i=1}^{n}X_i\Big)=\frac{1}{n}\mathrm{Cov}(X_1,X_1)+\frac{1}{n}\sum_{i=2}^{n}\mathrm{Cov}(X_1,X_i)$$
$$=\frac{1}{n}D(X_1)=\frac{1}{n}\sigma^2.$$

所以(A) 正确.

本题(C)、(D) 两个选项的方差也直接计算得到,如

$$D(X_1+Y)=D(\frac{1+n}{n}X_1+\frac{1}{n}X_2+\cdots+\frac{1}{n}X_n)=\frac{(1+n)^2}{n^2}\sigma^2+\frac{n-1}{n^2}\sigma^2$$
$$=\frac{n^2+3n}{n^2}\sigma^2=\frac{n+3}{n}\sigma^2,$$
$$D(X_1-Y)=D(\frac{n-1}{n}X_1-\frac{1}{n}X_2-\cdots-\frac{1}{n}X_n)=\frac{(n-1)^2}{n^2}\sigma^2+\frac{n-1}{n^2}\sigma^2$$
$$=\frac{n^2-n}{n^2}\sigma^2=\frac{n-1}{n}\sigma^2.$$

故应选(A).

基本题型 Ⅲ:考查独立性与不相关

例 10　设二维随机变量(X,Y)服从二维正态分布,则随机变量$\xi=X+Y$与$\eta=X-Y$不相关的充分必要条件为(　　).(考研真题)

(A)$E(X)=E(Y)$

(B)$E(X^2)-[E(X)]^2=E(Y^2)-[E(Y)]^2$

(C)$E(X^2)=E(Y^2)$

(D)$E(X^2)+[E(X)]^2=E(Y^2)+[E(Y)]^2$

【解析】　由$\rho_{\xi\eta}=0\Leftrightarrow \mathrm{Cov}(\xi,\eta)=0$,即

$$0=\mathrm{Cov}(\xi,\eta)=E(\xi\eta)-E(\xi)\cdot E(\eta)$$
$$=E(X^2-Y^2)-[E(X)+E(Y)][E(X)-E(Y)]$$
$$=E(X^2)-E(Y^2)-E[(X)]^2+[E(Y)]^2$$

也即$E(X^2)-[E(X)]^2=E(Y^2)-[E(Y)]^2$.

故应选(B).

例 11　设随机变量X和Y都服从正态分布,且它们不相关,则(　　).(考研真题)

(A)X与Y一定独立　　(B)(X,Y)服从二维正态分布

(C)X与Y未必独立　　(D)$X+Y$服从一维正态分布

【解析】　只有当(X,Y)服从二维正态分布时,不相关与独立才等价.而本题仅知X和Y服从正态分布,故(A) 不正确.从而(B)、(D) 也不正确.

故应选(C).

例 12　设随机变量X和Y的方差存在且不等于0,则$D(X+Y)=D(X)+D(Y)$

是X和Y(　　).(考研真题)

(A) 不相关的充分条件,但不是必要条件

(B) 独立的充分条件,但不是必要条件

(C) 不相关的充分必要条件

(D) 独立的充分必要条件

【解析】 由公式$D(X+Y)=D(X)+D(Y)+2\mathrm{Cov}(X,Y)$,$D(X+Y)=D(X)+D(Y)$的充分必要条件是$\mathrm{Cov}(X,Y)=0$.故应选(C).

例 13　设A,B是两个随机事件,随机变量

$$X=\begin{cases}1, & A\text{出现},\\ -1, & A\text{不出现},\end{cases}\quad Y=\begin{cases}1, & B\text{出现},\\ -1, & B\text{不出现}.\end{cases}$$

试证明随机变量X和Y不相关的充分必要条件是A与B相互独立.(考研真题)

【证明】 记$P(A)=p_1,P(B)=p_2,P(AB)=p_{12}$.由数学期望的定义,可见

$$E(X)=P(A)-P(\overline{A})=2p_1-1,E(Y)=2p_2-1.$$

现在求$E(XY)$.由于XY只有两个可能值1和-1,可见

$$P\{XY=1\}=P(AB)+P(\overline{A}\,\overline{B})=2p_{12}-p_1-p_2+1,$$

$$P\{XY=-1\}=1-P\{XY=1\}=p_1+p_2-2p_{12},$$

$$E(XY)=P\{XY=1\}-P\{XY=-1\}=4p_{12}-2p_1-2p_2+1.$$

从而

$$\mathrm{Cov}(X,Y)=E(XY)-E(X)E(Y)=4p_{12}-4p_1p_2,$$

因此,$\mathrm{Cov}(X,Y)=0$当且仅当$p_{12}=p_1p_2$,即X和Y不相关当且仅当事件A和B相互独立.

基本题型Ⅳ:综合考查题型

例 14　箱中装有6个球,其中红、白、黑球的个数分别为1,2,3个;现从箱中随机地取出2个球,记X为取出的红球个数,Y为取出的白球个数.

(1) 求随机变量(X,Y)的概率分布;

(2) 求$\mathrm{Cov}(X,Y)$.(考研真题)

【思路探索】 首先确定X与Y的可能取值,然后利用古典概型求出(X,Y)取各点对的概率,即可求得(X,Y)的概率分布.由概率分布依次求$E(X),E(Y)$及$E(XY)$,并利用公式$\mathrm{Cov}(X,Y)=E(XY)-E(X)E(Y)$即可得.

【解析】 (1) 由题意知,X的可能取值为0,1,Y的可能取值为0,1,2.则

$$P\{X=0,Y=0\}=\frac{C_3^2}{C_6^2}=\frac{1}{5},\quad P\{X=0,Y=1\}=\frac{C_2^1C_3^1}{C_6^2}=\frac{2}{5},$$

$P\{X=0,Y=2\}=\frac{C_2^2}{C_6^2}=\frac{1}{15}$，$P\{X=1,Y=0\}=\frac{C_3^1}{C_6^2}=\frac{1}{5}$，

$P\{X=1,Y=1\}=\frac{C_2^1}{C_6^2}=\frac{2}{15}$，$P\{X=1,Y=2\}=0$.

故随机变量(X,Y)的概率分布为

X \ Y	0	1	2
0	$\frac{1}{5}$	$\frac{2}{5}$	$\frac{1}{15}$
1	$\frac{1}{5}$	$\frac{2}{15}$	0

(2) 由(1)的结论易知

X	0	1
P	$\frac{2}{3}$	$\frac{1}{3}$

Y	0	1	2
P	$\frac{2}{5}$	$\frac{8}{15}$	$\frac{1}{15}$

则 $E(X)=\frac{1}{3}$，$E(Y)=1\times\frac{8}{15}+2\times\frac{1}{15}=\frac{2}{3}$，

而 $E(XY)=1\times1\times\frac{2}{15}=\frac{2}{15}$，

所以 $\mathrm{Cov}(X,Y)=\frac{2}{15}-\frac{1}{3}\times\frac{2}{3}=-\frac{4}{45}$.

【方法点击】 (1) 对于由试验给出的二维离散型随机变量(X,Y)，要求其概率分布，首先应明确X与Y的可能取值，从而确定(X,Y)的可能点对，然后根据试验的特点依次求取每一可能点对的概率.

(2) 若已知(X,Y)的联合概率分布，求$\mathrm{Cov}(X,Y)$的基本公式有

$$E(X)=\sum_i\sum_j x_iP\{X=x_i,Y=y_j\};$$

$$E(Y)=\sum_i\sum_j y_jP\{X=x_i,Y=y_j\};$$

$$E(XY)=\sum_i\sum_j x_iy_jP\{X=x_i,Y=y_j\}.$$

(3) 在实际求解中，为简化运算，一般地，可由联合分布求$E(XY)$，而$E(X)$，$E(Y)$则可通过联合分布求出X与Y的边缘分布，利用边缘分布求之.

例 15　假设二维随机变量(X,Y)在矩形$G=\{(x,y)\mid 0\leqslant x\leqslant 2,0\leqslant y\leqslant 1\}$上服从均匀分布，记

$$U=\begin{cases}0, & X\leqslant Y,\\ 1, & X>Y,\end{cases}\quad V=\begin{cases}0, & X\leqslant 2Y,\\ 1, & X>2Y.\end{cases}$$

(1) 求U和V的联合分布；

(2) 求U和V的相关系数ρ.（考研真题）

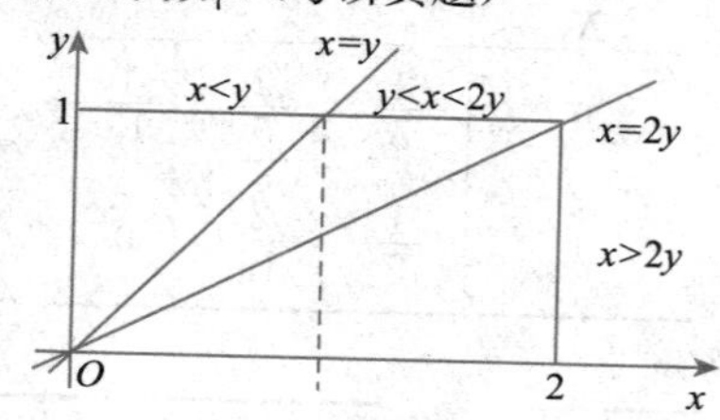

图 4-2

【解析】　由题设及图 4-2 所示可得

$$P\{X\leqslant Y\}=\frac{1}{4},P\{X>2Y\}=\frac{1}{2},P\{Y<X\leqslant 2Y\}=\frac{1}{4}.$$

(1)(U,V)有四个可能取值：$(0,0)$，$(0,1)$，$(1,0)$，$(1,1)$. 则

$$P\{U=0,V=0\}=P\{X\leqslant Y,X\leqslant 2Y\}=P\{X\leqslant Y\}=\frac{1}{4},$$

$$P\{U=0,V=1\}=P\{X\leqslant Y,X>2Y\}=0,$$

$$P\{U=1,V=0\}=P\{X>Y,X\leqslant 2Y\}=P\{Y<X\leqslant 2Y\}=\frac{1}{4},$$

$$P\{U=1,V=1\}=1-\left(\frac{1}{4}+\frac{1}{4}\right)=\frac{1}{2}.$$

(2) 由以上可见UV以及U和V的分布分别为

$$UV\sim\begin{bmatrix}0 & 1\\ \frac{1}{2} & \frac{1}{2}\end{bmatrix},U\sim\begin{bmatrix}0 & 1\\ \frac{1}{4} & \frac{3}{4}\end{bmatrix},V\sim\begin{bmatrix}0 & 1\\ \frac{1}{2} & \frac{1}{2}\end{bmatrix}.$$

于是，有

$$E(U)=\frac{3}{4},D(U)=\frac{3}{16},E(V)=\frac{1}{2},D(V)=\frac{1}{4},E(UV)=\frac{1}{2}.$$

$$\mathrm{Cov}(U,V)=E(UV)-E(U)E(V)=\frac{1}{8},$$

故$\rho=\dfrac{\mathrm{Cov}(U,V)}{\sqrt{D(U)D(V)}}=\dfrac{1}{\sqrt{3}}$.

例 16　设二维随机变量(X,Y)的密度函数为

$$f(x,y)=\frac{1}{2}[\varphi_1(x,y)+\varphi_2(x,y)],$$

其中 $\varphi_1(x,y)$ 和 $\varphi_2(x,y)$ 都是二维正态密度函数,且它们对应的二维随机变量的相关系数分别为$\frac{1}{3}$ 和 $-\frac{1}{3}$,它们的边缘密度函数所对应的随机变量的数学期望都是零,方差都是 1.

(1) 求随机变量 X 和 Y 的密度函数 $f_1(x)$ 和 $f_2(y)$,及 X 和 Y 的相关系数 ρ(可以直接利用二维正态密度函数的性质);

(2) 问 X 和 Y 是否独立?为什么?(考研真题)

【解析】 (1) 由于二维正态密度函数的两个边缘密度都是正态密度函数,因此 $\varphi_1(x,y)$ 和 $\varphi_2(x,y)$ 的两个边缘密度为标准正态密度函数,故

$$\begin{aligned}f_1(x)&=\int_{-\infty}^{+\infty}f(x,y)\mathrm{d}y=\frac{1}{2}\left[\int_{-\infty}^{+\infty}\varphi_1(x,y)\mathrm{d}y+\int_{-\infty}^{+\infty}\varphi_2(x,y)\mathrm{d}y\right]\\&=\frac{1}{2}\left[\frac{1}{\sqrt{2\pi}}\mathrm{e}^{-\frac{x^2}{2}}+\frac{1}{\sqrt{2\pi}}\mathrm{e}^{-\frac{x^2}{2}}\right]=\frac{1}{\sqrt{2\pi}}\mathrm{e}^{-\frac{x^2}{2}},\end{aligned}$$

同理 $f_2(y)=\frac{1}{\sqrt{2\pi}}\mathrm{e}^{-\frac{x^2}{2}}$.

由于 $X\sim N(0,1),Y\sim N(0,1)$,可得 $E(X)=E(Y)=0,D(X)=D(Y)=1$.

随机变量 X 和 Y 的相关系数

$$\begin{aligned}\rho&=\int_{-\infty}^{+\infty}\int_{-\infty}^{+\infty}xyf(x,y)\mathrm{d}x\mathrm{d}y\\&=\frac{1}{2}\left[\int_{-\infty}^{+\infty}\int_{-\infty}^{+\infty}xy\varphi_1(x,y)\mathrm{d}x\mathrm{d}y+\int_{-\infty}^{+\infty}\int_{-\infty}^{+\infty}xy\varphi_2(x,y)\mathrm{d}x\mathrm{d}y\right]\\&=\frac{1}{2}\times\left(\frac{1}{3}-\frac{1}{3}\right)=0.\end{aligned}$$

(2) 由题设

$$f(x,y)=\frac{3}{8\sqrt{2}\pi}\left[\mathrm{e}^{-\frac{9}{16}(x^2-\frac{2}{3}xy+y^2)}+\mathrm{e}^{-\frac{9}{16}(x^2+\frac{2}{3}xy+y^2)}\right],$$

$$f_1(x)\cdot f_2(y)=\frac{1}{2\pi}\mathrm{e}^{-\frac{x^2}{2}}\cdot\mathrm{e}^{-\frac{y^2}{2}}=\frac{1}{2\pi}\mathrm{e}^{-\frac{(x^2+y^2)}{2}},$$

因为 $f(x,y)\neq f_1(x)\cdot f_2(y)$,所以 X 与 Y 不独立.

第四节　矩、协方差矩阵

知识全解

【知识结构】

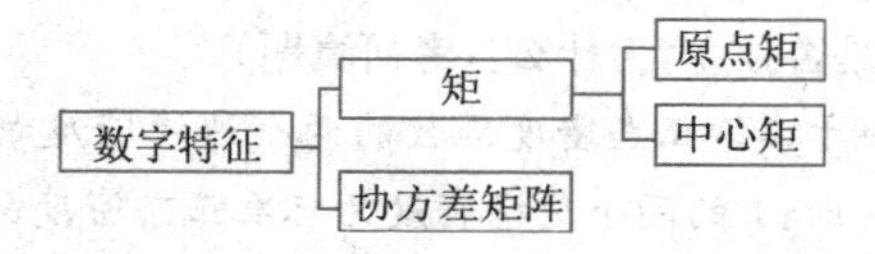

【考点精析】

1. 原点矩.

设 X 与 Y 是随机变量，如果 $E(X^kY^l)(k,l=0,1,2,\cdots)$ 存在，则称它为 X 与 Y 的 $k+l$ 阶混合原点矩.

特别地，当 $l=0$ 时，称 $E(X^k)$ 为 X 的 k 阶原点矩，简称 k 阶矩.

显然，随机变量 X 的一阶原点矩就是它的数学期望 $E(X)$.

2. 中心矩.

设随机变量 X,Y 的数学期望 $E(X),E(Y)$ 存在，且 $E\{[X-E(X)]^k[Y-E(Y)]^l\}$ 存在，则称它为 X 与 Y 的 $k+l$ 阶混合中心矩.

特别地，当 $k=l=1$ 时，就是 X,Y 的协方差 $E\{[X-E(X)][Y-E(Y)]\}$，当 $l=0$ 时，称 $E\{[X-E(X)]^k\}$ 为 X 的 k 阶中心矩.

显然，随机变量 X 的二阶中心矩就是它的方差 $D(X)=E\{[X-E(X)]^2\}$.

3. 协方差矩阵.

设 $(X_1,X_2,\cdots,X_n)$ 为 n 的维随机变量，记 $C_{ij}=\mathrm{Cov}(X_i,X_j),i,j=1,2,\cdots,n$，则称矩阵

$$\boldsymbol{C}=\begin{bmatrix} C_{11} & C_{12} & \cdots & C_{1n} \\ C_{21} & C_{22} & \cdots & C_{2n} \\ \vdots & \vdots & & \vdots \\ C_{n1} & C_{n2} & \cdots & C_{nn} \end{bmatrix}$$

为 $(X_1,X_2,\cdots,X_n)$ 的协方差矩阵.

本节讲述的矩与协方差矩阵在考研中极少出现，不属于重点内容，只要记一下概念即可. 但是对于其他内容以及实际应用来讲，这几种数字特征有一定的价

值,可适当关注.

例题精解

基本题型:与原点矩、中心矩以及协方差矩阵相关的问题.

例1　设随机变量X在$[a,b]$上服从均匀分布,求X的k阶原点矩和三阶中心矩.

【解析】　$E(X^k)=\int_a^b x^k\frac{1}{b-a}\mathrm{d}x=\frac{1}{k+1}\cdot\frac{x^{k+1}}{b-a}\Big|_a^b=\frac{1}{k+1}\cdot\frac{b^{k+1}-a^{k+1}}{b-a}$,

当$k=1$时,有$E(X)=\frac{b+a}{2}$,故

$$E\{[X-E(X)]^3\}=\int_a^b\left(x-\frac{b+a}{2}\right)^3\frac{1}{b-a}\mathrm{d}x=0.$$

例2　设$X\sim N(0,1)$,求X的k阶原点矩及中心矩.

【解析】　因为$E(X)=\mu=0$,所以X的原点矩与中心矩相同,即

$$E[(X-E(X))^k]=E(X^k)=\int_{-\infty}^{+\infty}x^k\frac{1}{\sqrt{2\pi}}\mathrm{e}^{-\frac{x^2}{2}}\mathrm{d}x=\frac{1}{\sqrt{2\pi}}\int_{-\infty}^{+\infty}x^k\mathrm{e}^{-\frac{x^2}{2}}\mathrm{d}x.$$

当k为奇数时,上式积分中被积函数为奇函数,故

$$E(X^k)=0.$$

当k为偶数时,被积函数为偶函数,此时$E(X^k)=\sqrt{\frac{2}{\pi}}\int_0^{+\infty}x^k\mathrm{e}^{-\frac{x^2}{2}}\mathrm{d}x$.

令$y=\frac{x^2}{2}$,得

$$E(X^k)=\frac{1}{\sqrt{\pi}}2^{\frac{k}{2}}\int_0^{+\infty}y^{\frac{k-1}{2}}\mathrm{e}^{-y}\mathrm{d}y=\frac{1}{\sqrt{\pi}}2^{\frac{k}{2}}\Gamma\left(\frac{k+1}{2}\right)$$
$$=(k-1)(k-3)\cdot\cdots\cdot3\cdot1=(k-1)!!.$$

例3　设(X,Y)的协方差矩阵为$\boldsymbol{C}=\begin{pmatrix}1&-1\\-1&9\end{pmatrix}$,求$\rho_{XY}$.

【解析】　由协方差矩阵的定义可知,

$$\mathrm{Cov}(X,Y)=-1,D(X)=1,\ D(Y)=9,$$

则

$$\rho_{XY}=\frac{\mathrm{Cov}(X,Y)}{\sqrt{D(X)}\ \sqrt{D(Y)}}=\frac{-1}{1\times\sqrt{9}}=-\frac{1}{3}.$$

本章整合

一 本章知识图解

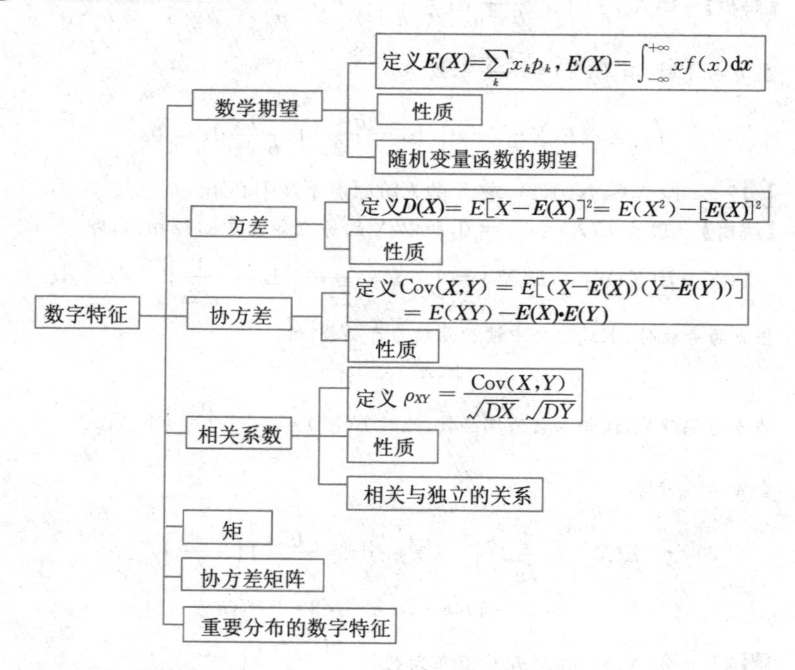

二 本章知识总结

1. 关于数学期望的小结.

要理解数学期望所表达的意义，它是反映平均取值的一个指标. 掌握随机变量数学期望的求法.

2. 关于数学期望的性质的小结.

数学期望的性质是求数学期望或应用数学期望求解其他问题的基础，应熟练掌握，在考试中一般会穿插在求期望或求方差等题目中.

3. 关于随机变量函数的数学期望的求法.

基本方法:

(1) 先求得随机变量函数的分布,利用期望定义直接计算.

(2) 利用数学期望的性质求出随机变量函数的期望.

(3) 利用随机变量函数的期望公式,根据随机变量分布和函数关系,求出随机变量函数的数学期望.

4. 关于方差、协方差及相关系数的小结.

这一部分内容是考研的重点,通常题型为求方差、协方差、相关系数、独立与不相关性或者综合题型,除了理解掌握好书上的内容以外,还需要重点掌握其性质公式.

5. 本章考研要求.

(1) 理解数学期望的概念,掌握数学期望的性质.

(2) 熟悉数学期望的计算公式.

(3) 理解方差的概念、性质,熟悉方差的计算公式.

(4) 掌握常用分布的数字特征.

(5) 掌握协方差和相关系数的计算公式.

(6) 理解矩、协方差和相关系数的概念、性质.

三 本章同步自测

同步自测题

一、填空题

1. 设随机变量 X 的概率密度为

$$f(x)=\begin{cases} a+bx^2, & 0<x<1, \\ 0, & \text{其他}. \end{cases}$$

已知 $E(X)=\frac{3}{5}$,则 $D(X)=$ ________.

2. 设随机变量 X_1,X_2,X_3 相互独立,且都服从参数为 λ 的泊松分布. 令 $Y=\frac{1}{3}(X_1+X_2+X_3)$,则 Y^2 的数学期望等于________.

3. 设二维随机变量 (X,Y) 服从 $N(\mu,\sigma^2;\mu,\sigma^2;0)$,则 $E(XY^2)=$ ________.(考研真题)

4. 设已知 $2X+3Y=7$,则 $\rho_{XY}=$ ________.

5. 设 $X\sim P(16)$, $Y\sim E(2)$, $\rho_{XY}=-0.5$,则 $\mathrm{Cov}(X,Y+1)=$ ______, $E(Y^2+XY)=$ ________, $D(X-2Y)=$ ________.

二、选择题

1. 已知(X,Y)服从二维正态分布，且$E(X)=E(Y)=0,D(X)=1,D(Y)=4$，$\rho_{XY}=\frac{1}{2}$，若$Z=aX+Y$与$Y$独立，则$a$等于(　　).

(A)2　　(B)-2　　(C)4　　(D)-4

2. 设随机变量X和Y独立同分布，记$U=X-Y,V=X+Y$，则随机变量U与V必然(　　).(考研真题)

(A) 不独立　　(B) 独立

(C) 相关系数不为零　　(D) 相关系数为零

3. 将长度为1m的木棒随机的截成两段，则两段长度的相关系数为(　　).(考研真题)

(A)1　　(B)$\frac{1}{2}$　　(C)$-\frac{1}{2}$　　(D)-1

4. 设连续型随机变量X_1与X_2相互独立且方差均存在，X_1与X_2的概率密度分别为$f_1(x)$与$f_2(x)$，随机变量Y_1的概率密度为$f_{Y_1}(y)=\frac{1}{2}[f_1(y)+f_2(y)]$，随机变量$Y_2=\frac{1}{2}(X_1+X_2)$，则(　　).(考研真题)

(A)$E(Y_1)>E(Y_2),D(Y_1)>D(Y_2)$　　(B)$E(Y_1)=E(Y_2),D(Y_1)=D(Y_2)$

(C)$E(Y_1)=E(Y_2),D(Y_1)<D(Y_2)$　　(D)$E(Y_1)=E(Y_2),D(Y_1)>D(Y_2)$

5. 设随机变量X,Y相互独立，且$X\sim B(10,0.3),Y\sim B(10,0.4)$，则$E[(2X-Y)^2]=$(　　).

(A)12.6　　(B)14.8　　(C)15.2　　(D)18.9

三、解答题

1. 已知三个随机变量X,Y,Z中，$E(X)=E(Y)=1,E(Z)=-1,D(X)=D(Y)=D(Z)=1,\rho_{XY}=0,\rho_{XZ}=\frac{1}{2},\rho_{YZ}=-\frac{1}{2}$，设$W=X+Y+Z$，求$E(W),D(W)$.

2. 对于任意二事件A和B，$0<P(A)<1,0<P(B)<1$，

$\rho=\dfrac{P(AB)-P(A)P(B)}{\sqrt{P(A)P(B)P(\overline{A})P(\overline{B})}}$称为事件$A$和$B$的相关系数.

(1) 证明事件A和B独立的充分必要条件是其相关系数等于零；

(2) 利用随机变量相关系数的基本性质，证明$|\rho|\leqslant 1$.(考研真题)

3. 一商店经销某种商品，每周进货的数量X与顾客对该种商品的需求量Y是相互独立的随机变量，且都服从区间$[10,20]$上的均匀分布.商店每售出一单位商品可得利润1 000元；若需求量超过了进货量，商店可从其他商店调剂供应，这时每单位商品获利润为500元.试计算此商店经销该种商品每周所得利润的期望值.(考研真题)

4. 设随机变量 X 的概率分布密度为 $f(x)=\frac{1}{2}e^{-|x|}$，$-\infty<x<+\infty$.

(1) 求 X 的数学期望 $E(X)$ 和方差 $D(X)$.

(2) 求 X 与 $|X|$ 的协方差，并问 X 与 $|X|$ 是否不相关?

(3) 问 X 与 $|X|$ 是否相互独立?为什么?(考研真题)

5. 设随机变量 X 和 Y 的概率分布分别为

X	0	1
P	1/3	2/3

Y	-1	0	1
P	1/3	1/3	1/3

且 $P\{X^2=Y^2\}=1$.

求：(1) 二维随机变量 (X,Y) 的概率分布；

(2) $Z=XY$ 的概率分布；

(3) X 和 Y 的相关系数 ρ_{XY}.(考研真题)

自测题答案

一、填空题

1. $\frac{2}{25}$　2. $\lambda^2+\frac{1}{3}\lambda$　3. $\mu^3+\mu\sigma^2$　4. -1　5. $-1;\frac{15}{2};21$

1. 解：由 $1=\int_{-\infty}^{+\infty}f(x)\mathrm{d}x=\int_0^1(a+bx^2)\mathrm{d}x=a+\frac{1}{3}b$ 得

$$3a+b=3. \qquad ①$$

再由 $\frac{3}{5}=E(X)=\int_{-\infty}^{+\infty}xf(x)\mathrm{d}x=\int_0^1(ax+bx^3)\mathrm{d}x=\frac{1}{2}a+\frac{1}{4}b$ 得

$$2a+b=\frac{12}{5}. \qquad ②$$

联立 ①、② 两式解得 $a=\frac{3}{5}$，$b=\frac{6}{5}$，代入 $f(x)$ 表达式中即得

$$D(X)=E(X^2)-[E(X)]^2=\int_{-\infty}^{+\infty}x^2f(x)\mathrm{d}x-\left(\frac{3}{5}\right)^2$$

$$=\frac{3}{5}\int_0^1x^2(1+2x^2)\mathrm{d}x-\frac{9}{25}=\frac{11}{25}-\frac{9}{25}=\frac{2}{25}.$$

2. 解：根据独立随机变量和的性质以及服从参数为 λ 的泊松分布的数学期望和方差均为 λ 知

$$E(Y)=\frac{1}{3}[E(X_1)+E(X_2)+E(X_3)]=\lambda,$$

$$D(Y)=\frac{1}{9}[D(X_1)+D(X_2)+D(X_3)]=\frac{1}{3}\lambda,$$

故　$E(Y^2)=[E(Y)]^2+D(Y)=\lambda^2+\frac{1}{3}\lambda.$

3. 解：由于 $\rho=0$，由二维正态分布的性质可知随机变量 X,Y 独立.

因此 $E(XY^2)=E(X)\cdot E(Y^2)$. 由于 (X,Y) 服从 $N(\mu,\sigma^2;\mu,\sigma^2;0)$，可知

$$E(X)=\mu,E(Y^2)=D(Y)+[E(Y)]^2=\mu^2+\sigma^2,$$

则 $E(XY^2)=\mu(\mu^2+\sigma^2)=\mu^3+\mu\sigma^2.$

4. 解：因为 $Y=-\frac{2}{3}X+\frac{7}{3}$，$a=-\frac{2}{3}<0$. 故由相关系数的性质知 $\rho_{XY}=-1$.

5. 解：由已知，$E(X)=D(X)=16$，$E(Y)=\frac{1}{2}$，$D(Y)=\frac{1}{4}$，

则 $\mathrm{Cov}(X,Y+1)=\mathrm{Cov}(X,Y)=\rho_{XY}\cdot\sqrt{D(X)}\cdot\sqrt{D(Y)}=-1$，

$E(Y^2+XY)=E(Y^2)+E(XY)$

$$=D(Y)+[E(Y)]^2+\mathrm{Cov}(X,Y)+E(X)\cdot E(Y)=\frac{15}{2},$$

$D(X-2Y)=D(X)+4D(Y)-4\mathrm{Cov}(X,Y)=21.$

二、选择题

1. (D)　**2.** (D)　**3.** (D)　**4.** (D)　**5.** (B)

1. 解：由题设 $(X,Y)\sim N\left(0,0;1,4;\frac{1}{2}\right)$，且

$$\begin{aligned}\mathrm{Cov}(Z,Y)&=\mathrm{Cov}(aX+Y,Y)=a\mathrm{Cov}(X,Y)+D(Y)\\&=a\rho_{XY}\sqrt{D(X)}\sqrt{D(Y)}+D(Y)\\&=a\cdot\frac{1}{2}\cdot 2+4=0\Rightarrow a=-4.\end{aligned}$$

2. 解：
$$\begin{aligned}\mathrm{Cov}(U,V)&=E(UV)-[E(U)E(V)]\\&=E(X^2-Y^2)-[E(X)]^2+[E(Y)]^2\\&=E(X^2)-E(Y^2)-[E(X)]^2+[E(Y)]^2\\&=\{E(X^2)-[E(X)]^2\}-\{E(Y^2)-[E(Y)]^2\}\\&=D(X)-D(Y)=0,\end{aligned}$$

所以 $\rho_{UV}=\frac{\mathrm{Cov}(U,V)}{\sqrt{D(U)}\sqrt{D(V)}}=0.$

或者利用性质 $\mathrm{Cov}(U,V)=\mathrm{Cov}(X-Y,X+Y)=D(X)-D(Y)=0$，也可得到 $\rho_{UV}=0$.

3. 解：设两段长度分别为 X 和 Y，则 $Y=1-X$，利用相关系数的性质或者计算公式 $\rho_{XY}=\frac{\mathrm{Cov}(X,Y)}{\sqrt{D(X)}\sqrt{D(Y)}}$，可得相关系数为 -1. 故应选(D).

4. 解：$E(Y_1)=\int_{-\infty}^{+\infty} y f_{Y_1}(y)\mathrm{d}y$

$$=\frac{1}{2}\left[\int_{-\infty}^{+\infty} y f_1(y)\mathrm{d}y+\int_{-\infty}^{+\infty} y f_2(y)\mathrm{d}y\right]$$

$$=\frac{1}{2}[E(X_1)+E(X_2)],$$

$E(Y_2)=\frac{1}{2}E(X_1+X_2)=\frac{1}{2}[E(X_1)+E(X_2)]$，

故 $E(Y_1)=E(Y_2)$.

$D(Y_1)=E(Y_1^2)-[E(Y_1)]^2, D(Y_2)=E(Y_2^2)-[E(Y_2)]^2$，

则 $D(Y_1)-D(Y_2)=E(Y_1^2)-E(Y_2^2)$

$$=\int_{-\infty}^{+\infty} y^2 f_{Y_1}(y)\mathrm{d}y-E\left[\frac{1}{4}(X_1+X_2)^2\right]$$

$$=\frac{1}{2}\left[\int_{-\infty}^{+\infty} y^2 f_1(y)\mathrm{d}y+\int_{-\infty}^{+\infty} y^2 f_2(y)\mathrm{d}y\right]-E\left[\frac{1}{4}(X_1+X_2)^2\right]$$

$$=\frac{1}{2}E(X_1^2)+\frac{1}{2}E(X_2^2)-\frac{1}{4}[E(X_1^2)+E(X_2^2)+2E(X_1)\cdot E(X_2)]$$

$$=\frac{1}{4}E(X_1^2)+\frac{1}{4}E(X_2^2)-\frac{1}{2}E(X_1)\cdot E(X_2)$$

$$=\frac{1}{4}E(X_1^2+X_2^2+2X_1X_2)$$

$$=\frac{1}{4}E[(X_1-X_2)^2]>0,$$

即 $D(Y_1)>D(Y_2)$. 故应选(D).

5. 解：由已知条件可得 $E(X)=3, D(X)=2.1, E(Y)=4, D(Y)=2.4$.

所以 $E[(2X-Y)^2]=[E(2X-Y)]^2+D(2X-Y)$

$$=[2E(X)-E(Y)]^2+4D(X)+D(Y)=14.8.$$

故应选(B).

三、解答题

1. 解：$E(W)=E(X+Y+Z)=E(X)+E(Y)+E(Z)=1$，

$D(W)=D(X+Y+Z)$

$$=D(X)+D(Y)+D(Z)+2\mathrm{Cov}(X,Y)+2\mathrm{Cov}(X,Z)+2\mathrm{Cov}(Y,Z).$$

而
$$\mathrm{Cov}(X,Y)=\rho_{XY}\sqrt{D(X)}\sqrt{D(Y)}=0,$$

$$\mathrm{Cov}(X,Z)=\rho_{XZ}\sqrt{D(X)}\sqrt{D(Z)}=\frac{1}{2},$$

$$\mathrm{Cov}(Y,Z)=\rho_{YZ}\sqrt{D(Y)}\sqrt{D(Z)}=-\frac{1}{2},$$

故 $D(W)=3$.

2. 证明：(1) 由 ρ 的定义，可见 $\rho=0$ 当且仅当 $P(AB)-P(A)P(B)=0$，

而这恰好是二事件 A 和 B 独立定义，即 $\rho=0$ 是 A 和 B 独立的充分必要条件.

(2) 考虑随机变量 X 和 Y：

$$X=\begin{cases}1,\text{若 } A \text{ 出现},\\0,\text{若 } A \text{ 不出现};\end{cases}\quad Y=\begin{cases}1,\text{若 } B \text{ 出现},\\0,\text{若 } B \text{ 不出现}.\end{cases}$$

由条件知，X 和 Y 都服从 0—1 分布：

$$X\sim\begin{pmatrix}0 & 1\\1-P(A) & P(A)\end{pmatrix},Y\sim\begin{pmatrix}0 & 1\\1-P(B) & P(B)\end{pmatrix}.$$

易知
$$E(X)=P(A),\quad E(Y)=P(B);$$
$$D(X)=P(A)P(\overline{A}),\quad D(Y)=P(B)P(\overline{B});$$
$$\mathrm{Cov}(X,Y)=P(AB)-P(A)P(B).$$

因此，事件 A 和 B 的相关系数就是随机变量 X 和 Y 的相关系数.

于是由二随机变量相关系数的基本性质，可见 $|\rho|\leqslant 1$.

3. 解：设 Z 表示商店每周所得的利润，则

$$Z=\begin{cases}1\,000Y, & Y\leqslant X,\\1\,000X+500(Y-X)=500(X+Y), & Y>X.\end{cases}$$

由于 X 与 Y 的联合概率密度为：

$$\varphi(x,y)=\begin{cases}\dfrac{1}{100}, & 10\leqslant x\leqslant 20,10\leqslant y\leqslant 20,\\0, & \text{其他}.\end{cases}$$

所以如图 4-3 所示，

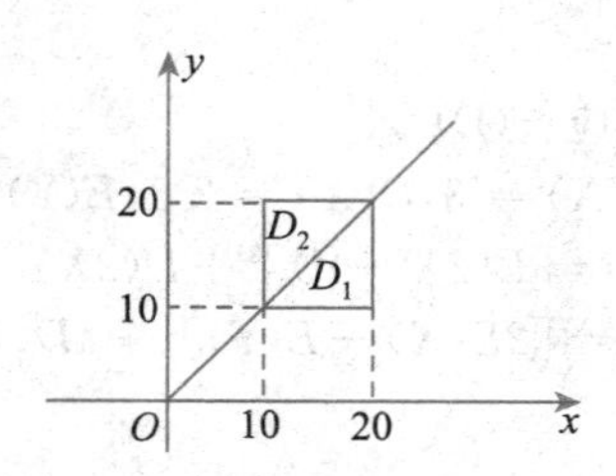

图 4-3

$$\begin{aligned}E(Z)&=\iint\limits_{D_1}1\,000y\times\frac{1}{100}\mathrm{d}x\mathrm{d}y+\iint\limits_{D_2}500(x+y)\times\frac{1}{100}\mathrm{d}x\mathrm{d}y\\&=10\int_{10}^{20}\mathrm{d}y\int_{y}^{20}y\mathrm{d}x+5\int_{10}^{20}\mathrm{d}y\int_{10}^{y}(x+y)\mathrm{d}x\\&=10\int_{10}^{20}y(20-y)\mathrm{d}y+5\int_{10}^{20}(\frac{3}{2}y^2-10y-50)\mathrm{d}y\\&=\frac{20\,000}{3}+5\times 1\,500\approx 14\,166.67(\text{元}).\end{aligned}$$

4. 解：(1) $E(X)=\int_{-\infty}^{+\infty}xf(x)\mathrm{d}x=0,$

$D(X)=\int_{-\infty}^{+\infty}x^2f(x)\mathrm{d}x=\int_0^{+\infty}x^2\mathrm{e}^{-x}\mathrm{d}x=2.$

(2) $\mathrm{Cov}(X,|X|)=E(X|X|)-E(X)\cdot E(|X|)=E(X|X|)$

$$=\int_{-\infty}^{+\infty}x|x|f(x)\mathrm{d}x=0,$$

故 X 与 $|X|$ 不相关.

(3) 对于给定 $0<a<+\infty$,显然事件 $\{|X|<a\}$ 包含在事件 $\{X<a\}$ 内,且 $P\{X<a\}<1,0<P\{|X|<a\}$,故 $P\{X<a,|X|<a\}=P\{|X|<a\}$,

但 $P\{X<a\}\cdot P\{|X|<a\}<P\{|X|<a\}$,

所以 $P\{X<a,|X|<a\}\neq P\{X<a\}\cdot P\{|X|<a\}$,

因此,X 与 $|X|$ 不独立.

5. 解:(1) 由于 $P\{X^2=Y^2\}=1$,因此 $P\{X^2\neq Y^2\}=0$.

故 $P\{X=0,Y=1\}=0$,因此

$P\{X=1,Y=1\}=P\{X=1,Y=1\}+P\{X=0,Y=1\}=P\{Y=1\}=1/3.$

再由 $P\{X=1,Y=0\}=0$ 可知

$P\{X=0,Y=0\}=P\{X=1,Y=0\}+P\{X=0,Y=0\}=P\{Y=0\}=1/3.$

同样,由 $P\{X=0,Y=-1\}=0$ 可知

$P\{X=0,Y=-1\}=P\{X=1,Y=-1\}+P\{X=0,Y=-1\}$

$$=P\{Y=-1\}=1/3.$$

故 (X,Y) 的概率分布如下:

X \ Y	-1	0	1
0	0	1/3	0
1	1/3	0	1/3

(2) $Z=XY$ 可能的取值有 $-1,0,1$.

其中 $P\{Z=-1\}=P\{X=1,Y=-1\}=1/3$,

$P\{Z=1\}=P\{X=1,Y=-1\}=1/3$,

$P\{Z=0\}=1/3$,

因此,$Z=XY$ 的分布律为

Z	-1	0	1
P	1/3	1/3	1/3

(3) $E(X)=2/3,E(Y)=0,E(XY)=0$,

$\mathrm{Cov}(X,Y)=E(XY)-E(X)E(Y)=0.$

故 $\rho_{XY}=\dfrac{\mathrm{Cov}(X,Y)}{\sqrt{D(X)}\sqrt{D(Y)}}=0.$

第五章　大数定律及中心极限定理

本章主要介绍了三个大数定律(辛钦大数定律、伯努利大数定律、切比雪夫大数定律)和三个中心极限定理(列维-林德伯格定理、李雅普诺夫定理、棣莫弗-拉普拉斯定理).

大数定律和中心极限定理在考试和学习中要求不高,但在理论研究和实际应用上意义重大.

第一节　大数定律

知识全解

【知识结构】

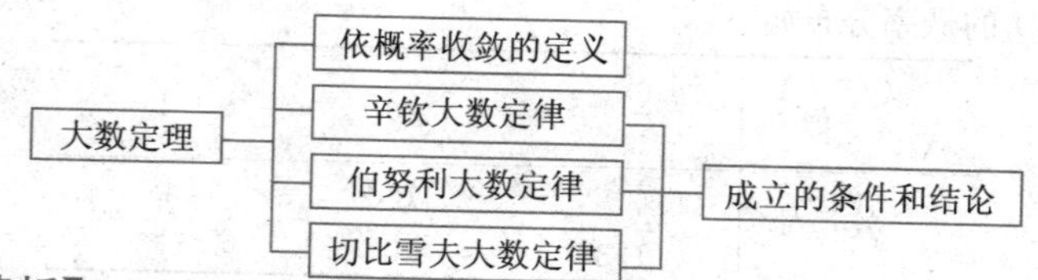

【考点精析】

1. 随机变量序列$\{Y_n\}$依概率收敛于a.

如果存在一个常数a,使对任意的$\varepsilon>0$,有$\lim\limits_{n\to\infty}P\{|Y_n-a|<\varepsilon\}=1$成立,则称随机变量序列$\{Y_n\}$依概率收敛于$a$.

2. 辛钦大数定律.

如果$\{X_n\}$是相互独立同分布的随机变量序列,其数学期望$E(X_i)=\mu,i=1,2,\cdots$,则对任意给定的$\varepsilon>0$,有

$$\lim_{n\to\infty}P\left\{\left|\frac{1}{n}\sum_{i=1}^{n}X_i-\mu\right|<\varepsilon\right\}=1.$$

该定律说明:对独立同分布的随机变量序列,只要验证数学期望是否存在,就可判定其是否服从大数定律.

3. 伯努利大数定律.

如果u_n是n次重复独立试验中事件A发生的次数,p是事件A在每次试

验中发生的概率，则对任意给定的 $\varepsilon>0$，有

$$\lim_{n\to\infty}P\left\{\left|\frac{u_n}{n}-p\right|<\varepsilon\right\}=1.$$

该定律说明：在试验条件不改变的情况下，将试验重复进行多次，则随机事件的频率在它发生的概率附近摆动.

4. 切比雪夫大数定律.

如果随机变量序列 $\{X_n\}$ 相互独立，各随机变量的期望和方差都有限，而且方差有公共上界，即 $D(X_i)\leqslant l, i=1,2,\cdots$，其中 l 是与 i 无关的常数，则对任意的 $\varepsilon>0$，有

$$\lim_{n\to\infty}P\left\{\left|\frac{1}{n}\sum_{i=1}^{n}X_i-\frac{1}{n}\sum_{i=1}^{n}E(X_i)\right|<\varepsilon\right\}=1.$$

切比雪夫大数定律的特例：设随机变量 $X_1,X_2,\cdots,X_n,\cdots$ 独立，且 $E(X_i)=\mu$，$D(X_i)=\sigma^2(i=1,2,\cdots)$，则对任意 $\varepsilon>0$，总有

$$\lim_{n\to\infty}P\left\{\left|\frac{1}{n}\sum_{i=1}^{n}X_i-\mu\right|<\varepsilon\right\}=1.$$

该定律说明：在该定律的条件下，当 n 充分大时，n 个独立随机变量的平均数的离散程度很小.

5. 切比雪夫不等式.

假设随机变量 X 具有数学期望 $E(X)$ 及方差 $D(X)$，则对任意的 $\varepsilon>0$，有

$$P\{|X-E(X)|\geqslant\varepsilon\}\leqslant\frac{D(X)}{\varepsilon^2}，或者\ P\{|X-E(X)|<\varepsilon\}\geqslant1-\frac{D(X)}{\varepsilon^2}.$$

只要知道随机变量的数学期望 $E(X)$ 及方差 $D(X)$，就可以利用切比雪夫不等式对随机变量 X 的概率进行估计，因此切比雪夫不等式在理论研究及实际应用中都具有重大意义.

在考研数学(一)的考试大纲中，切比雪夫不等式属于第五章内容，因此我们将其放入本章进行归纳. 在以往的考试当中，大数定律一般考查其条件和结论，切比雪夫不等式主要考查用其估计概率，都不属于重点题型.

例题精解

基本题型Ⅰ：与大数定律有关的问题

例1 设总体 X 服从参数为 2 的指数分布，$X_1,X_2,\cdots,X_n$ 为来自总体 X 的简单随机样本，则当 $n\to\infty$ 时，$Y_n=\frac{1}{n}\sum\limits_{i=1}^{n}X_i^2$ 依概率收敛于________.（考研真题）

【解析】 由已知 $X_1^2,X_2^2,\cdots,X_n^2$ 独立同分布，且

$$E(X_i^2)=D(X_i)+[E(X_i)]^2=\frac{1}{4}+\frac{1}{4}=\frac{1}{2},$$

由大数定律得，$Y_n=\frac{1}{n}\sum_{i=1}^{n}X_i^2$ 依概率收敛于$\frac{1}{2}$. 故应填$\frac{1}{2}$.

例 2 设随机变量 $X_1,\cdots,X_n,\cdots$ 是独立同分布的随机变量，其分布函数为 $F(x)=A+\frac{1}{\pi}\arctan\frac{x}{B}$，其中 $B\neq 0$，则辛钦大数定律对此序列(　　).

(A)适用　　(B)当常数 A,B 取适当数值时适用

(C)无法判断　　(D)不适用

【思路探索】 辛钦大数定律成立的条件有两条：

(1)随机变量序列$\{X_n\}$独立同分布；(2)数学期望 $E(X_n)$存在，$n=1,2,\cdots$. 判断随机变量序列是否服从辛钦大数定律，只要验证上述两个条件即可.

【解析】 根据题意，只需判断广义积分 $\int_{-\infty}^{+\infty}\left|x\frac{\mathrm{d}F(x)}{\mathrm{d}x}\right|\mathrm{d}x$ 是否收敛即可.

因为 $f(x)=\frac{\mathrm{d}F(x)}{\mathrm{d}x}=\frac{B}{\pi(B^2+x^2)}$，那么

$$\int_{-\infty}^{+\infty}\left|x\frac{\mathrm{d}F(x)}{\mathrm{d}x}\right|\mathrm{d}x=\int_{-\infty}^{+\infty}\frac{|B||x|}{\pi(B^2+x^2)}\mathrm{d}x=\frac{2|B|}{\pi}\int_0^{+\infty}\frac{x}{B^2+x^2}\mathrm{d}x$$

$$=\frac{|B|}{\pi}\int_0^{+\infty}\frac{\mathrm{d}(B^2+x^2)}{B^2+x^2}=\frac{|B|}{\pi}\lim_{a\to+\infty}\int_0^{a}\frac{\mathrm{d}(B^2+x^2)}{B^2+x^2}$$

$$=\frac{|B|}{\pi}\lim_{a\to+\infty}\ln\left(1+\frac{a^2}{B^2}\right)=+\infty.$$

即辛钦大数定律不满足. 故应选(D).

例 3 若随机变量序列 $X_1,\cdots,X_n,\cdots$ 独立同分布且 $E(X_n)=0$，则 $\lim_{n\to\infty}P\left\{\sum_{i=1}^{n}X_i<n\right\}=$ ________.

【解析】 由题设条件知，随机变量序列 $X_1,\cdots,X_n,\cdots$ 服从辛钦大数定律，即对任意给定的 $\varepsilon>0$，$\lim_{n\to\infty}P\left\{\left|\frac{1}{n}\sum_{i=1}^{n}X_i\right|<\varepsilon\right\}=1$，特别地，取 $\varepsilon=1$，则有

$$\lim_{n\to\infty}P\left\{\left|\sum_{i=1}^{n}X_i\right|<n\right\}=1.$$

又因为 $\left\{\left|\sum_{i=1}^{n}X_i\right|<n\right\}\subset\left\{\sum_{i=1}^{n}X_i<n\right\}$，所以

$$\lim_{n\to\infty}P\left\{\sum_{i=1}^{n}X_i<n\right\}=1.$$

故应填 1.

基本题型Ⅱ：用切比雪夫不等式估计事件发生的概率

例 4 设随机变量 X 的数学期望 $E(X)=\mu$，方差 $D(X)=\sigma^2$，则由切比雪

夫不等式，有 $P\{|X-\mu|\geqslant 3\sigma\}\leqslant$________.

【解析】 由切比雪夫不等式，$P\{|X-\mu|\geqslant 3\sigma\}\leqslant\frac{D(X)}{(3\sigma)^2}=\frac{\sigma^2}{9\sigma^2}=\frac{1}{9}$.

【方法点击】 此类题型的求解方法比较单一，在随机变量 X 的期望 $E(X)$ 和方差 $D(X)$ 已知的情况下，直接应用切比雪夫不等式即可；若 $E(X)$ 和 $D(X)$ 未知，先根据题意并结合数学期望和方差的性质计算出 $E(X)$ 和 $D(X)$，然后再套用切比雪夫不等式.

例 5 设随机变量 X 和 Y 的数学期望分别为 -2 和 2，方差分别为 1 和 4，而相关系数为 -0.5，则根据切比雪夫不等式 $P\{|X+Y|\geqslant 6\}\leqslant$________.（考研真题）

【解析】 根据期望和方差的性质

$$E(X+Y)=E(X)+E(Y)=-2+2=0,$$

$$\begin{aligned}D(X+Y)&=D(X)+D(Y)+2\mathrm{Cov}(X,Y)\\&=D(X)+D(Y)+2\rho_{XY}\sqrt{D(X)}\sqrt{D(Y)}\\&=1+4+2\times(-0.5)\times\sqrt{1}\times\sqrt{4}=3.\end{aligned}$$

那么 $P\{|X+Y|\geqslant 6\}\leqslant\frac{D(X+Y)}{6^2}=\frac{3}{6^2}=\frac{1}{12}$.

例 6 在每次试验中事件 A 发生的概率等于 0.5，利用切比雪夫不等式，则在 1 000 次独立试验中事件 A 发生的次数在 450 至 550 之间的概率为________.

【解析】 设随机变量 X 表示事件 A 在 1 000 次试验中发生的次数，则 X 服从二项分布 $B(1\ 000,0.5)$，易知

$$E(X)=np=1\ 000\times 0.5=500,$$

$$D(X)=np(1-p)=1\ 000\times 0.5\times 0.5=250,$$

因为 $P\{450\leqslant X\leqslant 550\}=P\{|X-500|\leqslant 50\}$，

由切比雪夫不等式

$$P\{|X-E(X)|<\varepsilon\}\geqslant 1-\frac{D(X)}{\varepsilon^2},$$

所以

$$P\{|X-500|\leqslant 50\}\geqslant 1-\frac{250}{50^2}=0.9,$$

即 $P\{450\leqslant X\leqslant 550\}=0.9$.

故应填 0.9.

第二节　中心极限定理

知识全解

【知识结构】

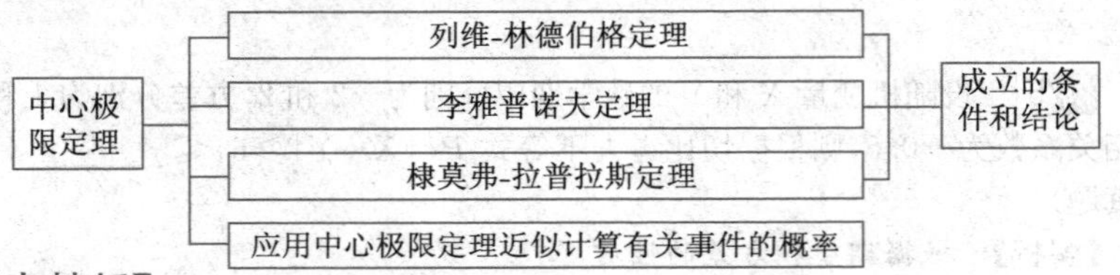

【考点精析】

1. 列维-林德伯格定理(独立同分布的中心极限定理).

设随机变量 $X_1,X_2,\cdots,X_n,\cdots$ 独立同分布，且 $E(X_i)=\mu,D(X_i)=\sigma^2>0$ $(i=1,2,\cdots)$，则对任意实数 x，有

$$\lim_{n\to\infty}P\left\{\frac{\sum\limits_{i=1}^{n}X_i-n\mu}{\sqrt{n}\sigma}\leqslant x\right\}=\int_{-\infty}^{x}\frac{1}{\sqrt{2\pi}}e^{-\frac{t^2}{2}}dt=\Phi(x).$$

2. 李雅普诺夫定理.

若随机变量序列 $\{X_n\}$ 相互独立，每个随机变量有期望值 $E(X_n)=\mu_n$ 及方差 $D(X_n)=\sigma_n^2<+\infty,n=1,2,\cdots$，若每个 X_n 对总和 $\sum\limits_{n=1}^{m}X_n$ 影响不大，记 $S_m=\left(\sum\limits_{n=1}^{m}\sigma_n^2\right)^{\frac{1}{2}}$，则

$$\lim_{m\to\infty}P\left\{\frac{1}{S_m}\sum_{n=1}^{m}(X_n-\mu_n)\leqslant x\right\}=\int_{-\infty}^{x}\frac{1}{\sqrt{2\pi}}e^{-\frac{t^2}{2}}dt=\Phi(x).$$

3. 棣莫弗-拉普拉斯定理.

设随机变量 $Y_1,Y_2,\cdots$ 服从参数为 n,p 的二项分布，则对任何实数 x，有

$$\lim_{n\to\infty}P\left\{\frac{Y_n-np}{\sqrt{npq}}\leqslant x\right\}=\int_{-\infty}^{x}\frac{1}{\sqrt{2\pi}}e^{-\frac{t^2}{2}}dt=\Phi(x),$$

其中 $q=1-p$.

4. 对中心极限定理的考查，主要是其应用的条件及结论，以及应用中心极限定理近似计算有关事件的概率.

例题精解

基本题型Ⅰ:考查中心极限定理应用的条件及结论

例1　设随机变量 $X_1,X_2,\cdots,X_n$ 相互独立,$S_n=X_1+X_2+\cdots+X_n$,则根据列维-林德伯格(Levy-Lindberg)中心极限定理,当 n 充分大时,S_n 近似服从正态分布,只要 $X_1,X_2,\cdots,X_n$(　　).(考研真题)

(A)有相同的数学期望　　(B)有相同的方差

(C)服从同一指数分布　　(D)服从同一离散型分布

【思路探索】 列维-林德伯格定理成立的条件有三条:(1)随机变量序列 $\{X_n\}$ 相互独立;(2)各随机变量服从同一分布;(3)各随机变量的数学期望和方差存在.要判定当 n 充分大时,$S_n=\sum\limits_{i=1}^{n}X_i$ 是否近似服从正态分布,只需要验证随机变量序列 $\{X_n\}$ 是否满足上述三个条件即可.

【解析】 根据题意知,选项(A)、(B)不能保证 $X_1,\cdots,X_n,\cdots$ 同分布;选项(D)不能保证数学期望存在.故应选(C).

例2　设 $X_1,X_2,\cdots,X_n,\cdots$ 为独立同分布的随机变量序列,且均服从参数为 $\lambda(\lambda>1)$ 的指数分布,记 $\Phi(x)$ 为标准正态分布函数,则(　　).(考研真题)

(A) $\lim\limits_{n\to\infty}P\left\{\dfrac{\sum\limits_{i=1}^{n}X_i-n\lambda}{\lambda\sqrt{n}}\leqslant x\right\}=\Phi(x)$　　(B) $\lim\limits_{n\to\infty}P\left\{\dfrac{\sum\limits_{i=1}^{n}X_i-n\lambda}{\sqrt{n\lambda}}\leqslant x\right\}=\Phi(x)$

(C) $\lim\limits_{n\to\infty}P\left\{\dfrac{\lambda\sum\limits_{i=1}^{n}X_i-n}{\sqrt{n}}\leqslant x\right\}=\Phi(x)$　　(D) $\lim\limits_{n\to\infty}P\left\{\dfrac{\sum\limits_{i=1}^{n}X_i-\lambda}{\sqrt{n\lambda}}\leqslant x\right\}=\Phi(x)$

【解析】 根据题意知,该随机变量序列满足列维-林德伯格中心极限定理.

因为 $E(\sum\limits_{i=1}^{n}X_i)=\sum\limits_{i=1}^{n}E(X_i)=\dfrac{n}{\lambda}$,$D(\sum\limits_{i=1}^{n}X_i)=\sum\limits_{i=1}^{n}D(X_i)=\dfrac{n}{\lambda^2}$,

所以 $\dfrac{\sum\limits_{i=1}^{n}X_i-\dfrac{n}{\lambda}}{\sqrt{\dfrac{n}{\lambda^2}}}=\dfrac{\lambda\sum\limits_{i=1}^{n}X_i-n}{\sqrt{n}}$ 的极限分布为标准正态分布.

故应选(C).

例3　假设 $X_1,X_2,\cdots,X_n$ 是来自总体 X 的简单随机样本,已知 $E(X^k)=a_k$ $(k=1,2,3,4)$,并且 $a_4-a_2{}^2>0$.证明当 n 充分大时,随机变量 $Z_n=\dfrac{1}{n}\sum\limits_{i=1}^{n}X_i^2$

近似服从正态分布，并指出其分布参数.（考研真题）

【证明】 根据简单随机样本的特性，$X_1, X_2, \cdots, X_n$ 独立同分布，那么 $X_1^2, X_2^2, \cdots, X_n^2$ 也独立同分布. 由 $E(X^k)=a_k(k=1,2,3,4)$，有

$$E(Z_n)=\frac{1}{n}\sum_{i=1}^{n}E(X_i^2)=a_2,$$

并且也有 $D(Z_n)=\frac{1}{n^2}\sum_{i=1}^{n}D(X_i^2)=\frac{1}{n^2}\sum_{i=1}^{n}\{E(X_1^4)-[E(X_i^2)]^2\}=\frac{1}{n}(a_4-a_2{}^2)>0.$

所以根据中心极限定理，$\frac{Z_n-a_2}{\sqrt{(a_4-a_2{}^2)/n}}$ 的极限分布为标准正态分布，分布参数为 $\left(a_2, \frac{a_4-a_2{}^2}{n}\right)$.

基本题型Ⅱ：利用中心极限定理求概率

例 4 一生产线生产的产品成箱包装，每箱的重量是随机的，假设每箱平均重 50 千克，标准差为 5 千克，若用最大载重量为 5 吨的汽车承运，试利用中心极限定理说明每辆车最多可以装多少箱，才能保障不超载的概率大于 0.977.（$\Phi(2)=0.977$，其中 $\Phi(x)$ 是标准正态分布函数）（考研真题）

【解析】 设 X_i =“装运的第 i 箱的重量（单位：千克）”，$i=1,2,\cdots,n$，n 为箱数. 根据题意，$X_1, X_2, \cdots, X_n$ 独立同分布，而 n 箱的总重量可记为 $U_n=\sum_{i=1}^{n}X_i$.

因为 $E(X_i)=50$，$\sqrt{D(X_i)}=5$，所以

$$E(U_n)=\sum_{i=1}^{n}E(X_i)=50n, \sqrt{D(U_n)}=\sqrt{\sum_{i=1}^{n}D(X_i)}=5\sqrt{n}.$$

那么由列维-林德伯格中心极限定理知，U_n 近似服从于 $N(50n, 25n)$. 而所求的箱数 n 取决于条件

$$P\{U_n\leqslant 5\,000\}=P\left\{\frac{U_n-50n}{5\sqrt{n}}\leqslant\frac{5\,000-50n}{5\sqrt{n}}\right\}$$

$$\approx\Phi\left(\frac{1\,000-10n}{\sqrt{n}}\right)>0.977=\Phi(2).$$

所以 $\frac{1\,000-10n}{\sqrt{n}}>2$，即 $n<98.019\,9$. 亦即每辆车最多可以装 98 箱.

【方法点击】 列维-林德伯格中心极限定理表明，当 n 充分大时，相互独立服从同一分布且存在有限期望与方差的随机变量之和近似服从正态分布，该定理实质上提供了计算独立同分布的随机变量之和的概率的近似方法，若 X_1，

$X_2,\cdots,X_n$ 独立同分布且 $E(X_i)=\mu, D(X_i)=\sigma^2, i=1,2,\cdots,n$，则 $S_n=\sum\limits_{i=1}^{n}X_i$ 近似服从 $N(n\mu,n\sigma^2)$，因此当 n 比较大时，求 $P\{a\leqslant S_n\leqslant b\}$ 需首先将 S_n 标准化，也就是说

$$P\{a\leqslant S_n\leqslant b\}=P\left\{\frac{a-n\mu}{\sigma\sqrt{n}}\leqslant\frac{S_n-n\mu}{\sigma\sqrt{n}}\leqslant\frac{b-n\mu}{\sigma\sqrt{n}}\right\}$$
$$\approx\Phi\left(\frac{b-n\mu}{\sigma\sqrt{n}}\right)-\Phi\left(\frac{a-n\mu}{\sigma\sqrt{n}}\right),$$

其中 $\Phi(x)$ 是标准正态分布函数.

上式用于解决下列两类问题：

(1)求随机变量之和 S_n 的概率：首先要构造一个已知的独立同分布且数学期望与方差均存在的随机变量序，其次将所求概率转化为一串随机变量之和 S_n 在某一区间内取值的概率，最后利用公式将 S_n 标准化，并结合标准正态分布的性质求出概率.

(2)已知 S_n 取值的概率，求随机变量个数 n：用列维-林德伯格中心极限定理，将所给出的概率换成一个与 n 有关的标准正态分布函数 $\Phi[g(n)]$，通过查表找出 $g(n)$ 满足的关系式，再从中解出 n，本节例 4 就属于该类问题.

例 5　某保险公司多年的统计资料表明，在索赔户中被盗索赔户占 20%，以 X 表示在随意抽查的 100 个索赔户中因被盗向保险公司索赔的户数.

(1)写出 X 的概率分布；

(2)利用棣莫弗-拉普拉斯定理，求被盗索赔户不少于 14 户且不多于 30 户的概率的近似值.

[附表]　设 $\Phi(x)$ 是标准正态分布函数

x	0	0.5	1.0	1.5	2.0	2.5	3.0
$\Phi(x)$	0.500	0.692	0.841	0.933	0.977	0.944	0.999

【解析】　(1)X 服从二项分布，参数 $n=100, p=0.2$，

$$P\{X=k\}=C_{100}^{k}0.2^k0.8^{100-k}\quad(k=0,1,\cdots,100).$$

(2)$E(X)=np=20, D(X)=np(1-p)=16.$

根据棣莫弗-拉普拉斯定理

$$P\{14\leqslant X\leqslant 30\}=P\left\{\frac{14-20}{\sqrt{16}}\leqslant\frac{X-20}{\sqrt{16}}\leqslant\frac{30-20}{\sqrt{16}}\right\}$$
$$=P\left\{-1.5\leqslant\frac{X-20}{4}\leqslant 2.5\right\}$$
$$\approx\Phi(2.5)-\Phi(-1.5)$$
$$=\Phi(2.5)-[1-\Phi(1.5)]$$
$$=0.994-(1-0.933)=0.927.$$

本章整合

一 本章知识图解

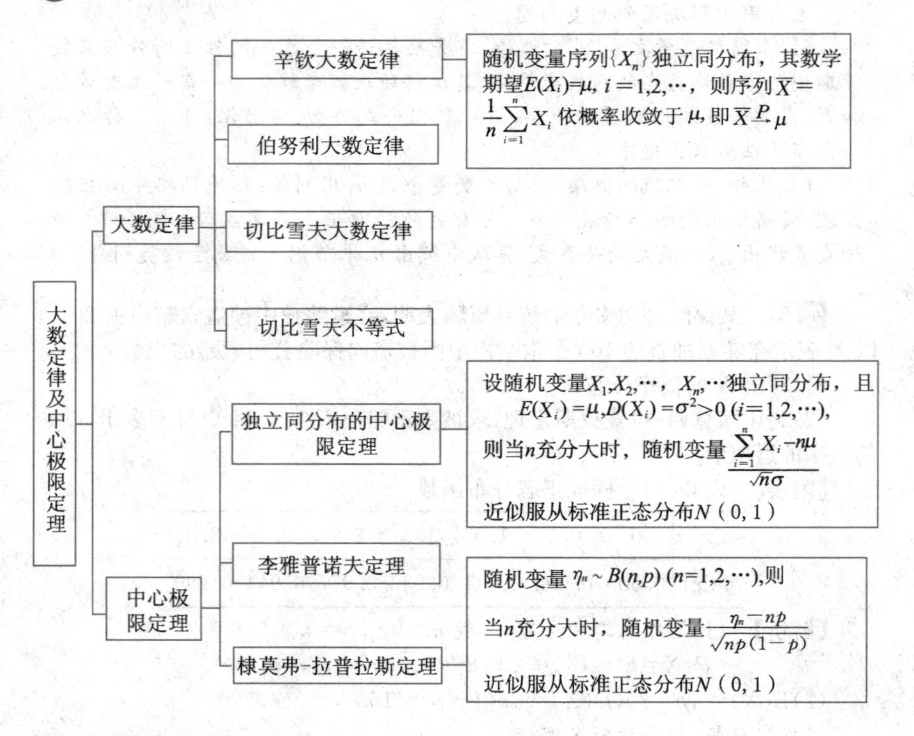

二 本章知识总结

1. 关于大数定律.

定律的条件和结论要牢记,并且会判断随机变量序列是否满足大数定律.

2. 关于中心极限定理.

定理的条件和结论应该熟悉,在解决实际应用题中的近似计算问题时,如果遇到的是随机变量的和式或均值,可考虑运用列维-林德伯格定理;如果遇到的是服从二项分布的随机变量，可考虑运用棣莫弗-拉普拉斯定理(或者是第二章的泊松定理).

3. 本章考研要求.

(1)了解切比夫雪不等式.

(2)了解切比夫雪大数定律、伯努利大数定律和辛钦大数定律(独立同分布随机变量序列的大数定律).

(3) 了解棣莫弗-拉普拉斯定理(二项分布以正态分布为极限分布)和列维-林德伯格定理(独立同分布随机变量序列的中心极限定理)，并会用相关定理近似计算有关事件的概率.

三 本章同步自测

同步自测题

一、填空题

1. 设随机变量 X 的方差为 2，则根据切比雪夫不等式有估计 $P\{|X-E(X)|\geqslant 2\}\leqslant$________.(考研真题)

2. 设 $X_1,X_2,\cdots$ 为相互独立的随机变量序列，且 $X_i(i=1,2,\cdots)$ 服从参数为 λ 的泊松分布，则 $\lim\limits_{n\to\infty}P\left\{\dfrac{\sum\limits_{i=1}^{n}X_i-n\lambda}{\sqrt{n\lambda}}\leqslant x\right\}=$________.

3. 一加法器同时收到 20 个噪声电压 $V_i(i=1,\cdots,20)$. 设它们相互独立且都服从(0,10)上的均匀分布，则 $P\left\{\sum\limits_{i=1}^{20}V_i>105\right\}=$________.

4. 设 $X\sim U[-1,b]$，若由切比雪夫不等式有 $P\{|X-1|<\varepsilon\}\geqslant\dfrac{2}{3}$，则 $b=$________；$\varepsilon=$________.

5. 设随机变量 X 和 Y 的数学期望都是 2，方差分别为 1 和 4，而相关系数为 0.5，则根据切比雪夫不等式有 $P\{|X-Y|\geqslant 6\}\leqslant$________.(考研真题)

二、选择题

1. 设随机变量 $X_1,X_2,\cdots,X_n,\cdots$ 相互独立，且 X_i 都服从参数为 $\dfrac{1}{2}$ 的指数分布，则当 n 充分大时，随机变量 $Z_n=\dfrac{1}{n}\sum\limits_{i=1}^{n}X_i$ 的概率分布近似服从(　　).

(A) $N(2,4)$　　(B) $N\left(2,\dfrac{4}{n}\right)$　　(C) $N\left(\dfrac{1}{2},\dfrac{1}{4n}\right)$　　(D) $N(2n,4n)$

2. 设 $\Phi(x)$ 为标准正态分布函数，$X_i=\begin{cases}0, & A\text{ 不发生},\\ 1, & A\text{ 发生}\end{cases}$ $(i=1,2,\cdots,100)$，且

$P(A)=0.8$,$X_1,X_2,\cdots,X_{100}$ 相互独立．令 $Y=\sum_{i=1}^{100}X_i$,则由中心极限定理知 Y 的分布函数 $F(y)$ 近似于(　　).

(A)$\Phi(y)$　　(B)$\Phi\left(\frac{y-80}{4}\right)$　　(C)$\Phi(16y+8)$　　(D)$\Phi(4y+80)$

3. 假设随机变量 $X_1,X_2,\cdots,X_n\cdots$ 独立同分布，且 $E(X)_n=0$，则 $\lim_{n\to\infty}P\left\{\sum_{i=1}^{n}X_i<n\right\}=$(　　).

(A)0　　(B)$\frac{1}{4}$　　(C)$\frac{1}{2}$　　(D)1

4. 设 $X_1,X_2,\cdots,X_n,\cdots$是独立同分布的随机变量序列,且

X_i	0	1
P	$1-p$	p

$i=1,2,\cdots,0<p<1$,

令 $Y_n=\sum_{i=1}^{n}X_i$,$n=1,2,\cdots$,$\Phi(x)$ 为标准正态分布函数,则 $\lim_{n\to\infty}P\left\{\frac{Y_n-np}{\sqrt{np(1-p)}}\leqslant 1\right\}=$(　　).

(A)0　　(B)$\Phi(1)$　　(C)$1-\Phi(1)$　　(D)$\Phi(0)$

5. 某市有 50 个无线寻呼台,每个寻呼台在每分钟内收到的电话呼叫次数服从参数 $\lambda=0.06$ 的泊松分布,则该市在某时刻一分钟内的呼叫次数的总和大于 3 次的概率是(　　).

(A)0　　(B)$\frac{1}{2}$　　(C)$\frac{1}{3}$　　(D)$\frac{1}{4}$

三、解答题

1. 测量某物体的长度时,由于存在测量误差,每次测得的长度只能是近似值. 现进行多次测量,然后取这些测量值的平均值作为实际长度的估计值,假定 n 个测量值 $X_1,X_2,\cdots,X_n$ 是独立同分布的随机变量,具有共同的期望 μ(即实际长度)及方差 $\sigma^2=1$,试问要以 95%的把握可以确信其估计值精确到 ± 0.2 以内,必须测量多少次?

2. 某单位设置一电话总机,共有 200 个电话分机,设每个电话分机有 5%的时间要使用外线通话,假设每个分机是否使用外线通话是相互独立的. 问总机要多少外线才能以 90%的概率保证每个分机要使用外线时都可以使用?

3. 在一家保险公司里有 10 000 人参加保险,每人每年付 12 元保险费．在一年内一个人死亡的概率为 0.006,死亡后家属可向保险公司领取 1 000 元. 试求:(1)保险公司亏本的概率;(2)保险公司一年的利润不少于 60 000 元的概率.

4. 现有一大批种子，其中良种占$\frac{1}{6}$，现从中任取 6 000 粒. 试分别(1)用切比雪夫不等式估计；(2)用中心极限定理计算，这 6 000 粒中良种所占的比例与$\frac{1}{6}$之差的绝对值不超过 0.01 的概率.

5. 对敌人阵地进行 100 次炮击，每次炮击中，炮弹的命中发数的数学期望为 4，方差为 2.25，求在 100 次炮击中，有 380 发到 420 发炮弹击中目标的概率的近似值.

自测题答案

一、填空题

1. $\frac{1}{2}$　2. $\int_{-\infty}^{x}\frac{1}{\sqrt{2\pi}}e^{-\frac{t^2}{2}}dt$.　3. 0.348 3　4. 3;2　5. $\frac{1}{12}$

1. 解：由切比雪夫不等式 $P\{|X-E(X)|\geqslant\varepsilon\}\leqslant\frac{D(X)}{\varepsilon^2}$，把 $D(X)=2,\varepsilon=2$ 代入得 $P\{|X-E(X)|\geqslant 2\}\leqslant\frac{2}{2^2}=\frac{1}{2}$. 故应填$\frac{1}{2}$.

2. 解：$E(X_i)=\lambda,D(X_i)=\lambda$，代入独立同分布的中心极限定理，即得

$$\lim_{n\to\infty}P\left\{\frac{\sum_{i=1}^{n}X_i-n\lambda}{\sqrt{n\lambda}}\leqslant x\right\}=\int_{-\infty}^{x}\frac{1}{\sqrt{2\pi}}e^{-\frac{t^2}{2}}dt.$$

3. 解：因为 $E(V_i)=5,D(V_i)=\frac{100}{12}$，由中心极限定理可知 $\sum_{i=1}^{20}V_i$ 近似服从 $N\left(100,\frac{500}{3}\right)$，所以

$$P\left\{\sum_{i=1}^{20}V_i>105\right\}\approx 1-\Phi\left(\frac{105-100}{\sqrt{\frac{500}{3}}}\right)$$
$$=1-\Phi(0.39)=0.348\ 3.$$

4. 解：因为 $E(X)=\frac{b-1}{2},D(X)=\frac{(b+1)^2}{12}$，所以$\frac{b-1}{2}=1,1-\frac{\frac{(b+1)^2}{12}}{\varepsilon^2}=\frac{2}{3}$.

则 $b=3,\varepsilon=2$.

5. 解：根据数学期望和方差的性质

$$E(X-Y)=E(X)-E(Y)=2-2=0,$$
$$D(X-Y)=D(X)+D(Y)-2\mathrm{Cov}(X,Y)$$
$$=D(X)+D(Y)-2\rho_{XY}\sqrt{D(X)}\sqrt{D(Y)}$$

$$=1+4-2\times0.5\times\sqrt{1}\times\sqrt{4}=3,$$

那么 $P\{|X-Y|\geqslant6\}\leqslant\frac{D(X-Y)}{6^2}=\frac{3}{6^2}=\frac{1}{12}.$

二、选择题

1. (B) **2.** (B) **3.** (D) **4.** (B) **5.** (B)

1. 解:因为 $X_i\sim E\left(\frac{1}{2}\right)$,所以 $E(X_i)=2,D(X_i)=4.$

由中心极限定理,$\sum_{i=1}^{n}X_i$ 近似服从 $N(2n,4n)$,或者 $\frac{1}{n}\sum_{i=1}^{n}X_i$ 近似服从 $N\left(2,\frac{4}{n}\right)$(当 n 充分大时). 故应选(B).

2. 解:由题意 Y 服从二项分布 $B(100,0.8)$,$E(Y)=80,D(Y)=16$,
故由中心极限定理可知,当 n 充分大时,Y 近似服从正态分布 $N(80,16)$,
则 Y 的分布函数 $F(y)\approx\Phi\left(\frac{y-80}{4}\right)$(当 n 充分大时). 故应选(B).

3. 解:由此题条件及所求概率,考虑用辛钦大数定律.

对 $\forall\varepsilon>0,\lim\limits_{n\to\infty}P\left\{\left|\frac{1}{n}\sum_{i=1}^{n}X_i-E(X_n)\right|<\varepsilon\right\}=1.$

因为 $E(X_n)=0$,取 $\varepsilon=1$,则

$$\lim_{n\to\infty}P\left\{\left|\sum_{i=1}^{n}X_i\right|<n\right\}=1.$$

又 $\left\{\left|\sum_{i=1}^{n}X_i\right|<n\right\}\subset\left\{\sum_{i=1}^{n}X_i<n\right\}$,

所以 $\lim\limits_{n\to\infty}\left\{\sum_{i=1}^{n}X_i<n\right\}=1$. 故应选(D).

4. 解:由中心极限定理

$$\lim_{n\to\infty}P\left\{\frac{Y_n-np}{\sqrt{np(1-p)}}\leqslant x\right\}=\Phi(x),x\text{ 为任意实数},$$

则 $\lim\limits_{n\to\infty}P\left\{\frac{Y_n-np}{\sqrt{np(1-p)}}\leqslant1\right\}=\Phi(1)$. 故应选(B).

5. 解:设第 i 个寻呼台在给定时刻一分钟收到的呼叫次数为 $X_i(i=1,2,\cdots,50)$,

则该市在此时刻一分钟内收到的呼叫总数为 $S=\sum_{i=1}^{50}X_i$,且

$$E(X_i)=\lambda=0.06,D(X_i)=\lambda=0.06(i=1,2,\cdots,50),$$

所以，根据独立同分布中心极限定理，有 S 近似服从

$$N(50\times0.06,50\times0.06)=N(3,3),$$

于是，所求概率为

$$P\{S>3\}=1-P\{S\leqslant3\}\approx1-\Phi\left(\frac{3-3}{\sqrt{3}}\right)=1-\Phi(0)=1-\frac{1}{2}=\frac{1}{2}.$$

故应选(B).

三、解答题

1. 解：考虑用中心极限定理来估计，则有

$$P\left\{\left|\frac{1}{n}\sum_{k=1}^{n}X_k-\mu\right|\leqslant0.2\right\}=P\left\{\left|\frac{\frac{1}{n}\sum_{k=1}^{n}X_k-\mu}{\sigma/\sqrt{n}}\right|\leqslant\frac{0.2\sqrt{n}}{\sigma}\right\}$$

$$\approx2\Phi(\frac{0.2\sqrt{n}}{\sigma})-1=2\Phi(0.2\sqrt{n})-1\quad(\text{由 }\sigma=1).$$

要使

$$2\Phi(0.2\sqrt{n})-1=0.95,\Phi(0.2\sqrt{n})=0.975,$$

所以 $0.2\sqrt{n}-1=1.96$，解得 $n\geqslant96.04$.

即需要测量 96 次以上，才能以 95%的把握确信估计值与真值之差的绝对值不超过 0.2.

2. 解：设同时使用外线的分机的台数为 X，则 $X\sim B(n,p)$，其中

$$n=200,p=0.05,\sqrt{np(1-p)}=3.08.$$

又设该单位安装 N 条外线，依题意，求满足 $P\{X\leqslant N\}\geqslant0.9$ 的最小 N，由棣莫弗-拉普拉斯中心极限定理

$$P\{X\leqslant N\}=P\left\{\frac{X-np}{\sqrt{np(1-p)}}\leqslant\frac{N-np}{\sqrt{np(1-p)}}\right\}\approx\Phi\left(\frac{N-10}{3.08}\right).$$

查标准正态分布表，可知 $\Phi(1.28)=0.9$，故 N 应满足

$$\frac{N-10}{3.08}\geqslant1.28,$$

即 $N\geqslant10+1.28\times3.08=13.94$，取 $N=14$，即至少要安装 14 条外线.

3. 解：(1)设参加保险的 10 000 人中一年内死亡的人数为 X，则有

$$X\sim B(10\,000,0.006),E(X)=60,D(X)\approx7.72^2.$$

公司一年收保险费 120 000 元，付给死亡者家属 1 000X 元.

当 $1\,000X-120\,000>0$ 时,即 $X>120$ 时公司就亏本了.

所以亏本的概率为

$$P\{X>120\}=1-P\{X\leqslant 120\}.$$

由中心极限定理,X 近似服从 $N(60,7.72^2)$.

于是

$$P\{X>120\}=1-P\left\{\frac{X-60}{7.72}\leqslant\frac{120-60}{7.72}\right\}=1-P\{\frac{X-60}{7.72}\leqslant 7.77\}$$

$$\approx 1-\Phi(7.77)\approx 1-1=0.$$

(2)公司年利润不少于 60 000 元就是 $120\,000-1\,000X\geqslant 60\,000$,即 $0\leqslant X\leqslant 60$,其概率为

$$P\{0\leqslant X\leqslant 60\}=P\left\{\frac{0-60}{7.72}\leqslant\frac{X-60}{7.72}\leqslant\frac{60-60}{7.72}\right\}$$

$$=P\{-7.77\leqslant\frac{X-60}{7.72}\leqslant 0\}$$

$$\approx\Phi(0)-\Phi(-7.77)\approx 0.5-0=0.5.$$

4. 解:(1)要估计的概率为

$$P\left\{\left|\frac{X}{6\,000}-\frac{1}{6}\right|<\frac{1}{100}\right\}=P\{\,|X-1\,000|<60\},$$

相当于在切比雪夫不等式中取 $\varepsilon=60$,于是由切比雪夫不等式可得

$$P\left\{\left|\frac{X}{6\,000}-\frac{1}{6}\right|<\frac{1}{100}\right\}=P\{\,|X-1\,000|<60\}\geqslant 1-\frac{D(X)}{60^2}$$

$$=1-\frac{5}{6}\times 1\,000\times\frac{1}{3\,600}$$

$$=1-0.231\,5=0.768\,5.$$

即用切比雪夫不等式估计此概率值不小于 0.768 5.

(2)由拉普拉斯中心极限定理,二项分布 $B(6\,000,\frac{1}{6})$ 可用正态分布 $N\left(1\,000,\frac{5}{6}\times 1\,000\right)$ 近似,于是,所求概率为

$$P\left\{\left|\frac{X}{6\,000}-\frac{1}{6}\right|<\frac{1}{100}\right\}=P\{\,|X-1\,000|<60\}$$

$$=P\left\{\left|\frac{X-1\,000}{\sqrt{\frac{5}{6}\times 1\,000}}\right|<\frac{60}{\sqrt{\frac{5}{6}\times 1\,000}}\right\}$$

$$\approx 2\Phi(2.0784)-1=2\times 0.98124-1\approx 0.9625.$$

比较两个结果,用切比雪夫不等式估计是比较粗略的.

5. 解:设在第 i 次炮击中炮弹命中发数为 $X_i(i=1,2,\cdots,100)$,由题意知,$E(X_i)=4,D(X_i)=2.25$. 要求 $P\{380\leqslant\sum\limits_{i=1}^{100}X_i<420\}$,为此先求和的期望和方差.

$$E(\sum_{i=1}^{100}X_i)=\sum_{i=1}^{100}E(X_i)=\sum_{i=1}^{100}4=400,$$

$$D(\sum_{i=1}^{100}X_i)=\sum_{i=1}^{100}D(X_i)=\sum_{i=1}^{100}2.25=225.$$

所以

$$P\{380\leqslant\sum_{i=1}^{100}X_i<420\}=P\left\{\frac{380-400}{\sqrt{225}}\leqslant\frac{\sum\limits_{i=1}^{100}(X_i-4)}{\sqrt{225}}<\frac{420-400}{\sqrt{225}}\right\}$$

$$=P\left\{\frac{-20}{15}\leqslant\frac{\sum\limits_{i=1}^{100}(X_i-4)}{15}<\frac{20}{15}\right\}$$

$$=\left\{-\frac{4}{3}\leqslant\frac{\sum\limits_{i=1}^{100}(X_i-4)}{15}<\frac{4}{3}\right\}$$

$$\approx\Phi\left(\frac{4}{3}\right)-\Phi\left(-\frac{4}{3}\right)$$

$$=2\Phi(1.333)-1=0.8164.$$

第六章　样本及抽样分布

本章研究的是数理统计的基本概念，属于数理统计的基础部分．首先介绍总体、样本及统计量等基本概念，然后着重介绍几个常用统计量及抽样分布，如χ^2分布、t 分布、F 分布．

第一节　随机样本

知识全解

【知识结构】

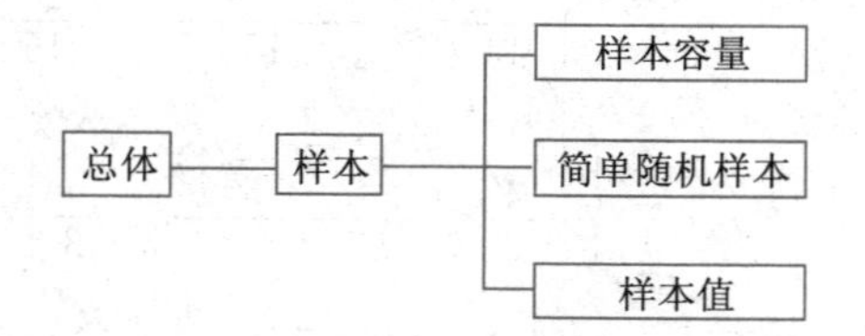

【考点精析】

1. 总体：是指研究对象的某个性能指标的全体．通常用随机变量 X 代表总体．

2. 个体：是指每一个研究对象．

3. 样本：从总体中取 n 个个体，称作来自总体的容量为 n 的样本．

4. 简单随机样本：是指 n 个相互独立，而且与总体 X 同分布的随机变量 $X_1,X_2,\cdots,X_n$，简称随机样本，也常以随机向量$(X_1,X_2,\cdots,X_n)$表示．它们的一组观察值 $x_1,x_2,\cdots,x_n$称为样本值．

本节内容很简单，在考研中不会单独命题，但是作为基本概念，还须深刻理解．

第二节　直方图和箱线图(略)

第三节　抽样分布

知识全解

【知识结构】

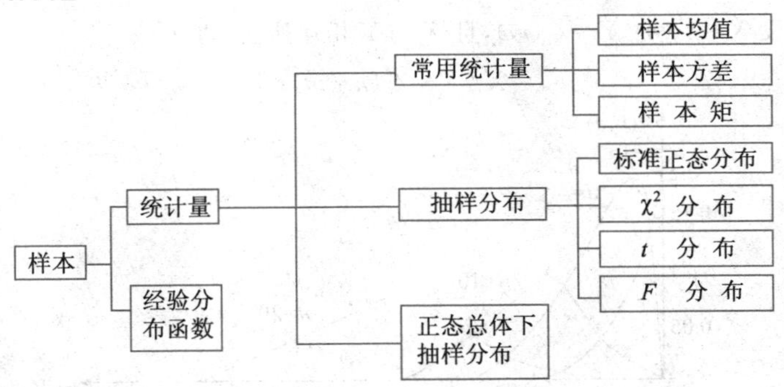

【考点精析】

1. 统计量:称不含未知参数的样本函数 $g(X_1,X_2,\cdots,X_n)$为统计量.

常见统计量:称 $\overline{X}=\frac{1}{n}\sum_{i=1}^{n}X_i$ 为样本均值,$S^2=\frac{1}{n-1}\sum_{i=1}^{n}(X_i-\overline{X})^2$ 为样本方差,$A_k=\frac{1}{n}\sum_{i=1}^{n}X_i^k$ 为 k 阶样本原点矩,$B_k=\frac{1}{n}\sum_{i=1}^{n}(X_i-\overline{X})^k$ 为 k 阶样本中心矩.

2. 经验分布函数:从总体 X 中抽取一个容量为 n 的样本,将其观察值$(x_1,x_2,\cdots,x_n)$按大小顺序,重新排列如下

$$x_1^*\leqslant x_2^*\leqslant\cdots\leqslant x_n^*.$$

对于任意的实数 x,定义函数

$$F_n(x)=\begin{cases}0, & x<x_1^*,\\ \frac{k}{n}, & x_k^*\leqslant x<x_{k+1}^*,\quad k=1,2,\cdots,n-1,\\ 1, & x_n^*\leqslant x,\end{cases}$$

称 $F_n(x)$为总体 X 由 $x_1,x_2,\cdots,x_n$ 所决定的样本分布函数或经验分布函数.

3. χ^2分布.

(1) 定义：设随机变量$X_1,\cdots,X_n$相互独立且是来自总体$N(0,1)$的样本，若有$\chi^2=\sum\limits_{i=1}^{n}X_i^2$，则随机变量$\chi^2$的分布称为自由度为$n$的$\chi^2$分布，即$\chi^2\sim\chi^2(n)$. 其概率密度函数为

$$\varphi(x;n)=\begin{cases}\dfrac{1}{2^{\frac{n}{2}}\Gamma\left(\dfrac{n}{2}\right)}x^{\frac{n}{2}-1}e^{-\frac{x}{2}}, & x>0,\\ 0, & x\leqslant 0.\end{cases}$$

用图形表示其密度函数为图 6-1.

(2)性质：①$E[\chi^2(n)]=n, D[\chi^2(n)]=2n$;

②设$X\sim\chi^2(n), Y\sim\chi^2(m)$，且$X$与$Y$相互独立，则

$$X+Y\sim\chi^2(n+m);$$

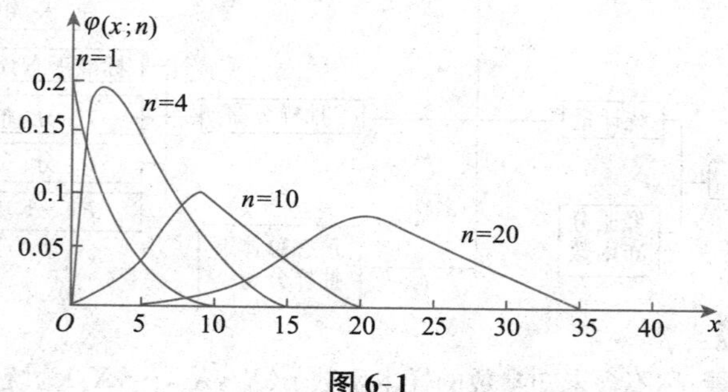

图 6-1

③上α分位点：对于给定的正数$\alpha(0<\alpha<1)$称满足条件

$$P\{\chi^2>\chi_\alpha^2(n)\}=\alpha$$

的点$\chi_\alpha^2(n)$为$\chi^2(n)$分布的上α分位点.

4. t分布.

(1)定义：设随机变量X与Y相互独立. $X\sim N(0,1), Y\sim\chi^2(n)$，若$T=\dfrac{X}{\sqrt{Y/n}}$，则随机变量$T$的分布称为自由度为$n$的$t$分布，即$T\sim t(n)$，其概率密度函数为

$$\varphi(x)=\frac{\Gamma\left(\dfrac{n+1}{2}\right)}{\sqrt{n\pi}\Gamma\left(\dfrac{n}{2}\right)}\left(1+\frac{x^2}{n}\right)^{-\frac{n+1}{2}}\ (-\infty<x<+\infty).$$

用图形表示其概率密度为图 6-2.

(2)性质：①$E[t(n)]=0$，

$D[t(n)]=\dfrac{n}{n-2}(n>2)$；

②$\lim\limits_{n\to\infty}\varphi(x)=\dfrac{1}{\sqrt{2\pi}}e^{-\frac{x^2}{2}}$，故 n 足够大时，t 分布近似于 $N(0,1)$；

③若 $T\sim t(m)$，则 $T^2\sim F(1,m)$；

④上 α 分位点：$t(n)$分布的上 α 分位点 $t_\alpha(n)$是指满足 $P\{T>t_\alpha(n)\}=\alpha\quad(0<\alpha<1)$的点 $t_\alpha(n)$；

⑤$t_{1-\alpha}(n)=-t_\alpha(n)$.

图 6-2

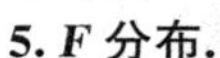

5. F 分布.

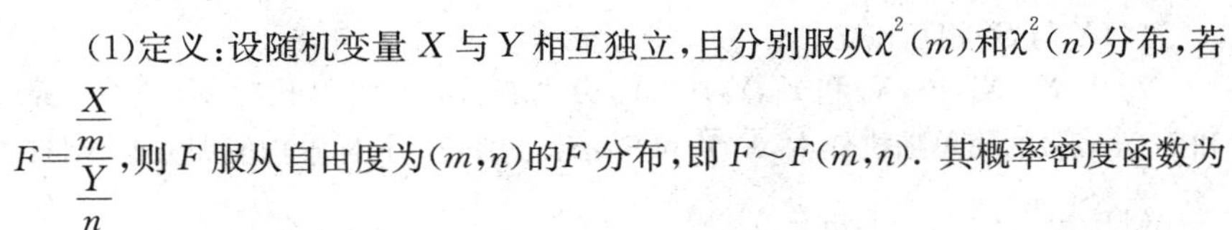

(1)定义：设随机变量 X 与 Y 相互独立，且分别服从$\chi^2(m)$和$\chi^2(n)$分布，若 $F=\dfrac{\frac{X}{m}}{\frac{Y}{n}}$，则 F 服从自由度为(m,n)的F 分布，即 $F\sim F(m,n)$. 其概率密度函数为

$$\varphi(x)=\begin{cases}\dfrac{\Gamma\left(\frac{m+n}{2}\right)}{\Gamma\left(\frac{m}{2}\right)\Gamma\left(\frac{n}{2}\right)}m^{\frac{m}{2}}n^{\frac{n}{2}}\dfrac{x^{\frac{m}{2}-1}}{(mx+n)^{\frac{m+n}{2}}}, & x>0,\\ 0, & x\leqslant 0.\end{cases}$$

用图形表示其概率密度函数为图 6-3.

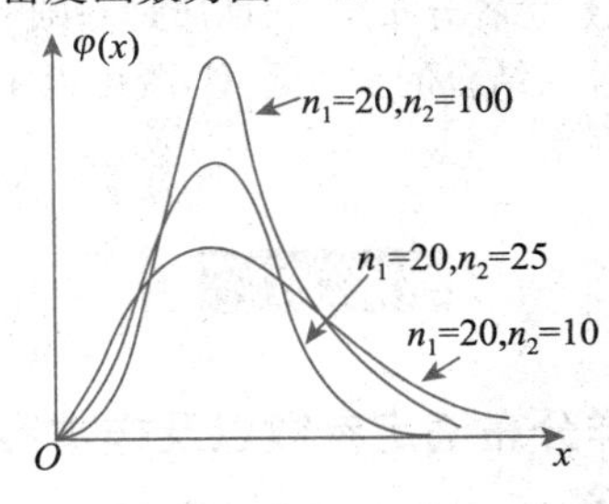

图 6-3

(2)性质：①若 $X\sim F(m,n)$，则

$$E(X)=\frac{n}{n-2}(n>2),$$

$$D(X)=\frac{n^2(2m+2n-4)}{m(n-2)^2(n-4)}(n>4);$$

②若 $X\sim F(m,n)$，则 $\frac{1}{X}\sim F(n,m)$；

③上 α 分位点：满足 $P\{F>F_\alpha(m,n)\}=\alpha(0<\alpha<1)$ 的点 $F_\alpha(m,n)$ 称为上 α 分位点，且 $F_{1-\alpha}(m,n)=\frac{1}{F_\alpha(n,m)}$.

6. 若总体 X 服从正态分布 $N(\mu,\sigma^2)$，$X_1,\cdots,X_n$ 是其样本，$\overline{X}$ 和 S^2 分别为样本均值和方差，则

(1) $\overline{X}\sim N\left(\mu,\frac{\sigma^2}{n}\right)$ 或 $\frac{\overline{X}-\mu}{\sigma}\sqrt{n}\sim N(0,1)$；

(2) $\frac{(n-1)S^2}{\sigma^2}\sim\chi^2(n-1)$；

(3) $\frac{\overline{X}-\mu}{S}\sqrt{n}\sim t(n-1)$；

(4) $\overline{X}$ 与 S^2 相互独立.

7. 若 $X_1,X_2,\cdots,X_n$ 和 $Y_1,Y_2,\cdots,Y_n$ 分别表示取自两个正态总体 $N(\mu_1,\sigma_1^2)$ 和 $N(\mu_2,\sigma_2^2)$ 的简单随机样本，$\overline{X},\overline{Y}$ 和 S_1^2,S_2^2 分别表示其样本均值和方差，则有

(1) $\frac{S_1^2/\sigma_1^2}{S_2^2/\sigma_2^2}\sim F(n-1,m-1)$；

(2) $\sqrt{\frac{mn(n+m-2)}{n+m}}\frac{(\overline{X}-\overline{Y})-(\mu_1-\mu_2)}{\sqrt{(n-1)S_1^2+(m-1)S_2^2}}\sim t(n+m-2)$（当 $\sigma_1^2=\sigma_2^2$ 时）.

本节是考研的重点，主要题型有考查随机变量服从哪种分布、自由度以及分布参数等，解题方法主要是利用定义然后结合不同分布的性质以及分布之间的推导关系来求解，因此熟悉各分布定义、性质是基础．另外，求统计量的数字特征是本章与第四章内容相结合的重点题型，既可以单独命题，也可以和下一章的估计量评价标准相联系．

例题精解

基本题型Ⅰ：利用抽样分布确定参数以及样本容量

例1 设 X_1,X_2,X_3,X_4 是来自正态总体 $N(0,2^2)$ 的简单随机样本，$X=a(X_1-2X_2)^2+b(3X_3-4X_4)^2$，则当 $a=$________，$b=$________时，统计量 X 服从 χ^2 分布，其自由度为________．（考研真题）

【解析】 令 $Y_1=X_1-2X_2$，则 $\frac{Y_1}{\sqrt{20}}\sim N(0,1)$.

所以 $a=\frac{1}{20}$ 时，$\sqrt{a}(X_1-2X_2)\sim N(0,1)$.

同样令 $Y_2=3X_3-4X_4$，则 $\frac{Y_2}{10}\sim N(0,1)$.

所以 $b=\frac{1}{100}$ 时，$\sqrt{b}(3X_3-4X_4)\sim N(0,1)$，此时 $X\sim\chi^2(2)$.

故应填 $\frac{1}{20}$；$\frac{1}{100}$；2.

例 2　在天平上重复称量一重为 a 的物品，假设各次称量结果相互独立且同服从正态分布 $N(a,0.2^2)$. 若以 $\overline{X}_n$ 表示 n 次称量结果的算术平均值，则为使 $P\{|\overline{X}_n-a|<0.1\}\geqslant 0.95$，$n$ 的最小值应不小于自然数________.（考研真题）

【解析】 设 $X_1,X_2,\cdots,X_n$ 为相互独立的随机变量，且 $X_i\sim N(a,0.2^2)$，则

$$\overline{X}_n=\frac{1}{n}\sum_{i=1}^{n}X_i\sim N\left(a,\frac{0.2^2}{n}\right),$$

有 $U=\dfrac{\overline{X}-a}{\frac{0.2}{\sqrt{n}}}\sim N(0,1)$，为了使 $P\{|U|<1.96\}\geqslant 0.95$，于是有

$$P\{|\overline{X}_n-a|<0.1\}=P\left\{\frac{\sqrt{n}|\overline{X}_n-a|}{0.2}<\frac{\sqrt{n}}{2}\right\}\geqslant 0.95,$$

得 $\frac{\sqrt{n}}{2}\geqslant 1.96$，$n\geqslant 15.3664$.

则有 n 的最小值应不小于 16. 故应填 16.

基本题型Ⅱ：判断抽样分布

例 3　设 $X_1,X_2,\cdots,X_9$ 是总体 X 的一个简单随机样本，X 服从正态分布 $N(\mu,\sigma^2)$，$Y_1=\frac{1}{6}(X_1+X_2+\cdots+X_6)$，$Y_2=\frac{1}{3}(X_7+X_8+X_9)$，$S^2=\frac{1}{2}\sum_{i=7}^{9}(X_i-Y_2)^2$，$T=\dfrac{\sqrt{2}(Y_1-Y_2)}{S}$. 证明 $T\sim t(2)$.（考研真题）

【思路探索】 根据统计量的特点及 t 分布的定义、性质，再利用正态分布和 t 分布的关系推导.

【证明】 因为 $X\sim N(\mu,\sigma^2)$，则 $X_i\sim N(\mu,\sigma^2)$，所以 $Y_1\sim N\left(\mu,\frac{\sigma^2}{6}\right)$，$Y_2\sim N\left(\mu,\frac{\sigma^2}{3}\right)$，故 $Y_1-Y_2\sim N\left(0,\frac{\sigma^2}{2}\right)$. 因此有

$$\frac{(Y_1-Y_2)}{\sigma/\sqrt{2}}=\frac{\sqrt{2}(Y_1-Y_2)}{\sigma}\sim N(0,1).$$

又由于

$$S^2=\frac{1}{2}\sum_{i=7}^{9}(X_i-Y_2)^2=\frac{1}{3-1}\sum_{i=7}^{9}(X_i-Y_2)^2,$$

而$\frac{1}{\sigma^2}\sum_{i=1}^{n}(X_i-\overline{X})^2\sim\chi^2(n-1)$，所以$\frac{2S^2}{\sigma^2}\sim\chi^2(2)$.

因为Y_2和S^2相互独立，而且Y_1与Y_2，Y_1与S^2也相互独立，所以Y_1-Y_2与S^2相互独立．则有$\frac{\sqrt{2}(Y_1-Y_2)}{\sigma}$与$\frac{2S^2}{\sigma^2}$相互独立．

那么

$$T=\frac{\sqrt{2}(Y_1-Y_2)}{S}=\frac{\sqrt{2}(Y_1-Y_2)/\sigma}{\sqrt{2S^2/2\sigma^2}}\sim t(2),$$

故T服从自由度为2的t分布．

例 4 设$X_1,X_2,\cdots,X_n$是来自正态总体$N(\mu,\sigma^2)$的简单随机样本，$\overline{X}$是样本均值，记

$$S_1^2=\frac{1}{n-1}\sum_{i=1}^{n}(X_i-\overline{X})^2,S_2^2=\frac{1}{n}\sum_{i=1}^{n}(X_i-\overline{X})^2,$$

$$S_3^2=\frac{1}{n-1}\sum_{i=1}^{n}(X_i-\mu)^2,S_4^2=\frac{1}{n}\sum_{i=1}^{n}(X_i-\mu)^2,$$

则服从自由度为$n-1$的t分布的随机变量是(　　).(考研真题)

(A)$t=\frac{\overline{X}-\mu}{S_1/\sqrt{n-1}}$　　(B)$t=\frac{\overline{X}-\mu}{S_2/\sqrt{n-1}}$

(C)$t=\frac{\overline{X}-\mu}{S_3/\sqrt{n}}$　　(D)$t=\frac{\overline{X}-\mu}{S_4/\sqrt{n}}$

【思路探索】 根据t分布的表达形式及推导可判断出正确选项．

【解析】 因为$X_1,X_2,\cdots,X_n$服从$N(\mu,\sigma^2)$分布，所以有

$$\frac{\overline{X}-\mu}{\sigma}\sqrt{n}\sim N(0,1),\ \sum_{i=1}^{n}\frac{(X_i-\overline{X})^2}{\sigma^2}\sim\chi^2(n-1),$$

从而

$$\frac{(\overline{X}-\mu)}{\sqrt{\frac{1}{n-1}\sum_{i=1}^{n}(X_i-\overline{X})^2}}\sqrt{n}\sim t(n-1).$$

所以

$$\frac{(\overline{X}-\mu)\sqrt{n}}{\sqrt{\frac{1}{n-1}\sum_{i=1}^{n}(X_i-\overline{X})^2}}=\frac{\overline{X}-\mu}{\sqrt{\frac{1}{n}\cdot\frac{1}{n-1}\sum_{i=1}^{n}(X_i-\overline{X})^2}}$$

$$=\frac{\overline{X}-\mu}{S_2/\sqrt{n-1}}\sim t(n-1).$$

故应选(B).

【方法点击】 如果牢记正态总体抽样分布的有关结论，则此题也可直接选(B).

例 5 设随机变量 X 和 Y 相互独立且都服从正态分布 $N(0,3^2)$，而 $X_1,\cdots,X_9$ 和 $Y_1,\cdots,Y_9$ 分别是来自总体 X 和 Y 的简单随机样本，则统计量 $U=\dfrac{X_1+X_2+\cdots+X_9}{\sqrt{Y_1^2+Y_2^2+\cdots+Y_9^2}}$服从________分布，参数为________.

【思路探索】 $X_1,\cdots,X_9$ 相互独立且与 X 同分布，所以$\frac{1}{9}(X_1+\cdots+X_9)\sim N(0,1)$，同理$\frac{1}{9}(Y_1^2+\cdots+Y_9^2)\sim\chi^2(9)$.

【解析】 记 $X'_i=\frac{X_i}{3},Y'_i=\frac{Y_i}{3}$，则 $X'_i\sim N(0,1),Y'_i\sim N(0,1)(i=1,\cdots,9)$，

所以 $X'_1+X'_2+\cdots+X'_9\sim N(0,9)$，则

$$\frac{X'_1+X'_2+\cdots+X'_9}{3}\sim N(0,1),Y'^2_1+Y'^2_2+Y'^2_9\sim\chi^2(9),$$

那么有$\dfrac{(X'_1+X'_2+\cdots+X'_9)/3}{\sqrt{(Y'^2_1+Y'^2_2+Y'^2_9)/9}}=\dfrac{X'_1+X'_2+\cdots+X'_9}{\sqrt{Y'^2_1+Y'^2_2+Y'^2_9}}\sim t(9)$，

所以

$$\frac{X_1+X_2+\cdots+X_9}{\sqrt{Y_1^2+Y_2^2+Y_9^2}}=\frac{X'_1+X'_2+\cdots+X'_9}{\sqrt{Y'^2_1+Y'^2_2+Y'^2_9}}\sim t(9),$$

因此 U 服从 t 分布，参数为 9.

例 6 设随机变量 X 和 Y 都服从标准正态分布，则(　　). (考研真题)

(A) $X+Y$ 服从正态分布　　(B) X^2+Y^2 服从χ^2分布

(C) X^2 和 Y^2 都服从χ^2分布　　(D) X^2/Y^2 服从 F 分布

【思路探索】 利用正态分布的性质和χ^2分布的表达式判断.

【解析】 因为 X 与 Y 是否相互独立不确定，故 $X+Y$ 不一定服从正态分布，同理 X^2+Y^2 不一定服从χ^2分布，X^2/Y^2 服从 F 分布也不确定，而 $X^2\sim\chi^2(1),Y^2\sim\chi^2(1)$. 故应选(C).

例 7 设总体 X 服从正态分布 $N(0,2^2)$，而 $X_1,X_2,\cdots,X_{15}$ 是来自总体 X 的简单随机样本，则随机变量

$$Y=\frac{X_1^2+\cdots+X_{10}^2}{2(X_{11}^2+\cdots+X_{15}^2)}$$

服从________分布，参数为________. (考研真题)

【思路探索】 同求 t 分布的此类问题思路一样，先求得统计量的分布，然

后化为标准正态分布，最后根据 F 分布的表达式便可求解.

【解析】 由于 $X_1,X_2,\cdots,X_{15}$ 是简单随机样本，所以 $X_i(i=1,2,\cdots,15)$ 相互独立且服从 $N(0,2^2)$ 分布，因此 $X_1^2+\cdots+X_{10}^2$ 与 $X_{11}^2+\cdots+X_{15}^2$ 也相互独立.

所以 $\frac{X_i}{2}\sim N(0,1)(i=1,2,\cdots,15)$，故

$$\left(\frac{X_1}{2}\right)^2+\cdots+\left(\frac{X_{10}}{2}\right)^2=\frac{1}{4}(X_1^2+\cdots+X_{10}^2)\sim\chi^2(10),$$

$$\left(\frac{X_{11}}{2}\right)^2+\cdots+\left(\frac{X_{15}}{2}\right)^2=\frac{1}{4}(X_{11}^2+\cdots+X_{15}^2)\sim\chi^2(5),$$

所以有 $\dfrac{\frac{1}{4}(X_1^2+\cdots+X_{10}^2)\frac{1}{10}}{\frac{1}{4}(X_{11}^2+\cdots+X_{15}^2)\frac{1}{5}}=\dfrac{X_1^2+\cdots+X_{10}^2}{2(X_{11}^2+\cdots+X_{15}^2)}\sim F(10,5)$,

故 Y 服从 F 分布，参数为 $(10,5)$.

例 8 设随机变量 $X\sim t(n)(n>1)$，$Y=\frac{1}{X^2}$，则(　　).（考研真题）

(A) $Y\sim\chi^2(n)$　　(B) $Y\sim\chi^2(n-1)$

(C) $Y\sim F(n,1)$　　(D) $Y\sim F(1,n)$

【思路探索】 利用 t 分布和 F 分布的性质求解.

【解析】 因为 $X\sim t(n)$，由 t 分布性质可得 $X^2\sim F(1,n)$.

又根据 F 分布的性质可得 $\frac{1}{X^2}\sim F(n,1)$，故 $Y\sim F(n,1)$. 故应选(C).

例 9 设 $X_1,X_2,\cdots,X_n(n\geqslant 2)$ 为来自总体 $N(0,1)$ 的简单随机样本，$\overline{X}$ 为样本均值，S^2 为样本方差，则(　　).（考研真题）

(A) $n\overline{X}\sim N(0,1)$　　(B) $nS^2\sim\chi^2(n)$

(C) $\frac{(n-1)\overline{X}}{S}\sim t(n-1)$　　(D) $\dfrac{(n-1)X_1^2}{\sum\limits_{i=2}^{n}X_i^2}\sim F(1,n-1)$

【思路探索】 本题虽为选择题但却考查了标准正态分布、χ^2 分布、t 分布、F 分布的性质，因此利用以上分布的性质即可.

【解析】 因为 $X_1,X_2,\cdots,X_n$ 为来自总体 $N(0,1)$ 的简单随机样本，所以

$$\overline{X}\sim N(0,\frac{1}{n}),\ n\overline{X}\sim N(0,n),$$

$$(n-1)S^2=\sum_{i=1}^{n}(X_i-\overline{X})^2\sim\chi^2(n-1),$$

$$\frac{\overline{X}}{\frac{S}{\sqrt{n}}}=\frac{\sqrt{n}\,\overline{X}}{S}\sim t(n-1),$$

故(A)、(B)、(C)不正确.

而 $X_1^2 \sim \chi^2(1), \sum_{i=2}^{n} X_i^2 \sim \chi^2(n-1)$,

$$\frac{X_1^2}{\sum_{i=2}^{n} X_i^2/(n-1)} = \frac{(n-1)X_1^2}{\sum_{i=2}^{n} X_i^2} \sim F(1,n-1).$$

故应选(D).

基本题型Ⅲ:利用抽样分布求概率

例 10　设 $X \sim N(0,0.3^2), X_1, X_2, \cdots, X_{10}$ 是取自 X 的一个样本,求 $P\{\sum_{i=1}^{10} X_i^2 > 1.44\}$.

【解析】　由 $X_i \sim N(0,0.3^2)$ 知 $\frac{X_i}{0.3} \sim N(0,1), i=1,2,\cdots,10$. 故

$$\sum_{i=1}^{10} (\frac{X_i}{0.3})^2 = \frac{1}{0.09} \cdot \sum_{i=1}^{10} X_i^2 \sim \chi^2(10),$$

$$P\{\sum_{i=1}^{10} X_i^2 > 1.44\} = P\left\{\frac{1}{0.09} \sum_{i=1}^{10} X_i^2 > \frac{1.44}{0.09}\right\}$$

$$= P\left\{\frac{1}{0.09} \sum_{i=1}^{10} X_i^2 > 16\right\} = 0.1.$$

例 11　设随机变量 $X \sim t(n), Y \sim F(1,n)$,给定 $\alpha(0<\alpha<0.5)$,常数 c 满足 $P\{X>c\}=\alpha$,则 $P\{Y>c^2\}=($　　).(考研真题)

(A)α　　(B)$1-\alpha$　　(C)2α　　(D)$1-2\alpha$

【思路探索】　本题考查 t 分布与 F 分布的关系以及 F 分布表掌握的熟练程度.

【解析】　由 $X \sim t(n)$,则 $X^2 \sim F(1,n)$,

$P\{Y>c^2\}=P\{X^2>c^2\}=P\{X>c\}+P\{X<-c\}=2P\{X>c\}=2\alpha.$

故应选(C).

基本题型Ⅲ:考查统计量的数字特征

例 12　设总体 $X, X_1, X_2, \cdots, X_n$ 为其样本,$\overline{X}$ 为均值,S^2 为样本方差,X 服从正态分布 $N(\mu,\sigma^2)$. 试求:(1)$\overline{X}$ 的数学期望;(2)S^2 的数学期望.

【思路探索】　在求 S^2 的期望时,采用 S^2 的另一种表达式,即 $S^2 = \frac{1}{n-1}(\sum_{i=1}^{n} X_i^2 - n\overline{X}^2)$,问题就变得简单了.

【解析】　(1)$X_1, X_2, \cdots, X_n$ 相互独立且与 X 有相同的分布,所以 $E(X_i)=E(X)$. 又

$$E(\overline{X}) = E\left(\frac{1}{n} \sum_{i=1}^{n} X_i\right)$$

$$= \frac{1}{n}\sum_{i=1}^{n} E(X_i) = E(X_i)(i = 1,2,\cdots,n).$$

则 $E(\overline{X}) = E(X_i) = E(X) = \mu$.

$$(2)E(S^2) = E\left[\frac{1}{n-1}\left(\sum_{i=1}^{n} X_i^2 - n\overline{X}^2\right)\right]$$

$$= \frac{1}{n-1}\left[\sum_{i=1}^{n} E(X_i^2) - nE(\overline{X}^2)\right].$$

因为 $E(X_i^2) = D(X_i) + [E(X_i)]^2(i = 1,2,\cdots,n)$,

$$E(\overline{X}^2) = D(\overline{X}) + [E(\overline{X})]^2,$$

又因为 $X_1,X_2,\cdots,X_n$ 相互独立,而且与 X 分布相同,

所以 $$D(X_i) = D(X)(i = 1,2,\cdots,n),$$

$$D(\overline{X}) = D\left(\frac{1}{n}\sum_{i=1}^{n} X_i\right) = \frac{1}{n}D(X).$$

因此 $$E(X_i^2) = D(X) + [E(X)]^2(i = 1,2,\cdots,n),$$

$$E(\overline{X}^2) = \frac{1}{n}D(X) + [E(X)]^2.$$

故 $E(S^2) = \frac{1}{n-1}\{nD(X) + n[E(X)]^2 - D(X) - n[E(X)]^2\} = D(X)$.

所以 $E(S^2) = \sigma^2$.

【方法点击】 本题求解中得到两个重要公式:$E(\overline{X})=E(X)$及$E(S^2)=D(X)$,不但是对正态分布成立,对任意分布都成立．此外$D(\overline{X})=\frac{1}{n}D(X)$和$E(\overline{X})=E(X)$,$E(S^2)=D(X)$这三个公式及其变形形式在证明题和计算题中都有很重要的作用．这一点在下面两个例题中有很好的体现．

例 13 设总体 X 服从正态分布 $N(\mu,\sigma^2)(\sigma<0)$. 从该总体中抽取简单随机样本 $X_1,X_2,\cdots,X_{2n}(n\geqslant 2)$. 其样本均值为 $\overline{X}=\frac{1}{2n}\sum_{i=1}^{2n}X_i$,试求统计量 $Y=\sum_{i=1}^{n}(X_i+X_{n+i}-2\overline{X})^2$ 的数学期望 $E(Y)$. (考研真题)

【解析】 **方法一**:由已知条件 $X_1,X_2,\cdots,X_{2n}$ 均服从 $N(\mu,\sigma^2)$ 且相互独立,所以(X_1+X_{n+1}),(X_2+X_{n+2}),(X_n+X_{2n})相互独立且服从 $N(2\mu,2\sigma^2)$,故(X_1+X_{n+1}),(X_2+X_{n+2}),(X_n+X_{2n})可作为来自总体 $N(2\mu,2\sigma^2)$的样本．

其样本均值为$\frac{1}{n}\sum_{i=1}^{n}(X_i+X_{n+i}) = \frac{1}{n}\sum_{i=1}^{2n}X_i = 2\overline{X}$.

其样本方差为$\frac{1}{n-1}\sum_{i=1}^{n}(X_i+X_{n+i}-2\overline{X})^2=\frac{1}{n-1}Y$.

因为$E(S^2)=\sigma^2$,故$E\left(\frac{1}{n-1}Y\right)=2\sigma^2$,得$E(Y)=2(n-1)\sigma^2$.

方法二:记$\overline{X}'=\frac{1}{n}\sum_{i=1}^{n}X_i,\overline{X}''=\frac{1}{n}\sum_{i=1}^{n}X_{n+i}$,显然有$2\overline{X}=\overline{X}'+\overline{X}''$.因此,

$$\begin{aligned}E(Y)&=E\left[\sum_{i=1}^{n}(X_i+X_{n+i}-2\overline{X})^2\right]\\&=E\left\{\sum_{i=1}^{n}[(X_i-\overline{X}')+(X_{n+i}-\overline{X}'')]^2\right\}\\&=E\left\{\sum_{i=1}^{n}[(X_i-\overline{X}')^2+2(X_i-\overline{X}')(X_{n+i}-\overline{X}'')+(X_{n+i}-\overline{X}'')^2]\right\}\\&=E\left[\sum_{i=1}^{n}(X_i-\overline{X}')^2\right]+0+E\left[\sum_{i=1}^{n}(X_{n+i}-\overline{X}'')^2\right]\\&=(n-1)\sigma^2+(n-1)\sigma^2=2(n-1)\sigma^2.\end{aligned}$$

方法三:
$$\begin{aligned}Y&=\sum_{i=1}^{n}(X_i+X_{n+i}-2\overline{X})^2\\&=\sum_{i=1}^{n}(X_i^2+X_{n+i}^2+2X_iX_{n+i}-4\overline{X}X_i-4\overline{X}X_{n+i}+4\overline{X}^2)\\&=\sum_{i=1}^{2n}X_i^2+2\sum_{i=1}^{n}X_iX_{n+i}-4\overline{X}\sum_{i=1}^{2n}X_i+4n\overline{X}^2\\&=\sum_{i=1}^{2n}X_i^2+2\sum_{i=1}^{n}X_iX_{n+i}-4n\overline{X}^2.\end{aligned}$$

又由$D(\overline{X})=E(\overline{X}^2)-[E(\overline{X}^2)]^2$可得,$E(\overline{X}^2)=\frac{\sigma^2}{2n}+\mu^2$.

同理$E(X_i^2)=\mu^2+\sigma^2$.

因此
$$\begin{aligned}E(Y)&=\sum_{i=1}^{2n}E(X_i^2)+2\sum_{i=1}^{n}E(X_i)E(X_{n+i})-4nE(\overline{X}^2)\\&=2n(\mu^2+\sigma^2)+2n\mu^2-4n\left(\frac{\sigma^2}{2n}+\mu^2\right)=2(n-1)\sigma^2.\end{aligned}$$

【方法点击】 本题方法一和方法二都用到了$E(S^2)=\sigma^2$这个结论,非常方便.

例 14 设总体X服从正态分布$N(\mu_1,\sigma^2)$,总体Y服从正态分布$N(\mu_2,\sigma^2)$,$X_1,X_2,\cdots,X_{n_1}$和$Y_1,Y_2,\cdots,Y_{n_2}$分别是来自总体X和Y的简单随机样本,则

$E\left[\frac{\sum_{i=1}^{n_1}(X_i-\overline{X})^2+\sum_{j=1}^{n_2}(Y_j-\overline{Y})^2}{n_1+n_2-2}\right]=$ ________ .(考研真题)

【解析】 因为 S^2 是 σ^2 的无偏估计，即 $E(S^2)=\sigma^2$.

所以 $$E\left[\frac{1}{n_1-1}\sum_{i=1}^{n_1}(X_i-\overline{X})^2\right]=\sigma^2, 即 E\left[\sum_{i=1}^{n_1}(X_i-\overline{X})^2\right]=(n_1-1)\sigma^2.$$

$$E\left[\frac{1}{n_2-1}\sum_{j=1}^{n_2}(Y_j-\overline{Y})^2\right]=\sigma^2, 即 E\left[\sum_{j=1}^{n_2}(Y_j-\overline{Y})^2\right]=(n_2-1)\sigma^2.$$

即 $$E\left[\frac{\sum_{i=1}^{n_1}(X_i-\overline{X})^2+\sum_{j=1}^{n_2}(Y_j-\overline{Y})^2}{n_1+n_2-2}\right]$$

$$=\frac{1}{n_1+n_2-2}\left\{E\left[\sum_{i=1}^{n_1}(X_i-\overline{X})^2\right]+E\left[\sum_{j=1}^{n_2}(Y_j-\overline{Y})^2\right]\right\}=\sigma^2.$$

故应填 σ^2.

例 15　设 $X_1,X_2,\cdots,X_n$ 为来自二项分布总体 $B(n,p)$ 的简单随机样本，$\overline{X}$ 和 S^2 分别为样本均值和样本方差. 记统计量 $T=\overline{X}-S^2$，则 $E(T)=$ ________.(考研真题)

【解析】 $$E(T)=E(\overline{X}-S^2)=E(\overline{X})-E(S^2)=E(X)-D(X)$$
$$=np-np(1-p)=np^2.$$

故应填 np^2.

本章整合

一 本章知识图解

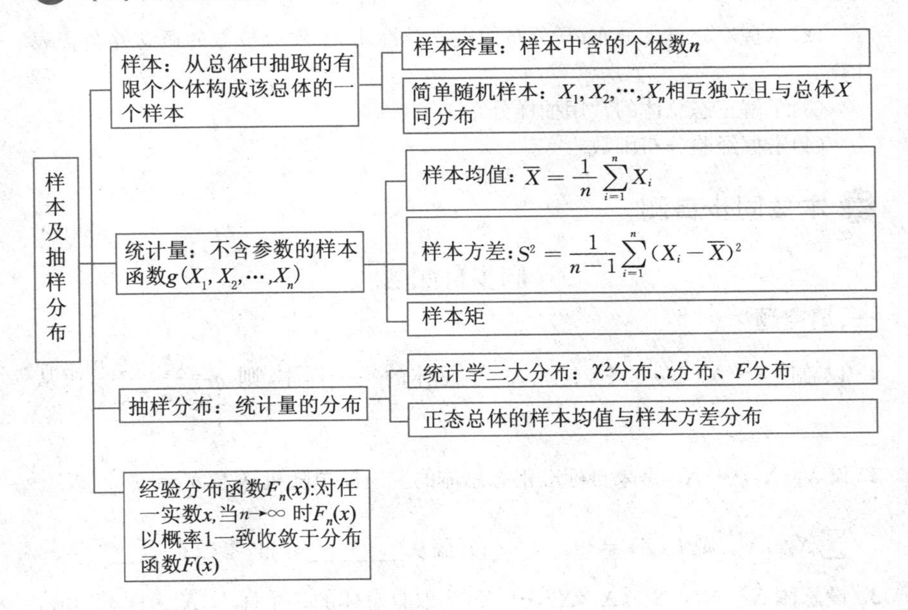

二 本章知识总结

1. 关于总体和样本的小结.

总体、样本、统计量是数理统计的基本概念，要深刻理解其定义和性质. 本节在考试中很少单独考查. 但是这几个概念是掌握本章内容的基础.

2. 关于经验分布函数的小结.

这部分内容一般要求是初步了解，在近年来的考研题中还未出现过.

3. 关于样本均值和样本方差的小结.

样本均值和样本方差是最基本最重要的，应该记住它们的数字特征，另外样本方差在不同的书上形式不一，应该以考纲为准.

4. 关于常用统计量及抽样分布的小结.

本节是考试重点,近年来考研题对本章的考查都集中在这一节. 主要的题型有求几种分布的自由度、参数和分析属于哪种分布,以及综合考查两种或多种分布的题目 . 基本的解法是找出不同分布之间的联系. 要学好本节内容不但要熟练掌握每种分布的定义、性质、概率密度等,而且更重要的是理解它们之间的联系.

5. 本章考研要求.

(1)理解总体、简单随机样本、统计量、样本均值、样本方差及样本矩的概念.

(2)掌握χ^2分布,t分布,F分布的概念及性质,了解分位数的概念并会查表计算 .

(3)了解正态总体的常用抽样分布.

(4)掌握经验分布函数.

三 本章同步自测

同步自测题

一、填空题

1. 设总体$\xi \sim N(0,\sigma^2)$,ξ_1,ξ_2,ξ_3,ξ_4 是总体的一个样本,则 $\eta=\dfrac{(\xi_1+\xi_2)^2}{(\xi_3-\xi_4)^2}$服从________.

2. 设$X_1,X_2,\cdots,X_{10}$是来自标准正态总体的一组简单随机样本,$Y=\dfrac{1}{2}\sum\limits_{i=1}^{10}X_i^2+\sum\limits_{i=1}^{5}X_{2i-1}X_{2i}$,则$E(Y)=$________;$Y$服从________分布;参数是________.

3. 设总体 $X\sim N(\mu,2^2)$,$X_1,X_2,\cdots,X_n$ 为取自总体的一个样本,$\overline{X}$ 为样本均值,要使 $E(\overline{X}-\mu)^2\leqslant 0.1$ 成立,则样本容量 n 至少应取________.

4. 设 $X_1,X_2,\cdots,X_m$ 为来自二项分布总体 $B(n,p)$的简单随机样本,$\overline{X}$ 和 S^2 分别为样本均值和样本方差 . 记统计量 $T=\overline{X}-S^2$,则 $E(T)=$________.(考研真题)

5. 设总体 X 的概率密度为 $f(x)=\dfrac{1}{2}\mathrm{e}^{-|x|}(-\infty<x<+\infty)$,$X_1,X_2,\cdots,X_n$ 为总体X 的简单随机样本,其样本方差为 S^2,则 $E(S^2)=$________.(考研真题)

二、选择题

1. 设 $X\sim N(a,2)$,$Y\sim N(b,2)$且 X,Y 独立,分别在 X,Y 中取容量为 m 和 n 的简

单随机样本，样本方差分别记为 S_X^2 和 S_Y^2，则 $T=\frac{1}{2}[(m-1)S_X^2+(n-1)S_Y^2]$ 服从(　　)分布．

(A)$t(m+n-2)$　(B)$F(m-1,n-1)$　(C)$\chi^2(m+n-2)$　(D)$t(m+n)$

2. 设 $X_1,X_2,\cdots,X_n$ 是取自 $N(0,\sigma^2)$ 的简单样本，$\overline{X}_k=\frac{1}{k}\sum_{i=1}^{k}X_i,1\leqslant k\leqslant n$，则 $\mathrm{Cov}(\overline{X}_k,\overline{X}_{k+1})=$(　　).

(A)σ^2　(B)$\frac{\sigma^2}{k}$　(C)$\frac{\sigma^2}{k+1}$　(D)$\frac{\sigma^2}{k(k+1)}$

3. 设随机变量 X_1,X_2,X_3,X_4 独立同分布，都服从正态分布 $N(1,1)$，且 $k(\sum_{i=1}^{4}X_i-4)^2$ 服从$\chi^2(n)$ 分布，则 k 和 n 分别为(　　). (考研真题)

(A)$k=1/4,n=1$　(B)$k=1/2,n=1$

(C)$k=1/4,n=4$　(D)$k=1/2,n=4$

4. 设 X_1,X_2,X_3,X_4 为来自总体 $X\sim N(1,\sigma^2)$ 的简单随机样本，则统计量 $\frac{X_1-X_2}{|X_3+X_4-2|}$的分布为(　　).

(A)$N(0,1)$　(B)$t(1)$　(C)$\chi^2(1)$　(D)$F(1,1)$

5. 设总体 X 服从参数为$\lambda(\lambda>0)$ 的泊松分布，$X_1,X_2,\cdots,X_n(n\geqslant 2)$ 为来自总体的简单随机样本，则对于统计量 $T_1=\frac{1}{n}\sum_{i=1}^{n}X_i,T_2=\frac{1}{n-1}\sum_{i=1}^{n-1}X_i+\frac{1}{n}X_n$ 有(　　). (考研真题)

(A)$E(T_1)<E(T_2),D(T_1)>D(T_2)$

(B)$E(T_1)>E(T_2),D(T_1)<D(T_2)$

(C)$E(T_1)>E(T_2),D(T_1)>D(T_2)$

(D)$E(T_1)<E(T_2),D(T_1)<D(T_2)$

三、解答题

1. 设在总体 $N(\mu,\sigma^2)$中抽取一个容量为 16 的样本，求 $P\left\{\frac{S^2}{\sigma^2}\leqslant 1.664\right\}$.

2. 设 $X_1,X_2,\cdots,X_n,X_{n+1}$ 是取自正态总体 $N(\mu,\sigma^2)$ 的一个大小为 $n+1$ 的样本，记 $\overline{X}=\frac{1}{n}\sum_{i=1}^{n}X_i,S^2=\frac{1}{n-1}\sum_{i=1}^{n}(X_i-\overline{X})$. 试证 $\frac{X_{n+1}-\overline{X}}{S}\sqrt{\frac{n}{n+1}}\sim t(n-1)$.

3. 设总体 $X\sim N(\mu_1,\sigma_1^2),Y\sim N(\mu_2,\sigma_2^2)$，从两个总体中分别抽样得：$n_1=8,S_1^2=8.75;n_2=10,S_2^2=2.66$. 求概率 $P\{\sigma_1^2>\sigma_2^2\}$.

4. 设 $X_1,X_2,\cdots,X_n(n>2)$为来自总体 $N(0,\sigma^2)$的简单随机样本，其样本均值为 $\overline{X}$，记 $Y_i=X_i-\overline{X},i=1,2,\cdots,n$.

(1)求 Y_i 的方差 $D(Y_i)$，$i=1,2,\cdots,n$.

(2)求 Y_1 与 Y_n 的协方差 $\mathrm{Cov}(Y_1,Y_n)$.(考研真题)

5. 从正态总体 $N(3.4,6^2)$ 中抽取容量为 n 的样本，如果要求其样本均值位于区间(1.4,5.4)内的概率不小于 0.95，问样本容量 n 至少应取多大？(考研真题)

附表　标准正态分布表

$$\Phi(z)=\int_{-\infty}^{z}\frac{1}{\sqrt{2\pi}}\mathrm{e}^{-\frac{t^2}{2}}\mathrm{d}t$$

z	1.28	1.645	1.96	2.33
$\Phi(z)$	0.900	0.950	0.975	0.990

自测题答案

一、填空题

1. $F(1,1)$　**2.** $5;\chi^2;5$　**3.** 40　**4.** np^2　**5.** 2

1. 解：因为 $\xi_1+\xi_2\sim N(0,2\sigma^2)$，$\xi_3-\xi_4\sim N(0,2\sigma^2)$，且 $\eta=\left(\frac{\xi_1+\xi_2}{\sqrt{2}\sigma}\right)^2\Big/\left(\frac{\xi_3-\xi_4}{\sqrt{2}\sigma}\right)^2$，

于是 $\left(\frac{\xi_1+\xi_2}{\sqrt{2}\sigma}\right)^2\sim\chi^2(1)$，$\left(\frac{\xi_3-\xi_4}{\sqrt{2}\sigma}\right)^2\sim\chi^2(1)$.

由统计量 F 的定义可知 $\eta\sim F(1,1)$.

2. 解：因为 $E(X_i)=0$，$E(X_i^2)=D(X_i)=1$，所以 $E(Y)=5$；

$$Y=\left(\frac{X_1+X_2}{\sqrt{2}}\right)^2+\cdots+\left(\frac{X_9+X_{10}}{\sqrt{2}}\right)^2\sim\chi^2(5).$$

3. 解：$E(\overline{X}-\mu)^2=D(\overline{X})=\frac{1}{n}D(X)=\frac{1}{n}\cdot 2^2\leqslant 0.1$，得 $n\geqslant 40$.

4. 解：$E(T)=E(\overline{X}-S^2)=E(\overline{X})-E(S^2)$

$$=E(X)-D(X)=np-np(1-p)=np^2.$$

5. 解：因为 $E(S^2)=D(X)$，

而 $D(X)=E(X^2)-[E(X)]^2=E(X^2)-0$

$$=\int_{-\infty}^{+\infty}x^2f(x)\mathrm{d}x=\int_{-\infty}^{+\infty}x^2\cdot\frac{1}{2}\mathrm{e}^{-|x|}\mathrm{d}x$$

$$=\int_0^{+\infty}x^2\mathrm{e}^{-x}\mathrm{d}x=-x^2\mathrm{e}^{-x}\Big|_0^{+\infty}+\int_0^{+\infty}2x\mathrm{e}^{-x}\mathrm{d}x=2.$$

则 $E(S^2)=2$.

二、选择题

1. (C)　2. (C)　3. (A)　4. (B)　5. (D)

1. 解:因为$\frac{(m-1)S_X^2}{2}\sim\chi^2(m-1)$,$\frac{(n-1)S_Y^2}{2}\sim\chi^2(n-1)$,

所以 $T\sim\chi^2(m+n-2)$.

2. 解:
$$\begin{aligned}\mathrm{Cov}(\overline{X}_k,\overline{X}_{k+1}) &= \frac{1}{k(k+1)}\mathrm{Cov}\left(\sum_{i=1}^{k}X_i,\sum_{i=1}^{k}X_i+X_{k+1}\right)\\ &= \frac{1}{k(k+1)}\mathrm{Cov}\left(\sum_{i=1}^{k}X_i,\sum_{i=1}^{k}X_i\right)\\ &= \frac{1}{k(k+1)}D\left(\sum_{i=1}^{k}X_i\right)\\ &= \frac{1}{k(k+1)}\cdot k\sigma^2=\frac{\sigma^2}{k+1}.\end{aligned}$$

3. 解:因为$\sum_{i=1}^{4}X_i-4\sim N(0,4)$,$\frac{\sum_{i=1}^{4}X_i-4}{2}\sim N(0,1)$,所以

$$\left(\frac{\sum_{i=1}^{4}X_i-4}{2}\right)^2\sim\chi^2(1)\Rightarrow k=\frac{1}{4},n=1.$$

4. 解:因为$\frac{X_1-X_2}{|X_3+X_4-2|}=\frac{\frac{X_1-X_2}{\sqrt{2}\sigma}}{\sqrt{\left(\frac{X_3+X_4-2}{\sqrt{2}\sigma}\right)^2}}$,

又$\frac{X_1-X_2}{\sqrt{2}\sigma}\sim N(0,1)$,$\frac{X_3+X_4-2}{\sqrt{2}\sigma}\sim N(0,1)$,$\left(\frac{X_3+X_4-2}{\sqrt{2}\sigma}\right)^2\sim\chi^2(1)$,

所以$\frac{X_1-X_2}{|X_3+X_4-2|}=\frac{\frac{X_1-X_2}{\sqrt{2}\sigma}}{\sqrt{\left(\frac{X_3+X_4-2}{\sqrt{2}\sigma}\right)^2}}\sim t(1)$.

5. 解:由 $X_1,\cdots,X_n\sim P(\lambda)$ 知 $E(X_i)=\lambda,D(X_i)=\lambda,i=1,2,\cdots,n$.
从而

$$E(T_1)=E\left(\frac{1}{n}\sum_{i=1}^{n}X_i\right)=\lambda,$$

$$E(T_2)=\frac{1}{n-1}\sum_{i=1}^{n-1}X_i+\frac{1}{n}E(X_n)=\lambda+\frac{\lambda}{n},$$

故 $E(T_1)<E(T_2)$.

又 $$D(T_1)=\frac{1}{n^2}D\left(\sum_{i=1}^{n}X_i\right)=\frac{n\lambda}{n^2}=\frac{\lambda}{n},$$

$$D(T_2)=\frac{1}{(n-1)^2}\sum_{n=1}^{n-1}D(X_i)+\frac{1}{n^2}D(X_n)=\frac{\lambda}{n-1}+\frac{\lambda}{n^2},$$

故 $D(T_1)<D(T_2)$.

三、解答题

1. 解:因为$\frac{(n-1)S^2}{\sigma^2}\sim\chi^2(n-1)$,则$\frac{15S^2}{\sigma^2}\sim\chi^2(15)$,所以

$$\begin{aligned}P\left\{\frac{S^2}{\sigma^2}\leqslant 1.664\right\}&=P\left\{\frac{15S^2}{\sigma^2}\leqslant 15\times 1.664\right\}=P\{\chi^2(15)\leqslant 24.96\}\\&=1-P\{\chi^2(15)>24.96\}\\&=1-0.05=0.95(\text{其中}\chi^2_{0.05}(15)=24.996).\end{aligned}$$

2. 证明:因为 $\overline{X}\sim N\left(\mu,\frac{\sigma^2}{n}\right)$,$X_{n+1}\sim N(\mu,\sigma^2)$且两者独立,所以

$$X_{n+1}-\overline{X}\sim N\left(0,\frac{n+1}{n}\sigma^2\right),U=\frac{X_{n+1}-\overline{X}}{\sqrt{\frac{n+1}{n}}\sigma}\sim N(0,1),$$

而$\chi^2=\frac{(n-1)S^2}{\sigma^2}\sim\chi^2(n-1)$且与 U 独立,则由 t 分布定义可知,

$$\frac{U}{\sqrt{\chi^2/n-1}}=\sqrt{\frac{n}{n+1}}\cdot\frac{X_{n+1}-\overline{X}}{S}\sim t(n-1).$$

3. 解:因为$\frac{S_1^2/\sigma_1^2}{S_2^2/\sigma_2^2}\sim F(7,9)$,所以

$$\begin{aligned}P\{\sigma_1^2>\sigma_2^2\}&=P\left\{\frac{\sigma_2^2}{\sigma_1^2}<1\right\}=P\left\{\frac{S_1^2/\sigma_1^2}{S_2^2/\sigma_2^2}<\frac{S_1^2}{S_2^2}\right\}=P\left\{F(7,9)<\frac{8.75}{2.66}\right\}\\&=P\{F(7,9)<3.289\}=1-P\{F(7,9)\geqslant 3.289\}\\&=1-0.05=0.95.\end{aligned}$$

4. 解:(1)$$\begin{aligned}D(Y_i)&=D(X_i-\overline{X})=D\left[(1-\frac{1}{n})X_i+\frac{1}{n}\sum_{j\neq i}X_j\right]\\&=\frac{(n-1)^2}{n^2}D(X_i)+\frac{1}{n^2}\sum_{j\neq i}D(X_j)=\left[\frac{(n-1)^2}{n^2}+\frac{n-1}{n^2}\right]\sigma^2\\&=\frac{n-1}{n}\sigma^2,i=1,2,\cdots,n.\end{aligned}$$

(2)$$\begin{aligned}\mathrm{Cov}(Y_1,Y_n)&=\mathrm{Cov}(X_1-\overline{X},X_n-\overline{X})\\&=\mathrm{Cov}(X_1,X_n)-2\mathrm{Cov}(\overline{X},X_n)+\mathrm{Cov}(\overline{X},\overline{X})\\&=-2\mathrm{Cov}(\frac{1}{n}X_n,X_n)+\mathrm{Cov}(\overline{X},\overline{X})=-\frac{2}{n}D(X_n)+D(\overline{X})\end{aligned}$$

$$=-\frac{2}{n}\cdot\sigma^2+\frac{\sigma^2}{n}=-\frac{\sigma^2}{n}.$$

5. 解：以 $\overline{X}$ 表示该样本均值，则$\frac{|\overline{X}-3.4|}{6}\sqrt{n}\sim N(0,1)$，

从而有

$$P\{1.4<\overline{X}<5.4\}=P\{-2<\overline{X}-3.4<2\}=P\{|\overline{X}-3.4|<2\}$$
$$=P\{\frac{|\overline{X}-3.4|}{6}\sqrt{n}<\frac{2\sqrt{n}}{6}\}=2\Phi\left(\frac{\sqrt{n}}{3}\right)-1\geqslant 0.95,$$

故 $\Phi\left(\frac{\sqrt{n}}{3}\right)\geqslant 0.975$. 由此得$\frac{\sqrt{n}}{3}\geqslant 1.96$，即 $n\geqslant(1.96\times 3)^2\approx 34.57$，所以 n 至少应取 35.

第七章　参数估计

参数估计是数理统计的重要内容. 它解决了在总体参数未知的情况下求总体的分布函数和密度函数的问题. 采用的是估计的思想,即根据样本来估计出总体的参数. 基本方法有点估计和区间估计.

本章首先讨论了点估计,包括矩估计法和最大似然估计法,然后讨论的是区间估计,包括正态总体参数的区间估计.

第一节　点估计

【知识结构】

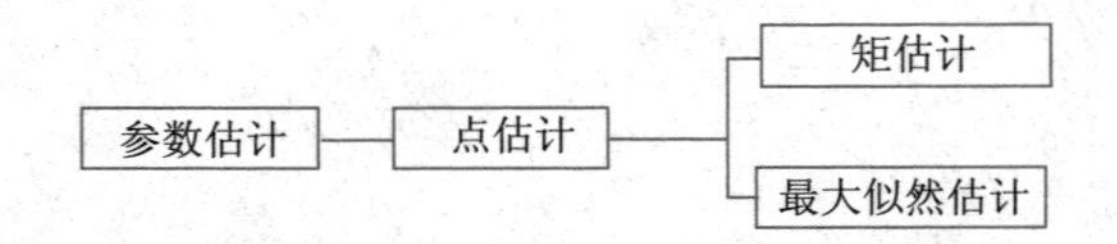

【考点精析】

1. 点估计.

设 θ 是总体 X 的未知参数,用统计量 $\hat{\theta}=\hat{\theta}(X_1,X_2,\cdots,X_n)$ 来估计 θ,称 $\hat{\theta}$ 为 θ 的估计量. 对于样本的一组观察值 $x_1,x_2,\cdots,x_n$ 代人 $\hat{\theta}$ 的表达式中所得的具体数值称为 θ 的估计值. 这样的方法称为参数的点估计.

2. 矩估计.

用样本矩去估计相应总体矩,或者用样本矩的函数去估计总体矩的同一函数的估计方法就是矩估计.

设总体 X 的概率分布含有 m 个未知参数 $\theta_1,\theta_2,\cdots,\theta_m$,假定总体的 k 阶原点矩存在,记 $\mu_k=E(X^k)(k=1,2,\cdots,m)$,$A_k=\frac{1}{n}\sum\limits_{k=1}^{n}X_i^k$ 为样本 k 阶矩,令

$$\mu_k(\theta_1,\theta_2,\cdots,\theta_m)=A_k(k=1,2,\cdots,m),$$

则此方程组的解 $(\hat{\theta}_1,\hat{\theta}_2,\cdots,\hat{\theta}_m)$ 称为参数 $(\theta_1,\theta_2,\cdots,\theta_m)$ 的矩估计量.

需要注意的是样本的二阶中心矩$\frac{1}{n}\sum_{i=1}^{n}(X_i-\overline{X})^2$与样本方差$S^2=\frac{1}{n-1}\sum_{i=1}^{n}(X_i-\overline{X})^2$是不同的．定义样本方差的这种形式，是为了保证方差的无偏性．

3. 最大似然估计.

(1)设总体X的概率分布为$p(x;\theta)$(当X为连续型时，其为概率密度函数；当X为离散型时，其为分布律)，$\theta=(\theta_1,\theta_2,\cdots,\theta_m)$为未知参数，$x_1,\cdots,x_n$为样本观察值．

$$L(x_1,\cdots,x_n;\theta)=\prod_{i=1}^{n}p(x_i;\theta)=L(\theta)$$

称为θ的似然函数．

(2)对给定的$x_1,\cdots,x_n$，使似然函数达到最大值的$\hat{\theta}(x_1,\cdots,x_n)$为$\theta$的最大似然估计值，相应的$\hat{\theta}(X_1,\cdots,X_n)$称为$\theta$的最大似然估计量．

(3)最大似然估计的常用求解方法．由于$\ln L(\theta)$与$L(\theta)$有相同的最大值点，若$L(\theta)$可导，则可由方程组

$$\frac{\partial \ln L(\theta_1,\theta_2,\cdots,\theta_m)}{\partial\theta_i}=0\quad(i=1,2,\cdots,m)$$

求出θ_i的极大似然估计量，需注意的是这一方法并不都是有效的，对于有些似然函数，其驻点或导数不存在，这时应考虑其他方法求似然函数的最大值点．

4. 最大似然估计法的基本思想是待估参数的值应使我们抽到的样本观察值出现的可能性最大，从而以此为准则来确定待估参数的值，最大似然估计一般步骤为：先写出似然函数，再求似然函数的最大值点，此即为所求最大似然估计．

本章的重点是矩估计和最大似然估计，该题型属于考研的重点题型．

例题精解

基本题型Ⅰ：求解矩估计的问题

例1 设总体X的概率密度为

$$f(x;\theta)=\begin{cases}e^{-(x-\theta)}, & x\geqslant\theta,\\ 0, & x<\theta.\end{cases}$$

而$X_1,X_2,\cdots,X_n$是来自总体X的简单随机样本，则未知参数θ的矩估计量为________.(考研真题)

【思路探索】 根据求矩估计量的求解步骤，先求出X的数学期望，得到参数θ与期望的关系，然后由样本均值替换总体期望，即是θ的矩估计．

【解析】 $E(X)=\int_{\theta}^{+\infty}x\mathrm{e}^{-(x-\theta)}\mathrm{d}x=\theta+1$，

即 $\theta=E(X)-1$，因此 θ 的矩估计量为

$$\hat{\theta}=\overline{X}-1=\frac{1}{n}\sum_{i=1}^{n}X_i-1.$$

例 2　设总体 X 的分布律为 $P\{X=x\}=(1-p)^{x-1}p, x=1,2,\cdots,(X_1, X_2,\cdots,X_n)$ 是来自总体 X 的样本，试求 p 的矩估计量．

【思路探索】 对离散型随机变量同样是从求其数学期望出发，得到参数和数学期望之间的关系，用样本均值替代总体期望．

【解析】 因为 X 服从几何分布，所以由几何分布的数字特征结论得 $F(X)=\frac{1}{p}$，令 $E(X)=\overline{X}$. 因此参数 p 的矩估计量 $\hat{p}=\frac{1}{\overline{X}}$.

例 3　设总体 X 的概率密度为

$$f(x)=\begin{cases}\frac{6x}{\theta^3}(\theta-x), & 0<x<\theta,\\ 0, & \text{其他}.\end{cases}$$

$X_1,X_2,\cdots,X_n$ 是取自总体 X 的简单随机样本．

(1)求 θ 的矩估计量 $\hat{\theta}$；(2)求 $\hat{\theta}$ 的方差 $D(\hat{\theta})$.（考研真题）

【思路探索】 求 θ 的矩估计量 $\hat{\theta}$ 方法同上，在求 $D(\hat{\theta})$ 时只需把 $\hat{\theta}$ 的值代入，从含 $D(X)$ 的表达式中求出 $D(\hat{\theta})$.

【解析】 (1)$E(X)=\int_{-\infty}^{+\infty}xf(x)\mathrm{d}x=\int_0^{\theta}\frac{6x^2}{\theta^3}(\theta-x)\mathrm{d}x=\int_0^{\theta}\left(\frac{6x^2}{\theta^2}-\frac{6x^3}{\theta^3}\right)\mathrm{d}x=\frac{\theta}{2}$，

因此 $\theta=2E(X)$，所以 θ 的矩估计量为 $\hat{\theta}=2\overline{X}$.

(2)由(1)可知，$E(X)=\frac{\theta}{2}$，$E(X^2)=\int_0^{\theta}\frac{6x^3}{\theta^3}(\theta-x)\mathrm{d}x=\frac{6\theta^2}{20}$，

故 $D(X)=E(X^2)-[E(X)]^2=\frac{6\theta^2}{20}-\left(\frac{\theta}{2}\right)^2=\frac{\theta^2}{20}$，

因此 $D(\hat{\theta})=D(2\overline{X})=4D(\overline{X})=\frac{4}{n}D(X)=\frac{4}{n}\cdot\frac{\theta^2}{20}=\frac{\theta^2}{5n}$.

例 4　设总体 X 在 $[a,b]$ 上服从均匀分布，$X_1,X_2,\cdots,X_n$ 为其样本，样本均值 $\overline{X}$，样本方差 S^2，则 a,b 的矩估计 $\hat{a}=$________，$\hat{b}=$________.

【解析】 由均匀分布的数字特征结论：

$$E(X)=\frac{a+b}{2}, D(X)=\frac{(b-a)^2}{12}.$$

令 $E(X)=\overline{X}$，$D(X)=S^2$，解得 $\hat{a}=\overline{X}-\sqrt{3}S$，$\hat{b}=\overline{X}+\sqrt{3}S$ 即为 a,b 的矩估计．

【方法点击】 因为需要估计两个参数 a 和 b，所以应该构造两个方程：(1)求出期望 $E(X)$ 用 $\overline{X}$ 代替；(2)求出方差 $D(X)$ 用 S^2 代替，也可以求出 $E(X^2)$ 用 $A_2=\frac{1}{n}\sum_{i=1}^{n}X_i^2$ 代替，这样结果变成 $\hat{a}=\overline{X}-\sqrt{3B_2}$，$\hat{b}=\overline{X}+\sqrt{3B_2}$，其中 $B_2=\frac{1}{n}\sum_{i=1}^{n}(X_i-\overline{X})^2$ 为二阶样本中心矩.

基本题型Ⅱ：求解最大似然估计的问题

例5 设 $X_1,X_2,\cdots,X_n$ 为来自总体 $N(\mu_0,\sigma^2)$ 的简单随机样本，其中 μ_0 已知，$\sigma^2>0$ 未知，$\overline{X}$ 为样本均值，S^2 为样本方差.

(1)求参数 σ^2 的最大似数估计 $\hat{\sigma}^2$；

(2)计算 $E(\hat{\sigma}^2)$ 和 $D(\hat{\sigma}^2)$.(考研真题)

【解析】 (1)似然函数

$$L(x_1,x_2,\cdots,x_n,\sigma^2)=\prod_{i=1}^{n}\frac{1}{\sqrt{2\pi}\sigma}\exp\left[-\frac{(x_i-\mu_0)^2}{2\sigma^2}\right]$$

$$=\frac{1}{2\pi^{\frac{n}{2}}\sigma^n}\exp\left[\sum_{i=1}^{n}-\frac{(x_i-\mu_0)^2}{2\sigma^2}\right].$$

则
$$\ln L=-\frac{n}{2}\ln 2\pi-n\ln\sigma-\sum_{i=1}^{n}\frac{(x_i-\mu_0)^2}{2\sigma^2}$$

$$=-\frac{n}{2}\ln 2\pi-\frac{n}{2}\ln\sigma^2-\frac{1}{\sigma^2}\sum_{i=1}^{n}\frac{(x_i-\mu_0)^2}{2}.$$

$$\frac{\mathrm{d}\ln L}{\mathrm{d}\sigma^2}=-\frac{n}{2\sigma^2}+\frac{1}{(\sigma^2)^2}\sum_{i=1}^{n}\frac{(x_i-\mu_0)^2}{2},$$

令 $\frac{\partial\ln L}{\partial\sigma^2}=0$ 可得 σ^2 的最大似然估计值 $\hat{\sigma}^2=\sum_{i=1}^{n}\frac{(x_i-\mu_0)^2}{n}$，

故最大似然估计量 $\hat{\sigma}^2=\sum_{i=1}^{n}\frac{(X_i-\mu_0)^2}{n}$.

(2) 由于 $\frac{X_i-\mu_0}{\sigma}\sim N(0,1)$，因此 $\sum_{i=1}^{n}\left(\frac{X_i-\mu_0}{\sigma}\right)^2\sim\chi^2(n)$.

由 χ^2 分布的性质可知

$$E\left[\sum_{i=1}^{n}\left(\frac{X_i-\mu_0}{\sigma}\right)^2\right]=n,D\left[\sum_{i=1}^{n}\left(\frac{X_i-\mu_0}{\sigma}\right)^2\right]=2n.$$

因此

$$E(\hat{\sigma}^2)=E\left[\sum_{i=1}^{n}\frac{(X_i-\mu_0)^2}{n}\right]=\frac{\sigma^2}{n}E\left[\sum_{i=1}^{n}\frac{(X_i-\mu_0)^2}{\sigma^2}\right]=\sigma^2,$$

$$D(\hat{\sigma}^2)=D\left[\sum_{i=1}^{n}\frac{(X_i-\mu_0)^2}{n}\right]=\frac{\sigma^4}{n^2}D\left[\sum_{i=1}^{n}\frac{(X_i-\mu_0)^2}{\sigma^2}\right]=\frac{2\sigma^4}{n}.$$

【方法点击】 求参数的最大似然估计的基本步骤为：

① 确定似然函数 $L(\theta)=\prod_{i=1}^{n}f(x_i)$；

②求出 $L(\theta)$ 的最大值点，即为参数的最大似然估计．在考研数学中，经常将矩估计、最大似然估计、无偏性以及统计量的数字特征任意组合以计算题的方式进行考查．

例 6 设总体 X 的概率密度为

$$f(x;\theta)=\begin{cases}\dfrac{\theta^2}{x^3}e^{-\frac{\theta}{x}}, & x>0,\\ 0, & \text{其他}.\end{cases}$$

其中 θ 为未知参数且大于零，$X_1,X_2,\cdots,X_n$ 为来自总体 X 的简单随机样本．

(1)求 θ 的矩估计量；(2)求 θ 的最大似然估计量．(考研真题)

【解析】 $E(X)=\int_{-\infty}^{+\infty}xf(x;\theta)\mathrm{d}x=\int_{0}^{+\infty}x\cdot\dfrac{\theta^2}{x^3}e^{-\frac{\theta}{x}}\mathrm{d}x$

$$=\int_{0}^{+\infty}\frac{\theta^2}{x^2}e^{-\frac{\theta}{x}}\mathrm{d}x=\theta\int_{0}^{+\infty}e^{-\frac{\theta}{x}}\mathrm{d}(-\frac{\theta}{x})=\theta.$$

令 $E(X)=\overline{X}$，则 $\overline{X}=\theta$，即 $\hat{\theta}=\overline{X}$，其中 $\overline{X}=\dfrac{1}{n}\sum\limits_{i=1}^{n}X_i$.

(2)对于总体 X 的样本值 $x_1,x_2,\cdots,x_n$，似然函数为

$$L(\theta)=\prod_{i=1}^{n}f(x;\theta)=\prod_{i=1}^{n}\frac{\theta^2}{x_i^3}e^{-\frac{\theta}{x_i}}(x_i>0),$$

$$\ln L(\theta)=\sum_{i=1}^{n}(2\ln\theta-\ln x_i^3-\frac{\theta}{x_i}),$$

令 $\dfrac{\mathrm{d}\ln L(\theta)}{\mathrm{d}\theta}=\sum\limits_{i=1}^{n}(\dfrac{2}{\theta}-\dfrac{1}{x_i})=\dfrac{2n}{\theta}-\sum\limits_{i=1}^{n}\dfrac{1}{x_i}=0$，得 $\theta=\dfrac{2n}{\sum\limits_{i=1}^{n}\dfrac{1}{x_i}}$.

即 θ 的最大似然估计量 $\hat{\theta}=\dfrac{2n}{\sum\limits_{i=1}^{n}\dfrac{1}{X_i}}$.

例 7 设某种元件的使用寿命 X 的概率密度为

$$f(x;\theta)=\begin{cases}2e^{-2(x-\theta)}, & x>\theta,\\ 0, & x\leqslant\theta.\end{cases}$$

其中 $\theta>0$ 为未知参数. 又设 $x_1,x_2,\cdots,x_n$ 是 X 的一组样本观测值，求参数 θ 的最大似然估计值．(考研真题)

【思路探索】 多数情况下，最大似然估计值可以由似然函数的驻点求得，

但是在有些情况下，似然函数的驻点不存在，此时，可以通过参数的取值范围求最大似然估计.

【解析】 由题意知，似然函数为

$$L(\theta)=L(x_1,x_2,\cdots,x_n;\theta)=\begin{cases}2^n e^{-2\sum_{i=1}^{n}(x_i-\theta)}, & x_i>\theta(i=1,2,\cdots,n),\\ 0, & \text{其他}.\end{cases}$$

当 $x_i>\theta$ 时，$L(\theta)>0$，两边取对数

$$\ln L(\theta)=n\ln 2-2\sum_{i=1}^{n}(x_i-\theta),$$

注意似然函数驻点不存在时的解法

因为 $\frac{\mathrm{d}\ln L(\theta)}{\mathrm{d}\theta}=2n>0$，所以 $L(\theta)$ 单调增加.

由于 θ 要满足 $\theta<x_i(i=1,2,\cdots,n)$，所以当 θ 取 $x_1,x_2,\cdots,x_n$ 中的最小值时，$L(\theta)$ 取最大值.

故 θ 的最大似然估计值为 $\hat{\theta}=\min\{x_1,x_2,\cdots,x_n\}$.

例 8 设总体 X 的概率分布为

X	0	1	2	3
p	θ^2	$2\theta(1-\theta)$	θ^2	$1-2\theta$

其中 $\theta\left(0<\theta<\frac{1}{2}\right)$ 是未知参数，利用总体 X 的如下样本值

$$3,1,3,0,3,1,2,3,$$

求 θ 的矩估计值和最大似然估计值.（考研真题）

【思路探索】 矩估计用基本求解方法即可. 对于最大似然估计，若似然函数出现多个驻点应该根据题意选择.

【解析】 (1)矩估计.

由离散型随机变量的期望公式

$$\begin{aligned}E(X)&=0\times\theta^2+1\times2\theta(1-\theta)+2\times\theta^2+3\times(1-2\theta)\\&=2\theta-2\theta^2+2\theta^2+3-6\theta=3-4\theta,\end{aligned}$$

而由样本观测值可得

$$\overline{X}=\frac{1}{8}(3+1+3+0+3+1+2+3)=\frac{1}{8}\times16=2.$$

令 $E(X)=\overline{X}$，所以 θ 的矩估计值为 $\hat{\theta}=\frac{1}{4}(3-\overline{X})=\frac{1}{4}(3-2)=\frac{1}{4}$.

(2)最大似然估计.

根据题意，似然函数为 $L(\theta)=4\theta^6(1-\theta)^2(1-2\theta)^4$，

两边取对数可得 $\ln L(\theta)=\ln 4+6\ln\theta+2\ln(1-\theta)+4\ln(1-2\theta)$，

$$\frac{\mathrm{d}\ln L(\theta)}{\mathrm{d}\theta}=\frac{6}{\theta}-\frac{2}{1-\theta}-\frac{8}{1-2\theta}=\frac{24\theta^2-28\theta+6}{\theta(1-\theta)(1-2\theta)}.$$

令$\frac{\mathrm{d}\ln L(\theta)}{\mathrm{d}\theta}=0$,得$12\theta^2-14\theta+3=0$,解之得$\theta=\frac{7-\sqrt{13}}{12}$或$\frac{7+\sqrt{13}}{12}$.

因为已知$0<\theta<\frac{1}{2}$,故$\theta=\frac{7-\sqrt{13}}{12}$.

因此θ的最大似然估计值为$\hat{\theta}=\frac{7-\sqrt{13}}{12}$.

例 9 设总体X的概率密度为

$$f(x;\theta)=\begin{cases}\theta, & 0<x<1,\\ 1-\theta, & 1\leqslant x<2,\\ 0, & \text{其他}.\end{cases}$$

其中θ是未知参数$(0<\theta<1)$,$X_1,X_2,\cdots,X_n$为来自总体X的简单随机样本,记N为样本值$x_1,x_2,\cdots,x_n$中小于1的个数.求:

(1)θ的矩估计;

(2)θ的最大似然估计.(考研真题)

【解析】 (1)由于

$$E(X)=\int_{-\infty}^{+\infty}xf(x;\theta)\mathrm{d}x=\int_0^1\theta x\mathrm{d}x+\int_1^2(1-\theta)x\mathrm{d}x$$
$$=\frac{1}{2}\theta+\frac{3}{2}(1-\theta)=\frac{3}{2}-\theta.$$

令$\frac{3}{2}-\theta=\overline{X}$,解得$\theta=\frac{3}{2}-\overline{X}$,所以参数$\theta$的矩估计为$\hat{\theta}=\frac{3}{2}-\overline{X}$.

(2)似然函数为$L(\theta)=\prod_{i=1}^{n}f(x_i;\theta)=\theta^N(1-\theta)^{n-N}$,

取对数,得$\ln L(\theta)=N\ln\theta+(n-N)\ln(1-\theta)$,

两边对θ求导,得$\frac{\mathrm{d}\ln L(\theta)}{\mathrm{d}\theta}=\frac{N}{\theta}-\frac{n-N}{1-\theta}$.

令$\frac{\mathrm{d}\ln L(\theta)}{\mathrm{d}\theta}=0$,得$\theta=\frac{N}{n}$,所以$\theta$的最大似然估计为$\hat{\theta}=\frac{N}{n}$.

例 10 设随机变量X的分布函数为

$$F(x;\alpha,\beta)=\begin{cases}1-\left(\frac{\alpha}{x}\right)^{\beta}, & x>\alpha,\\ 0, & x\leqslant\alpha.\end{cases}$$

其中参数$\alpha>0,\beta>1$,设$X_1,X_2,\cdots,X_n$为来自总体X的简单随机样本.

(1)当$\alpha=1$时,求未知参数β的矩估计量;

(2)当$\alpha=1$时,求未知参数β的最大似然估计量;

(3)当$\beta=2$时,求未知参数α的最大似然估计量.(考研真题)

【解析】 (1)由已知X的分布函数可得其概率密度为

$$f(x;\alpha,\beta)=\begin{cases}\dfrac{\beta\alpha^{\beta}}{x^{\beta+1}}, & x>\alpha,\\ 0, & x\leqslant\alpha.\end{cases}$$

当 $\alpha=1$ 时，X 的概率密度为

$$f(x;\beta)=\begin{cases}\dfrac{\beta}{x^{\beta+1}}, & x>1,\\ 0, & x\leqslant 1.\end{cases}$$

$$E(X)=\int_{-\infty}^{+\infty}xf(x;\beta)\mathrm{d}x=\int_{1}^{+\infty}\frac{\beta}{x^{\beta}}\mathrm{d}x=\frac{\beta}{\beta-1}.$$

令 $\dfrac{\beta}{\beta-1}=\overline{X}$，解得 $\beta=\dfrac{\overline{X}}{\overline{X}-1}$，所以 β 的矩估计量为 $\hat{\beta}=\dfrac{\overline{X}}{\overline{X}-1}$，其中 $\overline{X}=\dfrac{1}{n}\sum\limits_{i=1}^{n}X_i$.

(2)当 $\alpha=1$ 时，对于总体 X 的样本值 $x_1,x_2,\cdots,x_n$，似然函数为

$$L(\beta)=\begin{cases}\dfrac{\beta^{n}}{(x_1x_2\cdots x_n)^{\beta+1}}, & x_i>1\quad(i=1,2,\cdots,n),\\ 0, & \text{其他}.\end{cases}$$

当 $x_i>1$ 时，两边取对数得

$$\ln L(\beta)=n\ln\beta-(\beta+1)\sum_{i=1}^{n}\ln x_i,$$

$$\frac{\mathrm{d}\ln L(\beta)}{\mathrm{d}\beta}=\frac{n}{\beta}-\sum_{i=1}^{n}\ln x_i.$$

令 $\dfrac{\mathrm{d}\ln L(\beta)}{\mathrm{d}\beta}=0$，解之得 $\beta=\dfrac{n}{\sum\limits_{i=1}^{n}\ln x_i}$，故 β 的最大似然估计量为 $\hat{\beta}=\dfrac{n}{\sum\limits_{i=1}^{n}\ln X_i}$.

(3)当 $\beta=2$ 时，X 的概率密度为

$$f(x;\alpha)=\begin{cases}\dfrac{2\alpha^{2}}{x^{3}}, & x>\alpha,\\ 0, & x\leqslant\alpha.\end{cases}$$

对于总体 X 的样本值 $x_1,x_2,\cdots,x_n$，其似然函数为

$$L(\alpha)=\begin{cases}\dfrac{2^{n}\alpha^{2n}}{(x_1x_2\cdots x_n)^{3}}, & x_i>\alpha;i=1,2,\cdots,n,\\ 0, & \text{其他}.\end{cases}$$

当 $x_i>\alpha$ 时，两边取对数得

$$\ln L(\alpha)=n\ln 2+2n\ln\alpha-3\sum_{i=1}^{n}\ln x_i,$$

$$\frac{\mathrm{d}\ln L(\alpha)}{\mathrm{d}\alpha}=\frac{2n}{\alpha}>0,\text{所以 }L(\alpha)\text{单调递增}.$$

当 $x_i>\alpha(i=1,2,\cdots,n)$ 时，α 越大，$L(\alpha)$ 就越大.

因此 α 的最大似然估计值为 $\hat{\alpha}=\min\{x_1,x_2,\cdots,x_n\}$，故 α 的最大似然估计量为 $\hat{\alpha}=\min\{X_1,X_2,\cdots,X_n\}$.

第二节　基于截尾样本的最大似然估计

知识全解

【知识结构】

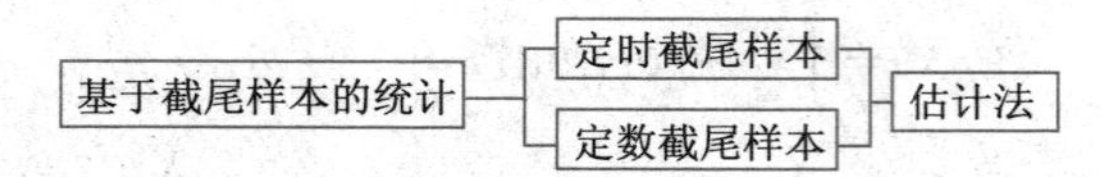

【考点精析】

用截尾样本来进行统计推断是可靠性研究中常见的方法.

1. 定时截尾样本.

在定时截尾寿命试验中,假设将随机抽取的 n 个产品在时间 $t=0$ 时同时投入试验,试验进行到事先规定的截尾时间 t_0 停止. 如试验截止时共有 m 个产品失效,它们的失效时间分别为

$$0\leqslant t_1\leqslant t_2\leqslant\cdots\leqslant t_m\leqslant t_0,$$

此时 m 是一个随机变量,所得的样本 $t_1,t_2,\cdots,t_m$ 称为定时截尾样本.

2. 定数截尾样本.

在定数截尾寿命试验中,假设将随机抽取的 n 个产品在时间 $t=0$ 时同时投入试验,试验进行到有 m 个(m 是事先规定的,$m<n$)产品失效时停止. m 个失效产品的失效时间分别为

$$0\leqslant t_1\leqslant t_2\leqslant\cdots\leqslant t_m,$$

这里 t_m 是第 m 个产品的失效时间,t_m 是随机变量,所得的样本 $t_1,t_2,\cdots,t_m$ 称为定数截尾样本.

3. 估计法.

设产品的寿命分布是指数分布,其概率密度为

$$f(t)=\begin{cases}\dfrac{1}{\theta}\mathrm{e}^{-t/\theta}, & t>0,\\ 0, & t\leqslant 0,\end{cases}\quad \theta>0 \text{ 未知}.$$

(1)定时截尾试验.

对于定时截尾样本

$$0\leqslant t_1\leqslant t_2\leqslant\cdots\leqslant t_m\leqslant t_0$$

(其中 t_0 是截尾时间),可得似然函数为

$$L(\theta)=\frac{1}{\theta^m}\mathrm{e}^{-\frac{1}{\theta}[t_1+t_2+\cdots+t_m+(n-m)t_0]},$$

θ 的最大似然估计为 $\hat{\theta}=\frac{s(t_0)}{m}$,

其中 $s(t_0)=t_1+t_2+\cdots+t_m+(n-m)t_0$ 称为总试验时间,它表示直至时刻 t_0 为止 n 个产品的试验时间的总和.

(2)定数截尾试验.

设有 n 个产品投入定数截尾试验,截尾数为 m,得定数截尾样本 $0\leqslant t_1\leqslant t_2\leqslant\cdots\leqslant t_m$,现在要利用这一样本来估计未知参数 θ(即产品的平均寿命).在时间区间$[0,t_m]$有 m 个产品失效,而有 $n-m$ 个产品在 t_m 时尚未失效,即有 $n-m$ 个产品的寿命超过 t_m.

用最大似然估计法来估计 θ,取似然函数为

$$L(\theta)=\frac{1}{\theta^m}\mathrm{e}^{-\frac{1}{\theta}[t_1+t_2+\cdots+t_m+(n-m)t_m]}.$$

对数似然函数为

$$\ln L(\theta)=-m\ln\theta-\frac{1}{\theta}[t_1+t_2+\cdots+t_m+(n-m)t_m].$$

令 $$\frac{\mathrm{d}}{\mathrm{d}\theta}\ln L(\theta)=-\frac{m}{\theta}+\frac{1}{\theta^2}[t_1+t_2+\cdots+t_m+(n-m)t_m]=0.$$

于是得到 θ 的最大似然估计为 $\hat{\theta}=\frac{s(t_m)}{m}$,

其中 $s(t_m)=t_1+t_2+\cdots+t_m+(n-m)t_m$ 称为总试验时间,它表示直至时刻 t_m 为止 n 个产品的试验时间的总和.

第三节　估计量的评选标准

知识全解

【知识结构】

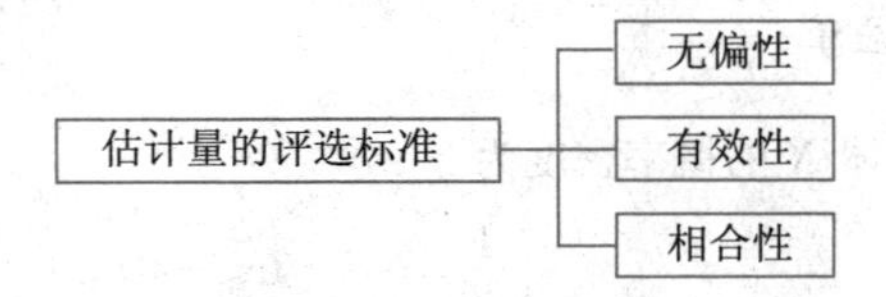

【考点精析】

1. 无偏性.

设 $X_1,X_2,\cdots,X_n$ 为来自总体 X 的样本,$\hat{\theta}$ 为 θ 的一个估计量,如果 $E(\hat{\theta})=\theta$ 成立,则称估计 $\hat{\theta}$ 为参数 θ 的无偏估计.

2. 有效性.

也称作方差最小性,设 $\hat{\theta}_1,\hat{\theta}_2$ 都为参数 θ 的无偏估计量,若 $D(\hat{\theta}_1)\leqslant D(\hat{\theta}_2)$,

则称 $\hat{\theta}_1$ 比 $\hat{\theta}_2$ 有效.

3. 相合性.

也称一致性,设 $\hat{\theta}$ 为未知参数 θ 的估计量,若对任意给定的 $\varepsilon>0$,都有

$$\lim_{n\to\infty}P\{|\hat{\theta}-\theta|<\varepsilon\}=1,$$

即 $\hat{\theta}$ 依概率收敛于参数 θ,则称 $\hat{\theta}$ 为 θ 的一致估计或相合估计.

本节是考研的常考内容之一. 尤其是验证估计量是否无偏估计的题目经常出现,与第一节估计量内容相结合的综合题型居多,值得考生关注. 另外,有效性与一致性的概念也要熟悉.

例题精解

基本题型Ⅰ:估计量的无偏性问题

例 1 设总体 X 的概率密度为

$$f(x;\theta)=\begin{cases}\dfrac{2x}{3\theta^2}, & \theta<x<2\theta,\\ 0, & \text{其他},\end{cases}$$

其中 θ 是未知参数,$X_1,X_2,\cdots,X_n$ 为来自总体 X 的简单随机样本. 若 $c\sum\limits_{i=1}^{n}X_i^2$ 是 θ^2 的无偏估计,则 $c=$________.(考研真题)

【解析】 因为 $c\sum\limits_{i=1}^{n}X_i^2$ 是 θ^2 的无偏估计,所以 $E(c\sum\limits_{i=1}^{n}X_i^2)=\theta^2$.

$$\begin{aligned}E(c\sum_{i=1}^{n}X_i^2)&=c\cdot\sum_{i=1}^{n}E(X_i^2)=c\cdot\sum_{i=1}^{n}E(X^2)=cn\int_{-\infty}^{+\infty}x^2f(x)\mathrm{d}x\\&=cn\int_{\theta}^{2\theta}\frac{2x^3}{3\theta^2}\mathrm{d}x=\frac{2cn}{3\theta^2}\int_{\theta}^{2\theta}x^3\mathrm{d}x=cn\cdot\frac{5}{2}\theta^2\overset{\text{令}}{=\!=}\theta^2.\end{aligned}$$

得 $c=\dfrac{2}{5n}$,故应填 $\dfrac{2}{5n}$.

例 2 设总体 X 的概率密度为

$$f(x;\theta)=\begin{cases}\dfrac{1}{2\theta}, & 0<x<\theta,\\ \dfrac{1}{2(1-\theta)}, & \theta\leqslant x<1,\\ 0, & \text{其他},\end{cases}$$

其中参数 $\theta(0<\theta<1)$ 未知,$X_1,X_2,\cdots,X_n$ 是来自总体 X 的简单随机样本,$\overline{X}$ 是样本均值.

(1)求参数 θ 的矩估计量 $\hat{\theta}$；

(2)判断 $4\overline{X}^2$ 是否为 θ^2 的无偏估计量，并说明理由.(考研真题)

【解析】 (1)$E(X)=\int_{-\infty}^{+\infty}xf(x;\theta)\mathrm{d}x=\int_0^\theta \frac{x}{2\theta}\mathrm{d}x+\int_\theta^1 \frac{x}{2(1-\theta)}\mathrm{d}x=\frac{1}{4}+\frac{\theta}{2}$.

令 $\overline{X}=E(X)$，即 $\overline{X}=\frac{1}{4}+\frac{\theta}{2}$，得 θ 的矩估计量为 $\hat{\theta}=2\overline{X}-\frac{1}{2}$.

(2)因为

$$E(4\overline{X}^2)=4E(\overline{X}^2)=4\{D(\overline{X})+[E(\overline{X})]^2\}=4\left[\frac{1}{n}D(X)+(\frac{1}{4}+\frac{1}{2}\theta)^2\right]$$

$$=\frac{4}{n}D(X)+\frac{1}{4}+\theta+\theta^2,$$

又 $D(X)\geqslant 0,\theta>0$，所以 $E(4\overline{X}^2)>\theta^2$，即 $E(4\overline{X}^2)\neq\theta^2$.

因此 $4\overline{X}^2$ 不是 θ^2 的无偏估计量.

例 3 设总体 X 的概率分布为

X	1	2	3
P	$1-\theta$	$\theta-\theta^2$	θ^2

其中参数 $\theta\in(0,1)$ 未知，以 N_i 表示来自总体 X 的简单随机样本(样本容量为 n)中等于 i 的个数($i=1,2,3$)，试求常数 a_1,a_2,a_3，使 $T=\sum_{i=1}^{3}a_iN_i$ 为 θ 的无偏估计量，并求 T 的方差.(考研真题)

【思路探索】 利用无偏性的定义 $E(T)=\theta$ 求出常数 a_1,a_2,a_3，然后根据方差公式或者性质求 $D(T)$.

【解析】 因为 $N_1\sim B(n,1-\theta)$，$N_2\sim B(n,\theta-\theta^2)$，$N_3\sim B(n,\theta^2)$，所以

$$E(T)=E(\sum_{i=1}^{3}a_iN_i)=a_1E(N_1)+a_2E(N_2)+a_3E(N_3)$$

$$=a_1n(1-\theta)+a_2n(\theta-\theta^2)+a_3n\theta^2=na_1+n(a_2-a_1)\theta+n(a_3-a_2)\theta^2.$$

由 T 是 θ 的无偏估计量，可知 $E(T)=\theta$. 则

$$\begin{cases}na_1=0,\\ n(a_2-a_1)=1,\\ n(a_3-a_2)=0,\end{cases} \text{即} \begin{cases}a_1=0,\\ a_2=\frac{1}{n},\\ a_3=\frac{1}{n}.\end{cases}$$

故 $T=0\times N_1+\frac{1}{n}\times N_2+\frac{1}{n}\times N_3=\frac{1}{n}(N_2+N_3)=\frac{1}{n}(n-N_1)$,

$$D(T)=D\left[\frac{1}{n}(n-N_1)\right]=\frac{1}{n^2}D(N_1)=\frac{1}{n^2}\cdot n\cdot(1-\theta)\cdot\theta=\frac{1}{n}\theta(1-\theta).$$

【错解分析】 本题出错率较高，许多考生没有将 N_1,N_2,N_3 与二项分布相联系，导致 $E(N_1),E(N_2),E(N_3)$ 求不出.

【方法点击】 本题考查了

①无偏性：$E(\hat{\theta})=\theta$；

②统计量的数字特征：$E(T),D(T)$ 可由性质或计算公式求出；

③二项分布的结论：设 $X\sim B(n,p)$，则 $E(X)=np,D(X)=np(1-p)$.

本题的难点在于分析出 N_1,N_2,N_3 服从二项分布.

例 4 设随机变量 X 与 Y 相互独立且分别服从正态分布 $N(\mu,\sigma^2)$ 与 $N(\mu,2\sigma^2)$，其中 σ 是未知参数且 $\sigma>0$，记 $Z=X-Y$.

(1)求 Z 的概率密度 $f(z)$；

(2)设 $Z_1,Z_2,\cdots,Z_n$ 为来自总体 Z 的简单随机样本，求 σ^2 的最大似然估计量 $\widehat{\sigma^2}$；

(3)证明 $\widehat{\sigma^2}$ 为 σ^2 的无偏估计量.(考研真题)

【解析】 (1)因为 X 与 Y 相互独立且分别服从正态分布 $N(0,\sigma^2)$ 与 $N(\mu,2\sigma^2)$，则 $Z=X-Y$ 服从正态分布 $N(0,3\sigma^2)$，故 Z 的概率密度为

$$f(z)=\frac{1}{\sqrt{6\pi}\sigma}e^{-\frac{z^2}{6\sigma^2}},\quad -\infty<z<+\infty.$$

(2)设 $z_1,z_2,\cdots,z_n$ 是样本 $Z_1,Z_2,\cdots,Z_n$ 所对应的一个样本值，则似然函数为

$$L(\sigma^2)=\prod_{i=1}^{n}f(z_i)=\frac{1}{(6\pi)^{\frac{n}{2}}(\sigma^2)^{\frac{n}{2}}}e^{-\sum\limits_{i=1}^{n}\frac{z_i^2}{6\sigma^2}},$$

$$\ln L(\sigma^2)=-\frac{n}{2}\ln(6\pi)-\frac{n}{2}\ln(\sigma^2)-\frac{1}{6\sigma^2}\sum_{i=1}^{n}z_i^2,$$

令 $\dfrac{\mathrm{d}\ln L}{\mathrm{d}(\sigma^2)}=\dfrac{1}{6\sigma^4}\sum\limits_{i=1}^{n}z_i^2-\dfrac{n}{2\sigma^2}=0$，得 $\sigma^2=\dfrac{1}{3n}\sum\limits_{i=1}^{n}z_i^2$.

故 σ^2 的最大似然估计量 $\widehat{\sigma^2}=\dfrac{1}{3n}\sum\limits_{i=1}^{n}Z_i^2$.

(3) 因为 $E(\widehat{\sigma^2})=E(\dfrac{1}{3n}\sum\limits_{i=1}^{n}Z_i^2)=\dfrac{1}{3n}E(\sum\limits_{i=1}^{n}Z_i^2)=\dfrac{1}{3}E(Z^2)=\dfrac{1}{3}D(Z)=\sigma^2$，

所以 $\widehat{\sigma^2}$ 为 σ^2 的无偏估计量.

基本题型Ⅱ:估计量的有效性问题

例5　设总体 $X\sim N(\mu,\sigma^2)$,$X_1,X_2,\cdots,X_n$ 为来自总体 X 的样本,当用 $2\overline{X}-X_1$,$\overline{X}$ 及 $\frac{1}{2}X_1+\frac{2}{3}X_2-\frac{1}{6}X_3$ 作为 μ 的估计时,最有效的是哪个估计量?

【思路探索】　先验证估计量是否为无偏估计量再根据有效性的定义判断有效性.

【解析】　由无偏性的定义

$$E(2\overline{X}-X_1)=2E(\overline{X})-E(X_1)=2\mu-\mu=\mu,E(\overline{X})=\mu,$$

$$E\left(\frac{1}{2}X_1+\frac{2}{3}X_2-\frac{1}{6}X_3\right)=\frac{1}{2}\mu+\frac{2}{3}\mu-\frac{1}{6}\mu=\mu,$$

可知 $2\overline{X}-X_1$,$\overline{X}$ 与 $\frac{1}{2}X_1+\frac{2}{3}X_2-\frac{1}{6}X_3$ 均是 μ 的无偏估计量.

$$\begin{aligned}D(2\overline{X}-X_1)&=D\left(\frac{2}{n}\sum_{i=1}^{n}X_i-X_1\right)=D\left[\left(\frac{2}{n}-1\right)X_1+\frac{2}{n}\sum_{i=2}^{n}X_i\right]\\&=\left(\frac{2-n}{n}\right)^2D(X_1)+\left(\frac{2}{n}\right)^2\sum_{i=2}^{n}D(X_i)\\&=\frac{1}{n^2}[(2-n)^2\sigma^2+4(n-1)\sigma^2]=\sigma^2,\end{aligned}$$

$$D(\overline{X})=\frac{\sigma^2}{n},$$

$$D\left(\frac{1}{2}X_1+\frac{2}{3}X_2-\frac{1}{6}X_3\right)=\frac{1}{4}D(X_1)+\frac{4}{9}D(X_2)+\frac{1}{36}D(X_3)=\frac{13}{18}\sigma^2.$$

经过比较可知 $D(\overline{X})$ 最小,因此 $\overline{X}$ 是最有效的估计量.

例6　设总体 X 的样本是 $X_1,X_2,\cdots,X_n$,试证明:

(1) $\sum_{i=1}^{n}a_iX_i(a_i>0,i=1,2,\cdots,n,\sum_{i=1}^{n}a_i=1)$ 是 $E(X)$ 的无偏估计量.

(2) 在 $E(X)$ 的所有形如 $\sum_{i=1}^{n}a_iX_i$ 的无偏估计量中,$\overline{X}$ 为最有效的估计.

【思路探索】　证明估计量的有效性时,需要证明不等式成立,因此采用 Cauchy-Schwarz 公式是很有效的方法.

【证明】　(1)根据无偏性估计的定义有

$$E\left(\sum_{i=1}^{n}a_iX_i\right)=\sum_{i=1}^{n}a_iE(X_i)=E(X)\sum_{i=1}^{n}a_i=E(X),$$

故 $\sum_{i=1}^{n}a_iX_i$ 是 $E(X)$ 的无偏估计量.

(2) 由样本均值的性质可知

$$E(\overline{X})=\frac{1}{n}E\left(\sum_{i=1}^{n}X_i\right)=E(X),$$

需要注意 Cauchy-Schwarz 在此处的应用

第七章

因此 $\overline{X}$ 也是 $E(X)$ 的无偏估计量.

又由 Cauchy-Schwarz 不等式

$$(\sum_{i=1}^{n} x_i y_i)^2 \leqslant (\sum_{i=1}^{n} x_i^2)(\sum_{i=1}^{n} y_i^2),$$

令 $x_i = a_i, y_i = 1$, 则 $(\sum_{i=1}^{n} a_i)^2 = 1 \leqslant n\sum_{i=1}^{n} a_i^2$,

故 $D(\overline{X}) = \frac{1}{n}D(X) = \frac{1}{n}D(X)(\sum_{i=1}^{n} a_i)^2 \leqslant D(X)(\sum_{i=1}^{n} a_i^2) = \sum_{i=1}^{n} D(a_i X)$

$$= D(\sum_{i=1}^{n} a_i X_i),$$

证毕.

【方法点击】 本题也可以用导数知识求 $\sum_{i=1}^{n} a_i^2$ 的最小值从而得出结论. 另外本题的结论可以记住并当作定理应用,前面的例 5 即符合该结论.

例 7 设总体 X 服从 $[0,\theta]$ 上的均匀分布, θ 未知 $(\theta>0)$, X_1, X_2, X_3 是取自 X 的一个样本.

(1) 试证 $\hat{\theta}_1 = \frac{4}{3}\max\limits_{1\leqslant i\leqslant 3} X_i$, $\hat{\theta}_2 = 4\min\limits_{1\leqslant i\leqslant 3} X_i$ 都是 θ 的无偏估计;

(2) 上述两个估计中哪个更有效?

【解析】 (1) 设 $F(x)$ 是 X 的分布函数,则

$$F(x)=\begin{cases}1, & x>\theta,\\ \frac{x}{\theta}, & 0\leqslant x\leqslant\theta,\\ 0, & x<0.\end{cases}$$

记 $Y=\max\limits_{1\leqslant i\leqslant 3} X_i$, $Z=\min\limits_{1\leqslant i\leqslant 3} X_i$, 则

$$F_Y(x)=[F(x)]^3, f_Y(x,\theta)=\begin{cases}3(\frac{x}{\theta})^2\cdot\frac{1}{\theta}, & 0\leqslant x\leqslant\theta,\\ 0, & \text{其他}.\end{cases}$$

故 $E(Y)=\frac{3}{\theta^3}\int_0^\theta x^3\mathrm{d}x=\frac{3}{4}\theta, E\left(\frac{4}{3}\max\limits_{1\leqslant i\leqslant 3} X_i\right)=\theta$,

同理 $E(Z)=\frac{3}{\theta^3}\int_0^\theta x(\theta-x)^2\mathrm{d}x=\frac{1}{4}\theta, E\left(4\min\limits_{1\leqslant i\leqslant 3} X_i\right)=\theta$.

(2) $D(Y)=E(Y^2)-[E(Y)]^2=\frac{3}{\theta}\int_0^\theta x^2\left(\frac{x}{\theta}\right)^2\mathrm{d}x-\left(\frac{3}{4}\theta\right)^2=\frac{3}{80}\theta^2$,

$D\left(\frac{4}{3}\max\limits_{1\leqslant i\leqslant 3} X_i\right)=\frac{16}{9}D(Y)=\frac{1}{15}\theta^2$.

同理 $D(Z)=\frac{3}{80}\theta^2, D\left(4\min\limits_{1\leqslant i\leqslant 3}X_i\right)=16D(Z)=\frac{3}{5}\theta^2>D\left(\frac{4}{3}\max\limits_{1\leqslant i\leqslant 3}X_i\right)$.

故 $\hat{\theta}_1$ 更有效.

基本题型Ⅲ:估计量的一致性问题

例8 设 n 个随机变量 $X_1,X_2,\cdots,X_n$ 独立同分布,$D(X_1)=\sigma^2,\overline{X}=\frac{1}{n}\sum\limits_{i=1}^{n}X_i,S^2=\frac{1}{n-1}\sum\limits_{i=1}^{n}(X_i-\overline{X})^2$,则(　　).

(A)S 是 σ 的无偏估计量　　(B)S 与 $\overline{X}$ 相互独立

(C)S 是 σ 的一致估计量　　(D)S 是 σ 的最大似然估计量

【解析】 可以验证 $E(S)\neq\sigma$,则 S 不是 σ 的无偏估计量.故(A)不正确.

而 $\frac{1}{n-1}\sum\limits_{i=1}^{n}(X_i-\overline{X})^2$ 是 σ^2 的最大似然估计量.故(D)不正确.

由第六章知识可知,若 X 为正态总体时,S 与 $\overline{X}$ 是相互独立的,对于任意总体不一定是相互独立的.故(B)不正确.

对于 S 是否为 σ 的一致估计量,经过用切比雪夫不等式或大数定律证明 S 是 σ 的一致估计量.故应选(C).

例9 设 $X_1,X_2,\cdots,X_n$ 是取自正态总体 $N(\mu,\sigma^2)$ 的样本,证明 S^2 是 σ^2 的一致估计.

【证明】 **方法一:** 由大数定律 $\lim\limits_{n\to\infty}P\left\{\left|\frac{1}{n}\sum\limits_{i=1}^{n}X_i-\mu\right|<\varepsilon\right\}=1$,所以 $\overline{X}$ 是 μ 的一致估计.

同理,因 $X_1^2,X_2^2,\cdots,X_n^2$ 也独立同分布,故 $\frac{1}{n}\sum\limits_{i=1}^{n}X_i^2$ 是 $E(X^2)$ 的一致估计.

而 $S^2=\frac{1}{n-1}\sum\limits_{i=1}^{n}(X_i-\overline{X})^2=\frac{n}{n-1}\left(\frac{1}{n}\sum\limits_{i=1}^{n}X_i^2-\overline{X}^2\right)$,

故当 $n\to\infty$ 时,$\frac{n}{n-1}\to 1,\frac{1}{n}\sum\limits_{i=1}^{n}X_i^2\xrightarrow{P}E(X^2),\overline{X}^2\xrightarrow{P}\mu^2$,

即 $S^2\xrightarrow{P}E(X^2)-\mu^2=\sigma^2$.

则 S^2 是 σ^2 的一致估计.

方法二: 因为 $E(S^2)=\sigma^2,D(S^2)=\frac{2\sigma^4}{n-1}$,故

$$\lim_{n\to\infty}E(S^2)=\sigma^2,\quad \lim_{n\to\infty}D(S^2)=\lim_{n\to\infty}\frac{2\sigma^4}{n-1}=0,$$

由定理可知,S^2 是 σ^2 的一致估计.

【方法点击】 证明一致性(相合性)有一定难度,考研中未出现过该种题型.

第四节　区间估计

知识全解

【知识结构】

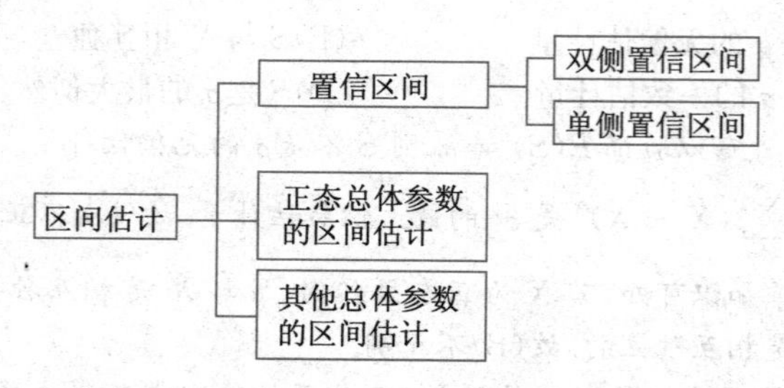

【考点精析】

1. 置信区间.

设θ为总体X的未知参数,$\hat{\theta}_1$和$\hat{\theta}_2$均为估计量,若对于给定的$\alpha(0<\alpha<1)$,满足$P\{\hat{\theta}_1\leqslant\theta\leqslant\hat{\theta}_2\}=1-\alpha$,则称$[\hat{\theta}_1,\hat{\theta}_2]$为$\theta$的置信度为$1-\alpha$的置信区间.

2. 区间估计.

通过构造一个置信区间对未知参数进行估计的方法称为区间估计．步骤如下：

(1)找出与θ有关的统计量T,一般是θ的点估计$\hat{\theta}$;

(2)构造枢轴量$W(T,\theta)$;

(3)寻找适当常数a,b,使得$P\{a\leqslant W(T,\theta)\leqslant b\}=1-\alpha$;

(4)等价变形为$P\{\hat{\theta}_1\leqslant\theta\leqslant\hat{\theta}_2\}=1-\alpha$,则$[\hat{\theta}_1,\hat{\theta}_2]$即为$\theta$的置信水平为$1-\alpha$的置信区间.

第五节　正态总体均值与方差的区间估计

知识全解

【知识结构】

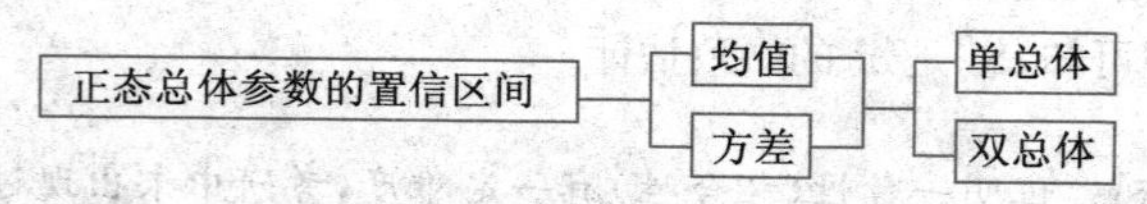

【考点精析】

1. 单个正态总体的区间估计.

设 $X_1, X_2, \cdots, X_n$ 为来自 $N(\mu, \sigma^2)$ 的样本，则

(1)当 σ^2 已知时，μ 的置信度为 $1-\alpha$ 的置信区间为

$$\left(\overline{X}-\frac{\sigma}{\sqrt{n}}u_{\alpha/2}, \overline{X}+\frac{\sigma}{\sqrt{n}}u_{\alpha/2}\right).$$

(2)当 σ^2 未知时，μ 的置信度为 $1-\alpha$ 的置信区间为

$$\left(\overline{X}-\frac{S}{\sqrt{n}}t_{\alpha/2}(n-1), \overline{X}+\frac{S}{\sqrt{n}}t_{\alpha/2}(n-1)\right).$$

(3)当 μ 已知时，σ^2 的置信度为 $1-\alpha$ 的置信区间为

$$\left(\frac{\sum_{i=1}^{n}(X_i-\mu)^2}{\chi^2_{\alpha/2}(n)}, \frac{\sum_{i=1}^{n}(X_i-\mu)^2}{\chi^2_{1-\alpha/2}(n)}\right).$$

(4)当 μ 未知时，σ^2 的置信度为 $1-\alpha$ 的置信区间为

$$\left(\frac{(n-1)S^2}{\chi^2_{\alpha/2}(n-1)}, \frac{(n-1)S^2}{\chi^2_{1-\alpha/2}(n-1)}\right).$$

2. 双正态总体的区间估计.

设 $X \sim N(\mu_1, \sigma_1^2)$，$X_1, X_2, \cdots, X_{n1}$ 为其样本，$Y \sim N(\mu_2, \sigma_2^2)$，$Y_1, Y_2, \cdots, Y_{n2}$ 为其样本，且 X 与 Y 独立.

(1)σ_1^2，σ_2^2 都为已知：$\mu_1-\mu_2$ 的 $1-\alpha$ 置信区间为

$$\left(\overline{X}-\overline{Y}-\mu_{\alpha/2}\sqrt{\frac{\sigma_1^2}{n_1}+\frac{\sigma_2^2}{n_2}}, \overline{X}-\overline{Y}+\mu_{\alpha/2}\sqrt{\frac{\sigma_1^2}{n_1}+\frac{\sigma_2^2}{n_2}}\right).$$

(2)$\sigma_1^2=\sigma_2^2=\sigma^2$ 未知：$\mu_1-\mu_2$ 的 $1-\alpha$ 置信区间为

$$\left(\overline{X}-\overline{Y}-t_{\alpha/2}S_\omega\sqrt{\frac{1}{n_1}+\frac{1}{n_2}}, \overline{X}-\overline{Y}+t_{\alpha/2}S_\omega\sqrt{\frac{1}{n_1}+\frac{1}{n_2}}\right).$$

(3)μ_1，μ_2 未知：方差比 σ_1^2/σ_2^2 的 $1-\alpha$ 置信区间为

$$\left(\frac{1}{F_{\alpha/2}(n_1-1, n_2-1)}S_1^2/S_1^2, F_{\alpha/2}(n_2-1, n_1-1)S_1^2/S_2^2\right).$$

本节内容是考研的基本内容. 主要题型为求正态分布参数的置信区间，其解法步骤并不复杂，首要问题是分清区间估计的类型，选择适合的估计公式，查表求得置信区间.

例题精解

基本题型Ⅰ：正态总体参数 μ 的区间估计

例1　已知一批零件的长度 X(单位：cm)服从正态分布 $N(\mu, 1)$，从中随

机地抽取 16 个零件，得到长度的平均值为 40(cm)，则 μ 的置信度为 0.95 的置信区间是________.(考研真题)

(注：标准正态分布函数值 $\Phi(1.96)=0.975$，$\Phi(1.645)=0.95$)

【思路探索】 本题属于正态总体下，当 σ^2 已知时，求 μ 的置信区间，代入公式 $\left(\bar{x}-\mu_{\frac{\alpha}{2}}\frac{\sigma}{\sqrt{n}},\bar{x}+\mu_{\frac{\alpha}{2}}\frac{\sigma}{\sqrt{n}}\right)$ 即可.

【解析】 属于正态总体，σ^2 已知，估计 μ 的类型.

因为 $1-\alpha=0.95$，所以 $\alpha=0.05$. 查表知 $\mu_{\frac{\alpha}{2}}=1.96$.

而 $n=16$，$\bar{x}=40$，由置信区间 $\left(\bar{x}-\mu_{\frac{\alpha}{2}}\frac{\sigma}{\sqrt{n}},\bar{x}+\mu_{\frac{\alpha}{2}}\frac{\sigma}{\sqrt{n}}\right)$ 知，μ 的置信度为 0.95 的置信区间是(39.51，40.49). 故应填(39.51，40.49).

【方法点击】 正态总体下参数的区间估计，最重要的是分清模型，其次要将常见公式牢记.

例 2　设一批零件的长度服从正态分布 $N(\mu,\sigma^2)$，其中 μ,σ 均未知，现从中随机抽取 16 个零件，测得样本均值 $\bar{x}=20$(cm)，样本标准差 $s=1$(cm). 则 μ 的置信度为 0.90 的置信区间是(　　). (考研真题)

(A) $\left(20-\frac{1}{4}t_{0.05}(16),20+\frac{1}{4}t_{0.05}(16)\right)$

(B) $\left(20-\frac{1}{4}t_{0.1}(16),20+\frac{1}{4}t_{0.1}(16)\right)$

(C) $\left(20-\frac{1}{4}t_{0.05}(15),20+\frac{1}{4}t_{0.05}(15)\right)$

(D) $\left(20-\frac{1}{4}t_{0.1}(15),20+\frac{1}{4}t_{0.1}(15)\right)$

【思路探索】 经过分析，本题属于在方差未知情况下求一个正态总体期望的置信区间，其公式为 $\left(\overline{X}-\frac{S}{\sqrt{n}}t_{\frac{\alpha}{2}}(n-1),\overline{X}+\frac{S}{\sqrt{n}}t_{\frac{\alpha}{2}}(n-1)\right)$.

【解析】 根据题意 μ 的置信区间为 $\left(\bar{x}-\frac{s}{\sqrt{n}}t_{\frac{\alpha}{2}},\bar{x}+\frac{s}{\sqrt{n}}t_{\frac{\alpha}{2}}\right)$，

即 $\left(20-\frac{1}{4}t_{0.05}(15),20+\frac{1}{4}t_{0.05}(15)\right)$. 故应选(C).

例 3　假如 0.50，1.25，0.80，2.00 是来自总体 X 的简单随机样本值，已知 $Y=\ln X$ 服从正态分布 $N(\mu,1)$.

(1)求 X 的数学期望 $E(X)$(记 $E(X)$ 为 b)；

(2)求 μ 的置信度为 0.95 的置信区间；

(3)利用上述结果求 b 的置信度为 0.95 的置信区间.(考研真题)

【思路探索】 分析可知,本题也是一个正态总体方差已知时求期望值 μ 的置信区间问题. 在 μ 的置信区间解得的情况下,利用 b 的表达式中含有 μ 这一特点,代入 μ 的置信区间即可得 b 的置信区间.

【解析】 (1)由题意知 Y 的概率密度为

$$f(y)=\frac{1}{\sqrt{2\pi}}e^{-\frac{(y-\mu)^2}{2}}.$$

又由 $Y=\ln X$,得 $X=e^Y$,

$$故\ b=E(X)=E(e^Y)=\int_{-\infty}^{+\infty}\frac{1}{\sqrt{2\pi}}e^y e^{-\frac{(y-\mu)^2}{2}}dy$$

$$=e^{\mu+\frac{1}{2}}\int_{-\infty}^{+\infty}\frac{1}{\sqrt{2\pi}}e^{-\frac{1}{2}[y-(\mu+1)]^2}dy=e^{u+\frac{1}{2}}.$$

(2)经过分析,μ 的置信区间公式为 $\left(\overline{Y}-\frac{\sigma}{\sqrt{n}}u_{\frac{\alpha}{2}},\overline{Y}+\frac{\sigma}{\sqrt{n}}u_{\frac{\alpha}{2}}\right)$.

由 $P\{|U|<u_{\frac{\alpha}{2}}\}=1-\alpha=0.95$,查表得 $u_{\frac{\alpha}{2}}=1.96$.

代入 $\sigma=1,n=4,\overline{Y}=\frac{1}{4}(\ln 0.5+\ln 1.25+\ln 0.8+\ln 2)=0$,得

$$\left(-\frac{1}{2}\times 1.96,\frac{1}{2}\times 1.96\right).$$

故 μ 的置信度为 0.95 的置信区间为$(-0.98,0.98)$.

(3)由(1)可知,$b=E(X)=e^{\mu+\frac{1}{2}}$.

又由(2)知,μ 的置信区间为$(-0.98,0.98)$,因为 e^x 为严格增函数,所以 b 的置信区间为$(e^{-0.98+\frac{1}{2}},e^{0.98+\frac{1}{2}})$,即$(e^{-0.48},e^{1.48})$.

例 4 从总体 $X_1\sim N(\mu_1,25)$ 中取出一容量为 $n_1=10$ 的样本,其样本均值 $\overline{X}_1=19.8$;从总体 $X_2\sim N(\mu_2,36)$ 中取出容量为 $n_2=12$ 的样本,其样本均值 $\overline{X}_2=24.0$,已知两个样本之间相互独立,求 $\mu_1-\mu_2$ 的 0.90 置信区间.

【解析】 这是 σ_1^2,σ_2^2 都为已知时,求均值差的区间估计问题.

由于 $1-\alpha=0.90$,故 $\frac{\alpha}{2}=0.05,u_{\alpha/2}=1.645$.

又因为 $n_1=10,n_2=12,\sigma_1^2=25,\sigma_2^2=25,\sigma_2^2=36$,

所以

$$\sqrt{\frac{\sigma_1^2}{n_1}+\frac{\sigma_2^2}{n_2}}=\sqrt{\frac{25}{10}+\frac{36}{12}}=\sqrt{5.5}=2.345,$$

$$\overline{X}_1-\overline{X}_2-u_{\alpha/2}\sqrt{\frac{\sigma_1^2}{n_1}+\frac{\sigma_2^2}{n_2}}=19.8-24.0-1.645\times2.345$$

$$=-4.2-3.858=-8.06,$$

$$\overline{X}_1-\overline{X}_2+u_{\alpha/2}\sqrt{\frac{\sigma_1^2}{n_1}+\frac{\sigma_2^2}{n_2}}=-4.2+3.858=-0.34.$$

因此,所求的 $\mu_1-\mu_2$ 的 0.90 置信区间为(−8.06,−0.34).

例 5 设有甲、乙两种安眠药,随机变量 X,Y 分别表示患者服用甲、乙药后睡眠时间的延长数,并假设 $X\sim N(\mu_1,\sigma^2)$,$Y\sim N(\mu_2,\sigma^2)$. 为比较两种药品的疗效,随机地从服用甲药的患者中选取 10 人,从服用乙药的患者中选取 10 人,分别测得睡眠延长时数的均值与方差:$\overline{X}=2.33$,$S_1^2=(1.9)^2$;$\overline{Y}=0.75$,$S_2^2=(28.9)^2$. 试求方差未知情况下 $\mu_1-\mu_2$ 的 95%置信区间.

【解析】 两正态总体的方差未知,但相等,小样本,取统计量

$$T=\frac{(\overline{X}-\overline{Y})-(\mu_1-\mu_2)}{S_w\sqrt{\frac{1}{n_1}+\frac{1}{n_2}}}\sim t(n_1+n_2-2)\quad(\text{这里 } n_1=n_2=10),$$

$$P\{|T|>t_{\alpha/2}(18)\}=\alpha\quad(\alpha=0.05).$$

查得 $t_{0.025}(18)=2.101$. 于是算得置信下限、上限分别为

$$(\overline{x}-\overline{y})-t_{0.025}(18)\cdot S_w\sqrt{\frac{1}{n_1}+\frac{1}{n_2}}$$

$$=(2.33-0.75)-2.101\times\sqrt{\frac{36.1+28.9}{18}}\times\sqrt{\frac{2}{10}}$$

$$=1.58-1.78=-0.20,$$

$$(\overline{x}-\overline{y})+t_{0.025}(18)\cdot S_w\sqrt{\frac{1}{n_1}+\frac{1}{n_2}}=1.58+1.78=3.36.$$

从而得 $\mu_1-\mu_2$ 的 95%置信区间为(−0.20,3.36).

基本题型Ⅱ:正态总体方差 σ^2 的区间估计

例 6 若在某学校中,随机抽取 25 名同学测量身高数据,假设所测身高近似服从正态分布,算得平均身高为 170 cm,标准差为 12 cm,试求该班学生身高标准差 σ 的 0.95 置信区间.

【思路探索】 根据题意分析,本题属于正态总体 μ 未知,求方差 σ^2 的区间估计,其置信区间公式为 $\left(\frac{(n-1)S^2}{\chi^2_{\alpha/2}(n-1)},\frac{(n-1)S^2}{\chi^2_{1-\alpha/2}(n-1)}\right)$.

【解析】 取统计量

$$\chi^2=\frac{(n-1)S^2}{\sigma^2}\sim\chi^2(n-1),$$

根据 $P\{\chi^2>\chi^2_{\alpha/2}(n-1)\}=P\{\chi^2<\chi^2_{1-\alpha/2}(n-1)\}=\alpha/2$.

经过查 χ^2 分布表，得 $\chi^2_{1-\alpha/2}(n-1)=\chi^2_{0.975}(24)=12.401$,

$$\chi^2_{\alpha/2}(n-1)=\chi^2_{0.025}(24)=39.364.$$

因此参数 σ^2 的置信度为 $1-\alpha=0.95$ 的置信区间为

$$\left(\frac{(n-1)S^2}{\chi^2_{\alpha/2}(n-1)},\frac{(n-1)S^2}{\chi^2_{1-\alpha/2}(n-1)}\right)=(87.80,278.69),$$

故 σ 的 0.95 的置信区间为 $(\sqrt{87.80},\sqrt{278.69})\approx(9.34,16.69)$.

例 7　某车间有两台自动机床加工一类套筒，假设套筒的直径服从正态分布.现从两个班次的产品中分别检查了 5 个和 6 个套筒，得其直径数据如下(单位：cm)：

1 班	5.06	5.08	5.03	5.00	5.07	
2 班	4.98	5.03	4.97	4.99	5.02	4.95

求两班加工的套筒直径方差比 $\frac{\sigma_1^2}{\sigma_2^2}$ 的 0.95 置信区间.

【解析】 $n_1=5,n_2=6,1-\alpha=0.95$.

查表得：

$$F_{0.975}(4,5)=\frac{1}{F_{0.025}(5,4)}=\frac{1}{9.36}=0.1068,$$

$$F_{0.025}(4,5)=7.39,$$

由数据算得 $s_1^2=0.00037,s_2^2=0.00092$.

故 $\frac{\sigma_1^2}{\sigma_2^2}$ 的置信区间为

$$\left(\frac{s_1^2}{s_1^2}\cdot\frac{1}{F_{\frac{\alpha}{2}}(n_1-1,n_2-1)},\frac{s_1^2}{s_2^2}\cdot F_{\frac{\alpha}{2}}(n_2-1,n_1-1)\right)=(0.0544,3.7657).$$

基本题型Ⅲ：非正态总体参数的区间估计

例 8　设总体 X 的方差 $\sigma^2=1$，根据来自 X 的容量为 100 的简单样本，测得样本均值为 5，则 X 的数学期望的置信度近似等于 0.95 的置信区间为________.(考研真题)

【解析】 设 $E(X)=\mu$，由中心极限定理 $U=\frac{\overline{X}-\mu}{\sigma/\sqrt{n}}$ 近似服从 $N(0,1)$.

令 $P\{|U|<\mu_{\frac{\alpha}{2}}\}\approx 1-0.05=0.95$，查正态分布表，得 $u_{\frac{\alpha}{2}}=1.96$，代入 X 的数学期望的置信区间 $\left(\overline{X}-u_{\frac{\alpha}{2}}\frac{\sigma}{\sqrt{n}},\overline{X}+u_{\frac{\alpha}{2}}\frac{\sigma}{\sqrt{n}}\right)$，经计算为(4.804,5.196).

故应填(4.804,5.196).

【方法点击】 本题未说明总体 X 为正态分布，因此直接套用正态总体 μ 的置信区间公式不妥，应该先用中心极限定理取近似，再根据定义求出置信区间.

基本题型Ⅳ：求置信区间的长度问题

例 9 从正态总体 $N(\mu,6^2)$ 中抽取容量为 n 的样本. 若保证 μ 的95%的置信区间的长度小于2，问 n 至少应取多大？

【解析】 由 $\sigma^2=6^2$ 得 $\frac{\overline{X}-\mu}{6}\sqrt{n}\sim N(0,1)$，故置信区间为 $\left(\overline{X}-u_{\frac{\alpha}{2}}\frac{\sigma}{\sqrt{n}},\overline{X}+u_{\frac{\alpha}{2}}\frac{\sigma}{\sqrt{n}}\right)$.

从而得均值 μ 的置信区间的长度为 $2u_{\frac{\alpha}{2}}\cdot\frac{\sigma}{\sqrt{n}}\leqslant 2$，

即 $n\geqslant(u_{\frac{\alpha}{2}}\cdot\sigma)^2=(1.96\times 6)^2\approx 139$.

第六节　(0－1)分布参数的区间估计

知识全解

【考点精析】

1. (0－1)分布参数 p 的区间估计.

设总体 $X\sim(0-1)$ 分布，$P\{X=1\}=p$，$P\{X=0\}=1-p$，求 p 的置信区间.

(1)选统计量 $Z=\sqrt{\frac{n}{p(1-p)}}(\overline{X}-p)\sim N(0,1)$.

(2)对置信度 $1-\alpha$，有 $P\{|Z|<z_{\frac{\alpha}{2}}\}=1-\alpha$.

(3)对上式分母中的 $p(1-p)$ 用 $\overline{X}(1-\overline{X})$ 近似，

$$P\left\{\overline{X}-z_{\frac{\alpha}{2}}\sqrt{\frac{\overline{X}(1-\overline{X})}{n}}<p<\overline{X}+z_{\frac{\alpha}{2}}\sqrt{\frac{\overline{X}(1-\overline{X})}{n}}\right\}=1-\alpha.$$

所以，p 的 $1-\alpha$ 置信区间为

$$(\underline{p},\overline{p})=\left(\overline{X}-z_{\frac{\alpha}{2}}\sqrt{\frac{\overline{X}(1-\overline{X})}{n}},\overline{X}+z_{\frac{\alpha}{2}}\sqrt{\frac{\overline{X}(1-\overline{X})}{n}}\right).$$

注意:这种方法中要求 n 充分大,一般应大于 50.

本节不属于考研数学大纲的范围.

例题精解

例 1　在一大批产品中取 100 件,经检验有 92 件正品,若记这批产品的正品率为 p,求 p 的 0.95 的置信区间.

【解析】这里正品率 p 就是(0—1)分布中的参数 p,$n=100$,算得上充分大. $1-\alpha=0.95$,$\alpha=0.05$,$\frac{\alpha}{2}=0.025$,$z_{0.025}=1.96$,样本中平均正品率 $\overline{x}=92/100=0.92$. 根据公式有

$$\overline{p}=\overline{x}+z_{\frac{\alpha}{2}}\sqrt{\overline{x}(1-\overline{x})/n}=0.92+1.96\sqrt{0.92\times0.08/100}=0.97,$$

$$\underline{p}=\overline{x}-z_{\frac{\alpha}{2}}\sqrt{\overline{x}(1-\overline{x})/n}=0.92-1.96\sqrt{0.92\times0.08/100}=0.87,$$

所以 p 的 0.95 的置信区间为(0.87,0.97).

第七节　单侧置信区间

知识全解

【知识结构】

【考点精析】

1. 单侧置信区间.

对于给定值 $\alpha(0<\alpha<1)$,若 $P\{\theta\geqslant\hat{\theta}_1\}=1-\alpha$,则称$[\hat{\theta}_1,+\infty)$为 θ 满足置信度 $1-\alpha$ 的置信区间,$\hat{\theta}_1$ 称为置信下限. 若 $P\{\theta\leqslant\hat{\theta}_2\}=1-\alpha$,则称$(-\infty,\hat{\theta}_2]$为 θ 满足置信度 $1-\alpha$ 的置信区间,$\hat{\theta}_2$ 称为置信上限.

2. 求置信度为 $1-\alpha$ 的单侧置信区间.

可通过求置信度为 $1-2\alpha$ 的双侧置信区间来解决. 欲求置信度为 $1-\alpha$ 的单侧置信区间$(\underline{\theta},+\infty)$或$(-\infty,\overline{\theta})$,可以先求置信度为 $1-2\alpha$ 的双侧置信区间$(\underline{\theta},\overline{\theta})$,由$(\underline{\theta},\overline{\theta})$自然就得出两个单侧置信区间$(-\infty,\overline{\theta})$和$(\underline{\theta},+\infty)$. 根据需要,取其中的一个,就是置信度为 $1-\alpha$ 的单侧置信区间.

例题精解

例 1 从一批电子元件中随机地抽取 10 只作寿命试验，其寿命（以小时计）如下：

1 498,1 499, 1 501,1 503,1 500,1 499,1 499,1 498,1 500,1 503,

设寿命服从正态分布. 试求其 95%置信下限.

【解析】 本例中，总体 $X \sim N(\mu,\sigma^2)$，且方差 σ^2 未知，故应使用 t 分布

$$\frac{(\overline{X}-\mu)\cdot\sqrt{n}}{S}\sim t(n-1),$$

因此时要求

$$P\left\{\frac{(\overline{X}-\mu)\sqrt{n}}{S}<t_\alpha(n-1)\right\}=1-\alpha,$$

于是得 μ 的单侧 95%置信区间为 $\left(\overline{X}-t_\alpha(n-1)\cdot\frac{S}{\sqrt{n}},+\infty\right)$.

对于给定的数据，具体计算如下：

$$\begin{aligned}\bar{x}=&\frac{1}{10}(1\,498+1\,499+1\,501+1\,503+1\,500+1\,499+\\&1\,499+1\,498+1\,500+1\,503)\\=&1\,500,\end{aligned}$$

$$\begin{aligned}s^2=&\frac{1}{10-1}[(1\,498-1\,500)^2+(1\,499-1\,500)^2+(1\,501-1\,500)^2+(1\,503-\\&1\,500)^2+(1\,500-1\,500)^2+(1\,499-1\,500)^2+(1\,499-1\,500)^2+(1\,498-\\&1\,500)^2+(1\,500-1\,500)^2+(1\,503-1\,500)^2]\\=&\frac{10}{3},\end{aligned}$$

又 $\qquad 1-\alpha=0.95,\alpha=0.05,t_{0.05}(10-1)=1.833\,1,$

故寿命均值的 95%单侧置信区间为

$$\left(1\,500-\frac{1}{\sqrt{10}}\times\sqrt{\frac{10}{3}}\times 1.833\,1,+\infty\right)\approx(1\,498.942,+\infty).$$

故 1 498.942 就是所求的置信下限.

本章整合

一 本章知识图解

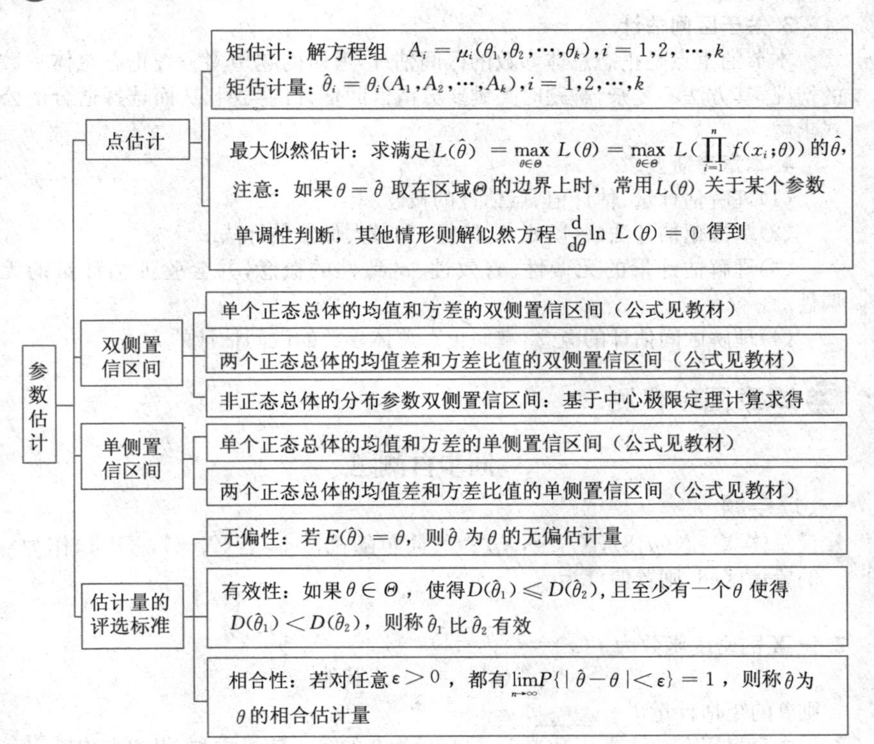

二 本章知识总结

1. 关于估计量的评选标准.

无偏估计是考研中常考的内容,一致估计和有效估计也要关注,题型多为验证是否是以上三种估计,解题思路是比较简单的,用定义基本就可以解决.

2. 关于点估计.

本节是考研的重点内容,求最大似然估计和求矩估计的题型经常出现.解法按照求解步骤即可,需注意的是在求最大似然估计时,似然函数求最大值点的两种类型.

3. 关于区间估计.

本节的重点是正态总体参数的区间估计,考研的题型多考查正态总体参数的情况,其方法不复杂,解题时关键要分清区间估计的类型,从而选择适合的公式求解.

4. 本章考研要求.

(1)理解估计量、估计值、点估计的概念.

(2)掌握矩估计法(一阶矩、二阶矩)和最大似然估计法.

(3)理解估计量的无偏性、有效性、一致性的概念,并会验证估计量的无偏性.

(4)理解区间估计的概念,掌握正态总体参数的区间估计的方法.

三 本章同步自测

同步自测题

一、填空题

1. 设总体 $X\sim N(\mu,8)$,$X_1,\cdots,X_{36}$ 为其简单随机样本,若$(\overline{X}-1,\overline{X}+1)$作为 μ 的置信区间,则置信度为______.

2. 设 X 的密度函数为 $f(x)=\begin{cases}\dfrac{2\theta^2}{(\theta^2-1)x^3}, & x\in(1,\theta),\\ 0, & \text{其他}.\end{cases}$

则 θ 的矩估计量 $\hat{\theta}=$______.

3. 设由来自正态总体 $X\sim N(\mu,0.9^2)$容量为 9 的简单随机样本,得样本均值 $\overline{X}=5$,则未知参数 μ 的置信度为 0.95 的置信区间是______.(考研真题)

4. 设 $\overline{X}$ 和 S^2 为总体 $B(m,p)$的样本均值和样本方差,若 $\overline{X}-kS^2$ 为 mp^2 的无偏估计,则 $k=$______.(考研真题)

5. 设总体 X 服从几何分布 $P\{X=k\}=p(1-p)^{k-1}$,$k=1,2,\cdots$. 又 $x_1,x_2,\cdots,x_n$ 是来自 X 的样本值,则 p 与 $E(X)$的最大似然估计分别为 $\hat{p}=$______,$E(\hat{X})=$______.

二、选择题

1. 设总体 $X \sim N(\mu,\sigma^2)$，则 μ 的置信区间长度 L 与置信度 $1-\alpha$ 的关系是(　　).

(A) $1-\alpha$ 减小时，L 变小　　(B) $1-\alpha$ 减小时，L 增大

(D) $1-\alpha$ 减小时，L 不变　　(D) $1-\alpha$ 减小时，L 增减不定

2. 设总体 X 是服从参数为 λ 的泊松分布，$X_1,\cdots,X_n$ 是其简单随机样本，均值为 $\overline{X}$，方差为 S^2. 已知 $\hat{\lambda}=a\overline{X}+(2-3a)S^2$ 为 λ 的无偏估计，则 $a=$(　　).

(A) -1　　(B) 0　　(C) $\frac{1}{2}$　　(D) 1

3. 设 X_1,X_2,X_3 是来自总体 X 的一个简单样本，则在下列 $E(X)$ 的估计量中，最有效的估计量是(　　).

(A) $\frac{1}{4}(X_1+2X_2+X_3)$　　(B) $\frac{1}{3}(X_1+X_2+X_3)$

(C) $\frac{1}{5}(X_1+3X_2+X_3)$　　(D) $\frac{1}{5}(2X_1+2X_2+X_3)$

4. 设总体 X 的数学期望 μ 与方差 σ^2 存在，$X_1,X_2,\cdots,X_n$ 是 X 的样本，则可以作为 σ^2 的无偏估计的是(　　).

(A) 当 μ 已知时，$\frac{1}{n}\sum_{i=1}^{n}(X_i-\mu)^2$　　(B) 当 μ 已知时，$\frac{1}{n-1}\sum_{i=1}^{n}(X_i-\mu)^2$

(C) 当 μ 未知时，$\frac{1}{n}\sum_{i=1}^{n}(X_i-\mu)^2$　　(D) 当 μ 未知时，$\frac{1}{n-1}\sum_{i=1}^{n}(X_i-\mu)^2$

5. 设总体 $X \sim N(\mu,\sigma^2)$，μ,σ^2 为未知参数，$X_1,X_2,\cdots,X_n$ 为样本，则 μ 的置信度为 $1-\alpha$ 的置信区间为(　　).

(A) $\left(\overline{X}-u_{\frac{\alpha}{2}}\frac{\sigma}{\sqrt{n}},\overline{X}+u_{\frac{\alpha}{2}}\frac{\sigma}{\sqrt{n}}\right)$　　(B) $\left(\overline{X}-t_{\frac{\alpha}{2}}(n)\frac{S}{\sqrt{n}},\overline{X}+t_{\frac{\alpha}{2}}(n)\frac{S}{\sqrt{n}}\right)$

(C) $\left(\overline{X}-t_{\frac{\alpha}{2}}(n-1)\frac{S}{\sqrt{n}},\overline{X}+t_{\frac{\alpha}{2}}(n-1)\frac{S}{\sqrt{n}}\right)$　(D) $\left(\frac{(n-1)S^2}{\chi^2_{\frac{\alpha}{2}}(n-1)},\frac{(n-1)S^2}{\chi^2_{1-\frac{\alpha}{2}}(n-1)}\right)$

三、解答题

1. 设总体 X 的概率密度为

$$f(x)=\begin{cases}\lambda^2 x\mathrm{e}^{-\lambda x}, & x>0,\\ 0, & \text{其他},\end{cases}$$

其中参数 $\lambda(\lambda>0)$ 未知，$X_1,X_2,\cdots,X_n$ 是来自总体 X 的简单随机样本.

(1)求参数 λ 的矩估计量；

(2)求参数 λ 的最大似然估计量.(考研真题)

2. 设总体 X 的分布函数为

$$F(x;\theta)=\begin{cases}1-\mathrm{e}^{-\frac{x^2}{\theta}}, & x\geqslant 0,\\ 0, & x<0,\end{cases}$$

其中 θ 是未知参数且大于零. $X_1,X_2,\cdots,X_n$ 为来自总体 X 的简单随机样本.

(Ⅰ)求 $E(X)$ 与 $E(X^2)$；

(Ⅱ)求 θ 的最大似然估计量 $\hat{\theta}_n$；

(Ⅲ)是否存在实数 a,使得对任何 $\varepsilon>0$,都有 $\lim\limits_{n\to\infty}P\{|\hat{\theta}_n-a|\geqslant\varepsilon\}=0$?(考研真题)

3. 设 $X_1,X_2,\cdots,X_n$ 是总体 $N(\mu,\sigma^2)$ 的简单随机样本.记

$$\overline{X}=\frac{1}{n}\sum_{i=1}^{n}X_i,S^2=\frac{1}{n-1}\sum_{i=1}^{n}(X_i-\overline{X})^2,T=\overline{X}^2-\frac{1}{n}S^2.$$

(1)证明 T 是 μ^2 的无偏估计量；

(2)当 $\mu=0,\sigma=1$ 时,求 $D(T)$.(考研真题)

4. 从长期生产实践知道,某厂生产的 100W 灯泡的使用寿命 $X\sim N(\mu,100^2)$(单位:h)现从某一批灯泡中抽取 5 只,测得使用寿命如下：

1 455　1 502　1 370　1 610　1 430

试求这批灯泡平均使用寿命 μ 的置信区间(α 分别为 0.1 和 0.05).

5. 冷抽铜丝的折断力服从正态分布.从一批铜丝中任取 10 根,测试折断力,得数据(单位:kg)如下：

578,572,570,568,572,570,570,596,584,572

求方差 σ^2 和标准差 σ 的 90%的置信区间.

自测题答案

一、填空题

1. 0.966　**2.** $\dfrac{\overline{X}}{2-\overline{X}}$　**3.** (4.412,5.588)　**4.** 1　**5.** $\dfrac{1}{\overline{X}}$;$\overline{X}$

1. 解:本题属于已知 σ^2,估计 μ 的类型.

μ 的满足置信度为 $1-\alpha$ 的置信区间应为 $\left(\overline{X}-u_{\frac{\alpha}{2}}\dfrac{\sigma}{\sqrt{n}},\overline{X}+u_{\frac{\alpha}{2}}\dfrac{\sigma}{\sqrt{n}}\right)$.

由题意 $u_{\frac{\alpha}{2}}\dfrac{\sigma}{\sqrt{n}}=1$,且 $\sigma=\sqrt{8},n=36$,故 $u_{\frac{\alpha}{2}}=2.12$,

查表可得置信度 $1-\alpha=0.966$.

2. 解:$E(X)=\int_1^\theta x\cdot\dfrac{2\theta^2}{(\theta^2-1)x^3}\mathrm{d}x=\dfrac{2\theta}{\theta+1}$,

令 $E(X)=\overline{X}$,即 $\dfrac{2\theta}{\theta+1}=\overline{X}$,解得 $\hat{\theta}=\dfrac{\overline{X}}{2-\overline{X}}$ 即为所求.

3. 解:因为 μ 的置信区间为 $(\overline{X}-u_{\frac{\alpha}{2}}\dfrac{\sigma}{\sqrt{n}},\overline{X}+u_{\frac{\alpha}{2}}\dfrac{\sigma}{\sqrt{n}})$,

查 $N(0,1)$ 分布表得到 $u_{0.025}=1.96$,代入 $\overline{X}=5,n=9,\sigma=0.9$ 得

$$\left(5-\frac{0.9}{\sqrt{9}}\times1.96,5+\frac{0.9}{\sqrt{9}}\times1.96\right),$$

因此参数 μ 置信度为 0.95 的置信区间为(4.412,5.588).

4. 解:因为 $E(\overline{X})=mp,E(S^2)=mp(1-p)$.

于是 $E(\overline{X}-kS^2)=mp-kmp(1-p)=mp^2$,则 $k=1$.

5. 解：$L(p) = p^n(1-p)^{\sum\limits_{i=1}^{n} x_i - n}$，

令 $\dfrac{\mathrm{d}\ln L}{\mathrm{d}p} = 0$，解得 $p = \dfrac{n}{\sum\limits_{i=1}^{n} x_i} = \dfrac{1}{\overline{X}}$，

故 $\hat{p} = \dfrac{1}{\overline{X}}$ 即为 p 的最大似然估计.

而 $E(X) = \dfrac{1}{p}$，故 $E(\hat{X}) = \dfrac{1}{\hat{p}} = \overline{X}$ 为 $E(X)$ 的最大似然估计.

二、选择题

1. (A) **2.** (C) **3.** (B) **4.** (A) **5.** (C)

1. 解：无论 σ^2 是否已知，由标准正态分布或 t 分布的几何意义都可看出，当样本容量 n 固定时，置信度提高，则置信区间长度变大，反之，则长度减少.（由公式也能得出同样结论）. 故应选(A).

2. 解：因为 $X \sim P(\lambda)$，所以 $E(X)=D(X)=\lambda$，则

$$E(\overline{X})=E(X)=\lambda, E(S^2)=D(X)=\lambda.$$

又 $E(\hat{\lambda})=\lambda$，则 $a\lambda+(2-3a)\lambda=\lambda$，

解得 $a=\dfrac{1}{2}$. 故应选(C).

3. 解：因为(B)中统计量的方差是 $\dfrac{D(X)}{3}$ 为最小，故最有效.

4. 解：当 μ 未知时，$\dfrac{1}{n}\sum\limits_{i=1}^{n}(X_i-\mu)^2$ 与 $\dfrac{1}{n-1}\sum\limits_{i=1}^{n}(X_i-\mu)^2$ 都不是统计量，因而不能作为 σ^2 的估计量，故(C)，(D) 不正确.

当 μ 已知时，$\dfrac{1}{n}\sum\limits_{i=1}^{n}(X_i-\mu)^2$ 与 $\dfrac{1}{n-1}\sum\limits_{i=1}^{n}(X_i-\mu)^2$ 都是统计量，其中

$$E\left[\frac{\sum\limits_{i=1}^{n}(X_i-\mu)^2}{n}\right] = \frac{E\left[\sum\limits_{i=1}^{n}(X_i-\mu)^2\right]}{n} = \frac{\sum\limits_{i=1}^{n}E(X_i-\mu)^2}{n}$$

$$= \frac{\sum\limits_{i=1}^{n}D(X_i)}{n} = \frac{\sum\limits_{i=1}^{n}\sigma^2}{n} = \sigma^2,$$

$$E\left[\frac{\sum\limits_{i=1}^{n}(X_i-\mu)^2}{n-1}\right] = \frac{n}{n-1}\sigma^2.$$

则 $\dfrac{1}{n}\sum\limits_{i=1}^{n}(X_i-\mu)^2$ 是 σ^2 的无偏估计量. 故应选(A).

5. 解：σ^2 未知时，μ 的置信区间应为 $\left(\overline{X}-t_{\frac{\alpha}{2}}(n-1)\dfrac{S}{\sqrt{n}}, \overline{X}+t_{\frac{\alpha}{2}}(n-1)\dfrac{S}{\sqrt{n}}\right)$，故应选(C).

三、解答题

1. 解:(1)$E(X)=\int_{-\infty}^{+\infty}xf(x)\mathrm{d}x=\int_{0}^{+\infty}\lambda^2x^2\mathrm{e}^{-\lambda x}\mathrm{d}x=\dfrac{2}{\lambda}$.

令 $\overline{X}=E(X)$,即 $\overline{X}=\dfrac{2}{\lambda}$,得 λ 的矩估计量为 $\hat{\lambda}_1=\dfrac{2}{\overline{X}}$.

(2) 设 $x_1,x_2,\cdots,x_n(x_i>0,i=1,2,\cdots,n)$ 为样本观测值,则似然函数为

$$L(x_1,x_2,\cdots,x_n;\lambda)=\lambda^{2n}\mathrm{e}^{-\lambda\sum\limits_{i=1}^{n}x_i}\prod_{i=1}^{n}x_i,$$

$$\ln L=2n\ln\lambda-\lambda\sum_{i=1}^{n}x_i+\sum_{i=1}^{n}\ln x_i,$$

由$\dfrac{\mathrm{d}\ln L}{\mathrm{d}\lambda}=\dfrac{2n}{\lambda}-\sum\limits_{i=1}^{n}x_i=0$,得 λ 的最大似然估计量为 $\hat{\lambda}_2=\dfrac{2}{\overline{X}}$.

2. 解:(Ⅰ)总体 X 的概率密度为 $f(x;\theta)=\begin{cases}\dfrac{2x}{\theta}\mathrm{e}^{-\frac{x^2}{\theta}}, & x\geqslant 0,\\ 0, & x<0.\end{cases}$

$$E(X)=\int_0^{+\infty}x\cdot\frac{2x}{\theta}\mathrm{e}^{-\frac{x^2}{\theta}}\mathrm{d}x=-\int_0^{+\infty}x\mathrm{d}\mathrm{e}^{-\frac{x^2}{\theta}}=\int_0^{+\infty}\mathrm{e}^{-\frac{x^2}{\theta}}\mathrm{d}x$$

$$=\frac{\sqrt{\pi\theta}}{2}\cdot\frac{1}{\sqrt{\pi\theta}}\int_{-\infty}^{+\infty}\mathrm{e}^{-\frac{x^2}{\theta}}\mathrm{d}x=\frac{\sqrt{\pi\theta}}{2},$$

$$E(X^2)=\int_0^{+\infty}x^2\cdot\frac{2x}{\theta}\mathrm{e}^{-\frac{x^2}{\theta}}\mathrm{d}x=\theta\int_0^{+\infty}u\mathrm{e}^{-u}\mathrm{d}u=\theta.$$

(Ⅱ)设 $x_1,x_2,\cdots,x_n$ 为样本观测值,似然函数为

$$L(\theta)=\prod_{i=1}^{n}f(x_i)=\begin{cases}\dfrac{2^nx_1x_2\cdot\cdots\cdot x_n}{\theta^n}\mathrm{e}^{-\frac{1}{\theta}\sum\limits_{i=1}^{n}x_i^2}, & x_1,x_2,\cdots,x_n>0,\\ 0, & \text{其他}.\end{cases}$$

当 $x_1,x_2,\cdots,x_n>0$ 时,$\ln L(\theta)=n\ln 2+\sum\limits_{i=1}^{n}\ln x_i-n\ln\theta-\dfrac{1}{\theta}\sum\limits_{i=1}^{n}x_i^2$.

令$\dfrac{\mathrm{d}\ln L(\theta)}{\mathrm{d}\theta}=-\dfrac{n}{\theta}+\dfrac{1}{\theta^2}\sum\limits_{i=1}^{n}x_i^2=0$,得 θ 的最大似然估计值为 $\hat{\theta}_n=\dfrac{1}{n}\sum\limits_{i=1}^{n}x_i^2$,

从而 θ 的最大似然估计量为 $\hat{\theta}_n=\dfrac{1}{n}\sum\limits_{i=1}^{n}X_i^2$.

(Ⅲ)存在,$a=\theta$.

因为$\{X_n^2\}$是独立同分布的随机变量序列,且 $E(X_1^2)=\theta<+\infty$,所以根据辛钦大数定律,当 $n\to\infty$时,$\hat{\theta}_n=\frac{1}{n}\sum\limits_{i=1}^{n}X_i^2$ 依概率收敛于$E(X_1^2)$,即 θ. 所以对任何 $\varepsilon>0$ 都有$\lim\limits_{n\to\infty}P\{|\hat{\theta}_n-\theta|\geqslant\varepsilon\}=0$.

3. 解:(1)因为

$$E(T)=E(\overline{X}^2-\frac{1}{n}S^2)=E(\overline{X}^2)-\frac{1}{n}E(S^2)$$

$$=[E(\overline{X})]^2+D(\overline{X})-\frac{1}{n}E(S^2)=\mu^2+\frac{\sigma^2}{n}-\frac{\sigma^2}{n}=\mu^2,$$

所以 T 是 μ^2 的无偏估计量.

(2)当 $\mu=0,\sigma=1$ 时,有$\sqrt{n}\,\overline{X}\sim N(0,1)$,$n\,\overline{X}\sim\chi^2(1)$,$(n-1)S^2\sim\chi^2(n-1)$.

于是 $D(n\overline{X}^2)=2$,$D[(n-1)S^2]=2(n-1)$,

$$D(T)=D(\overline{X}^2-\frac{1}{n}S^2)\text{(注意 }\overline{X}\text{ 与 }S^2\text{ 独立)}$$
$$=D(\overline{X}^2)+\frac{1}{n^2}D(S^2)$$
$$=\frac{1}{n^2}D(\sqrt{n}\,\overline{X})^2+\frac{1}{n^2}\cdot\frac{1}{(n-1)^2}D[(n-1)S^2]$$
$$=\frac{2}{n^2}\cdot(1+\frac{1}{n-1})=\frac{2}{n(n-1)}.$$

4.解:由样本值得

$\overline{X}=\frac{1}{5}(1\ 455+1\ 502+1\ 870+1\ 610+1\ 430)=1\ 473.4$,

当 $\alpha=0.1$ 时,查表得 $u_{\alpha/2}=1.64$,故

$$\overline{X}-u_{\alpha/2}\frac{\sigma}{\sqrt{n}}=1\ 473.4-1.64\times\frac{100}{\sqrt{5}}=1\ 400.1,$$
$$\overline{X}+u_{\alpha/2}\frac{\sigma}{\sqrt{n}}=1\ 473.4+1.64\times\frac{100}{\sqrt{5}}=1\ 546.7,$$

于是在置信度 90%下,平均使用寿命 μ 的置信区间为(1 400.1,1 546.7).

当 $\alpha=0.05$ 时,查表得 $u_{\alpha/2}=1.96$,故

$$\overline{X}-u_{\alpha/2}\frac{\sigma}{\sqrt{n}}=1\ 473.4-1.96\times\frac{100}{\sqrt{5}}=1\ 385.7,$$
$$\overline{X}+u_{\alpha/2}\frac{\sigma}{\sqrt{n}}=1\ 473.4+1.96\times\frac{100}{\sqrt{5}}=1\ 561.1,$$

于是在置信度 95%下,平均使用寿命 μ 的置信区间为(1 385.7,1 561.1).

5.解:$\overline{X}=\frac{1}{10}(578+572+570+568+572+570+570+596+584+572)=575.2$,

$$S^2=\frac{1}{10-1}[(578-575.2)^2+(572-575.2)^2+(570-575.2)^2+(568-575.2)^2+(572-575.2)^2+(570-575.2)^2+(570-575.2)^2+(596-575.2)^2+(584-575.2)^2+(572-575.2)^2]$$
$$=75.73.$$

查 χ^2 分布表得

$$\chi^2_{\alpha/2}(9)=\chi^2_{0.05}(9)=16.919,\chi^2_{1-\alpha/2}(9)=\chi^2_{0.95}(9)=3.325,$$

故

$$\frac{(n-1)S^2}{\chi^2_{\alpha/2}(9)}=\frac{9\times75.73}{16.919}=40.28,$$
$$\frac{(n-1)S^2}{\chi^2_{1-\alpha/2}(9)}=\frac{9\times75.73}{3.325}=204.98,$$

于是得 σ^2 的 90%的置信区间为(40.28,240.98),σ 的 90%的置信区间为(6.35,14.32).

第八章　假设检验

本章主要介绍了假设检验的概念,两类错误,一个正态总体期望、方差的假设检验和两个正态总体期望、方差的检验,作为选学内容,也介绍了一点关于总体分布的假设检验的问题.

假设检验是统计推断中的一类重要问题,具有较强的实用性．考研数学大纲,对本章内容有一定要求,但在以往的考研数学中很少考查．

第一节　假设检验

知识全解

【知识结构】

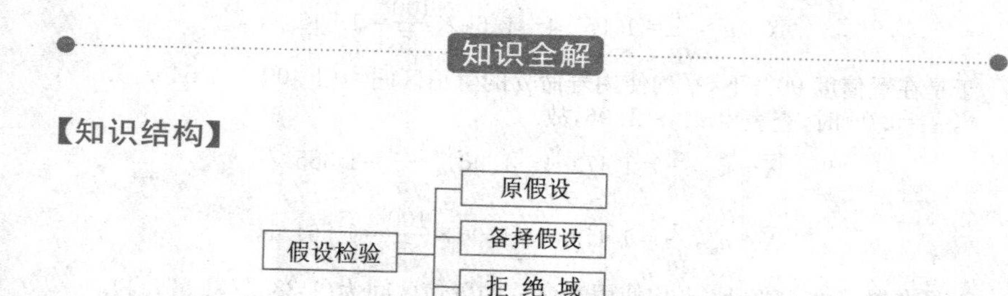

【考点精析】

1. 假设检验.

对总体的分布类型或分布中的某些未知参数作出某种假定,然后抽取一个子样并选择一个合适的检验统计量,利用检验统计量的观察值和预先给定的误差 α,对所作假设成立与否作出定性判断,只对分布中未知参数提出假设并作检验,则称为参数假设检验.

2. 假设检验基本思想的依据是小概率原理.

小概率原理是指概率很小的事件在试验中发生的频率也很小,因此小概率事件在一次试验中不可能发生.

当对问题提出待检假设 H_0,并要检验它是否可信时,先假定 H_0 正确．在这个假定下,经过一次抽样,若小概率事件发生了,就做出拒绝 H_0 的决定;否则,若小概率事件未发生,则接受 H_0.

3. 两类错误.

人们作出判断的依据是一个样本，样本是随机的，因而人们进行假设检验判断 H_0 可信与否时，不免发生误判而犯两类错误.

第一类错误：H_0 为真，而检验结果将其否定，这称为“弃真”错误；

第二类错误：H_0 不真，而检验结果将其接受，这称为“取伪”错误.

分别记犯第一、第二错误的概率为 $0<\alpha,\beta<1$，即 $\alpha=P\{$拒绝 $H_0|H_0$ 为真$\}$，$\beta=P\{$接受 $H_0|H_0$ 不真$\}$. 人们自然希望 α,β 越小越好，但当样本容量 n 固定时，一般说来，不能同时做到使 α,β 都很小，在本教程范围内，只考虑将犯第一类错误的概率 α 控制在某一范围内的情形.

例题精解

基本题型：关于两类错误的概念及犯两类错误的概率计算

例1　在假设检验中，H_0 表示原假设，H_1 为备择假设，则称为犯第二类错误是(　　).

(A) H_1 不真，接受 H_1　　(B) H_1 不真，接受 H_0

(C) H_0 不真，接受 H_1　　(D) H_0 不真，接受 H_0

【解析】　应选(D).

例2　假设 $X_1,X_2,\cdots,X_{36}$ 是来自正态总体 $N(\mu,0.04)$ 的简单随机样本，其中 μ 为未知参数，记 $\overline{X}=\frac{1}{36}\sum_{i=1}^{36}X_i$，现检验问题 $H_0:\mu=0.5,H_1:\mu=\mu_1>0.5$，并取检验否定域 $D=\{(x_1,x_2,\cdots,x_{36}):\overline{X}>C\}$，检验显著性水平 $\alpha=0.05$. 试计算：(1)常数 C；(2)若 $\alpha=0.05,\mu_1=0.65$ 时，犯第二类错误的概率是多少？

【解析】　(1)若假设 H_0 成立，即 $\mu=0.5$，那么总体 $X\sim N(0.5,0.04)$，$\overline{X}\sim N\left(0.5,\frac{1}{900}\right)$. 根据题意可知

$$\alpha=P\{\text{拒绝 } H_0|H_0 \text{ 为真}\}=P\{\overline{X}>C\}=1-P\{\overline{X}\leqslant C\}$$

$$=1-P\left\{\frac{\overline{X}-0.5}{\frac{1}{30}}\leqslant\frac{C-0.5}{\frac{1}{30}}\right\}=1-\Phi_0(30C-15)=0.05,$$

那么 $\Phi_0(30C-15)=0.95$，查表得 $30C-15=1.654$，即 $C=0.554\,8$.

(2)若假设 H_1 成立，即 $\mu=\mu_1=0.65$，那么总体 $X\sim N(0.65,0.04)$，$\overline{X}\sim N\left(0.6,\frac{1}{900}\right)$. 根据题意知

$$\beta=P\{\text{接受 } H_0|H_0 \text{ 不真}\}=P\{\overline{X}<C\}=P\left\{\frac{\overline{X}-0.65}{\frac{1}{30}}<\frac{C-0.65}{\frac{1}{30}}\right\}$$

$=\Phi_0[30\times(0.5548-0.65)]=\Phi_0(-2.855)=1-\Phi(2.86)$

$=1-0.9979=0.0021.$

第二节　正态总体均值的假设检验

知识全解

【知识结构】

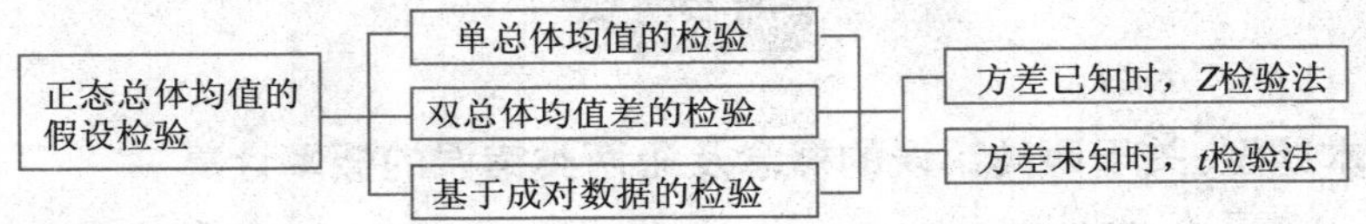

【考点精析】

1. 单个正态总体均值的假设检验.

设总体为 $X\sim(\mu,\sigma^2)$，$X_1,X_2,\cdots,X_n$ 为其样本．

(1)σ^2 已知，检验假设 $H_0:\mu=\mu_0$，$H_1:\mu\neq\mu_0$.

检验步骤为：

①提出待检假设 $H_0:\mu=\mu_0$（μ_0 已知）；

②选取样本$(X_1,X_2,\cdots,X_n)$的统计量 $U=\dfrac{\overline{X}-\mu_0}{\sigma_0\sqrt{n}}$（$\sigma_0$ 已知），在 H_0 成立时，$U\sim N(0,1)$；

③对给定的显著性水平 α，查表确定临界值 $u_{\alpha/2}$，使得 $P\{|U|>u_{\alpha/2}\}=\alpha$，计算检验统计量 U 的观察值并与临界值 $u_{\alpha/2}$ 比较；

④作出判断：若 $|u|>u_{\alpha/2}$，则拒绝 H_0；若 $|u|<u_{\alpha/2}$，则接受 H_0.

(2)σ^2 未知，检验假设 $H_0:\mu=\mu_0$，$H_1:\mu\neq\mu_0$.

检验步骤为：

① 提出待检假设 $H_0:\mu=\mu_0$（μ_0 已知）；

② 选取样本$(X_1,X_2,\cdots,X_n)$ 的统计量 $T=\dfrac{\overline{X}-\mu_0}{S/\sqrt{n}}$，其中 $S^2=\dfrac{1}{n-1}\sum\limits_{i=1}^{n}(X_i-\overline{X})^2$，当 H_0 为真时，$T\sim t(n-1)$；

③对给定的显著性水平 α，查表确定临界值 $t_{\alpha/2}$，使 $P\{|T|>t_{\alpha/2}\}=\alpha$，并依据样本计算 T 的观察值，然后与 $t_{\alpha/2}$ 比较；

④作出判断：若 $|t|\geqslant t_{\alpha/2}$，则拒绝 H_0；若 $|t|<t_{\alpha/2}$，则接受 H_0.

2. 两个正态总体均值差的假设检验.

设 $X\sim N(\mu_1,\sigma_1^2)$，$Y\sim N(\mu_2,\sigma_2^2)$，$(X_1,X_2,\cdots,Xn_1)$和$(Y_1,Y_2,\cdots,Yn_2)$分别是来自总体 X 和 Y 的样本，$\overline{X},S_1^2$ 和 $\overline{Y},S_2^2$ 是相应的样本的均值和方差.

(1)σ_1^2,σ_2^2 已知，检验假设 $H_0:\mu_1=\mu_2$；$H_1:\mu_1\neq\mu_2$.

选取统计量 $U=\dfrac{\overline{X}-\overline{Y}}{\sqrt{\dfrac{\sigma_1^2}{n_1}+\dfrac{\sigma_2^2}{n_2}}}\sim N(0,1)$.

拒绝域为 $|U|>u_{\frac{\alpha}{2}}$.

(2)σ_1^2,σ_2^2 未知，检验假设 $H_0:\mu_1=\mu_2$；$H_1:\mu_1\neq\mu_2$. 常见的三种特殊情形：

①当 n_1,n_2 较大时：选取统计量 $U=\dfrac{\overline{X}-\overline{Y}}{\sqrt{\dfrac{S_1^2}{n_1}+\dfrac{S_2^2}{n_2}}}\overset{\text{近似}}{\sim}N(0,1)$.

拒绝域为 $|U|>u_{\frac{\alpha}{2}}$.

②$\sigma_1^2=\sigma_2^2$ 时：选取检验统计量 $T=\dfrac{\overline{X}-\overline{Y}}{\sqrt{\dfrac{(n_1-1)S_1^2+(n_2-1)S_2^2}{n_1+n_2-2}}\sqrt{\dfrac{1}{n_1}+\dfrac{1}{n_2}}}$，当 H_0 为真时，$T\sim t(n_1+n_2-2)$.

显著性水平为 α 的拒绝域为 $|T|>t_{\frac{\alpha}{2}}(n_1+n_2-2)$.

③$\sigma_1^2\neq\sigma_2^2$，但 $n_1=n_2$（配对问题）：令 $D_i=X_i-Y_i(i=1,2,\cdots,n)$，则 $D_i\sim N(\mu_D,\sigma_D^2)$，其中 $\mu_D=\mu_1-\mu_2$，$\sigma_D^2=\sigma_1^2+\sigma_2^2$（未知）.

此时检验假设等价于 $H_0:\mu_D=0$；$H_1:\mu_D\neq0$.

选取统计量 $T=\dfrac{\overline{D}-\mu_D}{\dfrac{S_D}{\sqrt{n}}}\sim t(n-1)$.

拒绝域为 $|T|>t_{\frac{\alpha}{2}}(n-1)$.

3. 单侧检验.

在假设检验中，如果只关心总体参数是否偏大或偏小，此时可将拒绝域确定在某一侧，这种检验称为单侧检验，单侧检验可由双侧检验修改转化而得到. 常用基本类型举例：

(1)σ^2 已知，检验假设 $H_0:\mu\leqslant\mu_0$；$H_1:\mu>\mu_0$

（有时也写成 $H_0:\mu=\mu_0$；$H_1:\mu>\mu_0$）.

选取 $U=\dfrac{\overline{X}-\mu_0}{\dfrac{\sigma}{\sqrt{n}}}$，拒绝域为 $U>\mu_\alpha$.

(2)σ^2 已知，检验假设 $H_0:\mu\geqslant\mu_0$；$H_1:\mu<\mu_0$.

第八章

选取$U=\dfrac{\overline{X}-\mu_0}{\frac{\sigma}{\sqrt{n}}}$,拒绝域为$U<-\mu_\alpha$.

(3)σ^2 未知,检验假设 $H_0:\mu\leqslant\mu_0$;$H_1:\mu>\mu_0$.

选取$T=\dfrac{\overline{X}-\mu_0}{\frac{S}{\sqrt{n}}}$,拒绝域为$T>t_\alpha(n-1)$.

(4)σ^2 未知,检验假设 $H_0:\mu\geqslant\mu_0$;$H_1:\mu<\mu_0$.

选取$T=\dfrac{\overline{X}-\mu_0}{\frac{S}{\sqrt{n}}}$,拒绝域为$T<-t_\alpha(n-1)$.

例题精解

基本题型Ⅰ:关于单个正态总体期望μ的检验

例 1　已知某炼铁厂铁水含碳量服从正态分布$N(4.55,0.108^2)$,现在测定了9种铁水,其平均含碳量为4.84.若估计方差没有变化,可否认为现在生产的铁水平均含碳量仍为4.55($\alpha=0.05$)?

【解析】 (1)根据题意,建立检验假设$H_0:\mu=\mu_0=4.55$,$H_1:\mu\neq\mu_0$.

(2)由于已知$\sigma^2=0.108^2$,故在H_0成立条件下选取统计量

$$U=\frac{\overline{X}-\mu_0}{\sigma/\sqrt{n}}\sim N(0,1).$$

(3)已知$\alpha=0.05$,查表知$u_{\frac{\alpha}{2}}=1.96$.

(4)由于$\overline{X}=4.84$,$n=9$,$\sigma=0.108$.故U的观测值为

$$|U|=1.833<1.96=u_{\frac{\alpha}{2}}.$$

因此接受H_0,即认为现生产的铁水平均含碳量仍为4.55.

例 2　设某次考试的考生成绩服从正态分布,从中随机地抽取36位考生的成绩,算得平均成绩为66.5分,标准差为15分.问在显著性水平0.05下,是否可以认为这次考试全体考生的平均成绩为70分?并给出检验过程.(考研真题)

【解析】 设该次考试的考生成绩为X,则$X\sim N(\mu,\sigma^2)$.且σ^2未知.

根据题意建立假设H_0:$\mu=\mu_0=70$,$H_1:\mu\neq70$,选取检验统计量

$$T=\frac{\overline{X}-\mu_0}{S/\sqrt{n}},$$

当H_0成立时,$\mu=\mu_0=70$,有$T=\dfrac{\overline{X}-70}{S}\sqrt{36}\sim t(35)$,因为$\overline{X}=66.5$,$S=$

15,从而 $t=\frac{66.5-70}{15}\sqrt{36}=-1.4$.

查表可得 $t_{0.025}(35)=2.0301$. 因为 $|t|=1.4<2.0301$,所以接受 H_0,即在显著性水平 0.05 下可以认为这次考试全体考生的平均成绩为 70 分.

例 3　某厂生产的一种铜丝,它的主要质量指标是折断力大小.根据以往资料分析,可以认为折断力 X 服从正态分布,且数学期望 $\mu=570$kg,标准差 $\sigma=8$kg,今换了原材料新生产一批铜丝,并从中抽出 10 个样品,测得折断力为(单位:kg):

578,572,568,570,572,570,570,572,596,584

从性质上看,估计折断力的方差不会变化,问这批铜丝的折断力是否比以往生产的铜丝的折断力较大($\alpha=0.05$)?

【解析】　依题意,假设 $H_0:\mu\leqslant 570,H_1:\mu>570$.

易算出 $\overline{X}=575.2$,因此

$$\frac{\overline{X}-570}{\frac{\sigma}{\sqrt{n}}}=\frac{575.2-570}{\frac{8}{\sqrt{10}}}=2.055.$$

当 $\alpha=0.05$ 时,查标准正态分布表得 $\mu_\alpha=1.645$,因为

$$\frac{\overline{X}-570}{\frac{\sigma}{\sqrt{n}}}=2.055>1.645=\mu_\alpha,$$

故拒绝假设 H_0,接受 H_1,即认为新生产的铜丝的折断力比以往生产铜丝的折断力要大.

【方法点击】　例 1、例 2 属于双侧检验,例 3 属于单侧检验.要根据题意确定合理的检验方法,两种检验法所选择的统计量是相同的,区别在于假设不同,拒绝域不同.

基本题型Ⅱ:关于双正态总体 $\mu_1-\mu_2$ 的假设检验

例 4　用甲、乙两种方法生产同一种药品,其药品得率的方差分别为 $\sigma_1^2=0.46,\sigma_2^2=0.37$. 现测得甲方法生产的药品得率的 25 个数据,$\overline{X}=3.81$;乙方法生产的药品得率的 30 个数据,$\overline{Y}=3.56$. 设得率服从正态分布.问甲、乙两种方法的平均得率是否有显著的差异?($\alpha=0.05$)

【解析】　(1)根据题意,建立检验假设 $H_0:\mu_1=\mu_2,H_1:\mu_1\neq\mu_2$.

(2)由于方差已知,故在 H_0 成立时,选取统计量

$$U=\frac{\overline{X}-\overline{Y}}{\sqrt{\frac{\sigma_1^2}{n_1}+\frac{\sigma_2^2}{n_2}}}\sim N(0,1).$$

(3)$\alpha=0.05$,查表得 $u_{0.025}=1.960$.

(4)计算 $|u|=\left|\dfrac{3.81-3.56}{\sqrt{\dfrac{0.46}{25}+\dfrac{0.37}{30}}}\right|=1.426<1.960$.

因此接受 H_0,即认为两种方法的平均得率没有显著差异.

例 5　某香烟厂生产甲、乙两种香烟,独立地随机抽取容量大小相同的烟叶标本,测量尼古丁含量的毫克数,一实验室分别做了六次测定,数据记录如下:

甲	25	28	23	26	29	22
乙	28	23	30	25	21	27

假定尼古丁含量服从正态分布且具有相同的方差,试问在显著性水平 $\alpha=0.05$ 下,这两种香烟的尼古丁含量有无显著差异?

【解析】 (1)提出待检假设 $H_0:\mu_1=\mu_2,H_1:\mu_1\neq\mu_2$.

由于 σ_1^2,σ_2^2 未知,但相等;

(2)选取统计量 $T=\dfrac{\overline{X}-\overline{Y}}{\sqrt{\dfrac{(n_1-1)S_1^2+(n_2-1)S_2^2}{n_1+n_2-2}}\sqrt{\dfrac{1}{n_1}+\dfrac{1}{n_2}}}$,其中 $n_1=n_2=6$,当 H_0 为真时,$T\sim t(6+6-2)=t(10)$;

(3)对 $\alpha=0.05$,拒绝域为 $|T|\geqslant t_{\frac{0.05}{2}}(10)=2.2281$,且 $\overline{X}=25.5,\overline{Y}=25.67$,$S_1^2=7.5,S_2^2=11.07$,那么 $|T|=\left|\dfrac{25.5-25.67}{\sqrt{\dfrac{5\times(7.5+11.07)}{10}}\sqrt{\dfrac{1}{6}+\dfrac{1}{6}}}\right|\approx0.099$;

(4)因为 $|T|\approx0.099<2.2281=t_{0.025}(10)$,从而应接受 H_0,即认为两种香烟的尼古丁含量无显著差异.

例 6　用两种不同的配方生产同一种材料,对用第一种配方生产的材料进行了 7 次试验,测得材料的平均强度 $\overline{X}=13.8\text{kg/cm}^2$,标准差 $S_1=3.9\text{kg/cm}^2$;对用第二种配方生产的材料进行了 8 次试验,测得材料的平均强度 $\overline{Y}=17.8\text{kg/cm}^2$,标准差 $S_2=4.7\text{kg/cm}^2$. 已知两种工艺生产的材料强度都服从正态分布,且认为方差相等. 问在显著水平 $\alpha=0.05$ 下,能否认为第一种配方生产的材料强度低于用第二种配方生产的材料强度?

【解析】 (1)此题在两个正态总体方差都未知但相等的情况下,取显著水平 $\alpha=0.05$,检验假设($n_1\neq n_2$)

$$H_0:\mu_1\geqslant\mu_2,H_1:\mu_1<\mu_2$$

应属于两正态总体均值的检验法中左边单侧 t 检验(注意 $n_1\neq n_2$).

(2)选取检验统计量

$$t=\frac{\overline{X}-\overline{Y}}{S_w\sqrt{\dfrac{1}{n_1}+\dfrac{1}{n_2}}}\sim t(n_1+n_2-2).$$

其中　$S_w=\sqrt{\dfrac{(n_1-1)S_1^2+(n_2-1)S_2^2}{n_1+n_2-2}}$.

(3)拒绝域为 $t<-t_\alpha(n_1+n_2-2)$，由 $t_\alpha(n_1+n_2-2)=t_{0.05}(7+8-2)=t_{0.05}(13)$，查 t 分布表有 1.770 9.

拒绝域为 $t<-1.770\ 9$.

(4)将题中所设数值 $n_1=7,S_1=3.9,n_2=8,S_2=4.7,\overline{X}=13.8,\overline{Y}=17.8$ 代入 $t=\dfrac{\overline{X}-\overline{Y}}{S_w\sqrt{\dfrac{1}{n_1}+\dfrac{1}{n_2}}}$ 中，得到

$$t_0=\frac{\overline{X}-\overline{Y}}{S_w\sqrt{\dfrac{1}{n_1}+\dfrac{1}{n_2}}}=\frac{-0.4}{2.253\ 1}=-1.775\ 3,$$

此值落入拒绝域之内，因此，拒绝 H_0，接受 H_1，即认为用第一种配方生产的材料强度低于用第二种配方生产的材料强度.

例 7　9 名学生到英语培训班学习，培训前后各进行了一次水平测试，成绩为：

学生编号 i	1	2	3	4	5	6	7	8	9
入学前成绩 X_i	76	71	70	57	49	69	65	26	59
入学后成绩 Y_i	81	85	70	52	52	63	83	33	62
$Z_i=X_i-Y_i$	−5	−14	0	5	−3	6	−18	−7	−3

假设测验成绩服从正态分布，问在显著水平 $\alpha=0.05$ 下，学生的培训效果是否显著？

【解析】 设 X,Y 分别表示培训前后学生的英语测验成绩，显然属于配对问题.

令 $Z=X-Y$，则 $Z\sim N(\mu_0,\sigma_0^2)$.

提出假设　$H_0:\mu_0\geqslant 0,H_1:\mu_0<0$.

选取统计量

$$T=\frac{\overline{Z}}{\dfrac{S}{\sqrt{n}}}\sim t(n-1).$$

当 $n=9,\alpha=0.05$ 时，查 t 分布表得 $t_\alpha(n-1)=t_{0.05}(8)=1.86$，

所以否定域为 $(-\infty,-1.86)$.

又由上表算出 $\overline{Z}=-4.333,S=7.937$，所以

$$t=\frac{\overline{Z}}{\dfrac{S}{\sqrt{n}}}=\frac{-4.333}{\dfrac{7.937}{\sqrt{9}}}=-1.638.$$

因为 $-1.638>-1.86$，接受 H_0，所以可以认为效果不显著.

第八章

第三节　正态总体方差的假设检验

知识全解

【知识结构】

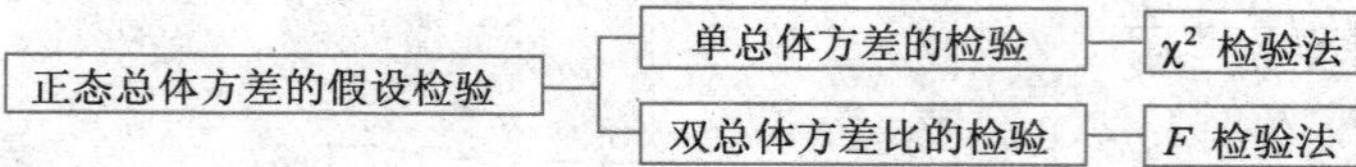

【考点精析】

1. 单个正态总体方差的假设检验.

设 $X \sim N(\mu, \sigma^2)$，$X_1, X_2, \cdots, X_n$ 为其样本.

(1)μ 已知，检验假设 $H_0: \sigma^2 = \sigma_0^2$；$H_1: \sigma^2 \neq \sigma_0^2$.

选取统计量 $\chi^2 = \dfrac{\sum\limits_{i=1}^{n}(X_i - \mu_0)^2}{\sigma_0^2} \sim \chi^2(n)$，

拒绝域为 $\chi^2 > \chi^2_{\frac{\alpha}{2}}(n)$ 或 $\chi^2 < \chi^2_{1-\frac{\alpha}{2}}(n)$.

(2)μ 未知，检验假设 $H_0: \sigma^2 = \sigma_0^2$；$H_1: \sigma^2 \neq \sigma_0^2$.

选取统计量 $\chi^2 = \dfrac{(n-1)S^2}{\sigma_0^2}$. 当 H_0 为真时，$\chi^2 \sim \chi^2(n-1)$，

拒绝域为 $\chi^2 > \chi^2_{\frac{\alpha}{2}}(n-1)$ 或 $\chi^2 < \chi^2_{1-\frac{\alpha}{2}}(n-1)$.

2. 两个正态总体方差比的假设检验.

设 $X \sim N(\mu_1, \sigma_1^2)$，$Y \sim N(\mu_2, \sigma_2^2)$，$(X_1, X_2, \cdots, X_{n1})$ 和 $(Y_1, Y_2, \cdots, Y_{n2})$ 分别是来自总体 X 和 Y 的样本，$\overline{X}, S_1^2$ 和 $\overline{Y}, S_2^2$ 是相应的样本的均值和方差.

(1)μ_1, μ_2 已知，检验假设 $H_0: \sigma_1^2 = \sigma_2^2$；$H_1: \sigma_1^2 \neq \sigma_2^2$.

选取统计量 $F = \dfrac{\dfrac{\sum\limits_{i=1}^{n_1}(X_i - \mu_1)^2}{n_1}}{\dfrac{\sum\limits_{j=1}^{n_2}(Y_j - \mu_2)^2}{n_2}} \sim F(n_1, n_2)$，

拒绝域为 $F > F_{\frac{\alpha}{2}}(n_1, n_2)$ 或 $F < F_{1-\frac{\alpha}{2}}(n_1, n_2)$.

(2)μ_1, μ_2 未知，检验假设 $H_0: \sigma_1^2 = \sigma_2^2$；$H_1: \sigma_1^2 \neq \sigma_2^2$.

选取统计量 $F = \dfrac{S_1^2}{S_2^2}$，当 H_0 为真时 $F \sim F(n_1 - 1, n_2 - 1)$，

显著性水平为α的拒绝域为$F>F_{\frac{\alpha}{2}}(n_1-1,n_2-1)$或$F<F_{1-\frac{\alpha}{2}}(n_1-1,n_2-1)$.

3. 单侧检验.

(1)μ未知,检验假设$H_0:\sigma^2\leqslant\sigma_0^2;H_1:\sigma^2>\sigma_0^2$.

选取$\chi^2=\frac{(n-1)S^2}{\sigma_0^2}$,拒绝域为$\chi^2>\chi_\alpha^2(n-1)$.

(2)μ未知,检验假设$H_0:\sigma^2\geqslant\sigma_0^2;H_1:\sigma^2<\sigma_0^2$.

选取$\chi^2=\frac{(n-1)S^2}{\sigma_0^2}$,拒绝域为$\chi^2<\chi_{1-\alpha}^2(n-1)$.

(3)μ_1,μ_2未知,检验假设$H_0:\sigma_1^2\leqslant\sigma_2^2;H_1:\sigma_1^2>\sigma_2^2$.

选取$F=\frac{S_1^2}{S_2^2}$,拒绝域为$F>F_\alpha(n_1-1,n_2-1)$.

(4)μ_1,μ_2未知,检验假设$H_0:\sigma_1^2\geqslant\sigma_2^2;H_1:\sigma_1^2<\sigma_2^2$.

选取$F=\frac{S_1^2}{S_2^2}$,拒绝域为$F<F_{1-\alpha}(n_1-1,n_2-1)$.

本章的前三节属于考研数学大纲的范围.

例题精解

基本题型Ⅰ:关于方差σ^2的检验

例 1 已知维尼纤度在正常条件下服从正态分布$N(1.045,0.048^2)$. 某日抽取五根纤维,测得其纤度为1.32,1.55,1.36,1.40,1.44. 问这一天纤度总体标准差是否正常?($\alpha=0.05$)

【解析】 (1)根据题意,建立检验假设$H_0:\sigma^2=\sigma_0^2=0.048^2,H_1:\sigma^2\neq\sigma_0^2$.

(2)由于μ未知,故在H_0成立条件下选取统计量如下

$$\chi^2=\frac{nS_n^2}{\sigma_0^2}=\frac{(n-1)S^2}{\sigma_0^2}\sim\chi^2(n-1).$$

(3)$\alpha=0.05$,自由度为$n-1=5-1=4$. 查χ^2分布表得

$$\chi_{0.025}^2(4)=0.484,\quad \chi_{0.975}^2(4)=11.1.$$

(4) 其中$nS_n^2=(n-1)S^2=\sum_{i=1}^n(X_i-\overline{X})^2=\sum_{i=1}^5X_i^2-5\overline{X}^2=0.031\,42$,则

$$\frac{(n-1)S^2}{\sigma_0^2}=\frac{0.031\,42}{0.048^2}\approx13.64\notin(0.484,11.1).$$

因此拒绝H_0,即认为这一天纤度标准有显著变化.

例 2 (接上例)试在$\alpha=0.05$下检验该日纤度总体标准差是否小于等于0.048.

【解析】 (1)建立检验假设$H_0:\sigma^2\leqslant\sigma_0^2=0.048^2,H_1:\sigma^2>0.048^2$

（或者 $H_0:\sigma^2=\sigma_0^2=0.048^2, H_1:\sigma^2>0.048^2$）.

(2)由于 μ 未知：当 H_0 成立时$\chi^2=\frac{(n-1)S^2}{\sigma_0^2}\sim\chi^2(n-1)$.

(3)$\alpha=0.05$，自由度为 $n-1=5-1=4$. 查χ^2分布表得

$$\chi^2_{0.05}(4)=9.488.$$

(4) 其中$(n-1)S^2=\sum_{i=1}^{5}(x_i-\overline{x})^2=0.031\,42$，则

$$\frac{(n-1)S^2}{\sigma_0^2}=\frac{0.031\,42}{0.048^2}\approx 13.64>9.488=\chi^2_{0.05}(4),$$

因此拒绝 H_0，认为这一天的纤度标准差大于 0.048.

【方法点击】 例 1 和例 2 是在期望未知的情形下，对正态总体方差的检验问题.

比较例 1、例 2，可知单侧检验与双侧检验所用统计量及其计算是一样的，只是拒绝域不同.

基本题型Ⅱ：关于方差比的假设检验

例 3 某一橡胶配方中，原用氧化锌 5 克，现减为 1 克，现分别用两种配方做一批试验. 5 克配方测 9 个橡胶伸长率，其样本方差为 $S_1^2=63.86$. 1 克配方测 10 个橡胶伸长率，其样本方差为 $S_2^2=236.8$. 设橡胶伸长率遵从正态分布，问两种配方伸长率的总体标准差有无显著差异？($\alpha=0.10,\alpha=0.05$)

【解析】 设 X,Y 分别为 5 克配方，1 克配方的橡胶伸长率，$X\sim N(\mu_1,\sigma_1^2)$，$Y\sim N(\mu_2,\sigma_2^2)$，$n_1=9,n_2=10$. 原假设为 $H_0:\sigma_1^2=\sigma_2^2, H_1:\sigma_1^2\neq\sigma_2^2$.

应选取检验统计量为 $F=\frac{S_1^2}{S_2^2}$.

当 H_0 成立时，F 服从自由度为(n_1-1,n_2-1)的 F 分布，查 $F(8,9)$分布表得

$\alpha=0.10$ 时，$F_{0.10/2}(8,9)=3.23, F_{1-0.10/2}(8,9)=0.295$；

$\alpha=0.05$ 时，$F_{0.05/2}(8,9)=4.10, F_{1-0.05/2}(8,9)=0.229\,4$.

所以当 $\alpha=0.10$ 时，否定域为 $F\geqslant 3.23$ 或 $F\leqslant 0.295$；

当 $\alpha=0.05$ 时，否定域为 $F\geqslant 4.10$ 或 $F\leqslant 0.229\,4$.

由题设中条件，计算得 $F=0.269\,7$，故在 $\alpha=0.10$ 时，否定 H_0；在 $\alpha=0.05$ 时，不能否定 H_0.

例 4 为比较不同季节出生的女婴体重的方差，从某年 12 月和 6 月出生的女婴中分别随机地选取 6 名及 10 名，测得其体重(单位：g)如下表所示：

12月 X	3 520	2 960	2 560	2 960	3 260	3 960				
6月 Y	3 220	3 220	3 760	3 000	2 920	3 740	3 060	3 080	2 940	3 060

假定冬、夏新生女婴体重分别服从正态分布 $N(\mu_1,\sigma_1^2)$,$N(\mu_2,\sigma_2^2)$,试在显著性水平 $\alpha=0.05$ 下,检验假设 $H_0:\sigma_1^2\leqslant\sigma_2^2,H_1:\sigma_1^2>\sigma_2^2$.

【解析】 (1)在 $\alpha=0.05$ 下,检验假设 $H_0:\sigma_1^2\leqslant\sigma_2^2$.

(2)选取检验统计量为 $F=\dfrac{S_1^2}{S_2^2}$,当 H_0 为真时,$F\sim F(n_1-1,n_2-1)$.

(3)对 $\alpha=0.05$,拒绝域为 $F>F_\alpha(n_1-1,n_2-1)=F_{0.05}(5,9)=3.48$,

而由题意可知 $S_1^2=505\ 667,S_2^2=93\ 956$,那么检验统计量 F 的观察值为

$$F=\frac{S_1^2}{S_2^2}=\frac{505\ 667}{93\ 956}=5.382>3.48=F_{0.05}(5,9).$$

(4)作出判断:F 落入拒绝域内,故拒绝 H_0,即认为新生女婴体重的方差冬季不比夏季的小.

*第四节　置信区间与假设检验之间的关系(略)

*第五节　样本容量的选取(略)

*第六节　分布拟合检验

知识全解

【知识结构】

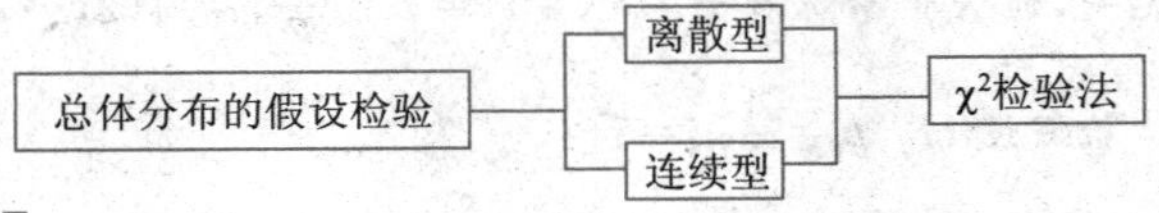

【考点精析】

1. 若总体 X 是离散型的,则建立待检假设 H_0:总体 X 的分布律为 $p\{X=x_i\}=p_i,i=1,2,\cdots$.

若总体 X 是连续型的,则建立待检假设 H_0:总体 X 的概率密度为 $f(x)$.

可按照下面的五个步骤进行检验:

(1)建立待检假设 H_0:总体 X 的分布函数为 $F(x)$;

(2)在数轴上选取 $k-1$ 个分点 $t_1,t_2,\cdots,t_{k-1}$,将数轴分成 k 个区间:$(-\infty,t_1],(t_1,t_2],\cdots,(t_{k-2},t_{k-1}],(t_{k-1},+\infty)$,令 p_i 为分布函数 $F(x)$ 的总体 X 在第 i 个区间内取值的概率,设 m_i 为 n 个样本观察值中落入第 i 个区间上的个数,也称为组频数.

(3) 选取统计量 $\chi^2=\sum\limits_{i=1}^{k}\dfrac{(m_i-np_i)^2}{np_i}$,如果 H_0 为真,则 $\chi^2\sim\chi^2(k-1-r)$,其中 r 为分布函数 $F(x)$ 中未知参数的个数;

(4)对于给定的显著性水平 α,确定 χ_α^2,使其满足 $P\{\chi^2>\chi_\alpha^2\}=\alpha$,并且依据样本计算统计量 χ^2 的观察值;

(5)作出判断:若 $\chi^2<\chi_\alpha^2$,则接受 H_0;否则拒绝 H_0,即不能认为总体 X 的分布函数为 $F(x)$.

2. 本节是选学内容,初学者可以跳过不读.

例题精解

例 1 根据某市公路交通部门某年上半年交通事故记录,统计得星期一至星期日发生交通事故的次数如下表所示:

星期	1	2	3	4	5	6	7
次数	36	23	29	31	34	60	25

给定显著性检验水平 $\alpha=0.05$,问交通事故的发生是否与星期几无关?

【思路探索】 假设交通事故的发生与星期几无关,那么一周内各天发生交通事故的概率均为 $\dfrac{1}{7}$,由此可提出待检假设,然后套用处理此类问题的五个步骤检验假设即可.

【解析】 (1)设 X 为"一周内各天发生交通事故的总体",若交通事故的发生与星期几无关,则 X 的分布律为 $P\{X=i\}=p_i=\dfrac{1}{7},i=1,2,\cdots,7$,那么我们的问题就是检验假设 $H_0:p_i=\dfrac{1}{7},i=1,2,\cdots,7$.

(2)将每天看成一个小区间,设组频数为 $m_i,i=1,2,\cdots,7$.

(3) 选取统计量 $\chi^2=\sum\limits_{i=1}^{k}\dfrac{(m_i-np_i)^2}{np_i}$,当 H_0 为真时,$\chi^2\sim\chi^2(k-1-r)$,其中

$$k=7,r=0,n=36+23+29+31+34+60+25=238.$$

(4)对于 $\alpha=0.05$,查表得临界值为 $\chi_\alpha^2(k-r-1)=\chi_{0.05}^2(6)=12.592$,并且

根据样本可计算得到检验统计量χ^2的观察值为

$$\chi^2=\sum_{i=1}^{7}\frac{\left(m_i-238\times\frac{1}{7}\right)^2}{238\times\frac{1}{7}}=26.941.$$

(5)作出判断，因为$\chi^2=26.941>\chi^2_{0.05}(6)=12.592$，所以应拒绝 H_0，即认为交通事故的发生与星期几有关.

例 2　某车间生产滚珠，随机地抽取了 50 粒，测得它们的直径为(单位：mm)：

15.0　15.8　15.2　15.1　15.9　14.7　14.8　15.5　15.6　15.3
15.1　15.3　15.0　15.6　15.7　14.8　14.5　14.2　14.9　14.9
15.2　15.0　15.3　15.6　15.1　14.9　14.2　14.6　15.8　15.2
15.9　15.2　15.0　14.9　14.8　14.5　15.1　15.5　15.5　15.1
15.1　15.0　15.3　14.7　14.5　15.5　15.0　14.7　14.6　14.2

经过计算知样本均值 $\overline{x}=15.1$，样本标准差 $s=0.432\ 5$，试问滚珠直径是否服从正态分布 $N(15.1,0.432\ 5^2)(\alpha=0.05)$？

【解析】　检验假设 H_0：滚珠直径 $X\sim N(15.1,0.432\ 5^2)$.

找出样本值中最大值和最小值 $x_{\max}=15.9$，$x_{\min}=14.2$，然后将区间[14.2，15.9]分成 7 段，所划分的小区间界限见图 8-1.

i	1	2	3	4	5	6	7
f_i	3	5	10	16	8	6	2
p_i	0.041 4	0.107 7	0.215 4	0.271 0	0.215 4	0.107 7	0.041 4
$(f_i-np_i)^2$	0.864 9	0.148 2	0.592 9	6.002 5	7.672 9	0.378 2	0.004 9
$\frac{(f_i-np_i)^2}{np_i}$	0.417 8	0.027 5	0.055 1	0.443 0	0.712 4	0.070 2	0.002 4

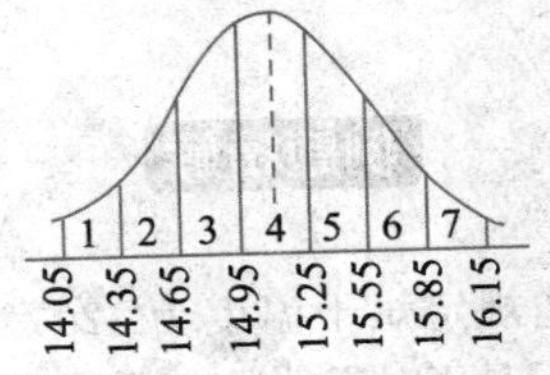

图 8-1

将样本的 50 个数据纳入各个小区间内，每个小区间中数据频率 f_i 及利用正态分布计算出的 p_i 见上表.

计算$\chi^2=0.4178+0.0275+\cdots+0.0024=1.7284$,查$\chi^2$分布表,$\alpha=0.05$,自由度$m-k-1=7-2-1=4$,得临界值$\chi^2_{0.05}(4)=9.49$,因$\chi^2=1.7284<9.49$,所以$H_0$成立,即滚珠直径服从正态分布$N(15.1,0.4325^2)$.

*第七节　秩和检验

知识全解

【考点精析】

1. 秩.

设总体为X,将一容量为n的样本观察值按从小到大的顺序排列成$x_{(1)}<x_{(2)}<\cdots<x_{(n)}$,则称$x_{(i)}$的下标$i$为$x_{(i)}$的秩,$i=1,2,\cdots,n$.

2. 秩和检验.

秩和检验可用于检验假设H_0:两个总体X与Y有相同的分布.

设分别从X,Y两总体中独立抽取大小为n_1和n_2的样本,设$n_1\leqslant n_2$,其检验步骤如下:

(1)将两个样本混合起来,按照数值大小统一编序,由小到大,每个数据对应的序数称为秩;

(2)计算取自总体X的样本所对应的秩之和,用T表示;

(3)根据n_1,n_2与水平α,查秩和检验表,得秩和下限T_1与上限T_2;

(4)如果$T\leqslant T_1$或$T\geqslant T_2$,则否定假设H_0,认为X,Y两总体分布有显著差异.否则认为X,Y两总体分布在水平α下无显著差异.

秩和检验的依据是,如果两总体分布无显著差异,那么T不应太大或太小,以T_1和T_2为上、下界的话,则T应在这两者之间,如果T太大或太小,则认为两总体的分布有显著差异.

例题精解

例1　某涂漆原工艺规定烘干温度为120℃,现欲将烘干温度提高到160℃,为了考虑温度变化后是否对零件抗弯强度有明显影响,今用同一涂漆工艺加工了15个零件,其中9个在120℃下烘干,6个在160℃下烘干,分别测得烘干后各零件的抗弯强度数值如下:

120℃	41.5	42.0	40.0	42.5	42.0	42.2	42.7	42.1	41.4
160℃	41.2	41.8	42.4	41.6	41.7	41.3			

试讨论烘干温度对抗弯强度在水平 $\alpha=0.05$ 下是否有显著影响.

【解析】 (1)15 个数据按自小到大的顺序排成下表：

秩号	1	2	3	4	5	6	7	8
120℃	40.0			41.4	41.5			
160℃		41.2	41.3			41.6	41.7	41.8
秩号	9	10	11	12	13	14	15	
120℃	40.0	42.1	42.2	42.3		42.5	42.7	
160℃					42.4			

(2)120℃下有 9 个数据，$n_2=9$，160℃下有 6 个数据，$n_1=6$，$n_1<n_2$，所以

$$T=2+3+6+7+8+13=39;$$

(3)对 $\alpha=0.05$，查秩和检验表得 $T_1=33$，$T_2=63$；

(4)因为 $33<39<63$，即 $T_1<T<T_2$，所以认为在两种不同的烘干温度下，零件的抗弯度没有差异.

第八节　假设检验问题的 p 值检验法

知识全解

【知识结构】

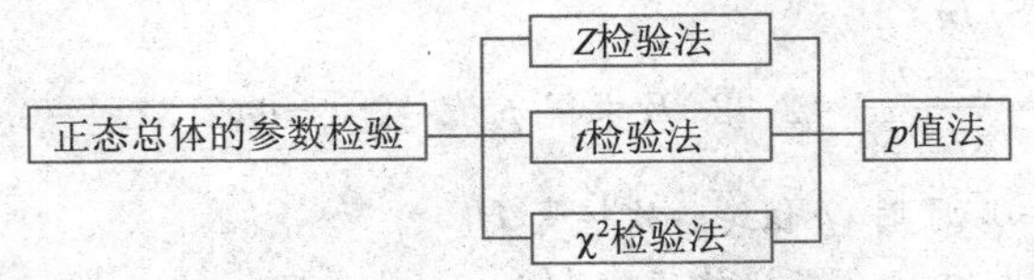

【考点精析】

1. p 值定义.

假设检验问题的 p 值(probability value)是由检验统计量的样本观察值得出的原假设可被拒绝的最小显著性水平.

2. p 值求法.

任一检验问题的 p 值可以根据检验统计量的样本观察值以及检验统计量在 H_0 下一个特定的参数值(一般是 H_0 与 H_1 所规定的参数的分界点)对应的

分布求出．

以 Z 检验法为例：

在正态总体 $N(\mu,\sigma^2)$ 均值的检验中，当 σ 已知时，可采用检验统计量 $Z=\frac{\overline{X}-\mu_0}{\sigma/\sqrt{n}}$，在以下三个检验问题中，当 $\mu=\mu_0$ 时，$Z\sim N(0,1)$．如果由样本求得统计量 Z 的观察值为 z_0，那么在检验问题

(1) $H_0:\mu\leqslant\mu_0,H_1:\mu>\mu_0$ 中，p 值 $=P\{Z\geqslant z_0\}=1-\Phi(z_0)$；

(2) $H_0:\mu\geqslant\mu_0,H_1:\mu<\mu_0$ 中，p 值 $=P\{Z\leqslant z_0\}=\Phi(z_0)$；

(3) $H_0:\mu=\mu_0,H_1:\mu\neq\mu_0$ 中，p 值 $=P\{|Z|\geqslant|z_0|\}=2[1-\Phi(|z_0|)]$．

其他检验法中，p 值求法类似，一般可通过查表或计算机软件得出．

3. p 值检验法．

按 p 值的定义，对于任意指定的显著性水平 α，就有

(1)若 p 值 $\leqslant\alpha$，则在显著性水平 α 下拒绝 H_0．

(2)若 p 值 $>\alpha$，则在显著性水平 α 下接受 H_0．

有了这两条结论就能方便地确定 H_0 的拒绝域．这种利用 p 值来确定检验拒绝域的方法，称为 p 值检验法．

例题精解

例 1　设某种用于集成电路的晶元目标厚度为 245(μm)，今抽取了 50 片，测得 $\overline{x}=246.18$(μm)，$s=3.6$(μm)．问这一数据是否表示达到产品要求？($\alpha=0.01$ 与 $\alpha=0.05$ 两种情况下)

【解析】 (1) $H_0:\mu=245,H_1:\mu\neq245$．

(2) $Z=\frac{\overline{X}-245}{S/\sqrt{n}}$ 近似服从 $N(0,1)$(因为 $n=50$ 为大样本)．

(3)而 $z_0=\frac{\overline{x}-245}{s/\sqrt{50}}=2.32$．故求得 p 值 $=2[1-\Phi(2.32)]=0.0204$．

(4)当 $\alpha=0.01$ 时，p 值 $>\alpha$，故接受 H_0．

当 $\alpha=0.05$ 时，p 值 $<\alpha$，故拒绝 H_0．

【方法点击】 p 值法相对于临界法(拒绝域)的优点在于：针对不同的显著性水平 α，不必分别去求临界值(确定拒绝域)，可以直接得出结论．

本章整合

一 本章知识图解

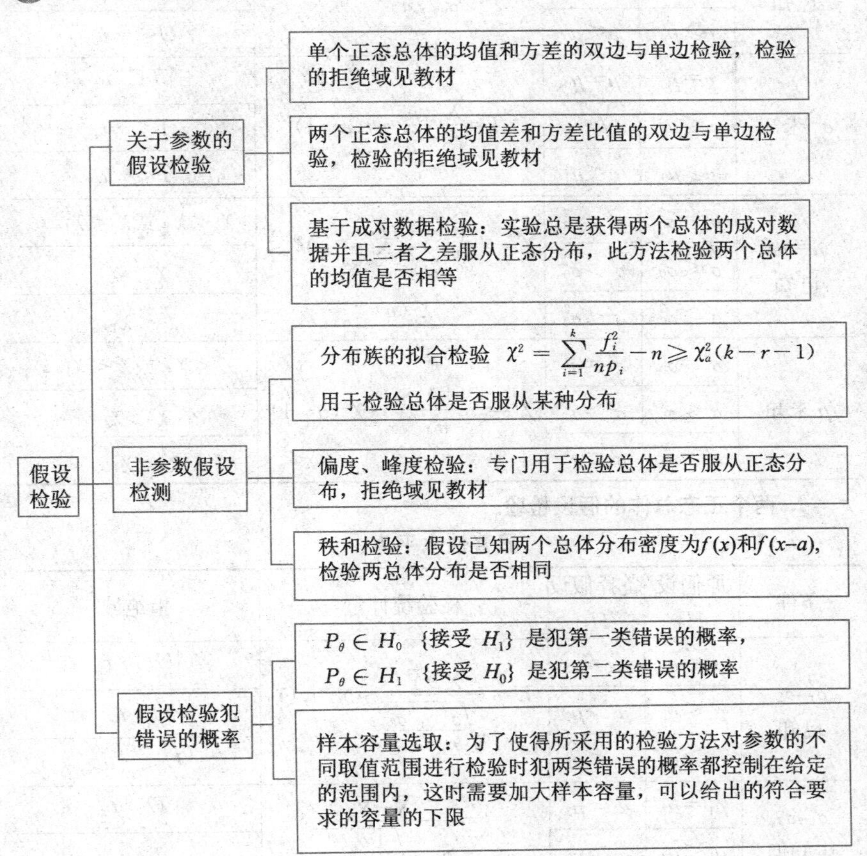

二 本章知识总结

1. 单个正态总体期望和方差的假设检验方法总结成下表：

显著性水平为 α

条件	原假设 H_0	备择假设 H_1	检验统计量	拒绝域
$\sigma^2=\sigma_0^2$ 已知	$\mu=\mu_0$	$\mu\neq\mu_0$	$U=\dfrac{\overline{X}-\mu_0}{\sigma_0/\sqrt{n}}\sim N(0,1)$	$\lvert U\rvert>u_{\frac{\alpha}{2}}$
	$\mu\leqslant\mu_0$	$\mu>\mu_0$		$U>u_\alpha$
	$\mu\geqslant\mu_0$	$\mu<\mu_0$		$U<-u_\alpha$
σ^2 未知	$\mu=\mu_0$	$\mu\neq\mu_0$	$T=\dfrac{\overline{X}-\mu_0}{S/\sqrt{n}}\sim t(n-1)$	$\lvert T\rvert>t_{\frac{\alpha}{2}}$
	$\mu\leqslant\mu_0$	$\mu>\mu_0$		$T<-t_\alpha$
	$\mu\geqslant\mu_0$	$\mu<\mu_0$		$T<-t_\alpha$
$\mu=\mu_0$ 已知	$\sigma^2=\sigma_0^2$	$\sigma^2\neq\sigma_0^2$	$\chi^2=\dfrac{1}{\sigma_0^2}\sum\limits_{i=1}^{n}(X_i-\mu_0)^2\sim\chi^2(n)$	$\chi^2<\chi^2_{\frac{\alpha}{2}}$ 或 $\chi^2<\chi^2_{1-\frac{\alpha}{2}}$
	$\sigma^2\leqslant\sigma_0^2$	$\sigma^2>\sigma_0^2$		$\chi^2>\chi^2_\alpha$
	$\sigma^2\geqslant\sigma_0^2$	$\sigma^2<\sigma_0^2$		$\chi^2<\chi^2_{1-\alpha}$
μ 未知	$\sigma^2=\sigma_0^2$	$\sigma^2\neq\sigma_0^2$	$\chi^2=\dfrac{(n-1)S^2}{\sigma_0^2}\sim\chi^2(n-1)$	$\chi^2<\chi^2_{\frac{\alpha}{2}}$ 或 $\chi^2<\chi^2_{1-\frac{\alpha}{2}}$
	$\sigma^2\leqslant\sigma_0^2$	$\sigma^2>\sigma_0^2$		$\chi^2>\chi^2_\alpha$
	$\sigma^2\geqslant\sigma_0^2$	$\sigma^2<\sigma_0^2$		$\chi^2<\chi^2_{1-\alpha}$

2. 两个正态总体的假设检验.

显著性水平为 α

条件	原假设 H_0	备择假设 H_1	检验统计量	拒绝域
σ_1^2,σ_2^2 已知	$\mu_1=\mu_2$	$\mu_1\neq\mu_2$	$U=\dfrac{\overline{X}-\overline{Y}}{\sqrt{\dfrac{\sigma_1^2}{n_1}+\dfrac{\sigma_2^2}{n_2}}}\sim N(0,1)$	$\lvert U\rvert>u_{\frac{\alpha}{2}}$
	$\mu_1\leqslant\mu_2$	$\mu_1>\mu_2$		$U>u_\alpha$
	$\mu_1\geqslant\mu_2$	$\mu_1<\mu_2$		$U<-u_\alpha$
σ_1^2,σ_2^2 未知但 $\sigma_1^2=\sigma_2^2$	$\mu_1=\mu_2$	$\mu_1\neq\mu_2$	$T=\dfrac{\overline{X}-\overline{Y}}{S_w\sqrt{\dfrac{1}{n_1}+\dfrac{1}{n_2}}}\sim t(n_1+n_2+2)$	$\lvert T\rvert>t_{\frac{\alpha}{2}}$
	$\mu_1\leqslant\mu_2$	$\mu_1>\mu_2$		$T>t_\alpha$
	$\mu_1\geqslant\mu_2$	$\mu_1<\mu_2$		$T<-t_\alpha$

续表

条件	原假设 H_0	备择假设 H_1	检验统计量	拒绝域
μ_1,μ_2 已知	$\sigma_1^2=\sigma_2^2$	$\sigma_1^2\neq\sigma_2^2$	$F=\dfrac{\sum\limits_{i=1}^{n}(X_i-\mu_1)^2/n_1}{\sum\limits_{j=1}^{n}(Y_j-\mu_2)^2/n_2}\sim F(n_1,n_2)$	$F<F_{\frac{\alpha}{2}}$ 或 $F<F_{1-\frac{\alpha}{2}}$
	$\sigma_1^2\leqslant\sigma_2^2$	$\sigma_1^2>\sigma_2^2$		$F>F_{\alpha}$
	$\sigma_1^2\geqslant\sigma_2^2$	$\sigma_1^2<\sigma_2^2$		$F<F_{1-\alpha}$
μ_1,μ_2 未知	$\sigma_1^2=\sigma_2^2$	$\sigma_1^2\neq\sigma_2^2$	$F=\dfrac{S_1^2}{S_2^2}\sim F(n_1-1,n_2-1)$	$F>F_{\frac{\alpha}{2}}$ 或 $F<F_{1-\frac{\alpha}{2}}$
	$\sigma_1^2\leqslant\sigma_2^2$	$\sigma_1^2>\sigma_2^2$		$F>F_{\alpha}$
	$\sigma_1^2\geqslant\sigma_2^2$	$\sigma_1^2<\sigma_2^2$		$F<F_{1-\alpha}$

3. 一般假设检验问题的解法步骤：

(1)参照上面表格，分清问题所属的类别；

(2)提出相应的假设检验；

(3)选出相应的检验统计量；

(4)对给定的显著性水平 α，确定出拒绝域或接受域，并依据样本计算检验统计量的观察值；

(5)作出判断：若统计量的观察值落入拒绝域，则拒绝原假设，否则，接受原假设.

4. 假设检验与区间估计的联系.

假设检验与区间估计是从不同角度来对同一问题的回答，其解决问题的途径相同.

下面以正态总体 $N(\mu,\sigma_0^2)$，其中 σ_0^2 已知，关于 μ 的假设检验和区间估计为例加以说明：

假设 $H_0:\mu=\mu_0$，当 H_0 为真时，则 $U=\dfrac{\overline{X}-\mu_0}{\sigma/\sqrt{n}}\sim N(0,1)$，对于给定的显著性水平 α，$P\{|U|\leqslant u_{\frac{\alpha}{2}}\}=1-\alpha$，那么 H_0 的接受域为 $\left(\overline{X}\pm u_{\frac{\alpha}{2}}\dfrac{\sigma_0}{\sqrt{n}}\right)$，即认为以 $1-\alpha$ 的概率接受 H_0，事实上这个接受域也是 μ 的置信度为 $1-\alpha$ 的置信区间.这充分说明两者解决问题的途径相同，假设检验判断的是结论是否成立，而参数估计解决的是范围问题.

5. 本章考研要求.

(1)理解假设检验基本思想，了解假设检验可能产生的两类错误，掌握假设检验的基本步骤.

(2)了解单正态总体的均值和方差的假设检验,双正态总体的均值和方差的假设检验.

三 本章同步自测

同步自测题

一、填空题

1. 设 $X_1,X_2,\cdots,X_n$ 是来自正态总体 $N(\mu,\sigma^2)$ 的简单随机样本,其中参数 μ 和 σ^2 未知,记 $\overline{X}=\frac{1}{n}\sum_{i=1}^{n}X_i,Q^2=\sum_{i=1}^{n}(X_i-\overline{X})^2$,则假设 $H_0:\mu=0$ 的 t 检验使用统计量________.(考研题)

2. 已知总体 $X\sim N(\mu,\sigma^2)$,其中 μ 是未知参数,$X_1,X_2,\cdots,X_{16}$ 是其样本,$\overline{X}$ 为样本均值,如果对检验 $H_0:\mu=\mu_0$,取拒绝域 $\{|\overline{X}-\mu_0|>k\}$,则 $k=$________ $(\alpha=0.05)$.

3. 设总体 $X\sim N(\mu,8)$,$X_1,\cdots,X_n$ 是其样本,如果在 $\alpha=0.05$ 水平上检验 $H_0:\mu=\mu_0$,$H_1:\mu\neq\mu_0$,其拒绝域为 $|\overline{X}-\mu_0|\geqslant 1.96$,则样本容量 $n=$________.

4. 设总体 $X\sim N(\mu,16)$,X_1,X_2,X_3,X_4 为其样本,检验假设 $H_0:\mu=5$,$H_1:\mu\neq 5$,$\alpha=0.05$,则 $\overline{X}$ 的接受域为________. 若 $\mu=6$,犯第二类错误的概率 $\beta=$________.

5. 设总体 $X\sim N(\mu,\sigma^2)$,其中 μ 未知,$X_1,X_2,\cdots,X_n$ 为其样本,若假设检验问题为 $H_0:\sigma^2=1$,$H_1:\sigma^2\neq 1$,则采用的检验统计量应为________.

二、选择题

1. 在假设检验中,H_0 表示原假设,H_1 为备择假设,则称为犯第二类错误是(　　).

(A)H_1 不真,接受 H_1　　(B)H_1 不真,接受 H_0

(C)H_0 不真,接受 H_1　　(D)H_0 不真,接受 H_0

2. 设总体 $X\sim N(\mu,\sigma^2)$,现对 μ 进行假设检验,如在显著性水平 $\alpha=0.05$ 下接受了 $H_0:\mu=\mu_0$,则在显著性水平 $\alpha=0.01$ 下(　　).

(A)接受 H_0　　(B)拒绝 H_0

(C)可能接受,可能拒绝 H_0　　(D)第一类错误概率变大

3. 设总体 $X\sim N(\mu_1,\sigma_1^2)$,$Y\sim N(\mu_2,\sigma_2^2)$,检验假设 $H_0:\sigma_1^2=\sigma_2^2$,$H_1:\sigma_1^2\neq\sigma_2^2$,$\alpha=0.10$. 从 X,Y 分别抽取容量为 $n_1=12$,$n_2=10$ 的样本,算得 $S_1^2=118.4$,$S_2^2=31.93$,则正确的检验为(　　).

(A)用 t 检验法,拒绝 H_0　　(B)用 t 检验法,接受 H_0

(C)用 F 检验法,拒绝 H_0　　(D)用 F 检验法,接受 H_0

4. 假设总体 $X\sim N(\mu,\sigma_0^2)$，其中 σ_0^2 已知，检验假设 $H_0:\mu=\mu_0,H_1:\mu>\mu_0$. 如果取 H_0 的拒绝域为 $\{(x_1,\cdots,x_n):\overline{X}>c\}$，其中 $\overline{X}$ 为样本均值. 那么对固定的样本容量 n，犯第一类错误的概率 α(　　).

(A)随 c 的增大而减小　　(B)随 c 的增大而增大

(C)随 c 的增大保持不变　　(D)随 c 的增大而增减性不定

5. 设总体 $X\sim N(\mu,\sigma^2)$，其中 σ^2 未知，检验假设 $H_0:\mu\leqslant\mu_0,H_1:\mu>\mu_0$，则拒绝域为(　　).

(A)$t\geqslant t_\alpha(n)$　　(B)$|t|\geqslant t_{\frac{\alpha}{2}}(n-1)$

(C)$t\geqslant t_\alpha(n-1)$　　(D)$t\leqslant -t_{\frac{\alpha}{2}}(n-1)$

三、解答题

1. 某种零件的尺寸方差 $\sigma^2=1.21$，对一批这类零件检查 6 件，测得数据尺寸如下(单位：mm)：

32.56　29.66　31.64　30.00　31.87　31.03

当显著性水平 $\alpha=0.05$ 时，能否认为这批零件的平均尺寸为 32.50 mm(假设零件尺寸服从正态分布)?

2. 现有甲、乙两箱灯泡，今从甲箱中抽取 13 只进行寿命测定，算得样本标准差是 380h，同样从乙箱中抽取 9 只，算得样本标准差是 423h，在显著性水平 $\alpha=0.05$ 下，假定甲、乙两箱灯泡寿命服从正态分布且相互独立，试问这两箱灯泡寿命的方差是否相等?

3. 食品厂用自动装罐机装食品罐头，规定标准重量为 500 克，且标准差不得超过 8 克，每天定时检查机器装罐情况，现抽取 25 罐，测得其平均重量为 $\overline{X}=502$ 克，样本标准差为 8 克，假定罐头重量服从正态分布，试问机器工作是否正常($\alpha=0.05$)?

4. 设总体 $X\sim N(\mu,2^2)$，$X_1,\cdots,X_{16}$ 是一组样本值，已知假设 $H_0:\mu=0,H_1:\mu\neq 0$. 在显著性水平 α 下的拒绝域是 $|\overline{X}|>1.29$，问此检验的显著性水平 α 的值是多少？犯第一类错误的概率是多少?

5. 设总体 $X\sim N(\mu,\sigma^2)$，σ^2 已知，$X_1,X_2,\cdots,X_n$ 为其样本，对假设检验 $H_0:\mu=\mu_0$，$H_1:\mu=\mu_1(\mu_1>\mu_0)$. 已知拒绝域为

$$\left\{\frac{\overline{X}-\mu_0}{\frac{\sigma}{\sqrt{n}}}>1.64\right\}\quad(\alpha=0.05),$$

求犯第二类错误的概率 β(用 $\Phi(x)$ 表示).

第八章

自测题答案

一、填空题

1. $\dfrac{\overline{X}}{Q}\sqrt{n(n-1)}$ **2.** 0.49σ **3.** 8 **4.** $(1.08,8.92)$；$0.920\ 9$

5. $\chi^2=(n-1)S^2$ 或 $\sum\limits_{i=1}^{n}(X_i-\overline{X})^2$

1. 解：因为 σ^2 未知，故取统计量 $T=\dfrac{\overline{X}-\mu_0}{\frac{S}{\sqrt{n}}}$，由 $\mu=0,S^2=\dfrac{Q^2}{n-1}$，得 $T=\dfrac{\overline{X}}{Q}\sqrt{n(n-1)}$. 故应填 $\dfrac{\overline{X}}{Q}\sqrt{n(n-1)}$.

2. 解：$P\{|\overline{X}-\mu_0|>k\}=0.05$，则 $P\left\{\left|\dfrac{\overline{X}-\mu_0}{\frac{\sigma}{\sqrt{n}}}\right|>k\cdot\dfrac{\sqrt{n}}{\sigma}\right\}=0.05$，

即 $k\cdot\dfrac{4}{\sigma}=u_{0.025}=1.96$，从而 $k=0.49\sigma$. 故应填 0.49σ.

3. 解：当 $\sigma^2=8$ 时，检验 $H_0:\mu=\mu_0,H_1:\mu\neq\mu_0$，拒绝域应为 $|U|\geqslant u_{\frac{\alpha}{2}}$，即

$$\left|\frac{\overline{X}-\mu_0}{\frac{\sigma}{\sqrt{n}}}\right|\geqslant u_{0.025}=1.96.$$

由题意 $\dfrac{\sigma}{\sqrt{n}}=1$，故 $n=\sigma^2=8$.

4. 解：因为 $U=\dfrac{\overline{X}-\mu}{\frac{\sigma}{\sqrt{n}}}\sim N(0,1)$，所以接受域为 $|U|<u_{\frac{\alpha}{2}}$，即 $|\overline{X}-5|<u_{\frac{\alpha}{2}}\dfrac{\sigma}{\sqrt{n}}=3.92$，故 $\overline{X}$ 的接受域为 $(1.08,8.92)$.

而 $\mu=6$ 相当于 H_0 不真，此时 $\dfrac{\overline{X}-6}{\frac{\sigma}{\sqrt{n}}}\sim N(0,1)$，所以

$$\begin{aligned}\beta&=P\{\text{接受 }H_0\,|\,H_0\text{ 不真}\}=P\{1.08<\overline{X}<8.92\}\\&=\Phi(1.46)-\Phi(-2.46)\\&=0.920\ 9.\end{aligned}$$

5. 解：μ 未知时，检验假设 $H_0:\sigma^2=1;H_1:\sigma^2\neq1$.

应选统计量 $\chi^2=\dfrac{(n-1)S^2}{\sigma_0^2}\sim\chi^2(n-1)$.

即 $\chi^2=(n-1)S^2$ 或 $\sum\limits_{i=1}^{n}(X_i-\overline{X})^2$.

二、选择题

1. (D)　**2.** (A)　**3.** (C)　**4.** (A)　**5.** (C)

1. 解：第二类错误为“取伪”，故应选(D).

2. 解：无论σ^2已知或未知，即无论选取U统计量还是T统计量，当α变小时，拒绝域更小，在原显著性水平下能接受H_0，现在也能接受．故应选(A).

3. 解：μ_1,μ_2未知，检验两个正态总体方差相等，应选F检验法．

$$F=\frac{S_1^2}{S_2^2}\sim F(n_1-1,n_2-1),$$

因为$\frac{S_1^2}{S_2^2}=\frac{118.4}{31.93}=3.71$，$F_{0.05}(11,9)=3.10$，所以$f>F_{0.05}(11,9)$，应拒绝$H_0$．故应选(C).

4. 解：当H_0成立时$X\sim N(\mu_0,\sigma_0^2)$，$\overline{X}\sim N(\mu_0,\frac{\sigma_0^2}{n})$，那么犯第一类错误的概率为

$$\begin{aligned}\alpha&=P\{\text{弃真}\}=P\{\overline{X}>c\mid H_0\text{ 成立}\}=P\{\overline{X}>c\}-1-P\{\overline{X}\leqslant c\}\\&=1-\Phi\left(\frac{\sqrt{n}(c-\mu_0)}{\sigma_0}\right),\end{aligned}$$

固定n,μ_0和σ_0，$\Phi\left(\frac{\sqrt{n}(c-\mu_0)}{\sigma_0}\right)$关于$c$递增，从而$\alpha$关于$c$递减．故应选(A).

5. 解：σ^2未知时检验μ，选取的统计量为$T=\dfrac{\overline{X}-\mu_0}{\frac{S}{\sqrt{n}}}\sim t_\alpha(n-1)$.

此时拒绝域由假设而定，本题为单侧检验，拒绝域应该是$t\geqslant t_\alpha(n-1)$.
故应选(C).

三、解答题

1. 解：$H_0:\mu=32.50$，$H_1:\mu\neq 32.50$.

因$\sigma^2=1.21$已知，故可取检验统计量$U=\dfrac{\overline{X}-\mu}{\frac{\sigma}{\sqrt{n}}}$.

当H_0成立时，$U\sim N(0,1)$，其拒绝域为$|u|>u_{\frac{\alpha}{2}}$.

因$\alpha=0.05$，查表得$u_{\frac{\alpha}{2}}=u_{0.025}=1.96$，而$\overline{x}=31.127$，于是

$$u=\frac{\overline{x}-\mu}{\frac{\alpha}{\sqrt{n}}}=\frac{31.127-32.50}{\frac{1.1}{\sqrt{6}}}\approx-3.057,\ |u|=3.057>1.96,$$

故拒绝H_0．即在$\alpha=0.05$时，不能认为这批零件的平均尺寸是32.50mm.

2. 解：按题意，这是两个正态总体，均值μ_1,μ_2未知，检验假设$H_0:\sigma_1^2=\sigma_1^2$，$H_1:\sigma_1^2\neq\sigma_1^2$．已知$S_1=380$，$n_1=13$，$S_2=423$，$n_2=9$，选取统计量$F=\frac{S_1^2}{S_2^2}$，并算出它的值　$f=\frac{423^2}{380^2}=1.24$.

对于给定$\alpha=0.05$，自由度$n_1-1=13-1=12$，$n_2-1=9-1=8$，查F分布即

$F \sim F(8,12)$的临界值表，得 $F_{0.025}=3.51$.

由于 $f=1.24<3.51$，所以接受假设 H_0，即认为两箱灯泡寿命的方差相等.

3. 解：机器正常有两个标准，一是罐头重量的均值为500克，另一是标准差不超过8克，又知罐头重量 $X \sim N(\mu,\sigma^2)$. 因此，这是一个正态总体的如下的两个假设检验问题.

(1)方差未知，$H_0:\mu=\mu_0, H_1:\mu \neq \mu_0$;

(2)期望未知，$H'_0:\sigma^2 \leqslant \sigma_0^2, H'_1:\sigma^2>\sigma_0^2$.

先检验 $H_0:\mu=\mu_0$.

用 T—检验法，在 H_0 成立条件下 $T=\dfrac{\overline{X}-500}{\dfrac{S}{\sqrt{25}}} \sim t(25-1)$.

由 $\alpha=0.05$，查得 $t_{0.025}(24)=2.064$.

由题设，$\overline{X}=502, S=8$，算得

$$|t|=\left|\frac{\overline{X}-500}{\dfrac{S}{\sqrt{25}}}\right|=\frac{502-500}{\dfrac{8}{5}}=1.25,$$

由于 $|t|=1.25<t_{0.025}(24)=2.064$，所以可以认为罐头重量均值 $\mu=500$ 克.

再检验 $H'_0:\sigma^2 \leqslant 8^2$.

用 χ^2—检验法，在 $\sigma^2=8^2$ 条件下统计量 $\chi^2=\dfrac{24S^2}{8^2} \sim \chi^2(25-1)$.

对 $\alpha=0.05$，由 $P\left\{\dfrac{24S^2}{8^2}>\chi_{0.05}^2\right\}=0.05$,

查表得 $\chi_{0.05}^2(24)=36.4$，即否定域为 $\dfrac{24S^2}{8^2}>36.4$.

由题设 $S^2=8^2$，算得 $\dfrac{24S^2}{8^2}=24$.

由于 $\dfrac{24S^2}{8^2}=24<\chi_{0.05}^2(24)=36.4$，所以不拒绝原假设.

因为以上两个假设都被接受，所以可以认为机器正常工作.

4. 解：σ^2 已知检验 μ，应选统计量 $U=\dfrac{\overline{X}-\mu}{\dfrac{\sigma}{\sqrt{n}}} \sim N(0,1)$，拒绝域为 $|U|>u_{\frac{\alpha}{2}}$,

因此 $\left|\dfrac{\overline{X}-0}{\dfrac{2}{\sqrt{16}}}\right|>u_{\frac{\alpha}{2}}$，即 $|\overline{X}|>\dfrac{u_{\frac{\alpha}{2}}}{2}$,

由题意知 $u_{\frac{\alpha}{2}}=2 \times 1.29=2.58$，则 $\Phi(2.58)=1-\dfrac{\alpha}{2}=0.995$，故 $\alpha=0.01$.

即犯第一类错误的概率 $\alpha=0.01$.

5. 解：$\beta=P\{$接受 $H_0 | H_0$ 为真$\}$

$$=P\left\{\frac{\overline{X}-\mu_0}{\dfrac{\sigma}{\sqrt{n}}} \leqslant 1.64 | \mu=\mu_1\right\}=P\left\{\frac{\overline{X}-\mu_1}{\dfrac{\sigma}{\sqrt{n}}} \leqslant 1.64-\frac{\mu_1-\mu_0}{\dfrac{\sigma}{\sqrt{n}}}\right\}=\Phi\left(1.64-\frac{\mu_1-\mu_0}{\dfrac{\sigma}{\sqrt{n}}}\right).$$

教材习题全解

第一章　概率论的基本概念

1. 写出下列随机试验的样本空间 S.

(1)记录一个班一次数学考试的平均分数(设以百分制记分).

(2)生产产品直到有 10 件正品为止,记录生产产品的总件数.

(3)对某工厂出厂的产品进行检查,合格的记上“正品”,不合格的记上“次品”,如连续查出 2 件次品就停止检查,或检查 4 件产品就停止检查,记录检查的结果.

(4)在单位圆内任意取一点,记录它的坐标.

解:(1)$S=\left\{\frac{i}{n}\mid i=0,1,\cdots,100n\right\}$,其中 n 为该班人数,i 表示该班的总成绩.

(2)$S=\{10,11,12,\cdots\}$.

(3)$S=\{00,100,0100,0101,0110,1100,1010,1011,0111,1101,1110,1111\}$,其中“0”表示次品,“1”表示正品.

(4)$S=\{(x,y)\mid x^2+y^2<1\}$.

2. 设 A,B,C 为三事件,用 A,B,C 的运算关系表示下列各事件.

(1)A 发生,B 与 C 不发生.

(2)A 与 B 都发生,而 C 不发生.

(3)A,B,C 中至少有一个发生.

(4)A,B,C 都发生.

(5)A,B,C 都不发生.

(6)A,B,C 中不多于一个发生.

(7)A,B,C 中不多于两个发生.

(8)A,B,C 中至少有两个发生.

解:(1)$A\overline{B}\,\overline{C}$.　(2)$AB\overline{C}$.　(3)$A\cup B\cup C$.　(4)$ABC$.　(5)$\overline{A}\,\overline{B}\,\overline{C}$.

(6)$\overline{A}\,\overline{B}\cup\overline{A}\,\overline{C}\cup\overline{B}\,\overline{C}$.　(7)$\overline{A}\cup\overline{B}\cup\overline{C}$.　(8)$AB\cup BC\cup AC$.

3. (1)设 A,B,C 是三事件,且 $P(A)=P(B)=P(C)=\frac{1}{4}$,$P(AB)=P(BC)=0$,$P(AC)=\frac{1}{8}$,求 A,B,C 至少有一个发生的概率.

(2)已知 $P(A)=\frac{1}{2}$,$P(B)=\frac{1}{3}$,$P(C)=\frac{1}{5}$,$P(AB)=\frac{1}{10}$,$P(AC)=\frac{1}{15}$,$P(BC)=\frac{1}{20}$,$P(ABC)=\frac{1}{30}$,求 $A\cup B$,$\overline{A}\overline{B}$,$A\cup B\cup C$,$\overline{A}\overline{B}\,\overline{C}$,$\overline{A}\overline{B}\,C$,$\overline{A}\overline{B}\cup C$ 的概率.

教材习题全解

(3)已知 $P(A)=\frac{1}{2}$,(ⅰ)若 A,B 互不相容,求 $P(A\overline{B})$;(ⅱ)若 $P(AB)=\frac{1}{8}$,求 $P(A\overline{B})$.

解:(1) $P(A\cup B\cup C)=P(A)+P(B)+P(C)-P(AB)-P(BC)-P(AC)+P(ABC)$

$$=\frac{5}{8}+P(ABC).$$

由 $ABC\subset AB$,已知 $P(AB)=0$,故 $0\leqslant P(ABC)\leqslant P(AB)=0$,得 $P(ABC)=0$.

A,B,C 至少有一个发生的概率为 $P(A\cup B\cup C)=\frac{5}{8}$.

(2) $P(A\cup B)=P(A)+P(B)-P(AB)=\frac{1}{2}+\frac{1}{3}-\frac{1}{10}=\frac{11}{15}$.

$P(\overline{A}\,\overline{B})=P(\overline{A\cup B})=1-P(A\cup B)=\frac{4}{15}$.

$$P(A\cup B\cup C)=P(A)+P(B)+P(C)-P(AB)-P(AC)-P(BC)+P(ABC)$$
$$=\frac{1}{2}+\frac{1}{3}+\frac{1}{5}-\frac{1}{10}-\frac{1}{15}-\frac{1}{20}+\frac{1}{30}=\frac{17}{20}.$$

$P(\overline{A}\,\overline{B}\,\overline{C})=P(\overline{A\cup B\cup C})=1-P(A\cup B\cup C)=\frac{3}{20}$.

$P(\overline{A}\,\overline{B}C)=P(\overline{A}\,\overline{B}-\overline{A}\,\overline{B}\,\overline{C})=P(\overline{A}\,\overline{B})-P(\overline{A}\,\overline{B}\,\overline{C})=\frac{4}{15}-\frac{3}{20}=\frac{7}{60}$.

$P(\overline{A}\,\overline{B}\cup C)=P(\overline{A}\,\overline{B})+P(C)-P(\overline{A}\,\overline{B}C)=\frac{4}{15}+\frac{1}{5}-\frac{7}{60}=\frac{7}{20}$.

(3)(ⅰ) $P(A\overline{B})=P[A(S-B)]=P(A-AB)=P(A)-P(AB)=\frac{1}{2}$.

(ⅱ) $P(A\overline{B})=P[A(S-B)]=P(A-AB)=P(A)-P(AB)=\frac{1}{2}-\frac{1}{8}=\frac{3}{8}$.

4. 设 A,B 是两个事件.

(1)已知 $A\overline{B}=\overline{A}B$,验证 $A=B$.

(2)验证事件 A 和事件 B 恰有一个发生的概率为 $P(A)+P(B)-2P(AB)$.

证:(1)假设 $A\overline{B}=\overline{A}B$,故有 $(A\overline{B})\cup(AB)=(\overline{A}B)\cup(AB)$,

从而 $A(\overline{B}\cup B)=(\overline{A}\cup A)B$,即 $AS=SB$,故有 $A=B$.

(2) A,B 恰好有一个发生的事件为 $A\overline{B}\cup\overline{A}B$,其概率为

$$P(A\overline{B}\cup\overline{A}B)=P(A\overline{B})+P(\overline{A}B)=P[A(S-B)]+P[B(S-A)]$$
$$=P(A-AB)+P(B-AB)=P(A)+P(B)-2P(AB).$$

5. 10 片药片中有 5 片是安慰剂.

(1)从中任意抽取 5 片,求其中至少有 2 片是安慰剂的概率.

(2)从中每次抽取一片,作不放回抽样,求前 3 次都取到安慰剂的概率.

解:(1) $p=1-P$(取到的 5 片药片均不是安慰剂)$-$

P(取到的 5 片药片中只有 1 片是安慰剂)

$$=1-\frac{C_5^0C_{10-5}^5}{C_{10}^5}-\frac{C_5^1C_{10-5}^4}{C_{10}^5}=\frac{113}{126}.$$

(2)$p=\frac{5}{10}\times\frac{4}{9}\times\frac{3}{8}=\frac{1}{12}$.

6. 在房间里有 10 个人，分别佩戴从 1 号到 10 号的纪念章，任选 3 人记录其纪念章的号码.

(1)求最小号码为 5 的概率.

(2)求最大号码为 5 的概率.

解：(1)、(2)有同一样本空间且所含元素个数为 C_{10}^3.

(1)记 A=“最小号码为 5”，A 的有利事件数为 C_5^2，故 $P(A)=\frac{C_5^2}{C_{10}^3}=\frac{1}{12}$.

(2)记 B=“最大号码为 5”，B 的有利事件数为 C_4^2，故 $P(B)=\frac{C_4^2}{C_{10}^3}=\frac{1}{20}$.

7. 某油漆公司发出 17 桶油漆，其中白漆 10 桶，黑漆 4 桶，红漆 3 桶，在搬运中所有标签脱落，交货人随意将这些发给顾客，问一个订货 4 桶白漆，3 桶黑漆和 2 桶红漆的顾客，能按所订颜色如数得到订货的概率是多少？

解：取发给顾客 9 桶油漆的所有可能情况为样本空间，其中含样本数为 C_{17}^9，记 A 为事件“正确发放货物”，则 A 含有的样本数为 $C_{10}^4C_4^3C_3^2$，从而

$$P(A)=\frac{C_{10}^4C_4^3C_3^2}{C_{17}^9}=\frac{252}{2\ 431}.$$

8. 在 1 500 个产品中有 400 件次品，1 100 件正品，任取 200 件.

(1)求恰有 90 件次品的概率.

(2)求至少有 2 件次品的概率.

解：(1)产品的所有取法构成样本空间，其中所含的样本数为 $C_{1\,500}^{200}$，用 A 表示事件“取出的产品中恰有 90 件次品”，则 A 中的样本数为 $C_{400}^{90}C_{1\,100}^{110}$，因此

$$P(A)=\frac{C_{400}^{90}C_{1\,100}^{110}}{C_{1\,500}^{200}}.$$

(2)用 B 表示事件“至少有 2 个次品”，则 $\overline{B}$ 表示事件“取出的产品中至多有一个次品”，$\overline{B}$ 中的样本点数为 $C_{400}^1C_{1\,100}^{199}+C_{1\,100}^{200}$，从而 $P(\overline{B})=\frac{C_{400}^1C_{1\,100}^{199}+C_{1\,100}^{200}}{C_{1\,500}^{200}}$，因此

$$P(B)=1-P(\overline{B})=1-\frac{C_{400}^1C_{1\,100}^{199}+C_{1\,100}^{200}}{C_{1\,500}^{200}}.$$

9. 从 5 双不同的鞋子中任取 4 只，这 4 只鞋子中至少有 2 只配成一双的概率是多少？

解：根据题意，样本空间所含的样本点数 C_{10}^4，用 A 表示事件“4 只鞋子中至少有 2 只配成一对”，则 $\overline{A}$ 表示事件“4 只鞋中没有 2 只配成一双”，$\overline{A}$ 的样本点数为 $C_5^4\cdot 2^4$（先从 5 双鞋中任取 4 双，再从每双中任取一只）. 则 $P(\overline{A})=\frac{C_5^4\cdot 2^4}{C_{10}^4}=\frac{8}{21}$，从而

$$P(A)=1-\frac{8}{21}=\frac{13}{21}.$$

10. 在 11 张卡片上分别写上 probability 这 11 个字母，从中任意连续抽出 7 张进行排列，求排列结果为 ability 的概率.

解：所有可能的排列构成样本空间，其中包含的样本点数为 P_{11}^{7}，用 A 表示事件“正确的排列”，则 A 包含的样本点数为 $C_1^1C_2^1C_2^1C_1^1C_1^1C_1^1C_1^1=4$，则

$$P(A)=\frac{4}{P_{11}^{7}}=2.4\times10^{-6}.$$

11. 将 3 个球随机地放入 4 个杯子中去，求杯子中球的最大个数分别为 1，2，3 的概率.

解：把 3 个球放入 4 只杯中共有 4^3 种放法.

记 A=“杯中球的最大个数为 1”，事件 A 即为从 4 只杯中选出 3 只，然后将 3 个球放到 3 只杯中去，每只杯中一个球，则 A 所含的样本点数 $C_4^3\cdot P_3^3=24$，则

$$P(A)=\frac{6}{16}=\frac{3}{8}.$$

记 B=“杯中球的最大个数为 2”. 事件 B 即为从 4 只杯中选出 1 只，再从 3 个球中选中 2 个放到此杯中，剩余 1 球放到另外 3 只杯中的某一个中，则 B 所含的样本点数为 $C_4^1C_3^2C_3^1=36$，从而 $P(C)=\frac{36}{4^3}=\frac{9}{16}$.

记 C=“杯中球的最大个数为 3”，类似地，C 所含的样本点数 $C_4^1\cdot C_3^3=4$，从而

$$P(C)=\frac{4}{4^3}=\frac{1}{16}.$$

12. 50 只铆钉随机地取来用在 10 个部位上，其中有 3 个铆钉强度太弱，每个部件用 3 个铆钉，若将 3 个强度太弱的铆钉都装在一个部件上，则这个部件强度就太弱，问发生一个部件强度太弱的概率是多少？

解：从 50 个铆钉中任取 3 个，有 C_{50}^3 种取法，而发生“一个部件强度太弱”这一事件必须将三个强度太弱的铆钉同时取来，并放到一个部件上，共有 $C_3^3C_{10}^1$ 种情况，故 $P(A)=\frac{C_3^3C_{10}^1}{C_{50}^3}=\frac{1}{1\,960}$.

13. 一俱乐部有 5 名一年级学生，2 名二年级学生，3 名三年级学生，2 名四年级学生.

(1)在其中任选 4 名学生，求一、二、三、四年级的学生各一名的概率.

(2)在其中任选 5 名学生，求一、二、三、四年级的学生均包含在内的概率.

解：(1)共有 5+2+3+2=12 名学生，在其中任选 4 名，共有 $C_{12}^4=495$ 种选法，其中每年级各选 1 名的选法有 $C_5^1C_2^1C_3^1C_2^1=60$ 种，因此，所求概率为 $p=\frac{60}{495}=\frac{4}{33}$.

(2)在 12 名学生中任选 5 名的选法共有 $C_{12}^5=792$ 种. 在每个年级中有一个年级取 2 名，而其他 3 个年级各取 1 名的取法共有

$$C_5^2C_2^1C_3^1C_2^1+C_5^1C_2^2C_3^1C_2^1+C_5^1C_2^1C_3^2C_2^1+C_5^1C_2^1C_3^1C_2^2=240(\text{种}),$$

于是所求的概率为 $p=\frac{240}{792}=\frac{10}{33}$.

14. (1)已知 $P(\overline{A})=0.3$, $P(B)=0.4$, $P(A\overline{B})=0.5$,求 $P(B|A\cup\overline{B})$.

(2)已知 $P(A)=\frac{1}{4}$, $P(B|A)=\frac{1}{3}$, $P(A|B)=\frac{1}{2}$,求 $P(A\cup B)$.

解:(1)$P(B|A\cup\overline{B})\frac{P[B(A\cup\overline{B})]}{P(A\cup\overline{B})}=\frac{P(AB)}{P(A)+P(\overline{B})-P(A\overline{B})}$.

由题设得 $P(A)=1-P(\overline{A})=0.7$,$P(\overline{B})=1-P(B)=0.6$,$P(AB)=P(A)-P(A\overline{B})=0.2$,故

$$P(B|A\cup\overline{B})=\frac{0.2}{0.7+0.6-0.5}=0.25.$$

(2)由已知可得 $P(AB)=P(B|A)P(A)=\frac{1}{12}$,从而 $P(B)=\frac{P(AB)}{P(A|B)}=\frac{\frac{1}{12}}{\frac{1}{2}}=\frac{1}{6}$,

故 $P(A\cup B)=P(A)+P(B)-P(AB)=\frac{1}{4}+\frac{1}{6}-\frac{1}{12}=\frac{1}{3}$.

15. 掷两颗骰子,已知两颗骰子点数之和为7,求其中有一颗为1点的概率(用两种方法).

解法一:取两颗点数之和为7的所有可能情况的全体为样本空间 Ω,则 $\Omega=\{(1,6),(2,5),(3,4),(4,3),(5,2),(6,1)\}$;用 A 表示两颗骰子点数之和为7,其中有一颗为1点的事件,则 $A=\{(1,6),(6,1)\}$,从而 $P(A)=\frac{2}{6}=\frac{1}{3}$.

解法二:设 X 为第一颗骰子的点数,Y 为第二颗骰子的点数,则 $P\{X+Y=7\}=\frac{6}{36}$,

$$P\{X=1|X+Y=7\}=\frac{P\{X=1\}P\{X+Y=7|X=1\}}{P\{X+Y=7\}}=\frac{\frac{1}{6}\times\frac{1}{6}}{\frac{6}{36}}$$

$$=\frac{1}{6}=P\{Y=1|X+Y=7\},$$

故 $P(\{X=1|X+Y=7\}\cup\{Y=1|X+Y=7\})=\frac{1}{6}+\frac{1}{6}=\frac{1}{3}$.

16. 以往资料表明,一3口之家,患某种传染病的概率有以下规律:

$$P\{孩子得病\}=0.6, P\{母亲得病|孩子得病\}=0.5,$$
$$P\{父亲得病|母亲及孩子得病\}=0.4,$$

求母亲及孩子得病但父亲未得病的概率.

解:令 A=“孩子得病”,B=“母亲得病”,C=“父亲得病”,则

$$P(A)=0.6, P(B|A)=0.5, P(C|AB)=0.4,$$

所以 $P(\overline{C}|AB)=0.6$,由乘法公式得

$$P(AB\overline{C})=P(A)P(B|A)P(\overline{C}|AB)=0.6\times0.5\times0.6=0.18,$$

故母亲及孩子得病，但父亲未得病的概率为 0.18.

17. 已知在 10 件产品中有 2 件次品，在其中取两次，每次任取一件，作不放回抽样，求下列事件的概率：

(1)两件都是正品. (2)两件都是次品.

(3)一件是正品，一件是次品. (4)第二次取出的是次品.

解：设 A_i ="第 i 次取出的是正品"，B_i ="第 i 次取出的是次品"，$(i=1,2)$

(1)$P(A_1A_2)=P(A_1)P(A_2|A_1)=\frac{8}{10}\times\frac{7}{9}=\frac{28}{45}$.

(2)$P(B_1B_2)=P(B_1)P(B_2|B_1)=\frac{2}{10}\times\frac{1}{9}=\frac{1}{45}$.

(3)$P(A_1B_2\cup B_1A_2)=P(A_1B_2)+P(B_1A_2)=P(A_1)P(B_2|A_1)+P(B_1)P(A_2|B_1)$

$$=\frac{8}{10}\times\frac{2}{9}+\frac{2}{10}\times\frac{8}{9}=\frac{16}{45}.$$

(4)$P(B_2)=P(A_1B_2\cup B_1B_2)=P(A_1B_2)+P(B_1B_2)$

$$=P(A_1)P(B_2|A_1)+P(B_1)P(B_2|B_1)$$

$$=\frac{8}{10}\times\frac{2}{9}+\frac{2}{10}\times\frac{1}{9}=\frac{9}{45}=\frac{1}{5}.$$

18. 某人忘记了电话号码的最后一个数字，因而他随意地拨号. 求他拨号不超过 3 次而接通所需电话的概率. 若已知最后一个数字是奇数，那么此概率是多少？

解法一：设 A_i ="第 i 次拨号拨对"，$i=1,2,3$，A ="拨号不超过 3 次而拨对"，则 $A=A_1+\overline{A}_1A_2+\overline{A}_1\overline{A}_2A_3$，且三者互斥，故有

$$P(A)=P(A_1)+P(\overline{A}_1)P(A_2|\overline{A}_1)+P(\overline{A}_1)P(\overline{A}_2|\overline{A}_1)P(A_3|\overline{A}_1\overline{A}_2),$$

于是

$$P(A)=\frac{1}{10}+\frac{9}{10}\times\frac{1}{9}+\frac{9}{10}\times\frac{8}{9}\times\frac{1}{8}=\frac{3}{10}.$$

$$P(B)=\frac{1}{5}+\frac{4}{5}\times\frac{1}{4}+\frac{4}{5}\times\frac{3}{4}\times\frac{1}{3}=\frac{3}{5}.$$

解法二：$\overline{A}$ ="拨号 3 次都未接通". 故

$$P(A)=1-P(\overline{A})=1-P(\overline{A}_1\overline{A}_2\overline{A}_3)$$

$$=1-P(\overline{A}_1)P(\overline{A}_2|\overline{A}_1)P(\overline{A}_3|\overline{A}_1\overline{A}_2)$$

$$=1-\frac{9}{10}\times\frac{8}{9}\times\frac{7}{8}=\frac{3}{10},$$

同理 $P(B)=1-\frac{4}{5}\times\frac{3}{4}\times\frac{2}{3}=\frac{3}{5}$.

19. (1)设甲袋中装有 n 只白球，m 只红球；乙袋中装有 N 只白球，M 只红球. 今从甲袋中任意取一只球放入乙袋中，再从乙袋中任意取一只球，问取到白球的概率是多少？

(2)第一只盒子装有 5 只红球，4 只白球，第二只盒子装有 4 只红球，5 只白球. 先从第一盒中任取 2 只球放入第二个盒子中，然后从第二个盒子中任取一只球，求取到的是白球的概率.

解：(1)A="从乙袋中取到白球"，B="从甲袋中取出的是白球"，则

$$A=BA+\overline{B}A,$$

$$P(A)=P(B)P(A|B)+P(\overline{B})P(A|\overline{B})$$

$$=\frac{n}{m+n}\cdot\frac{N+1}{N+M+1}+\frac{m}{m+n}\cdot\frac{N}{M+N+1}.$$

(2)设A="从第二盒中取得白球"，B_i="从第一盒中取出两球恰有i个白球"，$i=0,1,2$，则

$$P(A)=P(B_0)P(A|B_0)+P(B_1)P(A|B_1)+P(B_2)P(A|B_2)$$

$$=\frac{C_5^2}{C_9^2}\cdot\frac{5}{11}+\frac{C_5^1C_4^1}{C_9^2}\cdot\frac{6}{11}+\frac{C_4^2}{C_9^2}\cdot\frac{7}{11}$$

$$=\frac{10}{36}\cdot\frac{5}{11}+\frac{20}{36}\cdot\frac{6}{11}+\frac{6}{36}\cdot\frac{7}{11}=\frac{53}{99}.$$

20. 某种商品的商标为"MAXAM"，其中有2个字母脱落，有人捡起随意放回，求放回后仍为"MAXAM"的概率.

解：设A="放回后仍为'MAXAM'"　　B_1="脱落的是M,M"

B_2="脱落的是A,A"　　B_3="脱落的是M,A"

B_4="脱落的是M,X"　　B_5="脱落的是A,X"

则 $P(B_1)=\frac{1}{C_5^2}$，$P(B_2)=\frac{1}{C_5^2}$，$P(B_3)=\frac{4}{C_5^2}$，$P(B_4)=\frac{2}{C_5^2}$，$P(B_5)=\frac{2}{C_5^2}$，

$P(A|B_1)=P(A|B_2)=1$，$P(A|B_3)=P(A|B_4)=P(A|B_5)=\frac{1}{2}$，

$A=B_1A+B_2A+B_3A+B_4A+B_5A$，

$$P(A)=P(B_1)P(A|B_1)+P(B_2)P(A|B_2)+P(B_3)P(A|B_3)+P(B_4)P(A|B_4)+P(B_5)P(A|B_5)$$

$$=\frac{1}{10}(1+1+1+1+2)=\frac{3}{5}.$$

21. 已知男子有5%是色盲患者，女子有0.25%是色盲患者，今从男女人数相等的人群中随机地挑选一人，恰好是色盲患者，问此人是男性的概率是多少？

解：令A="抽到一名男性"；B="抽到一名女性"；C="抽到一名色盲患者".

由全概率公式得

$$P(C)=P(C|A)\cdot P(A)+P(C|B)\cdot P(B)$$

$$=5\%\times\frac{1}{2}+0.25\%\times\frac{1}{2}=2.625\%,$$

$$P(AC)=P(A)P(C|A)=\frac{1}{2}\times5\%=2.5\%,$$

由贝叶斯公式得 $P(A|C)=\frac{P(AC)}{P(C)}=\frac{2.5\%}{2.625\%}=\frac{20}{21}.$

22. 一学生接连参加同一课程的两次考试，第一次考试及格的概率为p，若第一次及格，则第二次及格的概率也为p；若第一次不及格则第二次及格的概率为$\frac{p}{2}$.

(1)若至少有一次及格则他能取得某种资格,求他取得该资格的概率.

(2)若已知他第二次已经及格,求他第一次及格的概率.

解:(1)设 A=“他取得该资格”,B_i=“第 i 次及格”,$i=1,2$. 则

$$A=B_1+B_2,\ B_2=B_1B_2+\overline{B}_1B_2,$$

$$P(A)=P(B_1)+P(B_2)-P(B_1B_2)=P(B_1)+P(B_1B_2)+P(\overline{B}_1B_2)-P(B_1B_2)$$

$$=P(B_1)+P(\overline{B}_1)P(B_2|\overline{B}_1)=p+(1-p)\frac{p}{2}=\frac{1}{2}(3p-p^2).$$

(2)所求概率为

$$P(B_1|B_2)=\frac{P(B_1B_2)}{P(B_2)}=\frac{P(B_1)P(B_2|B_1)}{P(B_1)P(B_2|B_1)+P(\overline{B}_1)P(B_2|\overline{B}_1)}$$

$$=\frac{p^2}{p^2+(1-p)\frac{p}{2}}=\frac{2p^2}{p^2+p}=\frac{2p}{p+1}.$$

23. 将两信息分别编码为 A 和 B 传递出去,接收站收到时,A 被误收作 B 的概率为 0.02,而 B 被误收作 A 的概率为 0.01,信息 A 与信息 B 传递的频繁程度为 2∶1,若接收站收到的信息是 A,问原发信息是 A 的概率是多少?

解:设 B_1,B_2 分别表示事件“发报台发出信号‘A’及‘B’”,又以 A_1,A_2 分别表示事件“收报台收到信号‘A’及‘B’”. 则有 $P(B_1)=\frac{2}{3}$,$P(B_2)=\frac{1}{3}$,且

$$P(A_1|B_1)=0.98,P(A_1|B_2)=0.01.$$

由贝叶斯公式有

$$P(B_1|A_1)=\frac{P(B_1)\cdot P(A_1|B_1)}{P(B_1)P(A_1|B_1)+P(B_2)P(A_1|B_2)}$$

$$=\frac{\frac{2}{3}\times 0.98}{\frac{2}{3}\times 0.98+\frac{1}{3}\times 0.01}=\frac{196}{197}.$$

24. 有两箱同种类的零件,第一箱装 50 只,其中 10 只一等品;第二箱装 30 只,其中 18 只一等品. 今从两箱中任挑出一箱,然后从该箱中取零件两次,每次任取一只,作不放回抽样. 求:

(1)第一次取到的零件是一等品的概率.

(2)第一次取到的零件是一等品的条件下,第二次取到的也是一等品的概率.

解:(1)记 A_i=“在第 i 次中取到一等品”, B_i=“挑到第 i 箱”,$i=1,2$.

则有 $P(A_1)=P(A_1|B_1)\cdot P(B_1)+P(A_1|B_2)\cdot P(B_2)$

$$=\frac{10}{50}\times\frac{1}{2}+\frac{18}{30}\times\frac{1}{2}=0.4.$$

(2)$P(A_1A_2)=P(A_1A_2|B_1)\cdot P(B_1)+P(A_1A_2|B_2)\cdot P(B_2)$

$$=\frac{1}{2}\times\frac{10}{50}\times\frac{9}{49}+\frac{1}{2}\times\frac{18}{30}\times\frac{17}{29}=0.194\ 23.$$

$$P(A_2|A_1)=\frac{P(A_1A_2)}{P(A_1)}=\frac{0.194\ 23}{0.4}=0.485\ 6.$$

25. 某人下午 5：00 下班，他所积累的资料见下表：

到家时间	5:35～5:39	5:40～5:44	5:45～5:49	5:50～5:54	迟于 5:54
乘地铁的概率	0.10	0.25	0.45	0.15	0.05
乘汽车的概率	0.30	0.35	0.20	0.10	0.05

某日他抛一枚硬币决定乘地铁还是汽车，结果他是 5：47 到家的，试求他是乘地铁回家的概率.

解：令 A=“乘地铁回家”，B=“乘汽车回家”，C=“在 5：47 回家”. 由全概率公式知

$$P(C)=P(C|A)\cdot P(A)+P(C|B)\cdot P(B)=0.45\times0.5+0.20\times0.5=0.325,$$

故由贝叶斯公式 $P(A|C)=\dfrac{P(A)\cdot P(C|A)}{P(C)}=\dfrac{0.45\times0.5}{0.325}=\dfrac{9}{13}$.

26. 病树的主人外出，委托邻居浇水，设已知如果不浇水，树死去的概率为 0.8. 若浇水则树死去的概率为 0.15. 有 0.9 的把握确定邻居会记得浇水.

(1)求主人回来树还活着的概率.

(2)若主人回来树已死去，求邻居忘记浇水的概率.

解：记 A 为事件“树还活着”，W 为事件“邻居记得给树浇水”，即有

(1)$P(W)=0.9, P(\overline{W})=0.1, P(A|W)=0.85, P(A|\overline{W})=0.2$,

$P(A)=P(A|W)P(W)+P(A|\overline{W})P(\overline{W})=0.85\times0.9+0.2\times0.1=0.785.$

(2)$P(\overline{W}|\overline{A})=\dfrac{P(\overline{A}|\overline{W})P(\overline{W})}{P(\overline{A})}=\dfrac{[1-P(A|\overline{W})]P(\overline{W})}{1-P(A)}=\dfrac{0.8\times0.1}{0.215}=0.372.$

27. 设本题涉及的事件均有意义，设 A,B 都是事件.

(1)已知 $P(A)>0$，证明 $P(AB|A)\geqslant P(AB|A\cup B)$.

(2)若 $P(A|B)=1$，证明 $P(\overline{B}|\overline{A})=1$.

(3)若设 C 也是事件，且有 $P(A|C)\geqslant P(B|C), P(A|\overline{C})\geqslant P(B|\overline{C})$，证明 $P(A)\geqslant P(B)$.

证：(1)若 $P(A)>0$，要证 $P(AB|A)\geqslant P(AB|A\cup B)$.

上式左边等于$\dfrac{P(AB)}{P(A)}$，上式右边等于$\dfrac{P(AB)}{P(A\cup B)}$.

因为 $A\cup B\supset A, P(A\cup B)\geqslant P(A)$，故有$\dfrac{P(AB)}{P(A)}\geqslant\dfrac{P(AB)}{P(A\cup B)}$,

即 $P(AB|A)\geqslant P(AB|A\cup B)$.

(2)由 $P(A|B)=1$ 得$\dfrac{P(AB)}{P(B)}=1$,

即 $$P(AB)=P(B). \quad ①$$

于是

$$P(\overline{B}|\overline{A})=\frac{P(\overline{A}\overline{B})}{P(\overline{A})}=\frac{P(\overline{A\cup B})}{P(\overline{A})}=\frac{1-P(A\cup B)}{1-P(A)}=\frac{1-P(A)-P(B)+P(AB)}{1-P(A)}.$$

由①式得到 $P(\overline{B}|\overline{A})=\frac{1-P(A)}{1-P(A)}=1.$

(3)由假设 $P(A|C)\geqslant P(B|C)$,而 $P(A|C)=\frac{P(AC)}{P(C)}$,$P(B|C)=\frac{P(BC)}{P(C)}$,因此

$$P(AC)\geqslant P(BC). \quad ②$$

同样由 $P(A|\overline{C})\geqslant P(B|\overline{C})$就有

$$P(A\overline{C})\geqslant P(B\overline{C}). \quad ③$$

由③式可知 $P(A(S-C))\geqslant P(B(S-C))$,

得 $P(A)-P(AC)\geqslant P(B)-P(BC)$,或 $P(A)-P(B)\geqslant P(AC)-P(BC)$,

由②式,得 $P(A)-P(B)\geqslant 0$,即 $P(A)\geqslant P(B)$.

28. 有两种花籽,发芽率分别为 0.8,0.9,从中各取一颗,设花籽是否发芽相互独立,求

(1)这两颗花籽都能发芽的概率.

(2)至少有一颗能发芽的概率.

(3)恰有一颗能发芽的概率.

解:以 A,B 表示事件"第一、二颗花籽能发芽",即有 $P(A)=0.8$, $P(B)=0.9$.

(1)由 A,B 相互独立,得两颗花籽都能发芽的概率为

$$P(AB)=P(A)P(B)=0.8\times 0.9=0.72.$$

(2)至少有一颗花籽能发芽的概率,即事件 $A\cup B$ 的概率为

$$P(A\cup B)=P(A)+P(B)-P(AB)=0.8+0.9-0.72=0.98.$$

(3)恰有一颗花籽能发芽的概率,即为事件 $A\overline{B}\cup B\overline{A}$ 的概率,

$$\begin{aligned}P(A\overline{B}\cup\overline{A}B)&=P(A)P(\overline{B})+P(\overline{A})P(B)\\&=P(A)[1-P(B)]+[1-P(A)]P(B)\\&=0.8\times 0.1+0.2\times 0.9=0.26.\end{aligned}$$

29. 根据报道,美国人血型的分布近似地为:A 型为 37%,O 型为 44%,B 型为 13%,AB 型为 6%,夫妻拥有的血型是相互独立的.

(1)B 型的人只有输入 B、O 两种血型才安全.若妻为 B 型,夫为何种血型未知,求夫是妻的安全输血者的概率.

(2)随机地取一对夫妇,求妻为 B 型,夫为 A 型的概率.

(3)随机地取一对夫妇,求其中一人为 A 型,另一人为 B 型的概率.

(4)随机地取一对夫妇,求其中至少有一人是 O 型的概率.

解:(1)由题意知夫血型应为 B、O 才为安全输血者.因两种血型互不相容,故所求概率为 $p_1=0.44+0.13=0.57$.

(2)因夫妻拥有血型相互独立,于是所求概率为 $p_2=0.13\times 0.37=0.0481$.

(3)$p_3=2\times 0.37\times 0.13=0.0962$.

(4)有三种可能,即夫为 O,妻为非 O;妻为 O,夫为非 O;夫妻均为 O.

$$p_4=2\times 0.44\times(1-0.44)+0.44\times 0.44=0.6864.$$

30. (1)给出事件 A,B 的例子,使得

(ⅰ) $P(A|B)<P(A)$.　(ⅱ) $P(A|B)=P(A)$.　(ⅲ) $P(A|B)>P(A)$.

(2)设事件 A,B,C 相互独立,证明

(ⅰ) C 与 AB 相互独立.　(ⅱ) C 与 $A\cup B$ 相互独立.

(3)设事件 A 的概率 $P(A)=0$,证明对于任意另一事件 B,有 A,B 相互独立.

(4)证明事件 A,B 相互独立的充要条件是 $P(A|B)=P(A|\overline{B})$.

解:(1)举例:

(ⅰ)设试验为将骰子掷一次,事件 A 为"出现偶数点",B 为"出现奇数点",

则 $P(A|B)=0$, $P(A)=\frac{1}{2}$,故 $P(A|B)<P(A)$.

(ⅱ)设试验为将骰子掷一次,A 同上,B 为"掷出点数$\geqslant 1$",

则 $P(A|B)=\frac{1}{2}$,而 $P(A)=\frac{1}{2}$,故 $P(A|B)=P(A)$.

(ⅲ)设试验为将骰子掷一次,A 同上,B 为"掷出点数$\geqslant 4$",

则 $P(A|B)=\frac{2}{3}$,而 $P(A)=\frac{1}{2}$,故 $P(A|B)>P(A)$.

(2)因 A,B,C 相互独立,故 $P(AB)=P(A)P(B)$, $P(BC)=P(B)P(C)$, $P(CA)=P(C)P(A)$, $P(ABC)=P(A)P(B)P(C)$,从而

(ⅰ) $P[C(AB)]=P(CAB)=P(C)P(A)P(B)=P(C)P(AB)$,即 C 与 AB 相互独立.

(ⅱ)
$$\begin{aligned}P[C(A\cup B)]&=P(CA\cup CB)=P(CA)+P(CB)-P(CAB)\\&=P(C)P(A)+P(C)P(B)-P(C)P(A)P(B)\\&=P(C)[P(A)+P(B)-P(AB)]=P(C)P(A\cup B),\end{aligned}$$

即 C 与 $A\cup B$ 相互独立.

(3)因 $AB\subset A$,故若 $P(A)=0$,则 $0\leqslant P(AB)\leqslant P(A)$.

从而 $P(AB)=0=P(B)\cdot 0=P(B)P(A)$,按定义,$A,B$ 相互独立.

(4)证:必要性. 设 A,B 相互独立,则 $A,\overline{B}$ 也相互独立,从而知

$$P(A|B)=P(A), P(A|\overline{B})=P(A),$$

故 $P(A|B)=P(A|\overline{B})$.

充分性. 设 $P(A|B)=P(A|\overline{B})$,则有

$$\frac{P(AB)}{P(B)}=\frac{P(A\overline{B})}{P(\overline{B})},$$

即 $\frac{P(AB)}{P(B)}=\frac{P(A)-P(AB)}{1-P(B)}$. 故 $P(AB)=P(A)P(B)$,即 A,B 相互独立.

31. 设事件 A,B 的概率均大于零,说明以下的叙述(1)必然对. (2)必然错. (3)可能对,并说明理由.

(1)若 A 与 B 互不相容,则它们相互独立.

(2)若 A 与 B 相互独立,则它们互不相容.

(3)$P(A)=P(B)=0.6$,且A,B互不相容.

(4)$P(A)=P(B)=0.6$,且A,B相互独立.

解:(1)必然错.因若A,B互不相容,则$0=P(AB)\neq P(A)P(B)>0$.

(2)必然错.因若A,B相互独立,则$P(AB)=P(A)P(B)>0$.

(3)必然错.因若A,B互不相容,则$P(A\cup B)=P(A)+P(B)=1.2$,这是不对的.

(4)可能对.

32. 有一种艾滋病毒的检验法,其结果有概率0.005报道为假阳性(即不带艾滋病毒者,经此检验法有0.005的概率被认为带艾滋病毒).今有140名不带艾滋病毒的正常人全部接受此种检验,被报道至少有一人带艾滋病毒的概率为多少?

解:在本题中,这140人检查结果是相互独立的,这一假定是合理的,将人编号,第i号人检验结果以A_i表示正常,则$\overline{A}_i$表示事件"被报道为带艾滋病毒者",由题意知,$P(\overline{A}_i)=0.005$,从而$P(A_i)=1-0.005=0.995$.于是140人经检验至少有一人被报道呈阳性的概率为

$$p=P(\text{至少有一人呈阳性})=1-P(\text{无人为阳性})$$

$$=1-P(\prod_{i=1}^{140}A_i)=1-\prod_{i=1}^{140}P(A_i)=1-0.995^{140}.$$

由$140\lg 0.995=\lg 0.4957$,得

$$p=1-0.4957=0.5043.$$

这说明,即使无人带艾滋病毒,这种检验法认为140人中至少有一人带艾滋病毒的概率大于$\frac{1}{2}$.

33. 盒中有编号为1,2,3,4的4只球,随机地自盒中取一只球,事件A为"取得的是1号或2号球",事件B为"取得的是1号或3号球",事件C为"取得的是1号或4号球".验证:

$$P(AB)=P(A)P(B),\ P(AC)=P(A)P(C),\ P(BC)=P(B)P(C),$$

但$P(ABC)\neq P(A)P(B)P(C)$,即事件A,B,C两两独立,但A,B,C不是相互独立的.

证:以$A_i(i=1,2,3,4)$表示取到第i号球,则

$$P(A_1)=P(A_2)=P(A_3)=P(A_4)=\frac{1}{4},$$

又$A=A_1\cup A_2$,$B=A_1\cup A_3$,$C=A_1\cup A_4$,且A_1,A_2,A_3,A_4两两互不相容,故有$P(A)=P(B)=P(C)=\frac{1}{2}$.

另外,$AB=A_1$,$AC=A_1$,$BC=A_1$,$ABC=A_1$,故

$$P(AB)=P(AC)=P(BC)=P(ABC)=P(A_1)=\frac{1}{4}.$$

从而有
$$P(AB)=\frac{1}{4}=\frac{1}{2}\times\frac{1}{2}=P(A)P(B),$$
$$P(AC)=\frac{1}{4}=\frac{1}{2}\times\frac{1}{2}=P(A)P(C),$$
$$P(BC)=\frac{1}{4}=\frac{1}{2}\times\frac{1}{2}=P(B)P(C),$$

但 $P(ABC)=\frac{1}{4}\neq P(A)P(B)P(C)=\frac{1}{8}$.

34. 试分别求这两个系统的可靠性.

(1)设有四个独立工作的元件 1,2,3,4.它们的可靠性分别为 p_1,p_2,p_3,p_4,将它们按图 1-1 方式连接(称为并串联系统);

(2)设有五个独立工作的元件 1,2,3,4,5,它们的可靠性分别均为 p,将它们按图 1-2 的方式连接(称为桥式系统).

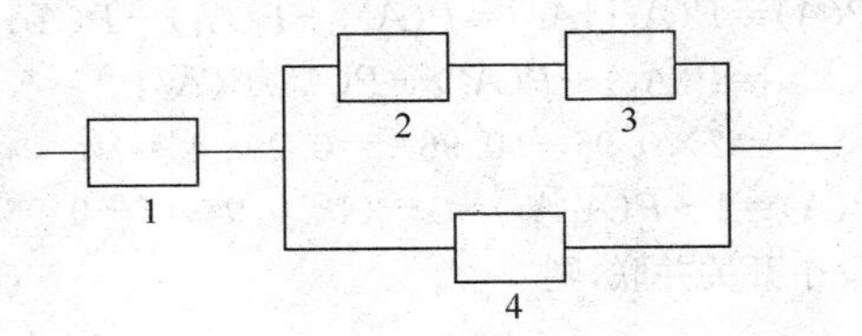

图 1-1

解:设系统正常工作为事件 A,B_i="第 i 个元件正常工作",$i=1,2,3,4,5$.

(1)$A=B_1B_2B_3+B_1B_4$,
$$P(A)=P(B_1B_2B_3)+P(B_1B_4)-P(B_1B_2B_3B_4)=p_1p_2p_3+p_1p_4-p_1p_2p_3p_4.$$

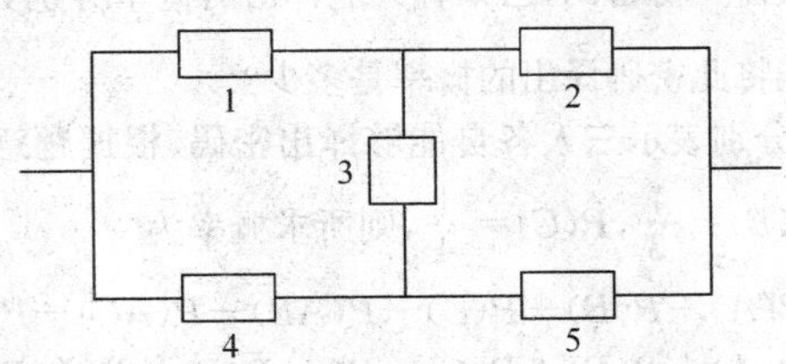

图 1-2

(2)$A=B_1B_2+B_1B_3B_5+B_4B_5+B_4B_3B_2$,
$$\begin{aligned}P(A)=&P(B_1B_2)+P(B_1B_3B_5)+P(B_4B_5)+P(B_4B_3B_2)-P(B_1B_2B_3B_5)-\\&P(B_1B_2B_4B_5)-P(B_1B_2B_3B_4)-P(B_1B_2B_3B_4B_5)-P(B_1B_3B_4B_5)-\\&P(B_2B_3B_4B_5)+P(B_1B_2B_3B_4B_5)+P(B_1B_2B_3B_4B_5)+\\&P(B_1B_2B_3B_4B_5)+P(B_1B_2B_3B_4B_5)-P(B_1B_2B_3B_4B_5)\\=&2p^2+2p^3-5p^4+2p^5.\end{aligned}$$

35. 如果一危险情况 C 发生时,一电路闭合并发出警报,我们可以借用两个或多个开关并联以改善可靠性,在 C 发生时这些开关每一个都应闭合,且若至少一个开关闭合了，警报就发出，如果两个这样的开关并联，它们每个具有 0.96 的可靠性(即在情况 C 发生时闭合的概率). 问这时系统的可靠性(即闭合电路的概率)是多少？如果需要有一个可靠性至少为 0.999 9 的系统，则至少需要用多少只开关并联？设各开关闭合与否都是相互独立的，参见图 1-3.

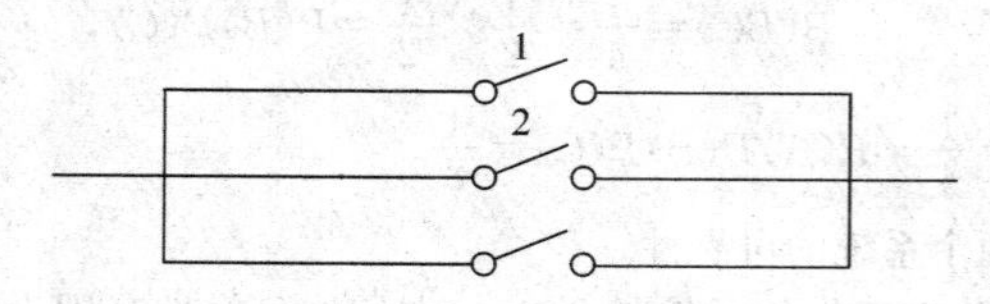

图 1-3

解：(1)设 A_i 表示第 i 个开关闭合，A 表示电路闭合，于是 $A=A_1\cup A_2$. 由题意当两个开关并联时 $P(A_i)=0.96$. 再由 A_1,A_2 的独立性得：

$$\begin{aligned}P(A)&=P(A_1\cup A_2)=P(A_1)+P(A_2)-P(A_1A_2)\\&=P(A_1)+P(A_2)-P(A_1)P(A_2)\\&=2\times 0.96-(0.96)^2=0.998\ 4\end{aligned}$$

或 $P(A)=1-P(\overline{A})=1-P(\overline{A}_1\overline{A}_2)=1-(1-0.96)(1-0.96)=0.998\ 4$.

(2)设至少需要 n 个开关并联，则

$$P(A)=P\left(\bigcup_{i=1}^{n}A_i\right)=1-\prod_{i=1}^{n}\left[1-P(A_i)\right]=1-0.04^n\geqslant 0.999\ 9,$$

故 $0.4^n\leqslant 0.000\ 1$，所以 $n\geqslant\dfrac{\lg 0.000\ 1}{\lg 0.04}\approx 2.86$. 故至少需要 3 只开关并联.

36. 三人独立地去破译一份密码，已知各人能译出的概率分别为$\frac{1}{5},\frac{1}{3},\frac{1}{4}$，问三人中至少有一个能将此密码译出的概率是多少？

解法一：设 A,B,C 分别表示三人各自能够译出密码，根据题意 A,B,C 相互独立，且 $P(A)=\frac{1}{5},P(B)=\frac{1}{3},P(C)=\frac{1}{4}$，则所求概率为

$$\begin{aligned}P(A\cup B\cup C)&=P(A)+P(B)+P(C)-P(AB)-P(AC)-P(BC)+P(ABC)\\&=P(A)+P(B)+P(C)-P(A)P(B)-P(A)P(C)-P(B)P(C)+\\&\quad P(A)P(B)P(C)\\&=\frac{1}{5}+\frac{1}{3}+\frac{1}{4}-\frac{1}{5}\times\frac{1}{3}-\frac{1}{5}\times\frac{1}{4}-\frac{1}{3}\times\frac{1}{4}+\frac{1}{5}\times\frac{1}{3}\times\frac{1}{4}=0.6.\end{aligned}$$

解法二：

$$\begin{aligned}P(A\cup B\cup C)&=1-P(\overline{A\cup B\cup C})=1-P(\overline{A}\,\overline{B}\,\overline{C})\\&=1-P(\overline{A})P(\overline{B})P(\overline{C})=1-\frac{4}{5}\times\frac{2}{3}\times\frac{3}{4}=\frac{3}{5}.\end{aligned}$$

37. 设第一只盒子中装有 3 只蓝球，2 只绿球，2 只白球；第二只盒子中装有 2 只蓝球，3 只绿球，4 只白球，独立地分别在两只盒子中各取一只球.

(1)求至少有一只蓝球的概率.

(2)求有一只蓝球一只白球的概率.

(3)已知至少有一只蓝球，求有一只蓝球一只白球的概率.

解:设 B_i="从第 i 盒中取得蓝球"，C_i="从第 i 盒中取得白球"，D_i="从第 i 盒中取得绿球"，$i=1,2$.

(1)设 A="至少有一只蓝球"，则 $A=B_1\cup B_2$，

$$P(A)=P(B_1)+P(B_2)-P(B_1B_2)=\frac{3}{7}+\frac{2}{9}-\frac{3}{7}\times\frac{2}{9}=\frac{5}{9}.$$

(2)设 B="有一只蓝球一只白球"，则 $B=B_1C_2+B_2C_1$，

$$P(B)=P(B_1C_2)+P(B_2C_1)=\frac{3}{7}\times\frac{4}{9}+\frac{2}{9}\times\frac{2}{7}=\frac{16}{63}.$$

(3)所求概率为 $P(B|A)=\dfrac{P(AB)}{P(A)}=\dfrac{P(B)}{P(A)}=\dfrac{\frac{16}{63}}{\frac{35}{63}}=\dfrac{16}{35}.$

38. 袋中装有 m 只正品硬币、n 只次品硬币(次品硬币的两面均有国徽)，在袋中任取一只，将它投掷 r 次，已知每次都得到国徽，问这只硬币是正品的概率是多少?

解:设 A="投掷 r 次都得到国徽"，B="为正品硬币".

$$P(A)=P(A|B)\cdot P(B)+P(A|\overline{B})\cdot P(\overline{B})=\left(\frac{1}{2}\right)^r\frac{m}{m+n}+\frac{n}{m+n},$$

$$P(B|A)=\frac{P(A|B)P(B)}{P(A)}=\frac{m}{m+n\cdot 2^r}.$$

39. 设根据以往记录的数据分析，某船只运输的某种物品损坏的情况共有三种：损坏 2%(这一事件记为 A_1)，损坏 10%(事件 A_2)，损坏 90%(事件 A_3)，且知 $P(A_1)=0.8$，$P(A_2)=0.15$，$P(A_3)=0.05$，现在从已被运输的物品中随机地取 3 件，发现这 3 件都是好的(这一事件记为 B)，试求 $P(A_1|B)$，$P(A_2|B)$，$P(A_3|B)$(这里设物品件数多，取出一件后不影响取后一件是否为好品的概率).

解:从三种情况中取得一件产品为好产品的概率分别为 98%，90%，10%，于是有

$$P(B|A_1)=(0.98)^3,P(B|A_2)=(0.90)^3,P(B|A_3)=(0.1)^3,$$

又因为 A_1,A_2,A_3 是 S 的一个划分，且

$$P(A_1)=0.8,P(A_2)=0.15,P(A_3)=0.05,$$

由全概率公式

$$\begin{aligned}P(B)&=P(B|A_1)P(A_1)+P(B|A_2)P(A_2)+P(B|A_3)P(A_3)\\&=(0.98)^3\times0.8+(0.90)^3\times0.15+(0.1)^3\times0.05=0.862\ 336,\end{aligned}$$

由贝叶斯公式

$$P(A_1\mid B)=\frac{P(B\mid A_1)P(A_1)}{P(B)}=\frac{0.752\ 953\ 6}{0.862\ 353\ 6}=0.873\ 1.$$

同理 $P(A_2|B)=0.126\ 8$，$P(A_3|B)=5.798\ 1\times10^{-5}$.

40. 将 A,B,C 三个字母之一输入信道，输出为原字母的概率为 α，而输出为其他一字母的概率都是 $\frac{1-\alpha}{2}$，今将字母串 AAAA,BBBB,CCCC 之一输入信道，输入

AAAA,BBBB,CCCC 的概率分别为 $p_1, p_2, p_3(p_1+p_2+p_3=1)$,已知输出为 ABCA,问输入的是 AAAA 的概率是多少?(设信道传输每个字母的工作是相互独立的)

解:用 A 表示输入 AAAA 的事件,用 B 表示输入 BBBB 的事件,用 C 表示输入 CCCC 的事件,用 H 表示输出 ABCA,由于每个字母的输出是相互独立的,于是有

$$P(H|A)=\alpha^2\left(\frac{1-\alpha}{2}\right)^2=\frac{\alpha^2(1-\alpha)^2}{4},$$

$$P(H|B)=\alpha\left(\frac{1-\alpha}{2}\right)^3=\frac{\alpha(1-\alpha)^3}{8},$$

$$P(H|C)=\alpha\left(\frac{1-\alpha}{2}\right)^3=\frac{\alpha(1-\alpha)^3}{8},$$

又 $P(A)=p_1$, $P(B)=p_2$, $P(C)=p_3$, 由贝叶斯公式得

$$\begin{aligned}P(A|H)&=\frac{P(H|A)\cdot P(A)}{P(H|A)\cdot P(A)+P(H|B)\cdot P(B)+P(H|C)\cdot P(C)}\\&=\frac{\frac{\alpha^2(1-\alpha)^2}{4}\cdot p_1}{\frac{\alpha^2(1-\alpha)^2}{4}\cdot p_1+\frac{\alpha(1-\alpha)^3}{8}\cdot p_2+\frac{\alpha(1-\alpha)^3}{8}\cdot p_3}\\&=\frac{2\alpha p_1}{(3\alpha-1)p_1+1-\alpha}.\end{aligned}$$

第二章 随机变量及其分布

1. 考虑为期一年的一张保险单,若投保人在投保后一年内因意外死亡,则公司赔付 20 万元,若投保人因其他原因死亡,则公司赔付 5 万元,若投保人在投保期末生存,则公司无须付给任何费用.若投保人在一年内因意外死亡的概率为 0.000 2,因其他原因死亡的概率为 0.001 0,求公司赔付金额的分布律.

解:设赔付金额为 X(以万元计),由条件知 X 取值为 20,5,0,且已知 $P\{X=20\}=0.000\,2$,$P\{X=5\}=0.001\,0$,故 $P\{X=0\}=1-P\{X=20\}-P\{X=5\}=0.998\,8$,即有分布律如下表.

X	20	5	0
P	0.000 2	0.001 0	0.998 8

2. (1)一袋中有 5 只球,编号为 1,2,3,4,5,在袋中同时取 3 只,以 X 表示取出的 3 只球中的最大号码,写出随机变量 X 的分布律.

(2)将一枚骰子抛掷两次,以 X 表示两次中得到的小的点数,试求 X 的分布律.

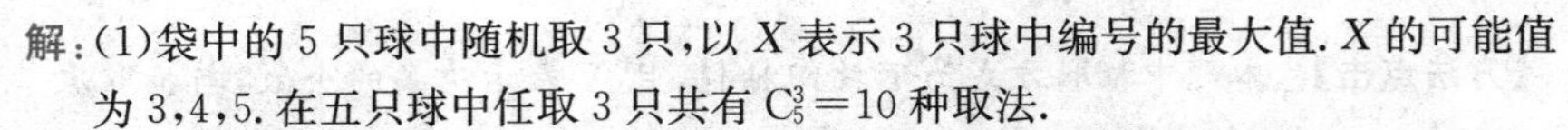

解：(1)袋中的 5 只球中随机取 3 只，以 X 表示 3 只球中编号的最大值. X 的可能值为 3,4,5. 在五只球中任取 3 只共有 $C_5^3=10$ 种取法.

$\{X=3\}$表示取出的 3 只球以编号 3 为最大值，其余两只球的编号是 1,2，仅有这一种情况，故 $P\{X=3\}=\frac{1}{C_5^3}=\frac{1}{10}$.

$\{X=4\}$表示取出的 3 只球以编号 4 为最大值，其余两只球的编号可在 1,2,3 任取 2 个，共有 C_3^2 种取法，故 $P\{X=4\}=\frac{C_3^2}{C_5^3}=\frac{3}{10}$.

$\{X=5\}$表示取出的 3 只球以编号 5 为最大值，其余两只球的编号可在 1,2,3,4 中任取 2 个，共有 C_4^2 种取法，故 $P\{X=5\}=\frac{C_4^2}{C_5^3}=\frac{3}{5}$.（$P\{X=5\}$ 也可由 $1-P\{X=3\}-P\{X=4\}$得到）

X 的分布律为

X	3	4	5
P	$\frac{1}{10}$	$\frac{3}{10}$	$\frac{3}{5}$

(2)样本空间 $S=\{(1,1),(1,2),\cdots,(1,6),(2,1),(2,2),\cdots,(2,6),\cdots,(6,1),(6,2),\cdots,(6,6)\}$，随机变量 X 的所有可能值为 1,2,3,4,5,6，其分布律为

X	1	2	3	4	5	6
P	$\frac{11}{36}$	$\frac{9}{36}$	$\frac{7}{36}$	$\frac{5}{36}$	$\frac{3}{36}$	$\frac{1}{36}$

3. 设在 15 只同类型的零件中有 2 只是次品，在其中取 3 次，每次任取 1 只，作不放回抽样，以 X 表示取出次品的只数.

(1)求 X 的分布律；　(2)画出分布律的图形.

解：随机变量 X 的可能值为 0,1,2.

当 $X=0$ 时，即取出的 3 只都是合格品，故 $P\{X=0\}=\frac{13}{15}\times\frac{12}{14}\times\frac{11}{13}=\frac{22}{35}$.

当 $X=1$ 时，即取出的 3 只中有一只次品，该次品可能在第一次、第二次或第三次被取出，故

$$\begin{aligned}P\{X=1\}&=P\{次,正,正\}+P\{正,次,正\}+P\{正,正,次\}\\&=\frac{2}{15}\times\frac{13}{14}\times\frac{12}{13}+\frac{13}{15}\times\frac{2}{14}\times\frac{12}{13}+\frac{13}{15}\times\frac{12}{14}\times\frac{2}{13}=\frac{12}{35}.\end{aligned}$$

类似地可得 $P\{X=2\}=\frac{1}{35}$. 因此，X 的分布律为

X	0	1	2
P	$\frac{22}{35}$	$\frac{12}{35}$	$\frac{1}{35}$

【方法点击】 本题中抽取方式为不放回抽样，且 X 表示次品的个数，与抽取次序无关，故可视为服从超几何分布，计算更加简便，如 $P\{X=1\}=\frac{C_2^1\cdot C_{13}^2}{C_{15}^3}=\frac{12}{35}$.

(2)分布律图形如图 2-1 所示.

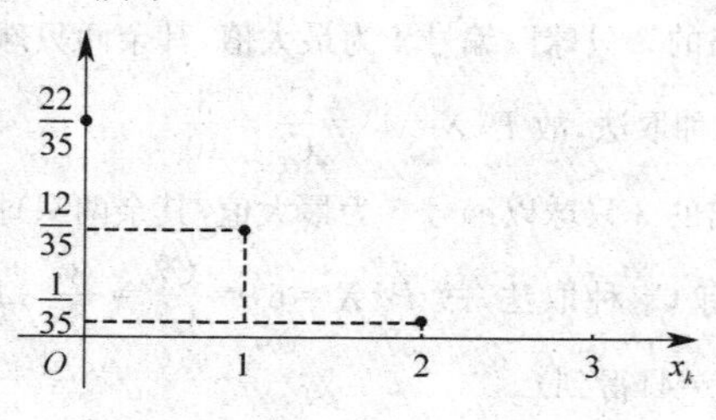

图 2-1

4. 进行重复独立试验，设每次试验成功的概率为 p，失败的概率为

$$q=1-p\ (0<p<1).$$

(1)将试验进行到出现一次成功为止，以 X 表示所需的试验次数，求 X 的分布律(此时称 X 服从以 p 为参数的**几何分布**).

(2)将试验进行到出现 r 次成功为止，以 Y 表示所需的试验次数，求 Y 的分布律(此时称 Y 服从以 r,p 为参数的巴斯卡分布或负二项分布).

(3)一篮球运动员的投篮命中率为 45%. 以 X 表示他首次投中时累计已投篮的次数，写出 X 的分布律，并计算 X 取偶数的概率.

解:(1)随机变量 X 的所有可能取值为 $1,2,\cdots,n,\cdots$，如果第 k 次成功，则前 $k-1$ 次必失败，则分布律是

X	1	2	3	…	k	…
P	p	$(1-p)p$	$(1-p)^2p$	…	$(1-p)^{k-1}p$	…

或 $P\{X=k\}=p(1-p)^{k-1}=pq^{k-1}$, $k=1,2,3,\cdots,n,\cdots$.

(2)随机变量 Y 的所有可能取值为 $r,r+1,\cdots$，如果 Y 取值为 k，是指第 k 次试验成功，而前 $k-1$ 次试验中恰有 $r-1$ 次试验成功，故 Y 的分布律是

X	r	$r+1$	…	k	…
P	p^r	$C_r^{r-1}(1-p)p^r$	…	$C_{k-1}^{r-1}(1-p)^{k-r}p^r$	…

或 $P\{Y=k\}=C_{k-1}^{r-1}p^r(1-p)^{k-r}$, $k=r,r+1,\cdots$.

(3)本题是(1)题 $p=0.45$ 的情形.

事件 $\{X=k\}$ 表示前 $k-1$ 次投篮失败，第 k 次投篮成功，则 X 的分布律

$P\{X=k\}=pq^{k-1}=p(1-p)^{k-1}=0.45\times(0.55)^{k-1}=0.45\times(0.55)^{k-1}$, $k=1,2,\cdots$.

X 取偶数时的概率为

$$p=\sum_{k=1}^{\infty}P\{X=2k\}=0.55\times0.45+(0.55)^3\times0.45+(0.55)^5\times0.45+\cdots=\frac{11}{31}.$$

5. 一房间有 3 扇同样大小的窗子，其中只有一扇是打开的. 有一只鸟自开着的窗子飞入了房间，它只能从开着的窗子飞出去. 鸟在房子里飞来飞去，试图飞出房间. 假定鸟是没有记忆的，它飞向各扇窗子是随机的.

(1)以 X 表示鸟为了飞出房间试飞的次数，求 X 的分布律.

(2)户主声称，他养的一只鸟是有记忆的，它飞向任一窗子的尝试不多于一次. 以 Y 表示这只聪明的鸟为了飞出房间试飞的次数，如户主所说是确定的，试求 Y 的分布律.

(3)求试飞次数 X 小于 Y 的概率和试飞次数 Y 小于 X 的概率.

解：(1) X 的可能取值为 $1,2,3,\cdots$，X 服从几何分布，故 X 的分布律为

$$P\{X=k\}=\left(\frac{2}{3}\right)^{k-1}\cdot\frac{1}{3},\ k=1,2,\cdots.$$

(2) Y 的可能取值为 1,2,3. 则由题意有 Y 的分布律为

Y	1	2	3
P	$\frac{1}{3}$	$\frac{1}{3}$	$\frac{1}{3}$

(3)①$\{X<Y\}$ 可分解为下列 3 个两两不相容的事件之和，即

$$\{X<Y\}=\{(X=1)\cap(Y=2)\}\cup\{(X=1)\cap(Y=3)\}\cup\{(X=2)\cap(Y=3)\},$$

故

$$P\{X<Y\}=P\{(X=1)\cap(Y=2)\}+P\{(X=1)\cap(Y=3)\}+P\{(X=2)\cap(Y=3)\}.$$

因为两只鸟儿的行动是相互独立的，从而

$$\begin{aligned}P\{X<Y\}&=P\{X=1\}P\{Y=2\}+P\{X=1\}P\{Y=3\}+P\{X=2\}P\{Y=3\}\\&=\frac{1}{3}\times\frac{1}{3}+\frac{1}{3}\times\frac{1}{3}+\frac{2}{9}\times\frac{1}{3}=\frac{8}{27}.\end{aligned}$$

$$\begin{aligned}②P\{Y<X\}&=1-P\{X<Y\}-P\{X=Y\}=1-\frac{8}{27}-\sum_{k=1}^{3}P\{(X=k)\cap(Y=k)\}\\&=1-\frac{8}{27}-\sum_{k=1}^{3}P\{X=k\}P\{Y=k\}\\&=1-\frac{8}{27}-\frac{1}{3}\times\frac{1}{3}-\frac{2}{9}\times\frac{1}{3}-\frac{4}{27}\times\frac{1}{3}=\frac{38}{81}.\end{aligned}$$

6. 一大楼装有 5 台同类型的供水设备，设各台设备是否被使用相互独立. 调查表明在任一时刻 t 每个设备被使用的概率为 0.1，问在同一时刻：

(1)恰有 2 个设备被使用的概率是多少？

(2)至少有 3 个设备被使用的概率是多少？

(3)至多有 3 个设备被使用的概率是多少？

(4)至少有 1 个设备被使用的概率是多少？

解:设被使用的设备数为 X,则 X 的可能值为 0,1,2,…,5,则

(1)$P\{X=2\}=C_5^2(0.1)^2(0.9)^3=0.0729$.

(2)$P\{X\geqslant3\}=\sum\limits_{k=3}^{5}C_5^k(0.1)^k(0.9)^{5-k}=0.00856$.

(3)$P\{X\leqslant3\}=\sum\limits_{k=0}^{3}C_5^k(0.1)^k(0.9)^{5-k}=0.99954$.

(4)$P\{X\geqslant1\}=1-C_5^0(0.1)^0(0.9)^5=1-(0.9)^5=0.40951$.

7. 设事件 A 在每一次试验中发生的概率为 0.3,当 A 发生不少于 3 次时,指示灯发出信号.

(1)进行了 5 次独立试验,求指示灯发出信号的概率.

(2)进行了 7 次独立试验,求指示灯发出信号的概率.

解:记 A 发生的次数为 X,则 $X\sim B(n, 0.3)$,$n=5$,7. 记 B 为指示灯发出信号.

(1)$P(B)=P\{X\geqslant3\}=\sum\limits_{k=3}^{5}C_5^k(0.3)^k(0.7)^{5-k}\approx0.163$.

或 $P(B)=1-\sum\limits_{k=0}^{2}P\{X=k\}$

$=1-(0.7)^5-C_5^1(0.3)(0.7)^4-C_5^2(0.3)^2(0.7)^3\approx0.163$.

(2)$P(B)=\sum\limits_{k=3}^{7}P\{X=k\}=\sum\limits_{k=3}^{7}C_7^k(0.3)^k(0.7)^{7-k}\approx0.353$,

或 $P(B)=1-\sum\limits_{k=0}^{2}P\{X=k\}$

$=1-(0.7)^7-C_7^1(0.3)(0.7)^6-C_7^2(0.3)^2(0.7)^5\approx0.353$.

8. 甲、乙两人投篮,投中的概率分别为 0.6,0.7. 今各投 3 次. 求:

(1)两人投中次数相等的概率.

(2)甲比乙投中次数多的概率.

解:记甲投中的次数为 X,乙投中的次数为 Y,则 $X\sim B(3,0.6)$,$Y\sim B(3,0.7)$.

$P\{X=0\}=(0.4)^3=0.064$, $P\{X=1\}=C_3^1(0.6)(0.4)^2=0.288$,

$P\{X=2\}=C_3^2(0.6)^2(0.4)=0.432$, $P\{X=3\}=(0.6)^3=0.216$,

$P\{Y=0\}=(0.3)^3=0.027$, $P\{Y=1\}=C_3^1(0.7)(0.3)^2=0.189$,

$P\{Y=2\}=C_3^2(0.7)^2(0.3)=0.441$, $P\{Y=3\}=(0.7)^3=0.343$,

若记 A 为事件“两人投中次数相等”,B 为事件“甲比乙投中次数多”,则

(1)$P(A)=\sum\limits_{i=0}^{3}P\{X=i,Y=i\}=\sum\limits_{i=0}^{3}P\{X=i\}P\{Y=i\}$

$=0.027\times0.064+0.189\times0.288+0.441\times0.432+0.343\times0.216$

≈0.321

(2)$P(B)=P\{X>Y\}=P\{X=1,Y=0\}+P\{X=2,Y=0\}+P\{X=2,Y=1\}+$

$P\{X=3,Y=0\}+P\{X=3,Y=1\}+P\{X=3,Y=2\}$

$=0.288\times0.027+0.432\times(0.027+0.189)+$
$0.216\times(0.027+0.189+0.441)\approx0.243$

9. 有一大批产品，其验收方案如下. 先作第一次检验：从中取 10 件，经检验无次品接受这批产品，次品数大于 2 拒收；否则作第二次检验，其做法是从中再任取 5 件，仅当 5 件中无次品时接受这批产品. 若产品的次品率为 10%，求：

(1)这批产品经第一次检验就能接受的概率.

(2)需作第二次检验的概率.

(3)这批产品按第二次检验的标准接受的概率.

(4)这批产品在第一次检验未能做决定且第二次检验时被通过的概率.

(5)这批产品被接受的概率.

解： 第一次检验相当于 10 重伯努利试验. 设 X 为第一次检验中次品数，则 $X\sim B(10,10\%)$，第二次检验为 5 重伯努利试验. 设 Y 为第二次检验中次品数，则 $Y\sim B(5,10\%)$.

(1) $P\{X=0\}=C_{10}^{0}(0.1)^{0}\times(0.9)^{10}=(0.9)^{10}\approx0.349$.

(2) $P\{0<X\leqslant2\}=P\{X=1\}+P\{X=2\}=10\times0.1\times(0.9)^{9}+\dfrac{10\times9}{2}\times0.1^{2}\times(0.9)^{8}$

$\approx0.387+0.194=0.581$.

(3) $P\{Y=0\}=C_{5}^{0}(0.1)^{0}(0.9)^{5}=(0.9)^{5}\approx0.590$.

(4) $P\{0<X\leqslant2,\ Y=0\}=P\{0<X\leqslant2\}\cdot P\{Y=0\}\approx0.581\times0.590\approx0.343$.

(5) $P\{X=0\}+P\{0<X\leqslant2,Y=0\}\approx0.349+0.343=0.692$.

10. 有甲、乙两种味道和颜色都极为相似的名酒各 4 杯. 如果从中挑 4 杯，能将甲种酒全部挑出来，算是试验成功一次.

(1)某人随机地去猜，问他试验成功一次的概率是多少？

(2)某人声称他通过品尝能区分两种酒. 他连续试验 10 次，成功 3 次. 试推断他是猜对的，还是确有区分的能力(设各次试验是相互独立的).

解： (1)随机试验是从 8 杯酒中任选 4 杯，从而样本空间的样本点总数为 C_8^4，故试验成功一次的概率为 $p=\dfrac{1}{C_8^4}=\dfrac{1}{70}$.

(2)连续试验 10 次，成功 3 次，如果他是猜对的，则猜对的次数 $X\sim B\left(10,\dfrac{1}{70}\right)$，

猜对 3 次的概率为 $P\{X=3\}=C_{10}^{3}\left(\dfrac{1}{70}\right)^{3}\left(\dfrac{69}{70}\right)^{7}\approx\dfrac{\left(\dfrac{1}{7}\right)^{3}}{3!}e^{-\frac{1}{7}}\approx3\times10^{-4}$，

这个概率很小，根据实际推断原理，可以认为他确有区分的能力.

11. 尽管在几何教科书中已经讲过仅用圆规和直尺三等分一个任意角是不可能的，但每年总有一些"发明者"撰写关于仅用圆规和直尺将角三等分的文章. 设某地区每年撰写此类文章的篇数 X 服从参数为 6 的泊松分布，求明年没有此类文章的概率.

解： 由题意知，

$$P\{X=k\}=\frac{\lambda^k}{k!}e^{-\lambda},\quad \lambda=6,\ k=0,1,2,\cdots,$$

故 $P\{X=0\}=e^{-6}\approx 0.0025$.

12. 一电话总机每分钟收到呼唤的次数服从参数为 4 的泊松分布,求:

(1)某一分钟恰有 8 次呼唤的概率.

(2)某一分钟的呼唤次数大于 3 的概率.

解:用 X 表示电话总机每分钟收到呼唤的次数. 则

$$P\{X=k\}=\frac{4^k}{k!}e^{-4},\quad k=0,1,2,\cdots.$$

(1)$P\{X=8\}=\frac{4^8}{8!}e^{-4}=0.0298$.

(2)$P\{X>3\}=1-\sum\limits_{k=0}^{3}\frac{4^k}{k!}e^{-4}\approx 0.5665$.

13. 某一公安局在长度为 t 的时间间隔内收到的紧急呼救的次数 X 服从参数为 $\frac{t}{2}$ 的泊松分布,而与时间间隔的起点无关(时间以小时计).

(1)求某一天中午 12 时到下午 3 时没有收到紧急呼救的概率.

(2)求某一天中午 12 时到下午 5 时至少收到 1 次紧急呼救的概率.

解:由题意知,$P\{X=k\}=\frac{\left(\frac{t}{2}\right)^k}{k!}e^{-\frac{t}{2}}$,$k=0,1,2,\cdots$.

(1)$\lambda=\frac{3}{2}$,$P\{X=0\}=e^{-\frac{3}{2}}\approx 0.223$.

(2)$\lambda=\frac{5}{2}$,$P\{X\geqslant 1\}=1-P\{X=0\}=1-e^{-\frac{5}{2}}\approx 0.918$.

14. 某人家中在时间间隔 t(以小时计)内接到电话的次数 X 服从参数为 $2t$ 的泊松分布.

(1)若他外出计划用时 10 分钟,问其间电话铃响一次的概率是多少?

(2)若他希望外出时没有电话的概率至少为 0.5,问他外出应控制最长时间是多少?

解:以 X 表示此人外出时电话铃响的次数,则 $X\sim\pi(2t)$,其中 t 表示外出的总时间,即 X 的分布律为 $P\{X=k\}=\frac{(2t)^k e^{-2t}}{k!}$, $k=0,1,2,\cdots$.

(1)$t=\frac{10}{60}=\frac{1}{6}$时,$X\sim\pi\left(2\times\frac{1}{6}\right)$,故所求概率为 $P\{X=1\}=\frac{1}{3}e^{-\frac{1}{3}}\approx 0.2388$.

(2)设外出最长时间为 t(小时),因 $X\sim\pi(2t)$,无电话打进的概率为

$$P\{X=0\}=e^{-2t},$$

要使 $P\{X=0\}=e^{-2t}\geqslant 0.5$,即要使 $e^{2t}\leqslant 2$,由此得

$$t\leqslant\frac{1}{2}\ln 2\approx 0.3466(\text{小时})=20.796(\text{分钟}),$$

即外出时间应控制在 20.796 分钟之内.

15. 保险公司在一天内承保了 5 000 张相同年龄,为期一年的寿险保单,每人一份.

在合同有效期内若投保人死亡，则公司需赔付 3 万元. 设在一年内，该年龄段的死亡率为 0.001 5，且各投保人是否死亡相互独立. 求该公司对于这批投保人的赔付总额不超过 30 万元的概率(利用泊松定理计算).

解：设这批投保人在一年内死亡人数为 X，则 $X \sim B(5\ 000, 0.001\ 5)$，因每死亡一人公司需赔付 3 万元，故公司赔付不超过 30 万元意味着在投保期内死亡人数不超过 $\frac{30}{3}=10$(人)，从而所求概率为

$$P\{X \leqslant 10\}=\sum_{k=0}^{10} C_{5\ 000}^{k}(0.001\ 5)^{k}(1-0.001\ 5)^{5\ 000-k}.$$

由泊松定理有 $X \sim \pi(7.5)$，于是

$$P\{X \leqslant 10\} \approx \sum_{k=0}^{10} \frac{7.5^{k} \mathrm{e}^{-7.5}}{k!} \xlongequal{\text{查表}} 0.862\ 2.$$

16. 有一繁忙的汽车站，每天有大量汽车通过，设一辆汽车在一天的某段时间内出事故的概率为 0.000 1. 在某天的该时间段内有 1 000 辆汽车通过. 问出事故的车辆数不小于 2 的概率是多少？(利用泊松定理计算)

解：以 X 表示汽车站某天该时间内汽车出事故的辆数，由题设 $X \sim B(1\ 000, 0.000\ 1)$，因 $n=1\ 000>100$，且 $np=0.1<10$，故可利用泊松定理计算 $P\{X \geqslant 2\}$，即令 $\lambda=np=0.1$，有 $P\{X=k\}=C_{n}^{k} p^{k}(1-p)^{n-k} \approx \frac{\lambda^{k} \mathrm{e}^{-\lambda}}{k!}$，从而

$$\begin{aligned} P\{X \geqslant 2\} &=1-P\{X=0\}-P\{X=1\} \\ & \approx 1-\mathrm{e}^{-0.1}-\mathrm{e}^{-0.1} \times 0.1=0.004\ 7. \end{aligned}$$

17. (1)设 X 服从 0—1 分布，其分布律为 $P\{X=k\}=p^{k}(1-p)^{1-k}$，$k=0,1$，求 X 的分布函数，并作出其图形.

(2)求第 2 题(1)中的随机变量的分布函数.

解：(1)按分布函数定义，有 $F(x)=P\{X \leqslant x\}=\sum\limits_{k \leqslant x} P\{X=k\}$.

当 $x<0$ 时，$F(x)=0$；当 $0 \leqslant x<1$ 时，$F(x)=P\{X=0\}=1-p$；

当 $x \geqslant 1$ 时，$F(x)=P\{X=0\}+P\{X=1\}=(1-p)+p=1$，即

$$F(x)=\begin{cases}0, & x<0, \\ 1-p, & 0 \leqslant x<1, \\ 1, & x \geqslant 1,\end{cases}$$

其图形如图 2-2 所示：

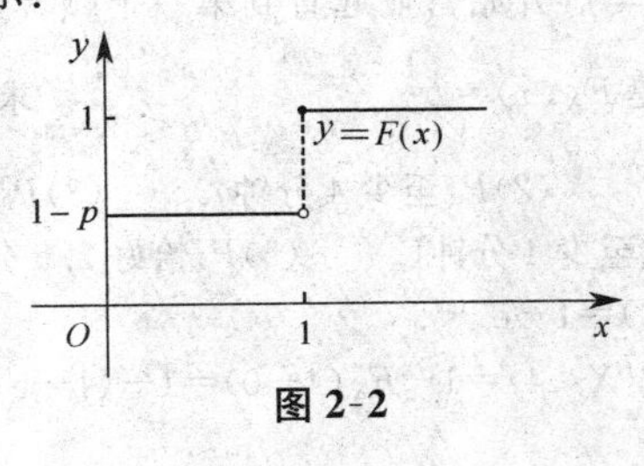

图 2-2

(2)按分布函数定义,有 $F(x)=P\{X\leqslant x\}$. 而 X 的分布律为

X	3	4	5
P	$\frac{1}{10}$	$\frac{3}{10}$	$\frac{6}{10}$

当 $x<3$ 时,$F(x)=0$;当 $3\leqslant x<4$ 时,$F(x)=P\{X=3\}=\frac{1}{10}$;

当 $4\leqslant x<5$ 时,$F(x)=P\{X=3\}+P\{X=4\}=\frac{1}{10}+\frac{3}{10}=\frac{4}{10}$;

当 $x\geqslant 5$ 时,$F(x)=P\{X=3\}+P\{X=4\}+P\{X=5\}=\frac{1}{10}+\frac{3}{10}+\frac{6}{10}=1$.

故 $F(x)=\begin{cases}0, & x<3,\\ \frac{1}{10}, & 3\leqslant x<4,\\ \frac{2}{5}, & 4\leqslant x<5,\\ 1, & x\geqslant 5.\end{cases}$

18. 在区间 $[0,a]$ 上任意投掷一个质点,以 X 表示这个质点的坐标. 设这个质点落在 $[0,a]$ 中任意小区间内的概率与这个小区间的长度成正比例,试求 X 的分布函数.

解:由分布函数的定义,有 $F_X(x)=P\{X\leqslant x\}$.

当 $x<0$ 时,$\{X\leqslant x\}$ 是不可能事件,$F(x)=P\{X\leqslant x\}=0$;

当 $0\leqslant x<a$ 时,依题意 $P\{0\leqslant X\leqslant x\}=kx$,$k$ 是某一常数. 而 $\{0\leqslant X<a\}$ 是必然事件,故 $P\{0\leqslant X<a\}=ka=1$,所以 $k=\frac{1}{a}$,从而 $P\{0\leqslant X<a\}=\frac{x}{a}$,于是

$$F(x)=P\{X\leqslant x\}=P\{X<0\}+P\{0\leqslant X\leqslant x\}=0+\frac{x}{a}=\frac{x}{a};$$

当 $x\geqslant a$ 时,$P\{X\leqslant x\}$ 是必然事件,有 $F(x)=P\{X\leqslant x\}=1$,故有

$$F(x)=\begin{cases}0, & x<0,\\ \frac{x}{a}, & 0\leqslant x<a,\\ 1, & x\geqslant a.\end{cases}$$

19. 以 X 表示某商店从早晨开始营业起直到第一个顾客到达的等待时间(以分计),X 的分布函数是 $F_X(x)=\begin{cases}1-e^{-0.4x}, & x>0,\\ 0, & x\leqslant 0,\end{cases}$ 求下述概率:

(1)$P\{$至多 3 分钟$\}$. (2)$P\{$至少 4 分钟$\}$. (3)$P\{$3 分钟至 4 分钟之间$\}$.
(4)$P\{$至多 3 分钟或至少 4 分钟$\}$. (5)$P\{$恰好 2.5 分钟$\}$.

解:(1)$P\{X\leqslant 3\}=F_X(3)=1-e^{-1.2}$.

(2)$P\{X\geqslant 4\}=1-P\{X<4\}=1-F_X(4-0)=1-(1-e^{-1.6})=e^{-1.6}$.

(3) $P\{3\leqslant X\leqslant 4\}=F_X(4)-F_X(3-0)=1-e^{-1.6}-(1-e^{-1.2})=e^{-1.2}-e^{-1.6}$.

(4) $P\{(X\leqslant 3)\cup(x\geqslant 4)\}=P\{X\leqslant 3\}+P\{X\geqslant 4\}=1-e^{-1.2}+e^{-1.6}$.

(5) $P\{X=2.5\}=0$.

20. 设随机变量 X 的分布函数为 $F_X(x)=\begin{cases}0, & x<1,\\ \ln x, & 1\leqslant x<e,\\ 1, & x\geqslant e.\end{cases}$

(1)求 $P\{X<2\}$, $P\{0<X\leqslant 3\}$, $P\left\{2<X<\dfrac{5}{2}\right\}$.

(2)求概率密度函数 $f_X(x)$.

解:(1) $P\{X<2\}=F_X(2)=\ln 2$,

$P\{0<X\leqslant 3\}=F_X(3)-F_X(0)=1-0=1$,

$P\left\{2<X<\dfrac{5}{2}-0\right\}=F_X\left(\dfrac{5}{2}-0\right)-F_X(2)=\ln\dfrac{5}{2}-\ln 2=\ln\dfrac{5}{4}$.

(2) $f_X(x)=F_X{}'(x)=\begin{cases}\dfrac{1}{x}, & 1<x<e,\\ 0, & 其他.\end{cases}$

21. 设随机变量 X 的概率密度为

(1) $f(x)=\begin{cases}2\left(1-\dfrac{1}{x^2}\right), & 1\leqslant x\leqslant 2,\\ 0, & 其他.\end{cases}$ (2) $f(x)=\begin{cases}x, & 0\leqslant x<1,\\ 2-x, & 1\leqslant x<2,\\ 0, & 其他.\end{cases}$

求 X 的分布函数 $F(x)$,并画出(2)中的 $f(x)$ 及 $F(x)$ 的图形.

解:(1)当 $x<1$ 时, $F(x)=\int_{-\infty}^{x}f(t)\mathrm{d}t=0$;

当 $1\leqslant x<2$ 时, $F(x)=\int_{1}^{x}2\left(1-\dfrac{1}{t^2}\right)\mathrm{d}t=2x+\dfrac{2}{x}-4$;

当 $x\geqslant 2$ 时, $F(x)=\int_{-\infty}^{x}f(t)\mathrm{d}t=\int_{1}^{2}2\left(1-\dfrac{1}{x^2}\right)\mathrm{d}x=1$.

故 X 的分布函数为

$$F(x)=\begin{cases}0, & x<1,\\ 2x+\dfrac{2}{x}-4, & 1\leqslant x<2,\\ 1, & x\geqslant 2.\end{cases}$$

(2)当 $x<0$ 时, $F(x)=\int_{-\infty}^{x}f(t)\mathrm{d}t=0$;

当 $0\leqslant x<1$ 时, $F(x)=\int_{0}^{x}t\mathrm{d}t=\dfrac{x^2}{2}$;

当 $1\leqslant x<2$ 时, $F(x)=\int_{0}^{1}t\mathrm{d}t-\int_{1}^{x}(2-t)\mathrm{d}t=-\dfrac{x^2}{2}+2x-1$;

当 $x\geqslant 2$ 时, $F(x)=\int_{-\infty}^{x}f(t)\mathrm{d}t=\int_{0}^{1}t\mathrm{d}t+\int_{1}^{2}(2-t)\mathrm{d}t=1$.

故 X 的分布函数为

$$F(x)=\begin{cases}0, & x<0,\\ \dfrac{x^2}{2}, & 0\leqslant x<1,\\ -\dfrac{x^2}{2}+2x-1, & 1\leqslant x<2,\\ 1, & x\geqslant 2.\end{cases}$$

$f(x)$及 $F(x)$的图形如图 2-3,2-4 所示.

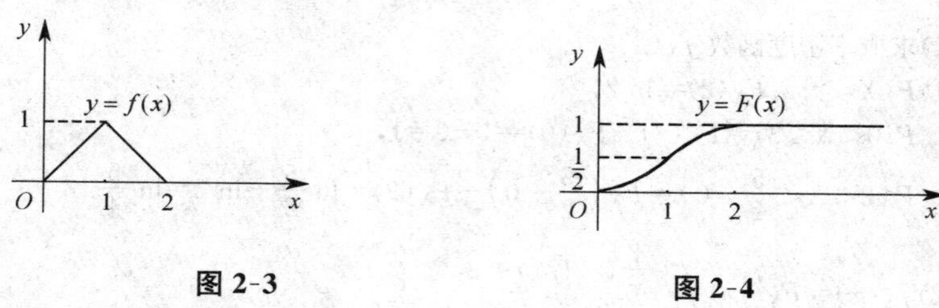

图 2-3　　图 2-4

22. (1)分子运动速度的绝对值 X 服从麦克斯韦(Maxwell)分布,其概率密度为

$$f(x)=\begin{cases}Ax^2\mathrm{e}^{-\frac{x^2}{b}}, & x>0,\\ 0, & \text{其他},\end{cases}$$

其中,$b=\dfrac{m}{2kT}$,k 为玻耳兹曼(Boltzmann)常数,T 为绝对温度,m 是分子质量.试确定常数 A.

(2)研究了英格兰在 1875—1951 年期间,在矿山发生导致不少于 10 人死亡的事故的频繁程度,得知相继两次事故之间的时间 T(日)服从指数分布,其概率密度为

$$f_T(t)=\begin{cases}\dfrac{1}{241}\mathrm{e}^{-\frac{t}{241}}, & t>0,\\ 0, & \text{其他},\end{cases}$$

求分布函数 $F_T(t)$,并求概率 $P\{50<T<100\}$.

解:(1)由密度函数的性质 $\int_{-\infty}^{+\infty}f(x)\mathrm{d}x=1$,注意到 $\int_0^{+\infty}\dfrac{1}{\sqrt{2\pi}}\mathrm{e}^{-\frac{u^2}{2}}\mathrm{d}u=\dfrac{1}{2}$ 有

$$\int_{-\infty}^{+\infty}f(x)\mathrm{d}x=\int_0^{+\infty}Ax^2\mathrm{e}^{-\frac{x^2}{b}}\mathrm{d}x=-\frac{Ab}{2}\int_0^{+\infty}x\mathrm{d}\left(\mathrm{e}^{-\frac{x^2}{b}}\right)=\frac{Ab}{2}\int_0^{+\infty}\mathrm{e}^{-\frac{x^2}{b}}\mathrm{d}x$$

$$=\frac{Ab}{2}\cdot\sqrt{2\pi}\cdot\frac{\sqrt{b}}{\sqrt{2}}\int_0^{+\infty}\frac{1}{\sqrt{2\pi}}\mathrm{e}^{-\frac{1}{2}\left(\frac{\sqrt{2}}{\sqrt{b}}x\right)^2}\mathrm{d}\left(\frac{\sqrt{2}}{\sqrt{b}}x\right)$$

$$=\frac{Ab}{2}\cdot\sqrt{2\pi}\cdot\frac{\sqrt{b}}{\sqrt{2}}\cdot\frac{1}{2}=1,$$

故 $A=\frac{4}{b\sqrt{b\pi}}$.

(2)当 $t<0$ 时，$F_T(t)=\int_{-\infty}^{t}0\mathrm{d}t=0$；

当 $t\geqslant 0$ 时 $F_T(t)=\int_{-\infty}^{t}f(t)\mathrm{d}t=\int_{0}^{t}\frac{1}{241}\mathrm{e}^{-\frac{t}{241}}\mathrm{d}t=1-\mathrm{e}^{-\frac{t}{241}}$；

故 $F_T(t)=\begin{cases}1-\mathrm{e}^{-\frac{t}{241}}, & t\geqslant 0,\\ 0, & t<0,\end{cases}$

$P\{50<T<100\}=F_T(100)-F_T(50)=\mathrm{e}^{-\frac{50}{241}}-\mathrm{e}^{-\frac{100}{241}}$，

或 $P\{50<T<100\}=\int_{50}^{100}f(t)\mathrm{d}t=\int_{50}^{100}\frac{1}{241}\mathrm{e}^{-\frac{t}{241}}\mathrm{d}t=\mathrm{e}^{-\frac{50}{241}}-\mathrm{e}^{-\frac{100}{241}}$.

23. 某种型号的器件的寿命 X(以小时计)具有以下的概率密度：

$$f(x)=\begin{cases}\frac{1\,000}{x^2}, & x>1\,000,\\ 0, & x\leqslant 1\,000,\end{cases}$$

现有一大批此种器件(设各器件损坏与否相互独立)，任取 5 只，问其中至少有 2 只寿命大于 1 500 小时的概率是多少？

解：某一器件的寿命大于 1 500 小时的概率为

$$P\{X>1\,500\}=\int_{1\,500}^{+\infty}f(x)\mathrm{d}x=\int_{1\,500}^{+\infty}\frac{1\,000}{x^2}\mathrm{d}x=\frac{2}{3}.$$

在一大批此种器件中任取 5 只，记寿命大于 1 500 小时的器件的只数为 Y，则 $Y\sim B\left(5,\frac{2}{3}\right)$，从而

$$P\{Y\geqslant 2\}=1-P\{Y=0\}-P\{Y=1\}=1-\left(\frac{1}{3}\right)^5-\mathrm{C}_5^1\left(\frac{1}{3}\right)^4\left(\frac{2}{3}\right)=\frac{232}{243}.$$

24. 设顾客在某银行的窗口等待服务的时间 X(min)服从指数分布，其概率密度为

$$f_X(x)=\begin{cases}\frac{1}{5}\mathrm{e}^{-\frac{x}{5}}, & x>0,\\ 0, & \text{其他}.\end{cases}$$

某顾客在窗口等待服务，若超过 10 分钟，他就离开. 他一个月要到银行 5 次，以 Y 表示一个月内他未等到服务而离开窗口的次数，写出 Y 的分布律，并求 $P\{Y\geqslant 1\}$.

解：该顾客在窗口未等到服务而离开的概率为

$$P(X>10)=\int_{10}^{+\infty}f_X(x)\mathrm{d}x=\int_{10}^{+\infty}\frac{1}{5}\mathrm{e}^{-\frac{x}{5}}\mathrm{d}x=-\mathrm{e}^{-\frac{x}{5}}\Big|_{10}^{+\infty}=\mathrm{e}^{-2}.$$

显然 $Y\sim B(5,\mathrm{e}^{-2})$，故

$$P\{Y=k\}=\mathrm{C}_5^k\mathrm{e}^{-2k}(1-\mathrm{e}^{-2})^{5-k},\quad k=0,1,2,3,4,5.$$

$$P\{Y\geqslant 1\}=1-P\{Y=0\}=1-(1-\mathrm{e}^{-2})^5\approx 0.516\,7.$$

25. 设 K 在 $(0,5)$ 服从均匀分布. 求 x 的方程 $4x^2+4Kx+K+2=0$ 有实根的概率.

解：方程 $4x^2+4Kx+K+2=0$ 有实根的充要条件为

$$(4K)^2-4\times4\times(K+2)=16K^2-16(K+2)=16(K+1)(K-2)\geqslant0,$$

即 $K\leqslant-1$ 或 $K\geqslant2$.

由题设知 K 具有概率密度 $f(x)=\begin{cases}\frac{1}{5}, & 0<x<5,\\ 0, & \text{其他},\end{cases}$

从而 $P\{K\leqslant-1\}=\int_{-\infty}^{-1}f(x)\mathrm{d}x=0$, $P\{K\geqslant2\}=\int_{2}^{+\infty}f(x)\mathrm{d}x=\int_{2}^{5}\frac{1}{5}\mathrm{d}x=\frac{3}{5}$.

故有实根的概率 $p=P\{K\geqslant2\}+P\{K\leqslant-1\}=\frac{3}{5}+0=\frac{3}{5}$.

26. 设 $X\sim N(3,2^2)$.

(1)求 $P\{2<X\leqslant5\}$, $P\{-4<X\leqslant10\}$, $P\{|X|>2\}$, $P\{X>3\}$.

(2)确定 c，使得 $P\{X>c\}=P\{X\leqslant c\}$.

(3)设 d 满足 $P\{X>d\}\geqslant0.9$，问 d 至多为多少？

解：因为 $X\sim N(3,2^2)$，故 $\frac{X-3}{2}\sim N(0,1)$，则 X 的密度函数为

$$\varphi_x(x)=\frac{1}{\sqrt{2\pi}\cdot2}\mathrm{e}^{-\frac{(x-3)^2}{8}}.$$

(1) $P\{2<X\leqslant5\}=P\left\{\frac{2-3}{2}<\frac{X-3}{2}\leqslant\frac{5-3}{2}\right\}=\Phi(1)-\Phi\left(-\frac{1}{2}\right)$

$$=\Phi(1)-\left[1-\Phi\left(\frac{1}{2}\right)\right]=0.841\,3-1+0.691\,5=0.532\,8,$$

$P\{-4<X\leqslant10\}=P\left\{\frac{-4-3}{2}<\frac{X-3}{2}\leqslant\frac{10-3}{2}\right\}=\Phi\left(\frac{7}{2}\right)-\Phi\left(-\frac{7}{2}\right)$

$$=2\Phi\left(\frac{7}{2}\right)-1\approx0.999\,6,$$

$P\{|X|>2\}=1-P\{-2\leqslant X\leqslant2\}=1-\Phi\left(\frac{2-3}{2}\right)+\Phi\left(\frac{-2-3}{2}\right)$

$$=1-\Phi\left(-\frac{1}{2}\right)+\Phi\left(-\frac{5}{2}\right)=\Phi\left(\frac{1}{2}\right)-\Phi\left(\frac{5}{2}\right)+1$$

$$\approx0.691\,5-0.993\,8+1=0.697\,7.$$

$P\{X>3\}=1-P\{X\leqslant3\}=1-P\left\{\frac{X-3}{2}\leqslant\frac{3-3}{2}\right\}=1-\Phi(0)=1-0.5=0.5.$

(2)由 $P\{X>c\}=P\{X\leqslant c\}$，则 $1-P\{X\leqslant c\}=P\{X\leqslant c\}$,

$$P\{X\leqslant c\}=P\left\{\frac{X-3}{2}\leqslant\frac{c-3}{2}\right\}=\Phi\left(\frac{c-3}{2}\right)=\frac{1}{2},$$

查表得 $\frac{c-3}{2}=0$，故 $c=3$.

(3) $P\{X>d\}=1-P\{X\leqslant d\}=1-P\left\{\frac{X-3}{2}\leqslant\frac{d-3}{2}\right\}=1-\Phi\left(\frac{d-3}{2}\right)\geqslant0.9,$

则 $\Phi\left(\frac{d-3}{2}\right)\leqslant 0.1$，所以$\frac{d-3}{2}<0$. 那么 $\Phi\left(\frac{3-d}{2}\right)\geqslant 0.9$.

查表知 $\Phi(1.29)=0.9015$，取$\frac{3-d}{2}\geqslant 1.29$，得到 $d\leqslant 0.42$.

27. 某地区 18 岁的女青年的血压(收缩压，以 mmHg 计)服从 $N(110,12^2)$，在该地区任选一 18 岁的女青年，测量她的血压 X. 求：

(1) $P\{X\leqslant 105\}$，$P\{100<X\leqslant 120\}$.

(2) 确定最小的 x，使 $P\{X>x\}\leqslant 0.05$.

解: (1) 由 $X\sim N(110,12^2)$，则

$$P\{X\leqslant 105\}=P\left\{\frac{X-110}{12}\leqslant\frac{105-110}{12}\right\}=\Phi\left(-\frac{5}{12}\right)$$
$$=1-\Phi\left(\frac{5}{12}\right)=1-0.6628=0.3372.$$

$$P\{100<X\leqslant 120\}=P\left\{\frac{100-110}{12}<\frac{X-110}{12}\leqslant\frac{120-110}{12}\right\}$$
$$=\Phi\left(\frac{5}{6}\right)-\Phi\left(-\frac{5}{6}\right)=2\Phi\left(\frac{5}{6}\right)-1$$
$$=2\times 0.7967-1=0.5934.$$

(2) $P\{X>x\}=1-P\{X\leqslant x\}=1-P\left\{\frac{X-110}{12}\leqslant\frac{x-110}{12}\right\}=1-\Phi\left(\frac{x-110}{12}\right)\leqslant 0.05.$

则 $\Phi\left(\frac{x-110}{12}\right)\geqslant 0.95$.

为确定 x 的最小值，查表得$\frac{x-110}{12}=1.65$，所以 $x=129.8$.

故 x 的最小值为 129.8.

28. 由某机器生产的螺栓的长度(cm)服从参数为 $\mu=10.05$，$\sigma=0.06$ 的正态分布，规定长度在范围 10.05 ± 0.12 内为合格. 求一螺栓为不合格品的概率.

解: 设螺栓的长度为 X，$X\sim N(10.05,\ 0.06^2)$，则一螺栓为不合格品的概率为

$$p=1-P\{10.05-0.12<X<10.05+0.12\}$$
$$=1-\Phi\left(\frac{10.17-10.05}{0.06}\right)+\Phi\left(\frac{10.05-0.12-10.05}{0.06}\right)$$
$$=1-\Phi(2)-\Phi(-2)=2-2\Phi(2)=0.0456.$$

29. 一工厂生产的某种元件的寿命 X(以小时计) 服从参数为 $\mu=160$，$\sigma(\sigma>0)$的正态分布，若要求$P\{120<X\leqslant 200\}\geqslant 0.80$，允许 σ 最大为多少？

解: 若要求 $P\{120<X\leqslant 200\}\geqslant 0.80$，即

$$\Phi\left(\frac{200-160}{\sigma}\right)-\Phi\left(\frac{120-160}{\sigma}\right)=\Phi\left(\frac{40}{\sigma}\right)-\Phi\left(-\frac{40}{\sigma}\right)=2\Phi\left(\frac{40}{\sigma}\right)-1\geqslant 0.80$$

得 $\Phi\left(\frac{40}{\sigma}\right)\geqslant 0.9$，查表得$\frac{40}{\sigma}\geqslant 1.28$，则 $\sigma\leqslant 31.25$，即允许 σ 最大为 31.25.

30. 设在一电路中，电阻两端的电压(V)服从 $N(120,2^2)$，今独立测量了 5 次，试确

定有 2 次测定值落在区间[118,122]之外的概率.

解：设第 i 次测定值为 X_i，$i=1,2,3,4,5$，则 $X_i \sim N(120,4)$.

$$P\{118 \leqslant X_i \leqslant 122\}=\Phi\left(\frac{122-120}{2}\right)-\Phi\left(\frac{118-120}{2}\right)$$

$$=\Phi(1)-\Phi(-1)=2\Phi(1)-1=0.682\ 6.$$

$$P\{X_i \notin [118,122]\}=1-P\{118 \leqslant X \leqslant 122\}=0.317\ 4, i=1,2,3,4,5.$$

因各个 X_i 相互独立，故若以 Y 表示 5 次测量其测定值 X_i 落在[118,120]之外的次数，则 $Y \sim B(5,0.317\ 4)$，故所求概率为

$$P\{Y=2\}=C_5^2(0.317\ 4)^2 \times (0.682\ 6)^3=0.320\ 4.$$

31. 某人上班，自家里去办公楼要经过一交通指示灯，这一指示灯有 80%时间亮红灯，此时他在指示灯旁等待直至绿灯亮. 等待时间在区间[0,30]（以秒计）服从均匀分布. 以 X 表示他的等待时间，求 X 的分布函数 $F(x)$. 画出 $F(x)$ 的图形，并问 X 是否为连续型随机变量，是否为离散型的？（要说明理由）

解：当他到达交通指示灯处时，若是亮绿灯，则等待时间 X 为零，亮红灯则等待时间 X 服从均匀分布. 记 A 为事件“指示灯亮绿灯”，对于固定的 $x \geqslant 0$，由全概率公式有

$$P\{X \leqslant x\}=P\{X \leqslant x|A\}P(A)+P\{X \leqslant x|\overline{A}\}P(\overline{A}),$$

其中 $P\{X \leqslant x|A\}=1, P\{X \leqslant x|\overline{A}\}=\begin{cases}0, & x<0, \\ \dfrac{x}{30}, & 0 \leqslant x \leqslant 30, \\ 1, & x>30.\end{cases}$

由 $P(A)=0.2$ 得到

$$P\{X \leqslant x\}=1 \times 0.2+\frac{x}{30} \times 0.8=0.2+\frac{0.8x}{30}（当 0 \leqslant x \leqslant 30）;$$

$$P\{X \leqslant x\}=1 \times 0.2+1 \times 0.8=1（当 x>30）.$$

于是得 X 的分布函数为 $F(x)=P\{X \leqslant x\}=\begin{cases}0, & x<0, \\ 0.2+\dfrac{0.8x}{30}, & 0 \leqslant x<30, \\ 1, & x \geqslant 30.\end{cases}$

画出分布函数图像如图 2-5 所示.

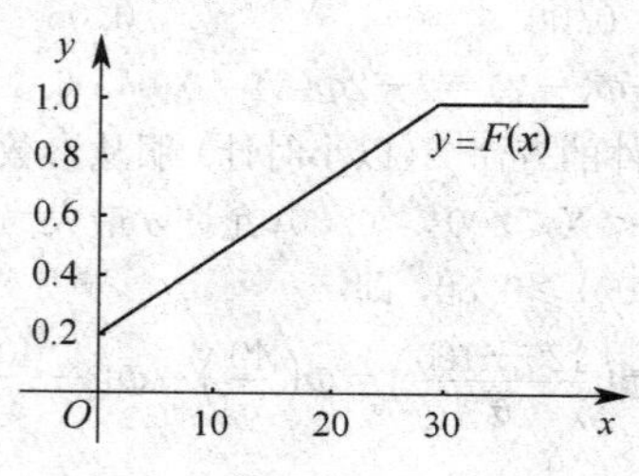

图 2-5

因 $F(x)$ 在 $x=0$ 处有不连续点，故随机变量 X 不是连续型的，又因不存在一个可列的点集，使得在这个点集上 X 取值的概率为 1，故随机变量 X 也不是离散型的，X 是混合型随机变量.

32. 设 $f(x)$，$g(x)$ 都是概率密度函数，求证 $h(x)=\alpha f(x)+(1-\alpha)g(x)$，$0\leqslant\alpha\leqslant1$ 也是一个概率密度函数.

解：因 $f(x)$，$g(x)$ 都是概率密度函数，故有

$$f(x)\geqslant0,\ g(x)\geqslant0, \tag{①}$$

$$\int_{-\infty}^{+\infty}f(x)\mathrm{d}x=1,\quad \int_{-\infty}^{+\infty}g(x)\mathrm{d}x=1. \tag{②}$$

现在 $0\leqslant\alpha\leqslant1$，故 $1-\alpha\geqslant0$，由①有 $\alpha f(x)\geqslant0$，$(1-\alpha)g(x)\geqslant0$，于是 $h(x)\geqslant0$.

又由②知

$$\int_{-\infty}^{+\infty}h(x)\mathrm{d}x=\alpha\int_{-\infty}^{+\infty}f(x)\mathrm{d}x+(1-\alpha)\int_{-\infty}^{+\infty}g(x)\mathrm{d}x=\alpha+(1-\alpha)=1,$$

所以 $h(x)$ 是一个概率密度函数.

33. 设随机变量 X 的分布律为

X	-2	-1	0	1	3
P	$\frac{1}{5}$	$\frac{1}{6}$	$\frac{1}{5}$	$\frac{1}{15}$	$\frac{11}{30}$

求 $Y=X^2$ 的分布律.

解：$Y=X^2$ 的所有可能取值为 0,1,4,9，

$P\{Y=0\}=P\{X=0\}=\frac{1}{5}$，

$P\{Y=1\}=P\{X^2=1\}=P\{X=1\}+P\{X=-1\}=\frac{1}{15}+\frac{1}{6}=\frac{7}{30}$，

$P\{Y=4\}=P\{X=-2\}=\frac{1}{5}$，$P\{Y=9\}=P\{X=3\}=\frac{11}{30}$.

故 Y 的分布律为

Y	0	1	4	9
P	$\frac{1}{5}$	$\frac{7}{30}$	$\frac{1}{5}$	$\frac{11}{30}$

34. 设随机变量 X 在 $(0,1)$ 服从均匀分布.

(1)求 $Y=\mathrm{e}^X$ 的概率密度.

(2)求 $Y=-2\ln X$ 的概率密度.

解：由题设知，X 的概率密度为 $f_X(x)=\begin{cases}1, & 0<x<1,\\ 0, & \text{其他}.\end{cases}$

(1) $F_Y(y)=P\{Y\leqslant y\}=P\{\mathrm{e}^X\leqslant y\}=P\{X\leqslant\ln y\}$

$$=\int_0^{\ln y}f_X(x)\mathrm{d}x=\begin{cases}0, & \ln y<0,\\ \ln y, & 0<\ln y\leqslant1,\\ 1, & \ln y>1,\end{cases}$$

故 $f_Y(y)=F_Y{}'(y)=\frac{1}{y}$，$0<\ln y<1$，所以 $f_Y(y)=\begin{cases}\frac{1}{y}, & 1<y<\mathrm{e},\\ 0, & \text{其他}.\end{cases}$

(2)**方法一**：由 $y=-2\ln x$ 得 $x=h(y)=\mathrm{e}^{-\frac{y}{2}}$，$h'(y)=-\frac{1}{2}\mathrm{e}^{-\frac{y}{2}}$，由定理得 $Y=-2\ln X$ 的概率密度为

$$f_Y(y)=\begin{cases}\frac{1}{2}\mathrm{e}^{-\frac{y}{2}}, & y>0,\\ 0, & y\leqslant 0.\end{cases}$$

方法二：由 $Y=-2\ln X$ 知，Y 的取值必为非负，故当 $y\leqslant 0$ 时，$\{Y\leqslant y\}$ 是不可能事件，所以

$$F_Y(y)=P\{Y\leqslant y\}=0, f_Y(y)=0.$$

当 $y>0$ 时，

$$F_Y(x)=P\{Y\leqslant y\}=P\{-2\ln X\leqslant y\}=P\{\ln X\geqslant -\frac{y}{2}\}=P\{X\geqslant \mathrm{e}^{-\frac{y}{2}}\}$$

$$=\int_{\mathrm{e}^{-\frac{y}{2}}}^{1} f_X(x)\mathrm{d}x=\int_{\mathrm{e}^{-\frac{y}{2}}}^{1}\mathrm{d}x=-\int_{1}^{\mathrm{e}^{-\frac{y}{2}}}\mathrm{d}x=1-\mathrm{e}^{-\frac{y}{2}}.$$

从而 $f_Y(y)=F_Y{}'(y)=\frac{1}{2}\mathrm{e}^{-\frac{y}{2}}$，故 $f_Y(y)=\begin{cases}\frac{1}{2}\mathrm{e}^{-\frac{y}{2}}, & y>0,\\ 0, & y\leqslant 0.\end{cases}$

35. 设 $X\sim N(0,1)$.

(1)求 $Y=\mathrm{e}^X$ 的概率密度.

(2)求 $Y=2X^2+1$ 的概率密度.

(3)求 $Y=|X|$ 的概率密度.

解：(1)X 的概率密度为 $f(x)=\frac{1}{\sqrt{2\pi}}\mathrm{e}^{-\frac{x^2}{2}}$，$(-\infty<x<+\infty)$.

因为 $Y=\mathrm{e}^X$，故 $Y>0$，所以当 $y\leqslant 0$ 时，$\{Y\leqslant y\}$ 为不可能事件，

$$F_Y(y)=P\{Y\leqslant y\}=0,\ f_Y(y)=F_Y{}'(y)=0.$$

当 $y>0$ 时，由 $y=\mathrm{e}^x$ 得 $x=\ln y=h(y)$，$h'(y)=\frac{1}{y}$，由定理得 $Y=\mathrm{e}^X$ 的概率密度为

$$f_Y(y)=\frac{1}{\sqrt{2\pi}}\mathrm{e}^{-\frac{(\ln y)^2}{2}}\cdot\frac{1}{y}$$

故 $f_Y(y)=\begin{cases}\frac{1}{\sqrt{2\pi}y}\mathrm{e}^{-\frac{(\ln y)^2}{2}}, & y>0,\\ 0, & y\leqslant 0,\end{cases}$

或 $F_Y(y)=P\{Y\leqslant y\}=P\{\mathrm{e}^X\leqslant y\}=P\{X\leqslant \ln y\}=\int_{-\infty}^{\ln y}f(x)\mathrm{d}x=\int_{-\infty}^{\ln y}\frac{1}{\sqrt{2\pi}}\mathrm{e}^{-\frac{x^2}{2}}\mathrm{d}x$

从而 $f_Y(y)=F_Y'(y)=\frac{1}{\sqrt{2\pi}}e^{-\frac{(\ln y)^2}{2}}\cdot\frac{1}{y}\quad(y>0)$.

(2)由 $Y=2X^2+1$ 知 $Y\geqslant 1$,故当 $y<1$ 时,$\{Y\leqslant y\}$ 是不可能事件,所以 $F_Y(y)=P\{Y\leqslant y\}=0$,从而 $f_Y(y)=0$.

当 $y\geqslant 1$ 时,

$$F_Y(y)=P\{Y\leqslant y\}=P\{2X^2+1\leqslant y\}=P\left\{-\sqrt{\frac{y-1}{2}}\leqslant X\leqslant\sqrt{\frac{y-1}{2}}\right\}$$

$$=\int_{-\sqrt{\frac{y-1}{2}}}^{\sqrt{\frac{y-1}{2}}}f(x)dx=\int_{-\sqrt{\frac{y-1}{2}}}^{\sqrt{\frac{y-1}{2}}}\frac{1}{\sqrt{2\pi}}e^{-\frac{x^2}{2}}dx.$$

$$f_Y(y)=F_Y'(y)=\frac{1}{\sqrt{2\pi}}e^{-\frac{1}{2}\cdot\frac{y-1}{2}}\cdot\left(\sqrt{\frac{y-1}{2}}\right)'-\frac{1}{\sqrt{2\pi}}e^{-\frac{1}{2}\cdot\frac{y-1}{2}}\cdot\left(-\sqrt{\frac{y-1}{2}}\right)'$$

$$=\frac{1}{2\sqrt{\pi(y-1)}}e^{-\frac{y-1}{4}}.$$

即 $f_Y(y)=\begin{cases}\frac{1}{2\sqrt{\pi(y-1)}}e^{-\frac{y-1}{4}}, & y>1,\\ 0, & y\leqslant 1.\end{cases}$

(3)由 $Y=|X|$ 知 $Y\geqslant 0$,所以当 $y<0$ 时,$\{Y\leqslant y\}$ 为不可能事件,$F_Y(y)=P\{Y\leqslant y\}=0$,故 $f_Y(y)=0$.

当 $y\geqslant 0$ 时,$F_Y(y)=P\{Y\leqslant y\}=P\{|X|\leqslant y\}=P\{-y\leqslant X\leqslant y\}$

$$=\int_{-y}^{y}f(x)dx=\int_{-y}^{y}\frac{1}{\sqrt{2\pi}}e^{-\frac{x^2}{2}}dx=2\int_0^y\frac{1}{\sqrt{2\pi}}e^{-\frac{x^2}{2}}dx,$$

$$f_Y(y)=F_Y'(y)=2\frac{1}{\sqrt{2\pi}}e^{-\frac{y^2}{2}},$$

所以 $f_Y(y)=\begin{cases}\sqrt{\frac{2}{\pi}}e^{-\frac{y^2}{2}}, & y\geqslant 0,\\ 0, & y<0.\end{cases}$

36. (1)设随机变量 X 的概率密度为 $f(x)$,$(-\infty<x<+\infty)$. 求 $Y=X^3$ 的概率密度.

(2)设随机变量 X 的概率密度为 $f(x)=\begin{cases}e^{-x}, & x>0,\\ 0, & 其他,\end{cases}$ 求 $Y=X^2$ 的概率密度.

解:(1)由 $y=x^3$ 得 $x=h(y)=\sqrt[3]{y}$,且 $h'(y)=\frac{1}{3\sqrt[3]{y^2}}$,由定理得 $Y=X^3$ 的概率密度为

$$f_Y(y)=\frac{1}{3\sqrt[3]{y^2}}f(\sqrt[3]{y}),\ y\neq 0.$$

(2)显然当 $y\leqslant 0$ 时,$f_Y(y)=0$.

当 $y>0$ 时,

$$F_Y(y)=P\{Y\leqslant y\}=P\{X^2\leqslant y\}=P\{0<X\leqslant\sqrt{y}\}$$

$$=\int_0^{\sqrt{y}} f(x)\mathrm{d}x=\int_0^{\sqrt{y}} \mathrm{e}^{-x}\mathrm{d}x,$$

$$f_Y(y)=F'_Y(y)=\mathrm{e}^{-\sqrt{y}}\cdot\frac{1}{2\sqrt{y}}.$$

所以 $f_Y(y)=\begin{cases}\dfrac{1}{2\sqrt{y}}\mathrm{e}^{-\sqrt{y}}, & y>0,\\ 0, & y\leqslant 0.\end{cases}$

37. 设随机变量 X 的概率密度为 $f(x)=\begin{cases}\dfrac{2x}{\pi^2}, & 0<x<\pi,\\ 0, & 其他,\end{cases}$ 求 $Y=\sin X$ 的概率密度.

解: 由 $Y=\sin X$ 在 $(0,\pi)$ 上，知 $0<Y\leqslant 1$，当 $y\leqslant 0$ 时，$F_Y(y)=0$，故 $f_Y(y)=0$.

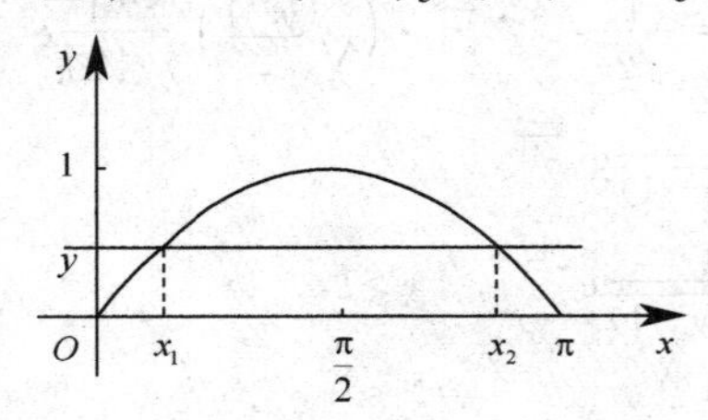

图 2-6

当 $0<y<1$ 时，

$$F_Y(y)=P\{Y\leqslant y\}=P\{\sin X\leqslant y\}=P\{(0<X\leqslant x_1)\cup[(x_2\leqslant X<\pi)\}.$$

其中，$x_1=\arcsin y, x_2=\pi-\arcsin y$,(如图 2-6 所示)即

$$F_Y(y)=\int_0^{x_1} f(x)\mathrm{d}x+\int_{x_2}^{\pi} f(x)\mathrm{d}x=\int_0^{\arcsin y}\frac{2x}{\pi^2}\mathrm{d}x+\int_{\pi-\arcsin y}^{\pi}\frac{2x}{\pi^2}\mathrm{d}x,$$

所以

$$f_Y(y)=\frac{2\arcsin y}{\pi^2}\cdot\frac{1}{\sqrt{1-y^2}}-\frac{2(\pi-\arcsin y)}{\pi^2}\cdot\left(-\frac{1}{\sqrt{1-y^2}}\right)=\frac{2}{\pi\sqrt{1-y^2}}.$$

当 $y\geqslant 1$ 时，$F_Y(y)=1, f_Y(y)=0$.

故 $f_Y(y)=\begin{cases}\dfrac{2}{\pi\sqrt{1-y^2}}, & 0<y<1,\\ 0, & 其他.\end{cases}$

38. 设电流 I 是一个随机变量，它均匀分布在 9A～11A 之间，若此电流通过 2Ω 的电阻，在其上消耗的功率 $W=2I^2$，求 W 的概率密度.

解: $f_I(i)=\begin{cases}\dfrac{1}{11-9}, & 9<i<11,\\ 0, & 其他.\end{cases}$

$W=2I^2, F_W(w)=P\{W\leqslant w\}=P\{2I^2\leqslant w\}=P\left\{I^2\leqslant\dfrac{w}{2}\right\}.$

当 $w<0$ 时，$F_W(w)=0$；

当 $w\geqslant 0$ 时，

$$F_W(w)=P\left\{I^2\leqslant\frac{w}{2}\right\}=P\left\{-\sqrt{\frac{w}{2}}\leqslant I\leqslant\sqrt{\frac{w}{2}}\right\}=\int_{-\sqrt{\frac{w}{2}}}^{\sqrt{\frac{w}{2}}}f_I(i)\mathrm{d}i$$

$$=\int_{-\sqrt{\frac{w}{2}}}^{9}f_I(i)\mathrm{d}i+\int_{9}^{\sqrt{\frac{w}{2}}}f_I(i)\mathrm{d}i=\int_{9}^{\sqrt{\frac{w}{2}}}f_I(i)\mathrm{d}i;$$

当 $9<i<11$，即 $162<w<242$ 时，

$$F_W(w)=P\left\{9<I<\sqrt{\frac{w}{2}}\right\}=\int_{9}^{\sqrt{\frac{w}{2}}}\frac{1}{2}\mathrm{d}i=\frac{1}{2}\left(\sqrt{\frac{w}{2}}-9\right);$$

故 $f_W(w)=F'_W(w)=\dfrac{1}{4\sqrt{2w}}$.

当 $w\leqslant 162$ 时，$F_W(w)=0$，$f_W(w)=0$；

当 $w\geqslant 242$ 时，$F_W(w)=1$，$f_W(w)=0$；

于是 $f_W(w)=\begin{cases}\dfrac{1}{4\sqrt{2w}}, & 162<w<242,\\ 0, & 其他.\end{cases}$

39. 某物体的温度 T(℉)是一个随机变量，且有 $T\sim N(98.6,2)$，已知 $\Theta=\dfrac{5}{9}(T-32)$. 试求 Θ(℃)的概率密度.

解：因 $T\sim N(98.6,2)$，T 的概率密度函数为

$$f(t)=\frac{1}{\sqrt{2}\cdot\sqrt{2\pi}}\mathrm{e}^{-\frac{(t-98.6)^2}{4}}，(-\infty<t<+\infty).$$

$\Theta=\dfrac{5}{9}(T-32)$的分布函数

$$F(x)=P\{\Theta\leqslant x\}=P\left\{\frac{5}{9}(T-32)\leqslant x\right\}$$

$$=P\left\{T\leqslant 32+\frac{9}{5}x\right\}=\int_{-\infty}^{32+\frac{9}{5}x}\frac{1}{2\sqrt{\pi}}\mathrm{e}^{-\frac{(t-98.6)^2}{4}}\mathrm{d}t.$$

所以 $\Theta=\dfrac{5}{9}(T-32)$的概率密度

$$f(x)=\frac{1}{2\sqrt{\pi}}\mathrm{e}^{-\frac{(32+\frac{9}{5}x-98.6)^2}{4}}\times\frac{9}{5}=\frac{9}{10\sqrt{\pi}}\mathrm{e}^{-\frac{81(x-37)^2}{100}}.$$

故 $f(x)=\dfrac{9}{10\sqrt{\pi}}\mathrm{e}^{-\frac{81(x-37)^2}{100}}$，$(-\infty<x<+\infty)$.

第三章　多维随机变量及其分布

1. 在一箱子中装有 12 只开关，其中 2 只是次品，在其中取两次，每次任取一只，考虑两种试验：(1)放回抽样；(2)不放回抽样，我们定义随机变量 X,Y 如下：

$$X=\begin{cases}0, & 若第一次取出的是正品,\\1, & 若第一次取出的是次品,\end{cases}\quad Y=\begin{cases}0, & 若第二次取出的是正品,\\1, & 若第二次取出的是次品.\end{cases}$$

试分别就(1)、(2)两种情况，写出 X 和 Y 的联合分布律.

解：(1)(X,Y)所有可能取的值为$(0,0)$，$(0,1)$，$(1,0)$，$(1,1)$，按古典概型，显然有

$$P\{X=0,Y=1\}=\frac{\mathrm{C}_{10}^{1}}{\mathrm{C}_{12}^{1}}\cdot\frac{\mathrm{C}_{2}^{1}}{\mathrm{C}_{12}^{1}}=\frac{10}{12}\times\frac{2}{12}=\frac{5}{36},$$

$$P\{X=0,Y=0\}=\frac{\mathrm{C}_{10}^{1}}{\mathrm{C}_{12}^{1}}\cdot\frac{\mathrm{C}_{10}^{1}}{\mathrm{C}_{12}^{10}}=\frac{10}{12}\times\frac{10}{12}=\frac{25}{36},$$

$$P\{X=1,Y=0\}=\frac{\mathrm{C}_{2}^{1}}{\mathrm{C}_{12}^{1}}\cdot\frac{\mathrm{C}_{10}^{1}}{\mathrm{C}_{12}^{1}}=\frac{2}{12}\times\frac{10}{12}=\frac{5}{36},$$

$$P\{X=1,Y=1\}=\frac{\mathrm{C}_{2}^{1}}{\mathrm{C}_{12}^{1}}\cdot\frac{\mathrm{C}_{2}^{1}}{\mathrm{C}_{12}^{1}}=\frac{2}{12}\times\frac{2}{12}=\frac{1}{36}.$$

列出表格便得 X 和 Y 的联合分布律：

Y \ X	0	1
0	$\frac{25}{36}$	$\frac{5}{36}$
1	$\frac{5}{36}$	$\frac{1}{36}$

(2)(X,Y)所有可能取的值为$(0,1)$，$(0,1)$，$(1,0)$，$(1,1)$，按古典概型，显然有

$$P\{X=0,Y=0\}=\frac{\mathrm{C}_{10}^{1}}{\mathrm{C}_{12}^{1}}\cdot\frac{\mathrm{C}_{9}^{1}}{\mathrm{C}_{11}^{1}}=\frac{10}{12}\times\frac{9}{11}=\frac{45}{66},$$

$$P\{X=0,Y=1\}=\frac{\mathrm{C}_{10}^{1}}{\mathrm{C}_{12}^{1}}\cdot\frac{\mathrm{C}_{2}^{1}}{\mathrm{C}_{11}^{1}}=\frac{10}{12}\times\frac{2}{11}=\frac{10}{66},$$

$$P\{X=1,Y=0\}=\frac{\mathrm{C}_{2}^{1}}{\mathrm{C}_{12}^{1}}\cdot\frac{\mathrm{C}_{10}^{1}}{\mathrm{C}_{11}^{1}}=\frac{2}{12}\times\frac{10}{12}=\frac{10}{66},$$

$$P\{X=1,Y=1\}=\frac{\mathrm{C}_{2}^{1}}{\mathrm{C}_{12}^{1}}\cdot\frac{\mathrm{C}_{1}^{1}}{\mathrm{C}_{11}^{1}}=\frac{2}{12}\times\frac{1}{11}=\frac{1}{66}.$$

列出表格便得 X 和 Y 的联合分布律：

Y \ X	0	1
0	$\frac{45}{66}$	$\frac{10}{66}$
1	$\frac{10}{66}$	$\frac{1}{66}$

2. (1)盒子里装有 3 只黑球、2 只红球、2 只白球，在其中任选 4 只球，以 X 表示取到黑球的只数，以 Y 表示取到红球的只数，求 X 和 Y 的联合分布律.

(2)在(1)中求 $P\{X>Y\}$，$P\{Y=2X\}$，$P\{X+Y=3\}$，$P\{X<3-Y\}$.

解：(1)(X,Y)的所有可能取值为$(0,0)$，$(0,1)$，$(0,2)$，$(1,0)$，$(1,1)$，$(1,2)$，$(2,0)$，$(2,1)$，$(2,2)$，$(3,0)$，$(3,1)$，$(3,2)$.

由古典概型，可得

$$P\{X=0,\ Y=2\}=\frac{C_3^0C_2^2C_2^2}{C_7^4}=\frac{1}{35},P\{X=1,\ Y=1\}=\frac{C_3^1C_2^1C_2^2}{C_7^4}=\frac{6}{35},$$

$$P\{X=1,\ Y=2\}=\frac{C_3^1C_2^2C_2^1}{C_7^4}=\frac{6}{35},P\{X=2,\ Y=0\}=\frac{C_3^2C_2^0C_2^2}{C_7^4}=\frac{3}{35},$$

$$P\{X=2,\ Y=1\}=\frac{C_3^2C_2^1C_2^1}{C_7^4}=\frac{12}{35},P\{X=2,\ Y=2\}=\frac{C_3^2C_2^2C_2^0}{C_7^4}=\frac{3}{35},$$

$$P\{X=3,\ Y=0\}=\frac{C_3^3C_2^0C_2^1}{C_7^4}=\frac{2}{35},P\{X=3,\ Y=1\}=\frac{C_3^3C_2^1C_2^0}{C_7^4}=\frac{2}{35},$$

$P\{X=0,\ Y=0\}=P\{X=0,Y=1\}=P\{X=1,Y=0\}=P\{X=3,Y=2\}=0.$

则 X 和 Y 的联合分布律为：

Y \ X	0	1	2	3
0	0	0	$\frac{3}{35}$	$\frac{2}{35}$
1	0	$\frac{6}{35}$	$\frac{12}{35}$	$\frac{2}{35}$
2	$\frac{1}{35}$	$\frac{6}{35}$	$\frac{3}{35}$	0

(2)$P\{X>Y\}=P\{X=2,Y=0\}+P\{X=2,Y=1\}+P\{X=3,Y=0\}+P\{X=3,Y=1\}$

$$=\frac{3}{35}+\frac{12}{35}+\frac{2}{35}+\frac{2}{35}=\frac{19}{35}.$$

$P\{Y=2X\}=P\{X=1,Y=2\}=\frac{6}{35}.$

$P\{X+Y=3\}=P\{X=1,Y=2\}+P\{X=2,Y=1\}+P\{X=3,Y=0\}$

$$=\frac{6}{35}+\frac{12}{35}+\frac{2}{35}=\frac{20}{35}.$$

$$P\{X<3-Y\}=P\{X+Y<3\}=P\{X=0,Y=2\}+P\{X=1,Y=1\}+P\{X=2,Y=0\}$$
$$=\frac{1}{35}+\frac{6}{35}+\frac{3}{35}=\frac{10}{35}.$$

3. 设随机变量(X,Y)的概率密度为

$$f(x,y)=\begin{cases}k(6-x-y), & 0<x<2,\ 2<y<4,\\ 0, & \text{其他}.\end{cases}$$

(1)确定常数 k. (2)求 $P\{X<1,\ Y<3\}$.

(3)求 $P\{X<1.5\}$. (4)求 $P\{X+Y\leqslant 4\}$.

解:(1)因为 $\int_{-\infty}^{+\infty}\int_{-\infty}^{+\infty}f(x,y)\mathrm{d}x\mathrm{d}y=\int_0^2\mathrm{d}x\int_2^4k(6-x-y)\mathrm{d}y=k\int_0^2(6-2x)\mathrm{d}x$

$$=k(12-4)=8k=1,$$

所以 $k=\frac{1}{8}$.

(2)$P\{X<1,Y<3\}=\int_0^1\mathrm{d}x\int_2^3\frac{1}{8}(6-x-y)\mathrm{d}y=\frac{1}{8}\int_0^1\left[(6-x)-\frac{5}{2}\right]\mathrm{d}x$

$$=\frac{1}{8}\times\left(\frac{7}{2}-\frac{1}{2}\right)=\frac{3}{8}.$$

(3)$P\{X<1.5\}=\int_{-\infty}^{1.5}\int_{-\infty}^{+\infty}f(x,y)\mathrm{d}y\mathrm{d}x=\int_0^{1.5}\left[\int_2^4\frac{1}{8}(6-x-y)\mathrm{d}y\right]\mathrm{d}x$

$$=\frac{1}{8}\int_0^{1.5}[2(6-x)-6]\mathrm{d}x=\frac{1}{8}\int_0^{1.5}(6-2x)\mathrm{d}x$$
$$=\frac{1}{8}[6\times1.5-(1.5)^2]=\frac{1}{8}\left(9-\frac{9}{4}\right)=\frac{27}{32}.$$

(4)将(X,Y)看作是平面上随机点的坐标,即有$\{X+Y\leqslant 4\}=\{(X,Y)\in G\}$,其中$G$为$XOY$平面上直线$x+y=4$下方的部分(如图 3-1 所示).

$$P\{X+Y\leqslant 4\}=P\{(X,Y)\in G\}=\iint_G f(x,y)\mathrm{d}x\mathrm{d}y$$
$$=\int_0^2\mathrm{d}x\int_2^{4-x}\frac{1}{8}(6-x-y)\mathrm{d}y$$
$$=\frac{1}{8}\int_0^2\left[(6-x)(2-x)-\frac{(6-x)(2-x)}{2}\right]\mathrm{d}x$$
$$=\frac{1}{16}\int_0^2(12-8x+x^2)\mathrm{d}x$$
$$=\frac{1}{16}\left(24-16+\frac{8}{3}\right)=\frac{2}{3}.$$

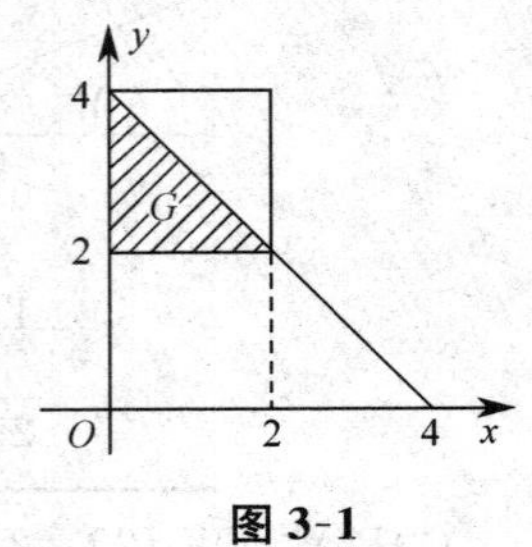

图 3-1

4. 设 X,Y 都是非负的连续型随机变量,它们相互独立.

(1)证明 $P\{X<Y\}=\int_0^{\infty}F_X(x)f_Y(x)\mathrm{d}x$,

其中 $F_X(x)$是 X 的分布函数,$f_Y(y)$是 Y 的概率密度.

(2)设 X,Y 相互独立,其概率密度分别为

$$f_X(x)=\begin{cases}\lambda_1 e^{-\lambda_1 x}, & x>0,\\ 0, & 其他,\end{cases}\quad f_Y(y)=\begin{cases}\lambda_2 e^{-\lambda_2 y}, & y>0,\\ 0, & 其他,\end{cases}$$

求 $P\{X<Y\}$.

解:(1)因 X,Y 为非负的相互独立的随机变量,故其概率密度为

$$f(x,y)=\begin{cases}f_X(x)f_Y(y), & x>0,y>0,\\ 0, & 其他.\end{cases}$$

从而 $P\{X<Y\}=\iint\limits_G f_X(x)f_Y(y)\mathrm{d}x\mathrm{d}y$,

其中 G 为 $x\geqslant 0,y\geqslant x$ 界定的区域(如图 3-2 所示),从而

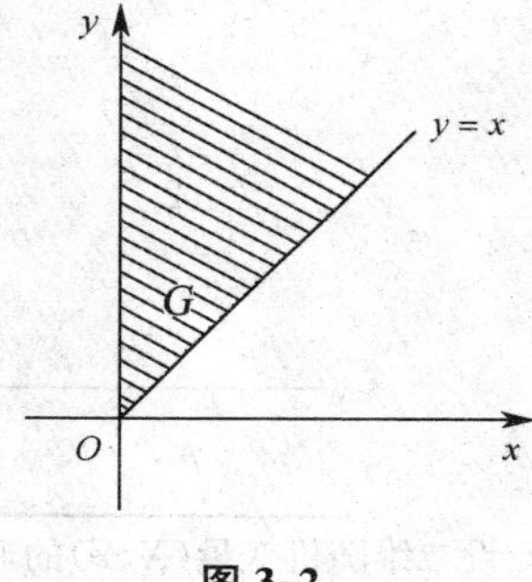

图 3-2

$$\begin{aligned}P\{X<Y\}&=\int_0^{\infty}\int_0^{y} f_X(x)f_Y(y)\mathrm{d}x\mathrm{d}y\\&=\int_0^{\infty} f_Y(y)\left[\int_0^{y} f_X(x)\mathrm{d}x\right]\mathrm{d}y\\&=\int_0^{\infty} F_X(x)f_Y(x)\mathrm{d}x.\end{aligned}$$

(2)$F_X(x)=\int_0^{x}\lambda_1 e^{-\lambda_1 t}\mathrm{d}t=1-e^{\lambda_1 x}$,故由(1)可知

$$\begin{aligned}P\{X<Y\}&=\int_0^{\infty}(1-e^{-\lambda_1 x})(\lambda_2 e^{-\lambda_2 x})\mathrm{d}x=\int_0^{\infty}\left[\lambda_2 e^{-\lambda_2 x}-\lambda_2 e^{-(\lambda_1+\lambda_2)x}\right]\mathrm{d}x\\&=\left[-e^{-\lambda_2 x}+\frac{\lambda_2}{\lambda_1+\lambda_2}e^{-(\lambda_1+\lambda_2)x}\right]\Bigg|_0^{\infty}=1-\frac{\lambda_2}{\lambda_1+\lambda_2}=\frac{\lambda_1}{\lambda_1+\lambda_2}.\end{aligned}$$

5. 设随机变量 (X,Y) 具有分布函数

$$F(x,y)=\begin{cases}1-e^{-x}-e^{-y}+e^{-x-y}, & x>0,y>0,\\ 0, & 其他.\end{cases}$$

求边缘分布函数.

解:$F_X(x)=F(x,+\infty)=\begin{cases}1-e^{-x}, & x>0,\\ 0, & 其他.\end{cases}$

$F_Y(y)=F(+\infty,y)=\begin{cases}1-e^{-y}, & y>0,\\ 0, & 其他.\end{cases}$

6. 将一枚硬币掷 3 次,以 X 表示前 2 次中出现 H 的次数,以 Y 表示 3 次中出现 H 的次数,求 X,Y 的联合分布律以及 (X,Y) 的边缘分布律.

解:(X,Y) 的所有情形为 HHH, HHT, HTH, THH, HTT, THT, TTH, TTT.(其中 T 表示不出现 H 面)

按古典概型,显然有

$P\{X=0,Y=0\}=\frac{1}{8}$,$P\{X=0,Y=1\}=\frac{1}{8}$,$P\{X=0,Y=2\}=P\{X=0,Y=3\}=0$,

$P\{X=1,Y=1\}=\frac{2}{8}$,$P\{X=1,Y=2\}=\frac{2}{8}$,$P\{X=1,Y=0\}=P\{X=1,Y=3\}=0$,

$P\{X=2,Y=2\}=\frac{1}{8}$,$P\{X=2,Y=3\}=\frac{1}{8}$,$P\{X=2,Y=0\}=P\{X=2,Y=1\}=0$.

那么把(X,Y)的联合分布律及边缘分布律列成表格：

Y \ X	0	1	2	$p_{\cdot j}$
0	$\frac{1}{8}$	0	0	$\frac{1}{8}$
1	$\frac{1}{8}$	$\frac{1}{4}$	0	$\frac{3}{8}$
2	0	$\frac{1}{4}$	$\frac{1}{8}$	$\frac{3}{8}$
3	0	0	$\frac{1}{8}$	$\frac{1}{8}$
$p_{i\cdot}$	$\frac{1}{4}$	$\frac{1}{2}$	$\frac{1}{4}$	1

7. 设二维随机变量(X,Y)的概率密度为

$$f(x,y)=\begin{cases}4.8y(2-x), & 0\leqslant x\leqslant 1, 0\leqslant y\leqslant x,\\ 0, & \text{其他}.\end{cases}$$

求边缘概率密度.

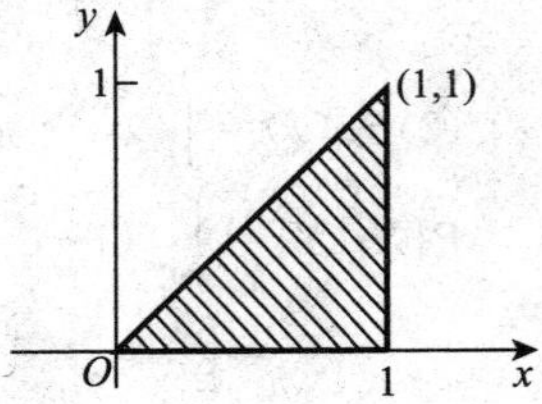

解：因为(X,Y)的联合概率密度(如图3-3 所示)为

$$f(x,y)=\begin{cases}4.8y(2-x), & 0\leqslant x\leqslant 1, 0\leqslant y\leqslant x,\\ 0, & \text{其他}.\end{cases}$$

图 3-3

于是当 $0\leqslant x\leqslant 1$ 时，

$$f_X(x)=\int_{-\infty}^{+\infty}f(x,y)\mathrm{d}y=\int_0^x 4.8y(2-x)\mathrm{d}y$$
$$=2.4x^2(2-x),$$

故 $f_X(x)=\begin{cases}2.4x^2(2-x), & 0\leqslant x\leqslant 1,\\ 0, & \text{其他}.\end{cases}$

同样，当 $0\leqslant y\leqslant 1$ 时，

$$f_Y(y)=\int_{-\infty}^{+\infty}f(x,y)\mathrm{d}x=\int_y^1 4.8y(2-x)\mathrm{d}x=2.4y(3-4y+y^2),$$

故 $f_Y(y)=\begin{cases}2.4y(3-4y+y^2), & 0\leqslant y\leqslant 1,\\ 0, & \text{其他}.\end{cases}$

8. 设二维随机变量(X,Y)的概率密度为

$$f(x,y)=\begin{cases}\mathrm{e}^{-y}, & 0<x<y,\\ 0, & \text{其他}.\end{cases}$$

求边缘概率密度.

解：因为概率密度 $f(x,y)$仅在图 3-4 中阴影部分的区域内具有非零值.

当 $x>0$ 时，$f_X(x)=\int_{-\infty}^{+\infty}f(x,y)\mathrm{d}y=\int_{-x}^{+\infty}\mathrm{e}^{-y}\mathrm{d}y=\mathrm{e}^{-x}$，

故 X 的边缘概率密度为 $f_X(x)=\begin{cases}e^{-x}, & x>0,\\ 0, & 其他.\end{cases}$

另一方面，当 $y>0$ 时，

$f_Y(y)=\int_{-\infty}^{+\infty} f(x,y)\mathrm{d}x=\int_0^y e^{-y}\mathrm{d}x=ye^{-y}$，

故 Y 的边缘概率密度为 $f_Y(y)=\begin{cases}ye^{-y}, & y>0,\\ 0, & 其他.\end{cases}$

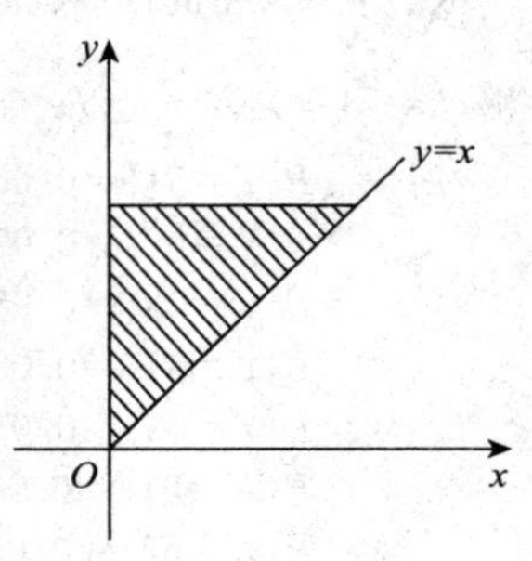

图 3—4

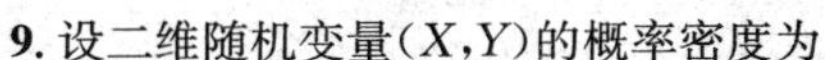

9. 设二维随机变量 (X,Y) 的概率密度为

$$f(x,y)=\begin{cases}cx^2y, & x^2\leqslant y\leqslant 1,\\ 0, & 其他.\end{cases}$$

(1)试确定常数 c.　(2)求边缘概率密度.

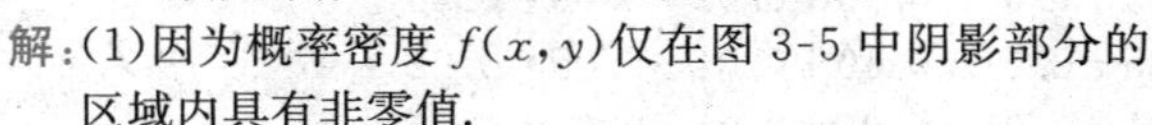

解：(1)因为概率密度 $f(x,y)$ 仅在图 3-5 中阴影部分的区域内具有非零值.

由 $\int_{-\infty}^{+\infty}\int_{-\infty}^{+\infty} f(x,y)\mathrm{d}x\mathrm{d}y=1$，有 $\int_{-1}^{1}\mathrm{d}x\int_{x^2}^{1} cx^2y\mathrm{d}y=\int_{-1}^{1}\frac{1}{2}cx^2(1-x^4)\mathrm{d}x=\frac{4}{21}c$，

故 $c=\frac{21}{4}$.

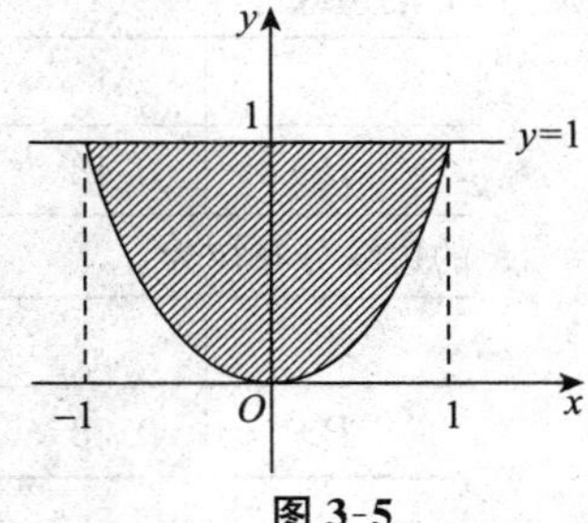

图 3-5

(2)当 $-1\leqslant x\leqslant 1$ 时，

$f_X(x)=\int_{-\infty}^{+\infty} f(x,y)\mathrm{d}y=\int_{x^2}^{1}\frac{21}{4}x^2y\mathrm{d}y$

$=\frac{21}{8}x^2(1-x^4)$，

故 $f_X(x)=\begin{cases}\frac{21}{8}x^2(1-x^4), & -1\leqslant x\leqslant 1,\\ 0, & 其他;\end{cases}$

当 $0\leqslant y\leqslant 1$ 时，$f_Y(y)=\int_{-\infty}^{+\infty} f(x,y)\mathrm{d}x=\int_{-\sqrt{y}}^{\sqrt{y}}\frac{21}{4}x^2y\mathrm{d}x=\frac{7}{2}y^{\frac{5}{2}}$，

故 $f_Y(y)=\begin{cases}\frac{7}{2}y^{\frac{5}{2}}, & 0\leqslant y\leqslant 1,\\ 0, & 其他.\end{cases}$

10. 将某一医药公司 8 月份和 9 月份收到的青霉素针剂的订货单数分别记为 X 和 Y. 据以往积累的资料知 X 和 Y 的联合分布律为

Y \ X	51	52	53	54	55
51	0.06	0.05	0.05	0.01	0.01
52	0.07	0.05	0.01	0.01	0.01
53	0.05	0.10	0.10	0.05	0.05
54	0.05	0.02	0.01	0.01	0.03
55	0.05	0.06	0.05	0.01	0.03

(1)求边缘分布律.

(2)求 8 月份的订单数为 51 时,9 月份订单数的条件分布律.

解:(1)因为 $p_{i\cdot}=\sum_{j=1}^{\infty}p_{ij}=P\{X=x_i\}$, $p_{\cdot j}=\sum_{i=1}^{\infty}p_{ij}=P\{Y=y_j\}$.

所以 $P\{Y=51\}=0.06+0.05+0.05+0.01+0.01=0.18$,

$P\{Y=52\}=0.07+0.05+0.01+0.01+0.01=0.15$,

$P\{Y=53\}=0.05+0.10+0.10+0.05+0.05=0.35$,

$P\{Y=54\}=0.05+0.02+0.01+0.01+0.03=0.12$,

$P\{Y=55\}=0.05+0.06+0.05+0.01+0.03=0.20$,

$P\{X=51\}=0.06+0.07+0.05+0.05+0.05=0.28$,

$P\{X=52\}=0.05+0.05+0.10+0.02+0.06=0.28$,

$P\{X=53\}=0.05+0.01+0.10+0.01+0.05=0.22$,

$P\{X=54\}=0.01+0.01+0.05+0.01+0.01=0.09$,

$P\{X=55\}=0.01+0.01+0.05+0.03+0.03=0.13$,

则 Y 的边缘分布律为:

Y	51	52	53	54	55
P	0.18	0.15	0.35	0.12	0.20

X 的边缘分布律为:

X	51	52	53	54	55
P	0.28	0.28	0.22	0.09	0.13

(2)因为 $P\{Y=y_j|X=x_i\}=\frac{P\{X=x_i,Y=y_j\}}{P\{X=x_i\}}=\frac{P_{ij}}{P_i}$,

并且 $P\{X=51\}=0.28=P_1$.所以

$$P\{Y=51|X=51\}=\frac{0.06}{0.28}=\frac{6}{28},P\{Y=52|X=51\}=\frac{0.07}{0.28}=\frac{7}{28},$$

$$P\{Y=53|X=51\}=\frac{0.05}{0.28}=\frac{5}{28},P\{Y=54|X=51\}=\frac{0.05}{0.28}=\frac{5}{28},$$

$$P\{Y=55|X=51\}=\frac{0.05}{0.28}=\frac{5}{28}.$$

故当 8 月份的订单数为 51 时,9 月份订单数的条件分布律为

$\{Y=k\|X=51\}$	51	52	53	54	55
$P\{Y=k\|X=51\}$	$\frac{6}{28}$	$\frac{7}{28}$	$\frac{5}{28}$	$\frac{5}{28}$	$\frac{5}{28}$

11. 以 X 记某医院一天出生的婴儿的个数,Y 记其中男婴的个数,记 X 和 Y 的联合分布律为

$$P\{X=n,Y=m\}=\frac{e^{-14}(7.14)^m(6.86)^{n-m}}{m!\,(n-m)!},\ m=0,1,2,\cdots,n;n=0,1,2,\cdots.$$

(1)求边缘分布律.　(2)求条件分布律.

(3)写出当 $X=20$ 时,Y 的条件分布律.

解:(1)边缘分布律:

$$P\{X=n\}=\sum_{m=0}^{n}P\{X=n,Y=m\}=\sum_{m=0}^{n}\frac{e^{-14}(7.14)^m(6.86)^{n-m}}{m!\,(n-m)!}$$

$$=\sum_{m=0}^{n}\frac{e^{-14}}{n!}\cdot\frac{n!}{m!\,(n-m)!}(7.14)^m(6.86)^{n-m}$$

$$=\frac{e^{-14}}{n!}\sum_{m=0}^{n}C_n^m(7.14)^m(6.86)^{n-m}$$

$$=\frac{e^{-14}}{n!}(7.14+6.86)^n=\frac{e^{-14}}{n!}(14)^n,\ n=0,1,2,\cdots,$$

$$P\{Y=m\}=\sum_{n=m}^{\infty}P\{X=n,Y=m\}=\sum_{n=m}^{\infty}\frac{e^{-14}(7.14)^m(6.86)^{n-m}}{m!\,(n-m)!}$$

$$=\sum_{n=m}^{\infty}\frac{e^{-14}(7.14)^m}{m!}\cdot\frac{(6.86)^{n-m}}{(n-m)!}$$

$$=\frac{e^{-14}(7.14)^m}{m!}\sum_{j=0}^{\infty}\frac{(6.86)^j}{j!}\quad(令\ j=n-m)$$

$$=\frac{e^{-14}(7.14)^m}{m!}e^{6.86}=\frac{e^{-7.14}(7.14)^m}{m!},\ m=0,1,2,\cdots,$$

注意到 $e^x=\sum_{k=0}^{\infty}\frac{x^k}{k!}$,这里 $x=6.86$.

(2)条件分布律:

当 $m=0,1,2,\cdots$ 时,

$$P\{X=n|Y=m\}=\frac{P\{X=n,Y=m\}}{P\{Y=m\}}$$

$$=\frac{e^{-14}(7.14)^m(6.86)^{n-m}}{m!\,(n-m)!}\cdot\frac{m!}{e^{-7.14}(7.14)^m}$$

$$=\frac{e^{-6.86}(6.86)^{n-m}}{(n-m)!},\ n=m,m+1,\cdots,$$

当 $n=0,1,2,\cdots$ 时,

$$P\{Y=m|X=n\}=\frac{P\{X=n,Y=m\}}{P\{X=n\}}=\frac{e^{-14}(7.14)^m(6.86)^{n-m}}{m!\,(n-m)!}\cdot\frac{n!}{e^{-14}(14)^n}$$

$$=C_n^m\left(\frac{7.14}{14}\right)^m\left(\frac{6.86}{14}\right)^{n-m}=C_n^m(0.51)^m(0.49)^{n-m},\ m=0,1,2,\cdots,n.$$

(3) $P\{Y=m|X=20\}=C_{20}^m(0.51)^m(0.49)^{20-m},\ m=0,1,2,\cdots,20.$

12. 求第一节例 1 中的条件分布律:$P\{Y=k|X=i\}$.

解:由第一节例 1(课本 P_{62})知,$P\{Y=k|X=i\}=\frac{P\{Y=k,X=i\}}{P\{X=i\}}$,而

$$P\{Y=k,X=i\}=\frac{1}{i}\cdot\frac{1}{4},\quad P\{X=i\}=\frac{1}{4},\ i=1,2,3,4,\ k\leqslant i,$$

所以 $P\{Y=k|X=i\}=\frac{1}{i}$,$i=1,2,3,4,k\leqslant i$. 即

$Y=k$	1
$P\{Y=k\mid X=1\}$	1

$Y=k$	1	2
$P\{Y=k\mid X=2\}$	$\frac{1}{2}$	$\frac{1}{2}$

$Y=k$	1	2	3
$P\{Y=k\mid X=3\}$	$\frac{1}{3}$	$\frac{1}{3}$	$\frac{1}{3}$

$Y=k$	1	2	3	4
$P\{Y=k\mid X=4\}$	$\frac{1}{4}$	$\frac{1}{4}$	$\frac{1}{4}$	$\frac{1}{4}$

13. 在第 9 题中：

(1)求条件概率密度 $f_{X|Y}(x|y)$，特别，写出当 $Y=\frac{1}{2}$ 时 X 的条件概率密度.

(2)求条件概率密度 $f_{Y|X}(y|x)$，特别，分别写出当 $X=\frac{1}{3}$，$X=\frac{1}{2}$ 时 Y 的条件概率密度.

(3)求条件概率 $P\left\{Y\geqslant\frac{1}{4}\mid X=\frac{1}{2}\right\}$，$P\left\{Y\geqslant\frac{3}{4}\mid X=\frac{1}{2}\right\}$.

解：由第 9 题可知

$$f(x,y)=\begin{cases}\frac{21}{4}x^2y, & x^2\leqslant y\leqslant 1,\\ 0, & \text{其他},\end{cases}$$

$$f_X(x)=\begin{cases}\frac{21}{8}x^2(1-x^4), & -1\leqslant x\leqslant 1,\\ 0, & \text{其他},\end{cases}\quad f_Y(y)=\begin{cases}\frac{7}{2}y^{\frac{5}{2}}, & 0\leqslant y\leqslant 1,\\ 0, & \text{其他}.\end{cases}$$

(1)当 $0<y\leqslant 1$ 时，$f_{X|Y}(x|y)=\dfrac{f(x,y)}{f_Y(y)}=\begin{cases}\frac{3}{2}x^2y^{-\frac{3}{2}}, & -\sqrt{y}<x<\sqrt{y},\\ 0, & \text{其他}.\end{cases}$

当 $Y=\frac{1}{2}$ 时，$f_{X|Y}\left\{x\mid y=\frac{1}{2}\right\}=\begin{cases}3\sqrt{2}x^2, & -\frac{1}{\sqrt{2}}<x<\frac{1}{\sqrt{2}},\\ 0, & \text{其他}.\end{cases}$

(2)当 $-1<x<1$ 时，$f_{Y|X}(y|x)=\dfrac{f(x,y)}{f_X(x)}=\begin{cases}\frac{2y}{1-x^4}, & x^2<y<1,\\ 0, & \text{其他},\end{cases}$

当 $X=\frac{1}{3}$ 时，$f_{Y|X}\left\{y\mid x=\frac{1}{3}\right\}=\begin{cases}\frac{81}{40}y, & \frac{1}{9}<y<1,\\ 0, & \text{其他},\end{cases}$

当 $X=\frac{1}{2}$ 时，$f_{Y|X}\left\{y\mid x=\frac{1}{2}\right\}=\begin{cases}\frac{32}{15}y, & \frac{1}{4}<y<1,\\ 0, & \text{其他}.\end{cases}$

(3)$P\left\{Y\geqslant\frac{1}{4}\mid X=\frac{1}{2}\right\}=\int_{\frac{1}{4}}^{+\infty}f_{Y|X}\left\{y\mid x=\frac{1}{2}\right\}\mathrm{d}y=1$，

$P\left\{Y\geqslant\frac{3}{4}\mid X=\frac{1}{2}\right\}=\int_{\frac{3}{4}}^{+\infty}f_{Y|X}\left\{y\mid x=\frac{1}{2}\right\}\mathrm{d}y=\int_{\frac{3}{4}}^{1}\frac{32}{15}y\mathrm{d}y=\frac{7}{15}$.

14. 设随机变量(X,Y)的概率密度为 $f(x,y)=\begin{cases}1, & |y|<x,\ 0<x<1,\\ 0, & \text{其他}.\end{cases}$

求条件概率密度 $f_{Y|X}(y|x)$, $f_{X|Y}(x|y)$.

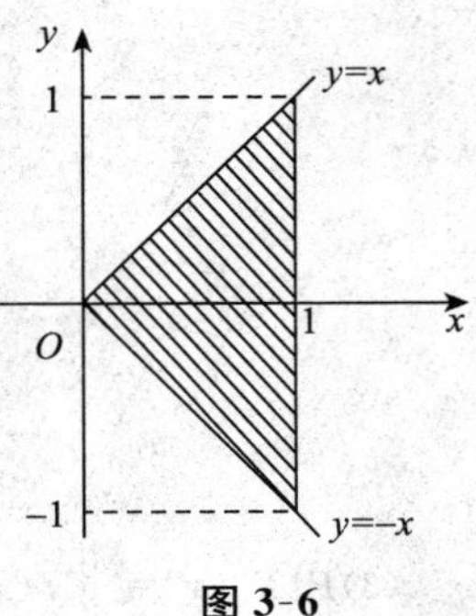

图 3-6

解：由于概率密度 $f(x,y)$ 仅在图 3-6 中阴影部分为非零值.

故 $f(x,y)$ 的边缘密度为

$$f_X(x)=\begin{cases}\int_{-x}^{x} 1\mathrm{d}y, & 0<x<1,\\ 0, & 其他,\end{cases}$$

$$=\begin{cases}2x, & 0<x<1\\ 0, & 其他,\end{cases}$$

$$f_Y(y)=\begin{cases}\int_{|y|}^{1} 1\mathrm{d}x, & -1<y<1,\\ 0, & 其他,\end{cases}$$

$$=\begin{cases}1-|y|, & -1<y<1,\\ 0, & 其他,\end{cases}$$

所以，当 $0<x<1$ 时，$f_{Y|X}(y|x)=\dfrac{f(x,y)}{f_X(x)}=\begin{cases}\dfrac{1}{2x}, & |y|<x,\\ 0, & 其他,\end{cases}$

当 $|y|<1$ 时，$f_{X|Y}(x|y)=\dfrac{f(x,y)}{f_Y(y)}=\begin{cases}\dfrac{1}{1-|y|}, & |y|<x<1,\\ 0, & 其他.\end{cases}$

15. 设随机变量 $X\sim U(0,1)$，当给定 $X=x$ 时，随机变量 Y 的条件概率密度为

$$f_{Y|X}(y|x)=\begin{cases}x, & 0<y<\dfrac{1}{x},\\ 0, & 其他.\end{cases}$$

(1)求 X 和 Y 的联合概率密度 $f(x,y)$.

(2)求边缘密度 $f_Y(y)$，并画出它的图形.

(3)求 $P\{X>Y\}$.

解：(1)因 $f(x,y)=f_{Y|X}(y|x)f_X(x)$，

由题意知 $f_X(x)=\begin{cases}1, & 0<x<1,\\ 0, & 其他,\end{cases}$ 故 $f(x,y)=\begin{cases}x, & 0<y<\dfrac{1}{x}, 0<x<1,\\ 0, & 其他.\end{cases}$

$$(2)\ f_Y(y)=\int_{-\infty}^{+\infty} f(x,y)\mathrm{d}x=\begin{cases}\int_0^1 x\mathrm{d}x=\dfrac{1}{2}, & 0<y<1,\\ \int_0^{\frac{1}{y}} x\mathrm{d}x=\dfrac{1}{2y^2}, & 1\leqslant y<\infty,\\ 0, & 其他.\end{cases}$$

$$即\ f_Y(y)=\begin{cases}0, & y\leqslant 0,\\ \dfrac{1}{2}, & 0<y<1,\\ \dfrac{1}{2y^2}, & y\geqslant 1.\end{cases}$$

$f_Y(y)$ 的图形如图 3-7 所示.

教材习题全解

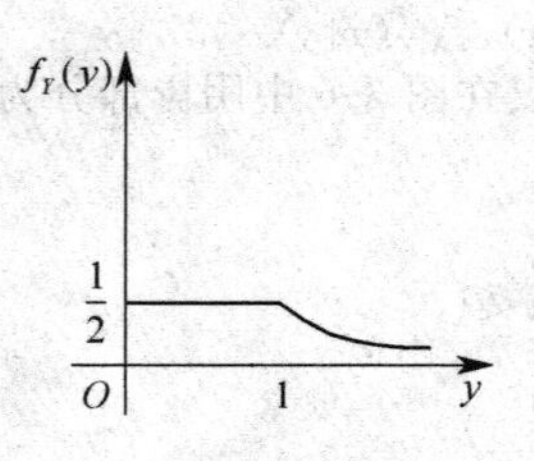

图 3-7

(3)$P\{X>Y\}=\iint\limits_D f(x,y)\mathrm{d}x\mathrm{d}y=\int_0^1\mathrm{d}y\int_y^1 x\mathrm{d}x=\int_0^1\frac{1}{2}(1-y^2)\mathrm{d}y=\frac{1}{3}$.

16. (1)问第 1 题中的随机变量 X 和 Y 是否相互独立?

(2)问第 14 题中的随机变量 X 和 Y 是否相互独立(需说明理由)?

解:(1)放回抽样时,由于

Y \ X	0	1	$p_{\cdot j}$
0	$\frac{25}{36}$	$\frac{5}{36}$	$\frac{30}{36}$
1	$\frac{5}{36}$	$\frac{1}{36}$	$\frac{6}{36}$
$p_{i\cdot}$	$\frac{30}{36}$	$\frac{6}{36}$	1

故此分布列满足 $p_{ij}=p_{i\cdot}\cdot p_{\cdot j}$,所以 X 和 Y 独立.

不放回抽样时,由于

Y \ X	0	1	$p_{\cdot j}$
0	$\frac{45}{66}$	$\frac{10}{66}$	$\frac{55}{66}$
1	$\frac{10}{66}$	$\frac{1}{66}$	$\frac{11}{66}$
$p_{i\cdot}$	$\frac{55}{66}$	$\frac{11}{66}$	1

此分布列不满足 $p_{ij}=p_{i\cdot}\cdot p_{\cdot j}$,故 X 和 Y 不独立.

(2)由于当$|y|<x,0<x<1$ 时,$f_X(x)\cdot f_Y(y)=2x(1-|y|)\neq f(x,y)=1$,故 X 和 Y 不独立.

17. (1)设随机变量(X,Y)具有分布函数

$$F(x,y)=\begin{cases}(1-\mathrm{e}^{-\alpha x})y, & x\geqslant 0,0\leqslant y\leqslant 1,\\ 1-\mathrm{e}^{-\alpha x}, & x\geqslant 0,y>1,\\ 0, & 其他.\end{cases}\quad(\alpha>0)$$

证明 X,Y 相互独立.

(2)设随机变量(X,Y)具有分布律 $P\{X=x,Y=y\}=p^2(1-p)^{x+y-2}$，$0<p<1$，$x,y$ 均为正整数,问 X,Y 是否相互独立.

解:(1)$F_X(x)=F(x,+\infty)=\begin{cases}1-e^{-\alpha x}, & x\geqslant 0,\\ 0, & 其他.\end{cases}$

$$F_Y(y)=F(+\infty,y)=\begin{cases}0, & y<0\\ y, & 0\leqslant y\leqslant 1,\\ 1, & y>1.\end{cases}$$

因为对于所有的 x,y 都有 $F(x,y)=F_X(x)F_Y(y)$,故 X,Y 相互独立.

$$\begin{aligned}(2)P\{X=x\}&=\sum_{y=1}^{\infty}p^2(1-p)^{x+y-2}=p^2(1-p)^{x-1}\sum_{y=1}^{\infty}(1-p)^{y-1}\\&=p^2(1-p)^{x-1}\frac{1}{1-(1-p)}\\&=p(1-p)^{x-1},\quad x=1,2,\cdots,\quad 其中\ 0<p<1.\end{aligned}$$

同理 $P\{Y=y\}=p(1-p)^{y-1}$，　$y=1,2,\cdots$，　其中 $0<p<1$.

因为对于所有正整数 x,y 都有 $P\{X=x,Y=y\}=P\{X=x\}P\{Y=y\}$,故 X,Y 相互独立.

18. 设 X 和 Y 是两个相互独立的随机变量,X 在区间$(0,1)$上服从均匀分布,Y 的概率密度为

$$f_Y(y)=\begin{cases}\frac{1}{2}e^{-\frac{y}{2}}, & y>0,\\ 0, & y\leqslant 0.\end{cases}$$

(1)求 X 和 Y 的联合概率密度.

(2)设含有 a 的二次方程为 $a^2+2Xa+Y=0$,试求 a 有实根的概率.

解:(1)因为 X 在$(0,1)$上服从均匀分布,所以 X 的概率密度

$$f_X(x)=\begin{cases}1, & 0<x<1,\\ 0, & 其他.\end{cases}$$

由于 X 和 Y 相互独立,故(X,Y)的概率密度为

$$f(x,y)=f_X(x)f_Y(y)=\begin{cases}\frac{1}{2}e^{-\frac{y}{2}}, & 0<x<1,\ y>0,\\ 0, & 其他.\end{cases}$$

(2)要使 a 有实根,必须使方程 $a^2+2Xa+Y=0$ 的判别式 $\Delta=4X^2-4Y\geqslant 0$,即 $X^2-Y\geqslant 0$.

$$\begin{aligned}P\{X^2-Y\geqslant 0\}&=\int_0^1 dx\int_0^{x^2}\frac{1}{2}e^{-\frac{y}{2}}dy=\int_0^1(1-e^{-\frac{x^2}{2}})dx=1-\int_0^1 e^{-\frac{x^2}{2}}dx\\&=1-\sqrt{2\pi}\left(\int_{-\infty}^1\frac{1}{\sqrt{2\pi}}e^{-\frac{x^2}{2}}dx-\int_{-\infty}^0\frac{1}{\sqrt{2\pi}}e^{-\frac{x^2}{2}}dx\right)\\&=1-\sqrt{2\pi}[\Phi(1)-\Phi(0)]=0.144\,5.\left(由于\ \Phi(x)=\frac{1}{2\pi}\int_{-\infty}^{x}e^{-\frac{t^2}{2}}dt\right)\end{aligned}$$

19. 进行打靶,设弹着点 $A(X,Y)$的坐标 X 和 Y 相互独立,且都服从 $N(0,1)$分布,规定:

点 A 落在区域 $D_1=\{(x,y)\mid x^2+y^2\leqslant 1\}$得 2 分;

点 A 落在 $D_2=\{(x,y)\mid 1\leqslant x^2+y^2\leqslant 4\}$ 得 1 分；

点 A 落在 $D_3=\{(x,y)\mid x^2+y^2>4\}$ 得 0 分.

以 Z 记打靶的得分，写出 X,Y 的联合概率密度，并求出 Z 的分布律.

解：由题意知 $X\sim N(0,1)$，$Y\sim N(0,1)$，则有

$$f_X(x)=\frac{1}{\sqrt{2\pi}}e^{-\frac{x^2}{2}},\ f_Y(y)=\frac{1}{\sqrt{2\pi}}e^{-\frac{y^2}{2}},$$

又因 X,Y 相互独立，故 X,Y 的联合概率密度为

$$f(x,y)=f_X(x)\cdot f_Y(y)=\frac{1}{2\pi}e^{-\frac{x^2+y^2}{2}},(-\infty<x<+\infty,-\infty<y<+\infty).$$

而

$$P\{Z=2\}=\iint\limits_{D_1}f(x,y)\mathrm{d}x\mathrm{d}y=\int_0^{2\pi}\mathrm{d}\theta\int_0^1\frac{1}{2\pi}e^{-\frac{r^2}{2}}r\mathrm{d}r=1-e^{-\frac{1}{2}},$$

$$P\{Z=1\}=\iint\limits_{D_2}f(x,y)\mathrm{d}x\mathrm{d}y=\int_0^{2\pi}\mathrm{d}\theta\int_1^2\frac{1}{2\pi}e^{-\frac{r^2}{2}}r\mathrm{d}r=e^{-\frac{1}{2}}-e^{-2},$$

$$P\{Z=0\}=\iint\limits_{D_3}f(x,y)\mathrm{d}x\mathrm{d}y=\int_0^{2\pi}\mathrm{d}\theta\int_0^{+\infty}\frac{1}{2\pi}e^{-\frac{r^2}{2}}r\mathrm{d}r=e^{-2}.$$

故 Z 的分布律为：

Z	0	1	2
P	e^{-2}	$e^{-\frac{1}{2}}-e^{-2}$	$1-e^{-\frac{1}{2}}$

20. 设 X 和 Y 是相互独立的随机变量，其概率密度分别为

$$f_X(x)=\begin{cases}\lambda e^{-\lambda x}, & x>0,\\ 0, & x\leqslant 0,\end{cases}\quad f_Y(y)=\begin{cases}\mu e^{-\mu y}, & y>0,\\ 0, & y\leqslant 0,\end{cases}$$

其中 $\lambda>0$，$\mu>0$ 是常数. 引入随机变量

$$Z=\begin{cases}1, & X\leqslant Y,\\ 0, & X>Y,\end{cases}$$

(1)求条件概率密度 $f_{X|Y}(x|y)$.

(2)求 Z 的分布律和分布函数.

解：(1)由 X 和 Y 相互独立，故

$$f(x,y)=f_X(x)\cdot f_Y(y)=\begin{cases}\lambda\mu e^{-(\lambda x+\mu y)}, & x>0,y>0,\\ 0, & \text{其他}.\end{cases}$$

当 $y>0$ 时，$f_{X|Y}(x|y)=\dfrac{f(x,y)}{f_Y(y)}=f_X(x)=\begin{cases}\lambda e^{-\lambda x}, & x>0,\\ 0, & x\leqslant 0.\end{cases}$

(2)由于 $Z=\begin{cases}1, & X\leqslant Y,\\ 0, & X>Y,\end{cases}$（如图 3-8 所示）

且 $P\{Z=1\}=P\{X\leqslant Y\}$

$$=\int_0^{+\infty}\int_x^{+\infty}\lambda\mu e^{-(\lambda x+\mu y)}\mathrm{d}y\mathrm{d}x$$

$$=\int_0^{+\infty}\lambda e^{-(\lambda+\mu)x}\mathrm{d}x$$

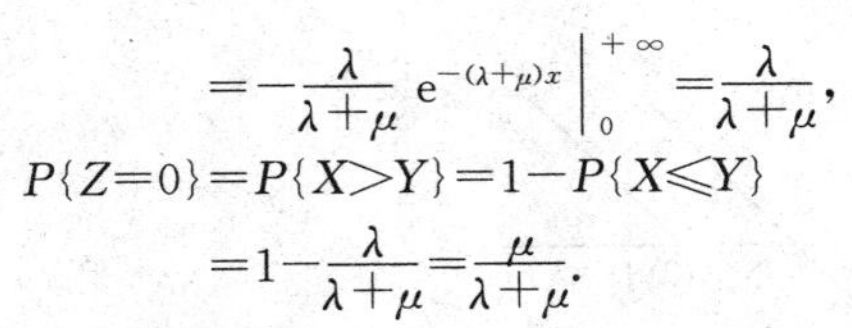

$$=-\frac{\lambda}{\lambda+\mu}\mathrm{e}^{-(\lambda+\mu)x}\Big|_0^{+\infty}=\frac{\lambda}{\lambda+\mu},$$

$$P\{Z=0\}=P\{X>Y\}=1-P\{X\leqslant Y\}$$

$$=1-\frac{\lambda}{\lambda+\mu}=\frac{\mu}{\lambda+\mu}.$$

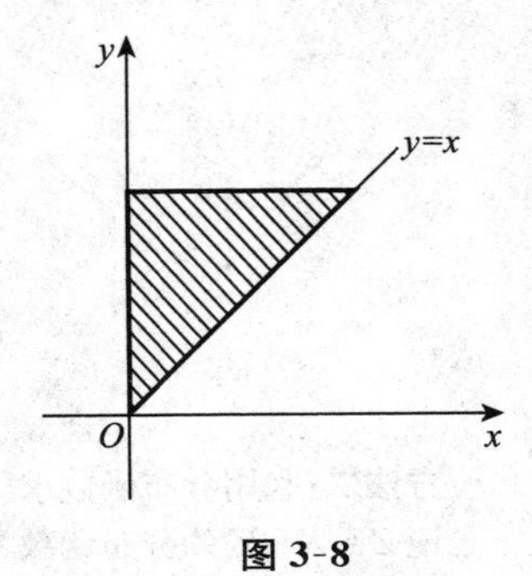

图 3-8

故 Z 的分布律为

Z	0	1
P	$\frac{\mu}{\lambda+\mu}$	$\frac{\lambda}{\lambda+\mu}$

Z 的分布函数为

$$F_Z(z)=\begin{cases}0, & z<0,\\ \frac{\mu}{\lambda+\mu}, & 0\leqslant z<1,\\ 1, & z\geqslant 1.\end{cases}$$

21. 设随机变量 (X,Y) 的概率密度为

$$f(x,y)=\begin{cases}x+y, & 0<x<1,0<y<1,\\ 0, & \text{其他}.\end{cases}$$

分别求：(1) $Z=X+Y$，(2) $Z=XY$ 的概率密度.

解：记所需求的概率密度函数为 $f_Z(z)$.

$$f(x,y)=\begin{cases}x+y, & 0<x<1,0<y<1,\\ 0, & \text{其他}.\end{cases}$$

(1) **方法一：** $Z=X+Y$ 的密度函数

$$f_Z(z)=\int_{-\infty}^{+\infty}f(x,z-x)\mathrm{d}x, \qquad ①$$

仅当被积函数 $f(x,z-x)\neq 0$ 时，$f_Z(z)\neq 0$. 我们先找出使 $f(z,z-x)\neq 0$ 的 x，z 的变化范围. 从而可确定①中积分（相对于不同 z 的值）的积分限，算出这一积分就可以了.

易知，仅当 $\begin{cases}0<x<1,\\ 0<z-x<1,\end{cases}$ 即 $\begin{cases}0<x<1,\\ z-1<x<z\end{cases}$ 时，①式的被积函数不等于零，参考图 3-9，即得

$$f_Z(z)=\int_{-\infty}^{+\infty}f(x,z-x)\mathrm{d}x=\begin{cases}\int_0^z[x+(z-x)]\mathrm{d}x, & 0<z<1,\\ \int_{z-1}^1[x+(z-x)]\mathrm{d}x, & 1\leqslant z<2,\\ 0, & \text{其他}.\end{cases}$$

即 $f_Z(z)=\begin{cases}z^2, & 0<z<1,\\ 2z-z^2, & 1\leqslant z<2,\\ 0, & \text{其他}.\end{cases}$

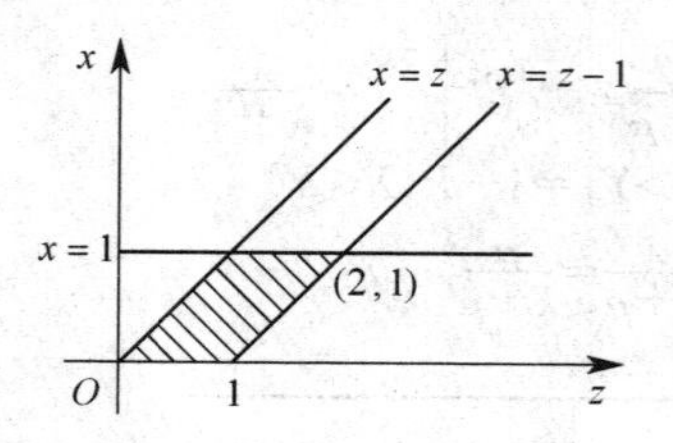

图 3-9

方法二：利用分布函数求 $f_Z(z)$.

记 $Z=X+Y$ 的分布函数为 $F_Z(z)$，见图 3-10，

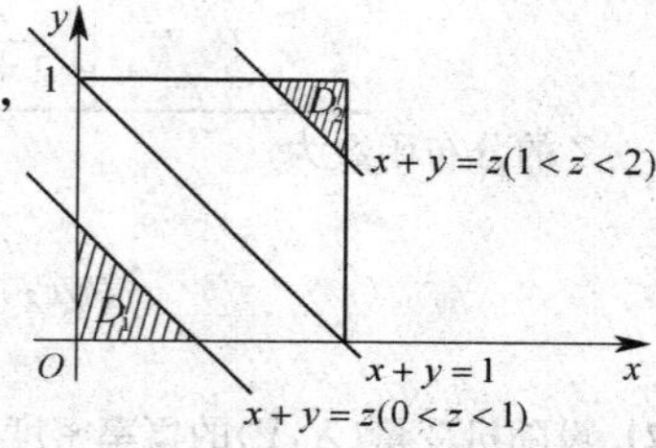

图 3-10

当 $z\leqslant 0$ 时，$F_Z(z)=0$.

当 $0<z<1$ 时，

$$\begin{aligned}F_Z(z)&=P\{Z\leqslant z\}=P\{X+Y\leqslant z\}\\&=\iint\limits_{D_1}(x+y)\mathrm{d}x\mathrm{d}y\\&=\int_0^z \mathrm{d}y\int_0^{z-y}(x+y)\mathrm{d}x\\&=\frac{1}{3}z^3.\end{aligned}$$

当 $1\leqslant z<2$ 时，因 $f(x,y)$ 只在矩形域上不等于 0，故

$$\begin{aligned}F_Z(z)&=P\{Z\leqslant z\}=1-\iint\limits_{D_2}f(x,y)\mathrm{d}x\mathrm{d}y\\&=1-\int_{z-1}^1 \mathrm{d}y\int_{z-y}^1(x+y)\mathrm{d}x=-\frac{1}{3}+z^2-\frac{1}{3}z^3.\end{aligned}$$

当 $z\geqslant 2$ 时，$F_Z(z)=1$.

故 $Z=X+Y$ 的分布函数为

$$F_Z(z)=\begin{cases}0, & z\leqslant 0,\\ \dfrac{1}{3}z^3, & 0<z<1,\\ -\dfrac{1}{3}+z^2-\dfrac{1}{3}z^3, & 1\leqslant z<2,\\ 1, & z\geqslant 2.\end{cases}$$

由此知 $Z=X+Y$ 的概率密度函数为

$$F_Z(z)=\begin{cases}z^2, & 0<z<1,\\ 2z-z^2, & 1\leqslant z<2,\\ 0, & \text{其他}.\end{cases}$$

(2)$Z=XY$ 的密度函数

$$f_Z(z)=\int_{-\infty}^{+\infty}\frac{1}{|x|}f\left(x,\frac{z}{x}\right)\mathrm{d}x.$$

易知仅当$\begin{cases}0<x<1,\\0<\dfrac{z}{x}<1,\end{cases}$即$\begin{cases}0<x<1,\\0<z<x\end{cases}$时，上述积分的被积函数不等于零，如图 3-11 所示，即得

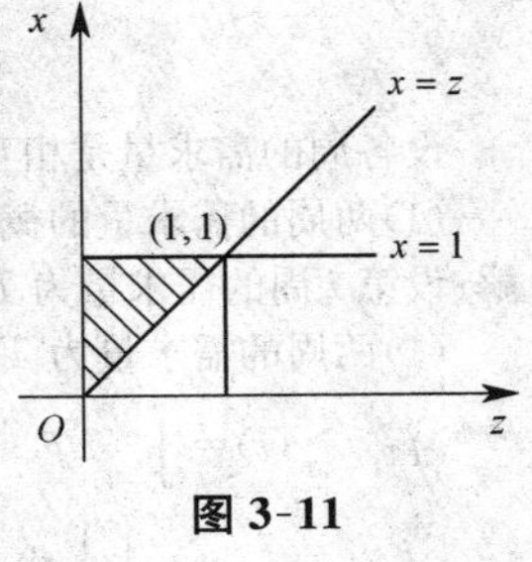

图 3-11

$$f_Z(z)=\int_{-\infty}^{+\infty}\frac{1}{|x|}f\left(x,\frac{z}{x}\right)\mathrm{d}x$$

$$=\begin{cases}\displaystyle\int_z^1\frac{1}{x}\left(x+\frac{z}{x}\right)\mathrm{d}x, & 0<z<1,\\0, & \text{其他}.\end{cases}$$

得 $f_Z(z)=\begin{cases}2(1-z), & 0<z<1,\\0, & \text{其他}.\end{cases}$

22. 设 X 和 Y 是两个相互独立的随机变量，其概率密度分别为

$$f_X(x)=\begin{cases}1, & 0\leqslant x\leqslant 1,\\0, & \text{其他},\end{cases}\quad f_Y(y)=\begin{cases}\mathrm{e}^{-y}, & y>0,\\0, & \text{其他}.\end{cases}$$

试求随机变量 $Z=X+Y$ 的概率密度.

解：由于 X 和 Y 是相互独立的，由卷积公式得 $Z=X+Y$ 的概率密度为

$$f_Z(z)=\int_{-\infty}^{+\infty}f_X(x)f_Y(z-x)\mathrm{d}x.$$

易知仅当$\begin{cases}0\leqslant x\leqslant 1,\\z-x>0,\end{cases}$即$\begin{cases}0\leqslant x\leqslant 1,\\x<z\end{cases}$时，上述积分的被积函数不为零（如图 3-12 所示）. 所以

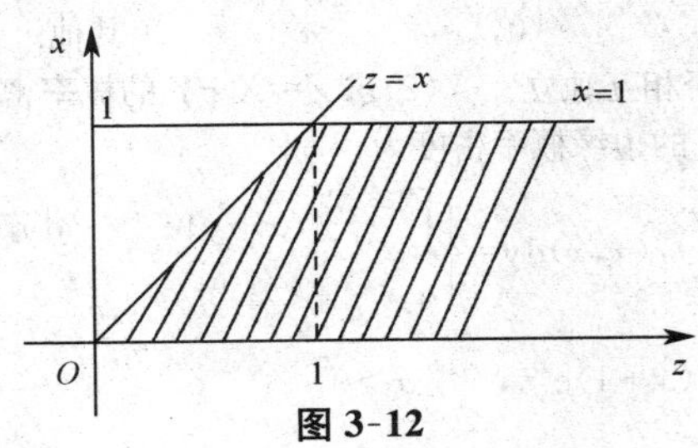

图 3-12

$$f_Z(z)=\begin{cases}\displaystyle\int_0^z f_X(x)f_Y(z-x)\mathrm{d}x, & 0<z<1,\\\displaystyle\int_0^1 f_X(x)f_Y(z-x)\mathrm{d}x, & z\geqslant 1,\\0, & \text{其他}\end{cases}=\begin{cases}\displaystyle\int_0^z \mathrm{e}^{-(z-x)}\mathrm{d}x, & 0<z<1,\\\displaystyle\int_0^1 \mathrm{e}^{-(z-x)}\mathrm{d}x, & z\geqslant 1,\\0, & \text{其他}\end{cases}$$

$$=\begin{cases}1-\mathrm{e}^{-z}, & 0<z<1,\\(\mathrm{e}-1)\mathrm{e}^{-z}, & z\geqslant 1,\\0, & \text{其他}.\end{cases}$$

23. 某种商品一周的需求量是一个随机变量，其概率密度为

$$f(t)=\begin{cases}te^{-t}, & t>0,\\ 0, & t\leqslant 0,\end{cases}$$

设各周的需求量是相互独立的，求：

(1)两周的需求量的概率密度. (2)三周的需求量的概率密度.

解：设第 i 周的需求量为 $T_i(i=1,2,3)$，由题设知它们是独立同分布的随机变量.

(1)两周的需求量为 T_1+T_2，其概率密度为

$$f_{T_1+T_2}(t)=\int_{-\infty}^{+\infty}f(u)f(t-u)\mathrm{d}u=\int_0^t ue^{-u}(t-u)e^{-(t-u)}\mathrm{d}u=\frac{t^3}{6}e^{-t}\quad(t>0),$$

即 $f_{T_1+T_2}(t)=\begin{cases}\frac{1}{6}t^3e^{-t}, & t>0,\\ 0, & t\leqslant 0.\end{cases}$

(2)三周的需求量为 $T_1+T_2+T_3$，其概率密度为

$$f_{T_1+T_2+T_3}(t)=\int_{-\infty}^{+\infty}f_{T_1+T_2}(u)f(t-u)\mathrm{d}u=\int_0^t\frac{1}{6}u^3e^{-u}(t-u)e^{-(t-u)}\mathrm{d}u$$

$$=\frac{1}{5!}t^5e^{-t}\quad(t>0),$$

即 $f_{T_1+T_2+T_3}(t)=\begin{cases}\frac{1}{5!}t^5e^{-t}, & t>0,\\ 0, & t\leqslant 0.\end{cases}$

24. 设随机变量 (X,Y) 的概率密度为

$$f(x,y)=\begin{cases}\frac{1}{2}(x+y)e^{-(x+y)}, & x>0,\ y>0,\\ 0, & \text{其他}.\end{cases}$$

(1)问 X 和 Y 是否相互独立？ (2)求 $Z=X+Y$ 的概率密度.

解：(1) (X,Y) 关于 X 的边缘概率密度为

$$f_X(x)=\int_{-\infty}^{+\infty}f(x,y)\mathrm{d}y=\begin{cases}\int_0^{+\infty}\frac{1}{2}(x+y)e^{-(x+y)}\mathrm{d}y, & x>0,\\ 0, & x\leqslant 0\end{cases}$$

$$=\begin{cases}\frac{1}{2}(x+1)e^{-x}, & x>0,\\ 0, & x\leqslant 0.\end{cases}$$

(X,Y) 关于 Y 的边缘概率密度为

$$f_Y(y)=\int_{-\infty}^{+\infty}f(x,y)\mathrm{d}x=\begin{cases}\int_0^{+\infty}\frac{1}{2}(x+y)e^{-(x+y)}\mathrm{d}x, & y>0,\\ 0, & y\leqslant 0\end{cases}$$

$$=\begin{cases}\frac{1}{2}(y+1)e^{-y}, & y>0,\\ 0, & y\leqslant 0.\end{cases}$$

而 $f_X(x)f_Y(y)=\begin{cases}\frac{1}{4}(x+1)(y+1)e^{-(x+y)}, & x>0,\ y>0,\\ 0, & \text{其他},\end{cases}$

显然 $f_X(x)f_Y(y)\neq f(x,y)$，故 X 和 Y 不独立.

(2)$Z=X+Y$ 的概率密度为

$$f_Z(z)=\int_{-\infty}^{+\infty} f(x,z-x)\mathrm{d}x,$$

若使 $f_Z(z)>0$，必有 $f(x,z-x)>0$，

则有 $\begin{cases}x>0,\\ z-x>0,\end{cases}$ 即 $\begin{cases}x>0,\\ x<z\end{cases}$ 时，被积函数不为零.

①当 $z\leqslant 0$ 时，$f_Z(z)=0$，

②当 $z>0$ 时，

$$f_Z(z)=\int_0^z \frac{1}{2}(x+z-x)\cdot \mathrm{e}^{-(x+z-x)}\mathrm{d}x=\int_0^z \frac{1}{2}z\mathrm{e}^{-z}\mathrm{d}x=\frac{1}{2}z^2\mathrm{e}^{-z}.$$

所以 $f_Z(z)=\begin{cases}\frac{1}{2}z^2\mathrm{e}^{-z}, & z>0,\\ 0, & z\leqslant 0.\end{cases}$

25. 设随机变量 X,Y 相互独立，且具有相同的分布，它们的概率密度均为

$$f(x)=\begin{cases}\mathrm{e}^{1-x}, & x>1,\\ 0, & \text{其他}.\end{cases}$$

求 $Z=X+Y$ 的概率密度.

解：由卷积公式

$$f_Z(z)=\int_{-\infty}^{+\infty} f_X(x)f_Y(z-x)\mathrm{d}x,$$

现在　$f_X(x)=\begin{cases}\mathrm{e}^{1-x}, & x>1,\\ 0, & \text{其他}.\end{cases}$

$f_Y(y)=\begin{cases}\mathrm{e}^{1-y}, & y>1,\\ 0, & \text{其他}.\end{cases}$

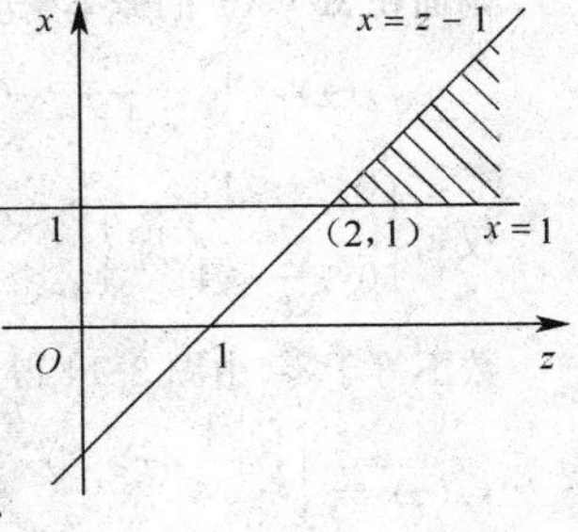

图 3-13

仅当 $\begin{cases}x>1,\\ z-x>1,\end{cases}$ 即 $\begin{cases}x>1,\\ x<z-1\end{cases}$ 时，上述积分的被积函数不等于零，由图 3-13 可得

$$f_Z(z)=\begin{cases}\int_1^{z-1}\mathrm{e}^{1-x}\mathrm{e}^{1-(z-x)}\mathrm{d}x=\int_1^{z-1}\mathrm{e}^{2-z}\mathrm{d}x, & z>2,\\ 0, & \text{其他},\end{cases}$$

得 $f_Z(z)=\begin{cases}\mathrm{e}^{2-z}(z-2), & z>2,\\ 0, & \text{其他}.\end{cases}$

26. 设随机变量 X,Y 相互独立，它们的概率密度均为

$$f(x)=\begin{cases}\mathrm{e}^{-x}, & x>0,\\ 0, & \text{其他}.\end{cases}$$

求 $Z=\frac{Y}{X}$ 的概率密度.

解：$f_X(x)=\begin{cases}e^{-x}, & x>0,\\ 0, & 其他.\end{cases}$ $\quad f_Y(y)=\begin{cases}e^{-y}, & y>0,\\ 0, & 其他.\end{cases}$

由公式 $f_Z(z)=\int_{-\infty}^{+\infty}|x|f_X(x)f_Y(xz)\mathrm{d}x$ 仅当 $\begin{cases}x>0,\\ xz>0,\end{cases}$ 即 $\begin{cases}x>0,\\ z>0\end{cases}$ 时，上述积分的被积函数不等于零，于是

当 $z>0$ 时，

$$f_Z(z)=\int_0^{+\infty}xe^{-x}e^{-xz}\mathrm{d}x=\int_0^{+\infty}xe^{-x(z+1)}\mathrm{d}x=\frac{1}{(z+1)^2}.$$

当 $z\leqslant 0$ 时，$f_Z(z)=0$，即

$$f_Z(z)=\begin{cases}\dfrac{1}{(z+1)^2}, & z>0,\\ 0, & z\leqslant 0.\end{cases}$$

27. 设随机变量 X,Y 相互独立，它们都在区间 $(0,1)$ 上服从均匀分布. A 是以 X,Y 为边长的矩形的面积，求 A 的概率密度.

解：X,Y 的概率密度分别为

$$f_X(x)=\begin{cases}1, & 0<x<1,\\ 0, & 其他,\end{cases}\qquad f_Y(y)=\begin{cases}1, & 0<y<1,\\ 0, & 其他,\end{cases}$$

则面积 $A=XY$ 的概率密度为

$$f_Z(z)=\int_{-\infty}^{+\infty}\frac{1}{|x|}f_X(x)f_Y\left(\frac{z}{x}\right)\mathrm{d}x,$$

仅当 $\begin{cases}0<x<1,\\ 0<\dfrac{z}{x}<1,\end{cases}$ 即 $\begin{cases}0<x<1,\\ x>z>0\end{cases}$ 时上述积分的被积函数不等于零，由图 3-14 得

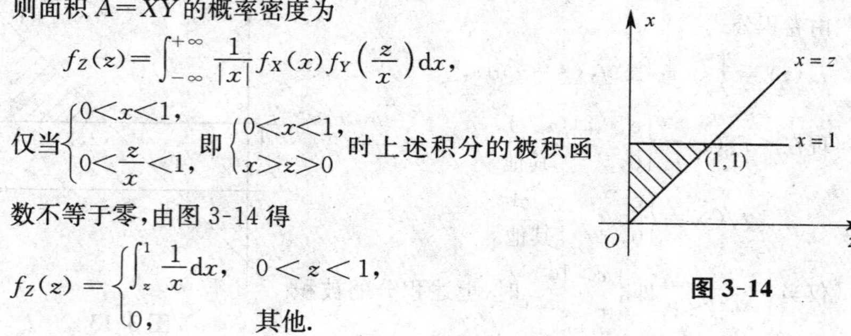

图 3-14

$$f_Z(z)=\begin{cases}\displaystyle\int_z^1\frac{1}{x}\mathrm{d}x, & 0<z<1,\\ 0, & 其他.\end{cases}$$

$$=\begin{cases}-\ln z, & 0<z<1,\\ 0, & 其他.\end{cases}$$

28. 设 X,Y 是相互独立的随机变量，它们都服从正态分布 $N(0,\sigma^2)$. 试验证随机变量 $Z=\sqrt{X^2+Y^2}$ 具有概率密度

$$f_Z(z)=\begin{cases}\dfrac{z}{\sigma^2}e^{-\frac{z^2}{2\sigma^2}}, & z\geqslant 0,\\ 0, & 其他.\end{cases}$$

我们称 Z 服从参数为 $\sigma(\sigma>0)$ 的瑞利(Rayleigh)分布.

证：由 X,Y 独立同分布有

$$f(x,y)=f_X(x)f_Y(y)=\frac{1}{\sqrt{2\pi}\,\sigma}e^{\frac{-x^2}{2\sigma^2}}\cdot\frac{1}{\sqrt{2\pi}\,\sigma}e^{\frac{-y^2}{2\sigma^2}}=\frac{1}{2\pi\sigma^2}e^{-\frac{1}{2\sigma^2}(x^2+y^2)},$$

而 $Z=\sqrt{X^2+Y^2}$，

当 $z<0$ 时，$\{Z\leqslant z\}$ 是不可能事件，$F_Z(z)=P\{Z\leqslant z\}=0$，从而 $f_Z(z)=0$，

当 $z\geqslant 0$ 时，记 $D=\{(x+y)\mid x^2+y^2\leqslant z\}$，则

$$F_Z(z)=P\{Z\leqslant z\}=P\{\sqrt{X^2+Y^2}\leqslant z\}=P\{X^2+Y^2\leqslant z^2\}$$
$$=\iint\limits_D f(x,y)\mathrm{d}x\mathrm{d}y=\iint\limits_D \frac{1}{2\pi\sigma^2}\mathrm{e}^{-\frac{1}{2\sigma^2}(x^2+y^2)}\mathrm{d}x\mathrm{d}y$$
$$=\int_0^{2\pi}\mathrm{d}\theta\int_0^z\frac{1}{2\pi\sigma^2}\mathrm{e}^{-\frac{r^2}{2\sigma^2}}\cdot r\mathrm{d}r=1-\mathrm{e}^{-\frac{z^2}{2\sigma^2}},$$

从而 $f_Z(z)=F_Z'(z)=\dfrac{z}{\sigma^2}\mathrm{e}^{\frac{-z^2}{2\sigma^2}}$. 故 $f_Z(z)=\begin{cases}\dfrac{z}{\sigma^2}\mathrm{e}^{-\frac{z^2}{2\sigma^2}}, & z\geqslant 0,\\ 0, & \text{其他}.\end{cases}$

29. 设随机变量 (X,Y) 的概率密度为

$$f(x,y)=\begin{cases}b\mathrm{e}^{-(x+y)}, & 0<x<1,\ 0<y<+\infty,\\ 0, & \text{其他}.\end{cases}$$

(1) 试确定常数 b.

(2) 求边缘概率密度 $f_X(x)$，$f_Y(y)$.

(3) 求函数 $U=\max(X,Y)$ 的分布函数.

解：(1) 由联合概率密度性质知

$$1=\int_{-\infty}^{+\infty}\int_{-\infty}^{+\infty}f(x,y)\mathrm{d}x\mathrm{d}y=\int_0^1\left[\int_0^{+\infty}b\mathrm{e}^{-(x+y)}\mathrm{d}y\right]\mathrm{d}x$$
$$=b\int_0^1\mathrm{e}^{-x}\mathrm{d}x\int_0^{+\infty}\mathrm{e}^{-y}\mathrm{d}y=(1-\mathrm{e}^{-1})b,$$

所以 $b=\dfrac{1}{1-\mathrm{e}^{-1}}=\dfrac{\mathrm{e}}{\mathrm{e}-1}$.

(2) $f_X(x)=\displaystyle\int_{-\infty}^{+\infty}f(x,y)\mathrm{d}y=\begin{cases}\displaystyle\int_0^{+\infty}\frac{1}{1-\mathrm{e}^{-1}}\mathrm{e}^{-(x+y)}\mathrm{d}y, & 0<x<1,\\ 0, & \text{其他}\end{cases}$

$$=\begin{cases}\dfrac{\mathrm{e}^{-x}}{1-\mathrm{e}^{-1}}, & 0<x<1,\\ 0, & \text{其他}.\end{cases}$$

$$f_Y(y)=\int_{-\infty}^{+\infty}f(x,y)\mathrm{d}x=\begin{cases}\displaystyle\int_0^1\frac{1}{1-\mathrm{e}^{-1}}\mathrm{e}^{-(x+y)}\mathrm{d}x, & y>0,\\ 0, & y\leqslant 0\end{cases}$$

$$=\begin{cases}\mathrm{e}^{-y}, & y>0,\\ 0, & y\leqslant 0.\end{cases}$$

(3) $U=\max(X,Y)$ 的分布函数

$$F_U(u)=P\{U\leqslant u\}=P\{X\leqslant u,Y\leqslant u\}=F(u,u)=\int_{-\infty}^{u}\int_{-\infty}^{u}f(x,y)\mathrm{d}x\mathrm{d}y$$

$$=\begin{cases}0, & u<0,\\ \int_0^u\int_0^u \frac{1}{1-e^{-1}}e^{-(x+y)}dxdy, & 0\leqslant u<1,\\ \int_0^1\int_0^u \frac{1}{1-e^{-1}}e^{-(x+y)}dxdy, & u\geqslant 1\end{cases}$$

$$=\begin{cases}0, & u<0,\\ \int_0^u \frac{1}{1-e^{-1}}e^{-x}dx\int_0^u e^{-y}dy, & 0\leqslant u<1,\\ \int_0^1 \frac{1}{1-e^{-1}}e^{-x}dx\int_0^u e^{-y}dy, & u\geqslant 1\end{cases}$$

$$=\begin{cases}0, & u<0,\\ \frac{(1-e^{-u})^2}{1-e^{-1}}, & 0\leqslant u<1,\\ 1-e^{-u}, & u\geqslant 1.\end{cases}$$

【方法点击】 本题第(3)问求 U 的分布函数时,可先利用第(2)问的结果判断出 X 与 Y 的独立性,再利用公式 $F_U(u)=F_X(u)F_Y(u)$ 求出分布函数.

30. 设某种型号的电子元件的寿命(以小时计)近似地服从正态分布 $N(160,20^2)$. 随机地选取 4 只.求其中没有一只寿命小于 180 的概率.

解:随机地取 4 只,记其寿命分别为 X_1,X_2,X_3,X_4,由题设知,它们独立同分布,且

$$X_i\sim N(160,20^2),\quad i=1,2,3,4$$

记 $X=\min(X_1,X_2,X_2,X_4)$,事件"没有一只寿命小于 180"就是$\{X\geqslant 180\}$,从而

$$P\{X\geqslant 180\}=1-P\{X<180\}=[1-F(180)]^4=\left[1-\Phi\left(\frac{180-160}{20}\right)\right]^4$$

$$=(1-0.841\ 3)^4=0.000\ 634.$$

31. 对某种电子装置的输出测量了 5 次,得到结果为 X_1,X_2,X_3,X_4,X_5. 设它们是相互独立的随机变量,都服从参数 $\sigma=2$ 的瑞利分布(其密度见 28 题).

(1)求 $Z=\max(X_1,X_2,X_3,X_4,X_5)$的分布函数.

(2)求 $P\{Z>4\}$.

解:由题设知 X_1,X_2,X_3,X_4,X_5 相互独立,且具有相同的密度函数

$$f(x)=\begin{cases}\frac{x}{4}e^{-\frac{x^2}{8}}, & x\geqslant 0,\\ 0, & x<0,\end{cases}$$

由此得到分布函数为 $F(x)=\begin{cases}1-e^{-\frac{x^2}{8}}, & x\geqslant 0,\\ 0, & x<0,\end{cases}$

(1)$Z=\max(X_1,X_2,X_3,X_4,X_5)$,

当 $z\geqslant 0$ 时,$F_Z(z)=[F(z)]^5=\left(1-e^{-\frac{z^2}{8}}\right)^5$,

即 $F_Z(z)=\begin{cases}\left(1-\mathrm{e}^{-\frac{z^2}{8}}\right)^5, & z\geqslant 0,\\ 0, & z<0.\end{cases}$

(2) $P\{Z>4\}=1-P\{Z\leqslant 4\}=1-F_Z(4)=1-(1-\mathrm{e}^{-2})^5=0.516\,7.$

32. 设随机变量 X,Y 相互独立,且服从同一分布. 试证明

$$P\{a<\min(X,Y)\leqslant b\}=[P\{X>a\}]^2-[P\{X>b\}]^2 \quad (a\leqslant b).$$

解:设 $Z=\min(X,Y)$,X,Y 服从同一分布的分布函数为 $F(\cdot)$,则 Z 的分布函数为

$$F_Z(z)=P\{\min(X,Y)\leqslant z\}=1-P\{\min(X,Y)>z\}=1-P\{X>z,Y>z\},$$

由于 X,Y 相互独立同分布,故 $F_Z(z)=1-[1-F(z)]^2$,

$$\begin{aligned}P\{a<\min(X,Y)\leqslant b\}&=F_Z(b)-F_Z(a)=1-[1-F(b)]^2-\{1-[1-F(a)]^2\}\\&=[1-F(a)]^2-[1-F(b)]^2\\&=(1-P\{X\leqslant a\})^2-(1-P\{X\leqslant b\})^2\\&=(P\{X>a\})^2-(P\{X>b\})^2.\end{aligned}$$

33. 设 X,Y 是相互独立的随机变量,其分布律分别为

$$P\{X=k\}=p(k),k=0,1,2,\cdots,\qquad P\{Y=r\}=q(r),r=0,1,2,\cdots.$$

证明随机变量 $Z=X+Y$ 的分布律为

$$P\{Z=i\}=\sum_{k=0}^{i}p(k)q(i-k),i=0,1,2\cdots.$$

证:由于 $Z=X+Y$ 的可能取值为 $0,1,2,\cdots$,且 X,Y 相互独立,它们的分布律分别为

$$P\{X=k\}=p(k),k=0,1,2,\cdots,\qquad P\{Y=r\}=q(r),r=0,1,2,\cdots,$$

故随机变量 $Z=X+Y$ 的分布律为

$$\begin{aligned}P\{Z=i\}&=\sum_{k=0}^{i}P\{X=k,X+Y=i\}=\sum_{k=0}^{i}P\{X=k,Y=i-k\}\\&=\sum_{k=0}^{i}P\{X=k\}\cdot P\{Y=i-k\}\\&=\sum_{k=0}^{i}p(k)\cdot q(i-k),i=0,1,2\cdots.\end{aligned}$$

34. 设 X,Y 是相互独立的随机变量,$X\sim\pi(\lambda_1)$, $Y\sim\pi(\lambda_2)$. 证明 $Z=X+Y\sim\pi(\lambda_1+\lambda_2)$.

证:因为 X,Y 分别服从参数 λ_1,λ_2 的泊松分布,故 X,Y 的分布律为

$$P\{X=k\}=\frac{\lambda_1^k}{k!}\mathrm{e}^{-\lambda_1},\ \lambda_1>0,\quad P\{Y=r\}=\frac{\lambda_2^r}{r!}\mathrm{e}^{-\lambda_2},\ \lambda_2>0,$$

由 33 题的结论知:$Z=X+Y$ 的分布律为

$$P\{Z=i\}=\sum_{k=0}^{i}P\{X=k\}\cdot P\{Y=i-k\}=\sum_{k=0}^{i}\frac{\lambda_1^k}{k!}e^{-\lambda_1}\cdot\frac{\lambda_2^{i-k}}{(i-k)!}e^{-\lambda_2}$$

$$=\frac{e^{-(\lambda_1+\lambda_2)}}{i!}\sum_{k=0}^{i}\frac{i!}{k!\ (i-k)!}\lambda_1^k\lambda_2^{i-k}$$

$$=\frac{e^{-(\lambda_1+\lambda_2)}}{i!}(\lambda_1+\lambda_2)^i,i=0,1,2,\cdots,$$

即 $Z=X+Y$ 服从参数为 $\lambda_1+\lambda_2$ 的泊松分布.

35. 设 X,Y 是相互独立的随机变量,$X\sim B(n_1,p)$, $Y\sim B(n_2,p)$, 证明

$$Z=X+Y\sim B(n_1+n_2,p).$$

证:Z 的可能值为 $0,1,2,\cdots,n_1+n_2$. 因为

$\{Z=i\}=\{X+Y=i\}=\{X=0,Y=i\}\cup\{X=1,Y=i-1\}\cup\cdots\cup\{X=i,Y=0\}$,

由于上述并各事件互不相容,且 X,Y 独立,则

$$P\{Z=i\}=\sum_{k=0}^{i}P\{X=k,Y=i-k\}=\sum_{k=0}^{i}P\{X=k\}P\{Y=i-k\}$$

$$=\sum_{k=0}^{i}C_{n_1}^k p^k(1-p)^{n_1-k}\cdot C_{n_2}^{i-k}p^{i-k}(1-p)^{n_2-i+k}$$

$$=p^i(1-p)^{n_1+n_2-i}\sum_{k=0}^{i}C_{n_1}^kC_{n_2}^{i-k}$$

$$=p^i(1-p)^{n_1+n_2-i}C_{n_1+n_2}^i,i=0,1,2,\cdots,n_1+n_2.$$

上述计算过程中用到了公式 $\sum_{k=0}^{i}C_{n_1}^k\cdot C_{n_2}^{i-k}=C_{n_1+n_2}^i$, 所以 $Z=X+Y\sim B(n_1+n_2,p)$,即 $Z=X+Y$ 服从参数 n_1+n_2,p 的二项分布.

36. 设随机变量(X,Y)的分布律为

Y \ X	0	1	2	3	4	5
0	0	0.01	0.03	0.05	0.07	0.09
1	0.01	0.02	0.04	0.05	0.06	0.08
2	0.01	0.03	0.05	0.05	0.05	0.06
3	0.01	0.02	0.04	0.06	0.06	0.05

(1)求 $P\{X=2|Y=2\},P\{Y=3|X=0\}$.

(2)求 $V=\max(X,Y)$的分布律.

(3)求 $U=\min(X,Y)$的分布律.

(4)求 $W=X+Y$ 的分布律.

解：(1)因为$P\{X=2|Y=2\}=\dfrac{P\{X=2,Y=2\}}{P\{Y=2\}}$，由上表可知

$$P\{X=2,Y=2\}=0.05,$$

$$P\{Y=2\}=0.01+0.03+0.05+0.05+0.05+0.06=0.25,$$

所以 $P\{X=2|Y=2\}=\dfrac{0.05}{0.25}=0.2.$

同理　　$P\{X=0,Y=3\}=0.01,$

$P\{X=0\}=0.01+0.01+0.01=0.03,$

故 $P\{Y=3|X=0\}=\dfrac{P\{X=0,Y=3\}}{P\{X=0\}}=\dfrac{0.01}{0.03}=\dfrac{1}{3}.$

(2)$P\{V=i\}=P\{\max(X,Y)=i\}=P\{X=i,Y\leqslant i\}+P\{X<i,Y=i\}$

$$=\sum_{k=0}^{i}P\{X=i,Y=k\}+\sum_{k=0}^{i-1}P\{X=k,Y=i\},\ i=1,2,\cdots,5,$$

由此 $P\{V=0\}=P\{X=0,Y=0\}=0,$

$P\{V=1\}=P\{X=1,Y=0\}+P\{X=1,Y=1\}+P\{X=0,Y=1\}=0.04.$

$P\{V=2\}=0.16,\quad P\{V=3\}=0.28,\quad P\{V=4\}=0.24,\quad P\{V=5\}=0.28.$

因此

V	0	1	2	3	4	5
P	0	0.04	0.16	0.28	0.24	0.28

(3)$P\{U=i\}=P\{\min(X,Y)=i\}=P\{X=i,Y\geqslant i\}+P\{X>i,Y=i\}$

$$=\sum_{k=i}^{3}P\{X=i,Y=k\}+\sum_{k=i+1}^{5}P\{X=k,Y=i\},i=0,1,2,3.$$

$$P\{U=0\}=\sum_{k=0}^{3}P\{X=0,Y=k\}+\sum_{k=1}^{5}P\{X=k,Y=0\}=0.28,$$

$$P\{U=1\}=\sum_{k=1}^{3}P\{X=1,Y=k\}+\sum_{k=2}^{5}P\{X=k,Y=1\}=0.30,$$

$$P\{U=2\}=\sum_{k=2}^{3}P\{X=2,Y=k\}+\sum_{k=3}^{5}P\{X=k,Y=2\}=0.25,$$

$$P\{U=3\}=P\{X=3,Y=3\}+\sum_{k=4}^{5}P\{X=k,Y=3\}=0.17.$$

因此，

U	0	1	2	3
P	0.28	0.30	0.25	0.17

(4) $P\{W=0\}=P\{X+Y=0\}=P\{X=0,Y=0\}=0,$

$$P\{W=1\}=P\{X+Y=1\}=P\{X=1,Y=0\}+P\{X=0,Y=1\}=0.02,$$

$$P\{W=2\}=\sum_{k=0}^{2}P\{X=2-k,Y=k\}=0.06,$$

$$P\{W=3\}=P\{X=3,Y=0\}+P\{X=2,Y=1\}+P\{X=1,Y=2\}+P\{X=0,Y=3\}=0.13,$$

$$P\{W=4\}=\sum_{k=0}^{3}P\{X=4-k,Y=k\}=0.19,$$

$$P\{W=5\}=\sum_{k=0}^{3}P\{X=5-k,Y=k\}=0.24,$$

$$P\{W=6\}=\sum_{k=1}^{3}P\{X=6-k,Y=k\}=0.19,$$

$$P\{W=7\}=P\{X=5,Y=2\}+P\{X=4,Y=3\}=0.12,$$

$$P\{W=8\}=P\{X=5,Y=3\}=0.05.$$

因此,

W	0	1	2	3	4	5	6	7	8
P	0	0.02	0.06	0.13	0.19	0.24	0.19	0.12	0.05

第四章　随机变量的数字特征

1. (1)在下列句子中随机地取一单词,以 X 表示取到的单词所包含的字母个数,写出 X 的分布律并求 $E(X)$.

"THE GIRL PUT ON HER BEAUTIFUL RED HAT".

(2)在上述句子的 30 个字母中随机地取一字母,以 Y 表示取到的字母所在的单词所包含的字母数,写出 Y 的分布律并求 $E(Y)$.

(3)一人掷骰子,如得 6 点则掷第 2 次,此时得分为 6+第 2 次得到的点数;否则得分为他每一次掷得的点数,且不能再掷,求得分 X 的分布律及 $E(X)$.

解:(1)句子中共有 8 个单词,在句子中随机取一单词共 8 种取法,而句子所含单词所包括的字母数分别是 2,3,4,9,这四个数即为 X 的取值,而字母数为 2 的只有一个单词,字母数为 3 的有 5 个单词,字母数为 4 和 9 的分别有一个单词,故 X 的分布律为

X	2	3	4	9
P	$\frac{1}{8}$	$\frac{5}{8}$	$\frac{1}{8}$	$\frac{1}{8}$

$$E(X)=2\times\frac{1}{8}+3\times\frac{5}{8}+4\times\frac{1}{8}+9\times\frac{1}{8}=\frac{15}{4}.$$

(2)因 Y 表示取到的字母所在的单词所包含的字母数，故 Y 的取值仍为 2,3,4,9. 在句子的 30 个字母中任取一字母，共有 30 种取法. 字母数为 2 的单词有一个，两个字母有两种取法；字母数为 3 的单词有 5 个，包含了 15 个字母；字母数为 4 和 9 的单词分别有一个，分别包含 4 和 9 个字母，从而

X	2	3	4	9
P	$\frac{2}{30}$	$\frac{15}{30}$	$\frac{4}{30}$	$\frac{9}{30}$

$$E(Y)=2\times\frac{2}{30}+3\times\frac{15}{30}+4\times\frac{4}{30}+9\times\frac{9}{30}=\frac{73}{15}.$$

(3)X 的分布律为

X	1	2	3	4	5	7	8	9	10	11	12
P	$\frac{1}{6}$	$\frac{1}{6}$	$\frac{1}{6}$	$\frac{1}{6}$	$\frac{1}{6}$	$\frac{1}{36}$	$\frac{1}{36}$	$\frac{1}{36}$	$\frac{1}{36}$	$\frac{1}{36}$	$\frac{1}{36}$

$$E(X)=1\times\frac{1}{6}+2\times\frac{1}{6}+3\times\frac{1}{6}+4\times\frac{1}{6}+5\times\frac{1}{6}+7\times\frac{1}{36}+8\times\frac{1}{36}+$$
$$9\times\frac{1}{36}+10\times\frac{1}{36}+11\times\frac{1}{36}+12\times\frac{1}{36}=\frac{49}{12}.$$

2. 某产品的次品率为 0.1，检验员每天检验 4 次. 每次随机地取 10 件产品进行检验，如发现其中的次品数多于 1，就去调整设备. 以 X 表示一天中调整设备的次数，试求 $E(X)$.（设诸产品是否为次品是相互独立的）

解：记随机地取 10 件产品，其中的次品数为 Y，则 $Y\sim B(10,0.1)$. 则不必调整设备的概率为 $p=P\{Y=0\}+P\{Y=1\}=(0.9)^{10}+C_{10}^{1}(0.9)^{9}\times0.1=0.736\ 1$，

从而需调整设备的概率为 $1-0.736\ 1=0.263\ 9$，$X\sim B(4,0.263\ 9)$，由二项分布的期望结论，可得 $E(X)=np=1.055\ 6$.

3. 有 3 只球，4 只盒子的编号为 1,2,3,4. 将球逐个独立地、随机地放入 4 只盒子中去，以 X 表示其中至少有一只球的盒子的最小号码（例如 $X=3$ 表示第 1 号，第 2 号盒子是空的，第 3 号盒子至少有一只球），试求 $E(X)$.

解：X 的可能取值为：1,2,3,4. 若 $X=1$，则 1 号盒中至少有一球，而 3 只球放到 4

只盒子中共有 4^3 种放法，故 $P\{X=1\}=\frac{4^4-3^3}{4^3}=\frac{37}{64}$；

若 $X=2$，则 2 号盒子至少有一球，1 号盒是空的，故 $P\{X=2\}=\frac{3^3-2^3}{4^3}=\frac{19}{64}$；

若 $X=3$，则 3 号盒中至少有一球，1，2 号盒子是空的，故 $P\{X=3\}=\frac{2^3-1}{4^3}=\frac{7}{64}$；

若 $X=4$，则 1，2，3 号盒子是空的，4 号中有 3 只球，故 $P\{X=4\}=\frac{1}{4^3}=\frac{1}{64}$；

$$\begin{aligned}E(X)&=1\times P\{X=1\}+2\times P\{X=2\}+3\times P\{X=3\}+4\times P\{X=4\}\\&=\frac{(4^3-3^3)+2\times(3^3-2^3)+3\times(2^3-1)+4}{4^3}=\frac{25}{16}.\end{aligned}$$

4. (1)设随机变量 X 的分布律 $P\left\{X=(-1)^{j+1}\cdot\frac{3^j}{j}\right\}=\frac{2}{3^j}$，$j=1,2,\cdots$，说明 X 的数学期望不存在.

(2)一盒中装有一只黑球，一只白球，作摸球游戏，规则如下：一次从盒中随机摸一只球，若摸到白球，则游戏结束；若摸到黑球放回再放入一只黑球，然后再从盒中随机地摸一只球. 试说明要游戏结束的摸球次数 X 的数学期望不存在.

解：(1)由于 $\sum\limits_{j=1}^{\infty}|x_ip_i|\sum\limits_{j=1}^{\infty}\left|(-1)^{j+1}\cdot\frac{3^j}{j}\cdot\frac{2}{3^j}\right|=\sum\limits_{j=1}^{\infty}\frac{2}{j}$不收敛，由数学期望的定义可知，$X$ 的数学期望不存在.

(2)以 A_k 表示事件“第 k 次摸球摸到黑球”，以 $\overline{A}_k$ 表示事件“第 k 次摸球摸到白球”，以 C_k 表示事件“游戏在第 k 次摸球时结束”，$k=1,2,\cdots$. 按题意

$$C_k=A_1A_2\cdots A_{k-1}\overline{A}_k,$$

$$P(C_k)=P(\overline{A}_k|A_1A_2\cdots A_{k-1})P(A_{k-1}|A_1A_2\cdots A_{k-2})\cdots P(A_2|A_1)P(A_1).$$

$$P\{X=1\}=P(\overline{A}_1)=\frac{1}{2},$$

$$P\{X=2\}=P\{(A_1\overline{A}_2)\}=P(\overline{A}_2|A_1)P(A_1)=\frac{1}{3}\times\frac{1}{2},$$

$$\begin{aligned}P\{X=3\}&=P(A_1A_2\overline{A}_3)=P(\overline{A}_3|A_1A_2)P(A_2|A_1)P(A_1)\\&=\frac{1}{4}\times\frac{2}{3}\times\frac{1}{2}=\frac{1}{4}\times\frac{1}{3},\end{aligned}$$

$X=k$ 时，盒中共 $k+1$ 只球，其中只有一只是白球，故

$$\begin{aligned}P\{X=k\}&=P(A_1\cdots A_{k-1}\overline{A}_k)=P(\overline{A}_k|A_1A_2\cdots A_{k-1})P(A_{k-1}|A_1A_2\cdots A_{k-2})\cdots P(A_2|A_1)P(A_1)\\&=\frac{1}{k+1}\cdot\frac{k-1}{k}\cdot\frac{k-2}{k-1}\cdot\cdots\cdot\frac{2}{3}\cdot\frac{1}{2}=\frac{1}{k+1}\cdot\frac{1}{k}.\end{aligned}$$

若 $E(X)$存在，则它应等于 $\sum\limits_{k=1}^{\infty}kP\{X=k\}$. 但

$$\sum_{k=1}^{\infty}kP\{X=k\}=\sum_{k=1}^{\infty}k\cdot\frac{1}{k+1}\cdot\frac{1}{k}=\sum_{k=1}^{\infty}\frac{1}{k+1}=\infty,$$

故 X 的数学期望不存在.

5. 设在某一规定的时间间隔里,某电气设备用于最大负荷的时间 X(以 min 计)是一个随机变量,其概率密度为

$$f(x)=\begin{cases}\frac{1}{(1\,500)^2}x, & 0\leqslant x\leqslant 1\,500,\\ \frac{-1}{(1\,500)^2}(x-3\,000), & 1\,500<x\leqslant 3\,000,\\ 0, & \text{其他},\end{cases}$$

求 $E(X)$.

解:$E(X)=\int_{-\infty}^{+\infty}xf(x)\mathrm{d}x=\int_{0}^{1\,500}\frac{x^2}{1\,500^2}\mathrm{d}x+\int_{1\,500}^{3\,000}\frac{-x}{1\,500^2}(x-3\,000)\mathrm{d}x=1\,500.$

6. (1)设随机变量 X 的分布律为

X	-2	0	2
P	0.4	0.3	0.3

求:$E(X)$, $E(X^2)$, $E(3X^2+5)$.

(2)设 $X\sim\pi(\lambda)$,求 $E\left(\frac{1}{x+1}\right)$.

解:$E(X)=(-2)\times0.4+0\times0.3+2\times0.3=-0.2$,

$E(X^2)=(-2)^2\times0.4+0^2\times0.3+2^2\times0.3=2.8$,

$E(3X^2+5)=[3\times(-2)^2+5]\times0.4+[3\times0^2+5]\times0.3+[3\times2^2+5]\times0.3=13.4$,

或由期望的性质

$$E(3X^2+5)=3E(X^2)+5=3\times2.8+5=13.4.$$

(2)因 $X\sim\pi(\lambda)$,故 $P\{X=k\}=\frac{\lambda^k\mathrm{e}^{-\lambda}}{k!}$.

$$\begin{aligned}E\left(\frac{1}{x+1}\right)&=\sum_{k=0}^{+\infty}\frac{1}{k+1}P\{X=k\}=\sum_{k=0}^{+\infty}\frac{1}{k+1}\frac{\lambda^k\mathrm{e}^{-\lambda}}{k!}=\sum_{k=0}^{+\infty}\frac{\lambda^k\mathrm{e}^{-\lambda}}{(k+1)!}\\&=\frac{\mathrm{e}^{-\lambda}}{\lambda}\sum_{k=0}^{+\infty}\frac{\lambda^{k+1}}{(k+1)!}=\frac{\mathrm{e}^{-\lambda}}{\lambda}\left(\sum_{j=1}^{+\infty}\frac{\lambda^j}{j!}\right)=\frac{\mathrm{e}^{-\lambda}}{\lambda}\left(\sum_{j=0}^{+\infty}\frac{\lambda^j}{j!}-1\right)\\&=\frac{\mathrm{e}^{-\lambda}}{\lambda}(\mathrm{e}^{\lambda}-1)=\frac{1}{\lambda}(1-\mathrm{e}^{-\lambda}).\end{aligned}$$

7. (1)设随机变量 X 的概率密度为

$$f(x)=\begin{cases}\mathrm{e}^{-x}, & x>0,\\ 0, & x\leqslant 0.\end{cases}$$

求:(1)(ⅰ)$Y=2X$ 的数学期望. (ⅱ)$Y=\mathrm{e}^{-2X}$ 的数学期望.

(2)设随机变量 $X_1,X_2,\cdots,X_n$ 相互独立,且都服从(0,1)上的均匀分布,

(ⅰ)求 $U=\max\{X_1,X_2,\cdots,X_n\}$ 的数学期望.

(ⅱ)求 $V=\min\{X_1,X_2,\cdots,X_n\}$ 的数学期望.

解:(1)(ⅰ)$E(Y)=E(2X)=\int_{-\infty}^{+\infty}2xf(x)\mathrm{d}x=\int_{0}^{+\infty}2x\mathrm{e}^{-x}\mathrm{d}x=2.$

(ⅱ) $E(Y)=E(\mathrm{e}^{-2X})=\int_{-\infty}^{+\infty}\mathrm{e}^{-2x}f(x)\mathrm{d}x=\int_{0}^{+\infty}\mathrm{e}^{-3x}\mathrm{d}x=\frac{1}{3}$.

(2)因 $X_i\sim U(0,1)$, $i=1,2,\cdots,n$, X_i 的分布函数为 $F(x)=\begin{cases}0, & x<0,\\ x, & 0\leqslant x<1,\\ 1, & x\geqslant 1.\end{cases}$

因 $X_1,X_2,\cdots,X_n$ 相互独立,故 $U=\max\{X_1,X_2,\cdots,X_n\}$ 的分布函数为

$$F_U(u)=\begin{cases}0, & u<0,\\ u^n, & 0\leqslant u<1,\\ 1, & u\geqslant 1.\end{cases}$$

U 的概率密度为 $f_U(u)=\begin{cases}nu^{n-1}, & 0<u<1,\\ 0, & \text{其他}.\end{cases}$ 则

$$E(U)=\int_{-\infty}^{+\infty}uf_U(u)\mathrm{d}u=\int_0^1 u\cdot nu^{n-1}\mathrm{d}u=n\int_0^1 u^n\mathrm{d}u=\frac{n}{n+1}.$$

$V=\min\{X_1,X_2,\cdots,X_n\}$ 的分布函数为

$$F_V(v)=\begin{cases}0, & v<0,\\ 1-(1-v)^n, & 0\leqslant v<1,\\ 1, & v\geqslant 1.\end{cases}$$

V 的概率密度为

$$f_V(v)=\begin{cases}n(1-v)^{n-1}, & 0<v<1,\\ 0, & \text{其他}.\end{cases}$$

$$E(V)=\int_{-\infty}^{+\infty}vf_V(v)\mathrm{d}v=\int_0^1 vn(1-v)^{n-1}\mathrm{d}v=-\frac{(1-v)^{n+1}}{n+1}\Bigg|_0^1=\frac{1}{n+1}.$$

8. 设 (X,Y) 的分布律为

Y \ X	1	2	3
−1	0.2	0.1	0
0	0.1	0	0.3
1	0.1	0.1	0.1

(1)求 $E(X)$, $E(Y)$. (2)设 $Z=\frac{Y}{X}$,求 $E(Z)$. (3)设 $Z=(X-Y)^2$,求 $E(Z)$.

解:(1)由分布律得 X 和 Y 的边缘分布分别为

X	1	2	3
P	0.4	0.2	0.4

Y	−1	0	1
P	0.3	0.4	0.3

从而

$$E(X)=1\times 0.4+2\times 0.2+3\times 0.4=2,$$
$$E(Y)=-1\times 0.3+0\times 0.4+1\times 0.3=0.$$

(2) $Z=\frac{Y}{X}$ 的分布律为

Z	-1	$-\frac{1}{2}$	$-\frac{1}{3}$	0	1	$\frac{1}{2}$	$\frac{1}{3}$
P	0.2	0.1	0	0.4	0.1	0.1	0.1

$$E(Z)=(-1)\times0.2-\frac{1}{2}\times0.1-\frac{1}{3}\times0+0\times0.4+1\times0.1+\frac{1}{2}\times0.1+\frac{1}{3}\times0.1=-\frac{1}{15}.$$

(3)$Z=(X-Y)^2$ 的分布律为

Z	0	1	4	9	16
(X,Y)	(1,1)	(1,0),(2,1)	(1,−1),(2,0),(3,1)	(2,−1),(3,0)	(3,−1)
P	0.1	0.1+0.1	0.2+0.1	0.1+0.3	0

从而 $E(Z)=0\times0.1+1\times0.2+4\times0.3+9\times0.4+16\times0=5$.

【方法点击】 第(2)问、第(3)问可以直接利用

$$E(Z)=E[g(X,Y)]=\sum_i\sum_j g(x_i,y_j)p_{ij}$$

计算,更为简洁.

9. (1)设(X,Y)的概率密度为 $f(x,y)=\begin{cases}12y^2, & 0\leqslant y\leqslant x\leqslant1,\\ 0, & 其他.\end{cases}$

求 $E(X)$, $E(Y)$, $E(XY)$, $E(X^2+Y^2)$.

(2)设随机变量 X,Y 的联合密度为 $f(x,y)=\begin{cases}\frac{1}{y}e^{-\left(y+\frac{x}{y}\right)}, & x>0,y>0,\\ 0, & 其他,\end{cases}$

求 $E(X)$,$E(Y)$,$E(XY)$.

解:(1)X 的概率密度为

$$f_X(x)=\begin{cases}\int_0^x 12y^2\,dy=4x^3, & 0\leqslant x\leqslant1,\\ 0, & 其他.\end{cases}$$

Y 的概率密度为

$$f_Y(y)=\begin{cases}12y^2(1-y), & 0\leqslant y\leqslant1,\\ 0, & 其他.\end{cases}$$

$$E(X)=\int_{-\infty}^{+\infty}xf_X(x)dx=\int_0^1 x\cdot4x^3dx=\int_0^1 4x^4dx=\frac{4}{5},$$

$$E(Y)=\int_{-\infty}^{+\infty}yf_Y(y)dy=\int_0^1 y\cdot12y^2(1-y)dy=\int_0^1 12y^3(1-y)dy=\frac{3}{5},$$

$$E(XY)=\int_{-\infty}^{+\infty}\int_{-\infty}^{+\infty}xyf(x,y)dxdy=\int_0^1\int_0^x xy\cdot12y^2dydx=\int_0^1 3x^5dx=\frac{1}{2},$$

$$\begin{aligned}E(X^2+Y^2)&=\int_{-\infty}^{+\infty}\int_{-\infty}^{+\infty}(x^2+y^2)f(x,y)dxdy\\&=\int_0^1\int_0^x(x^2+y^2)\cdot12y^2dydx\\&=\int_0^1\frac{32}{5}x^5dx=\frac{32}{5}\times\frac{1}{6}=\frac{16}{15}.\end{aligned}$$

(2) $E(X)=\int_{-\infty}^{+\infty}\int_{-\infty}^{+\infty} xf(x,y)\mathrm{d}x\mathrm{d}y=\int_{0}^{+\infty}\int_{0}^{+\infty} \frac{x}{y}\mathrm{e}^{-\left(y+\frac{x}{y}\right)}\mathrm{d}x\mathrm{d}y$

$$=-\int_{0}^{+\infty}\mathrm{e}^{-y}\left[\int_{0}^{+\infty} x\mathrm{e}^{-\frac{x}{y}}\mathrm{d}\left(\frac{-x}{y}\right)\right]\mathrm{d}y$$

$$=-\int_{0}^{+\infty}\mathrm{e}^{-y}\left(x\mathrm{e}^{-\frac{x}{y}}\Big|_{0}^{\infty}-\int_{0}^{+\infty}\mathrm{e}^{-\frac{x}{y}}\mathrm{d}x\right)\mathrm{d}y$$

$$=\int_{0}^{+\infty}\mathrm{e}^{-y}y\mathrm{d}y=1.$$

$$E(Y)=\int_{0}^{+\infty}\int_{0}^{+\infty}\mathrm{e}^{-\left(y+\frac{x}{y}\right)}\mathrm{d}x\mathrm{d}y=\int_{0}^{+\infty}\mathrm{e}^{-y}\int_{0}^{+\infty}\mathrm{e}^{-\frac{x}{y}}\mathrm{d}x\mathrm{d}y$$

$$=-\int_{0}^{+\infty}\mathrm{e}^{-y}\left(-y\mathrm{e}^{-\frac{x}{y}}\right)\Big|_{0}^{+\infty}\mathrm{d}y=\int_{0}^{+\infty}\mathrm{e}^{-y}y\mathrm{d}y=1.$$

$$E(XY)=\int_{-\infty}^{+\infty}\int_{-\infty}^{+\infty} xyf(x,y)\mathrm{d}x\mathrm{d}y=\int_{0}^{+\infty}\int_{0}^{+\infty} x\mathrm{e}^{-\left(y+\frac{x}{y}\right)}\mathrm{d}x\mathrm{d}y$$

$$=\int_{0}^{+\infty}\mathrm{e}^{-y}\left(\int_{0}^{+\infty} x\mathrm{e}^{-\frac{x}{y}}\mathrm{d}x\right)\mathrm{d}y.$$

而 $\int_{0}^{+\infty} x\mathrm{e}^{-\frac{x}{y}}\mathrm{d}x=-y\int_{0}^{+\infty} x\mathrm{e}^{-\frac{x}{y}}\mathrm{d}\left(-\frac{x}{y}\right)=y^2$,

故 $E(XY)=\int_{0}^{+\infty} y^2\mathrm{e}^{-y}\mathrm{d}y=2.$

10. (1)设随机变量 $X\sim N(0,1)$,$Y\sim N(0,1)$且 X,Y 相互独立,求 $E\left(\frac{X^2}{X^2+Y^2}\right)$.

(2)一飞机进行空投物资作业,设目标点为原点 $O(0,0)$,物资着陆点为(X,Y),X,Y 相互独立,且设 $X\sim N(0,\sigma^2)$,$Y\sim N(0,\sigma^2)$,求原点到点(X,Y)间距离的数学期望.

解:(1)由对称性知

$$E\left(\frac{X^2}{X^2+Y^2}\right)=E\left(\frac{Y^2}{X^2+Y^2}\right).$$

而
$$E\left(\frac{X^2}{X^2+Y^2}\right)+E\left(\frac{Y^2}{X^2+Y^2}\right)=E(1)=1,$$

故 $E\left(\frac{X^2}{X^2+Y^2}\right)=\frac{1}{2}$.

(2)记原点到点(X,Y)的距离为 R,$R=\sqrt{X^2+Y^2}$,由题设知(X,Y)的密度函数为

$$f(x,y)=\frac{1}{\sqrt{2\pi}\sigma}\mathrm{e}^{-\frac{x^2}{2\sigma^2}}\cdot\frac{1}{\sqrt{2\pi}\sigma}\mathrm{e}^{-\frac{y^2}{2\sigma^2}}=\frac{1}{2\pi\sigma^2}\mathrm{e}^{-\frac{x^2+y^2}{2\sigma^2}},-\infty<x<+\infty,-\infty<y<+\infty.$$

$$E(R)=E(\sqrt{X^2+Y^2})=\int_{-\infty}^{+\infty}\int_{-\infty}^{+\infty}\sqrt{x^2+y^2}\frac{1}{2\pi\sigma^2}\mathrm{e}^{-\frac{x^2+y^2}{2\sigma^2}}\mathrm{d}x\mathrm{d}y.$$

采用极坐标

$$E(R)=\int_0^{2\pi}\mathrm{d}\theta\int_0^{+\infty}\frac{r}{2\pi\sigma^2}\mathrm{e}^{-\frac{r^2}{2\sigma^2}}r\mathrm{d}r=2\pi\int_0^{+\infty}\frac{r^2}{2\pi\sigma^2}\mathrm{e}^{-\frac{r^2}{2\sigma^2}}\mathrm{d}r$$

$$=\frac{1}{\sigma^2}\int_0^{+\infty}r^2\mathrm{e}^{-\frac{r^2}{2\sigma^2}}\mathrm{d}r=-\int_0^{+\infty}r\mathrm{d}\left(\mathrm{e}^{-\frac{r^2}{2\sigma^2}}\right)$$

$$=-r\mathrm{e}^{-\frac{r^2}{2\sigma^2}}\Big|_0^{+\infty}+\int_0^{+\infty}\mathrm{e}^{-\frac{r^2}{2\sigma^2}}\mathrm{d}r=\frac{1}{2}\int_{-\infty}^{+\infty}\mathrm{e}^{-\frac{r^2}{2\sigma^2}}\mathrm{d}r$$

$$=\frac{1}{2}\left(\frac{1}{\sqrt{2\pi}\sigma}\int_{-\infty}^{+\infty}\mathrm{e}^{-\frac{r^2}{2\sigma^2}}\mathrm{d}r\right)\sqrt{2\pi}\sigma=\frac{1}{2}\times1\times\sqrt{2\pi}\sigma=\sigma\sqrt{\frac{\pi}{2}}.$$

11. 一工厂生产的某种设备的寿命 X(以年计)服从指数分布,概率密度为

$$f(x)=\begin{cases}\frac{1}{4}\mathrm{e}^{-\frac{x}{4}}, & x>0,\\ 0, & x\leqslant0.\end{cases}$$

工厂规定,出售的设备若在一年之内损坏可予以调换.若工厂售出一台设备赢利 100 元,调换一台设备厂方需花费 300 元.试求厂方出售一台设备净赢利的数学期望.

解:出售的设备在售出一年之内调换的概率为

$$p_1=P\{X\leqslant1\}=\int_0^1 f(x)\mathrm{d}x=\int_0^1\frac{1}{4}\mathrm{e}^{-\frac{x}{4}}\mathrm{d}x=1-\mathrm{e}^{-\frac{1}{4}},$$

不需调换的概率为 $p_2=1-p_1=\mathrm{e}^{-\frac{1}{4}}$.

记 Y 为工厂出售一台设备的净赢利,则 Y 的分布律为

Y	100	-200
P	$\mathrm{e}^{-\frac{1}{4}}$	$1-\mathrm{e}^{-\frac{1}{4}}$

从而厂方出售一台设备净赢利的数学期望

$$E(Y)=100\mathrm{e}^{-\frac{1}{4}}-200(1-\mathrm{e}^{-\frac{1}{4}})=33.64.$$

12. 某车间生产的圆盘,其直径在区间 (a,b) 服从均匀分布,试求圆盘面积的数学期望.

解:假设圆盘直径为 X,则其概率密度为 $f(x)=\begin{cases}\frac{1}{b-a}, & a<x<b,\\ 0, & \text{其他}.\end{cases}$

圆盘的面积为 $S=\pi\left(\frac{X}{2}\right)^2=\frac{\pi}{4}X^2$,从而

$$E(S)=\int_{-\infty}^{+\infty}\frac{\pi}{4}x^2f(x)\mathrm{d}x=\int_a^b\frac{\pi}{4}x^2\cdot\frac{1}{b-a}\mathrm{d}x=\frac{\pi}{12}(a^2+ab+b^2).$$

13. 设电压(以 V 计)$X\sim N(0,9)$,将电压施加于一检波器,其输出电压为 $Y=5X^2$,求输出电压的均值.

解:由 $X\sim N(0,9)$,知 $E(X)=0$, $D(X)=9$,又 $Y=5X^2$,

故 $E(Y)=E(5X^2)=5E(X^2)=5\{DX+[E(X)]^2\}=5\times(9+0)=45$.

14. 设随机变量 X_1，X_2 的概率密度分别为

$$f_1(x)=\begin{cases}2e^{-2x}, & x>0,\\0, & x\leqslant 0,\end{cases}\qquad f_2(x)=\begin{cases}4e^{-4x}, & x>0,\\0, & x\leqslant 0.\end{cases}$$

(1)求 $E(X_1+X_2)$，$E(2X_1-3X_2^2)$.

(2)又设 X_1，X_2 相互独立,求 $E(X_1X_2)$.

解:(1)$E(X_1)=\int_{-\infty}^{+\infty}x\cdot f_1(x)dx=\int_0^{+\infty}2xe^{-2x}dx=xe^{-2x}\Big|_0^{+\infty}+\int_0^{+\infty}e^{-2x}dx=\frac{1}{2}$，

$$E(X_2)=\int_{-\infty}^{+\infty}x\cdot f_2(x)dx=\int_0^{+\infty}4xe^{-4x}dx=-xe^{-4x}\Big|_0^{+\infty}+\int_0^{+\infty}e^{-4x}dx=\frac{1}{4},$$

$$E(X_2^2)=\int_{-\infty}^{+\infty}x^2\cdot f_2(x)dx=\int_0^{+\infty}4x^2e^{-4x}dx=-x^2e^{-4x}\Big|_0^{+\infty}+\int_0^{+\infty}2xe^{-4x}dx$$

$$=-\frac{1}{2}xe^{-4x}\Big|_0^{+\infty}+\int_0^{+\infty}\frac{1}{2}e^{-4x}dx=\frac{1}{8},$$

所以

$$E(X_1+X_2)=E(X_1)+E(X_2)=\frac{1}{2}+\frac{1}{4}=\frac{3}{4},$$

$$E(2X_1-3X_2^2)=2E(X_1)-3E(X_2^2)=2\times\frac{1}{2}-3\times\frac{1}{8}=\frac{5}{8}.$$

(2)由 X_1，X_2 相互独立,则 $E(X_1X_2)=E(X_1)E(X_2)=\frac{1}{2}\times\frac{1}{4}=\frac{1}{8}$.

15. 将 n 只球(1～n 号)随机地放进 n 只盒子(1～n 号)中去,一只盒子装一只球.若一只球装入与球同号的盒子中,称为一个配对,记 X 为总的配对数,求 $E(X)$.

解:引进随机变量

$$X_i=\begin{cases}1, & \text{第 } i \text{ 号球恰装入第 } i \text{ 号盒子},\\0, & \text{第 } i \text{ 号球不是装入第 } i \text{ 号盒子},\end{cases}\qquad i=1,2,\cdots,n.$$

则 $X=\sum\limits_{i=1}^{n}X_i$，$E(X)=\sum\limits_{i=1}^{n}E(X_i)$，而 X_i 显然服从(0−1)分布,

$$P(X_i=1)=\frac{1}{n},P\{X_i=0\}=\frac{n-1}{n},E(X_i)=1\times\frac{1}{n}=\frac{1}{n},$$

从而 $E(X)=\sum\limits_{i=1}^{n}\frac{1}{n}=1$.

16. 若有 n 把看上去样子相同的钥匙,其中只有一把能打开门上的锁,用它们去试开门上的锁,设取到每只钥匙是等可能的,若每把钥匙试开一次后除去,试用下面两种方法求试开次数 X 的期望:

(1)写出 X 的分布律.

(2)不写出 X 的分布律.

解:(1)因为是不重复抽样,而取到每只钥匙是等可能的,故试开次数 X 的分布律为

X	1	2	…	i	…	n
P	$\frac{1}{n}$	$\frac{1}{n}$	…	$\frac{1}{n}$	…	$\frac{1}{n}$

从而 $E(X)=\frac{1}{n}+\frac{2}{n}+\cdots+\frac{i}{n}+\cdots+\frac{n}{n}=\frac{1}{n}(1+2+\cdots+n)=\frac{1}{2}(n+1)$.

(2)引进随机变量

$$X_i=\begin{cases} i, & \text{第 } i \text{ 把钥匙把门打开}, \\ 0, & \text{第 } i \text{ 把钥匙未把门打开}, \end{cases} \quad i=1,2,\cdots,n,$$

则试开次数

$$X=\sum_{i=1}^{n} X_i,\quad E(X)=\sum_{i=1}^{n} E(X_i),$$

而

X_i	i	0
P	$\frac{1}{n}$	$1-\frac{1}{n}$

故 $E(X_i)=\frac{i}{n}$, $E(X)=\sum_{i=1}^{n}\frac{i}{n}=\frac{n+1}{2}$.

17. 设 X 为随机变量, C 是常数,证明 $D(X)<E[(X-C)^2]$,对于 $C\neq E(X)$.(由于 $D(X)=E[X-E(X)]^2$,上式表明 $E[(X-C)^2]$ 当 $C=E(X)$时取到最小值)

证: $E[(X-C)^2]=E(X^2-2CX+C^2)=E(X^2)-2CE(X)+C^2$

$$=E(X^2)-[E(X)]^2+[E(X)]^2-2CE(X)+C^2$$

$$=D(X)+[E(X)-C]^2$$

因为 $[E(X)-C]^2\geqslant 0$,故 $C\neq E(X)$时,有 $D(X)<E[(X-C)^2]$,

则当 $C=E(X)$时, $E(X-C)^2$ 取到最小值 $D(X)$.

18. 设随机变量 X 服从瑞利分布,其概率密度为

$$f(x)=\begin{cases} \frac{x}{\sigma^2}e^{-\frac{x^2}{2\sigma^2}}, & x>0, \\ 0, & x\leqslant 0, \end{cases}$$

其中 $\sigma>0$ 是常数,求 $E(X)$, $D(X)$.

解: $E(X)=\int_{-\infty}^{+\infty} xf(x)\mathrm{d}x=\int_0^{+\infty}\frac{x^2}{\sigma^2}e^{-\frac{x^2}{2\sigma^2}}\mathrm{d}x=\int_0^{+\infty}\sqrt{2\pi}\sigma\cdot\frac{1}{\sqrt{2\pi}\sigma}e^{-\frac{x^2}{2\sigma^2}}\mathrm{d}x$

$$=\sqrt{2\pi}\sigma\cdot\frac{1}{2}=\sqrt{\frac{\pi}{2}}\sigma,$$

这里注意到 $\frac{1}{\sqrt{2\pi}\sigma}e^{-\frac{x^2}{2\sigma^2}}$ 是服从正态分布 $N(0,\sigma^2)$的随机变量的概率密度,从而在 $(0,+\infty)$上的广义积分为 $\frac{1}{2}$.

$$E(X^2)=\int_{-\infty}^{+\infty} x^2 f(x)\mathrm{d}x=\int_0^{+\infty}\frac{x^3}{\sigma^2}e^{-\frac{x^2}{2\sigma^2}}\mathrm{d}x=2\int_0^{+\infty} xe^{-\frac{x^2}{2\sigma^2}}\mathrm{d}x$$

$$=2\sigma^2\int_0^{+\infty}\frac{x}{\sigma^2}e^{\frac{-x^2}{2\sigma^2}}\mathrm{d}x=2\sigma^2.$$

这里注意到$\frac{x}{\sigma^2}e^{-\frac{x^2}{2\sigma^2}}(x>0)$是服从瑞利分布的随机变量的概率密度，从而

$$D(X)=E(X^2)-[E(X)]^2=2\sigma^2-\frac{\pi}{2}\sigma^2=\frac{4-\pi}{2}\sigma^2.$$

19. 设随机变量 X 服从 Γ 分布，其概率密度为

$$f(x)=\begin{cases}\frac{1}{\beta^\alpha\Gamma(\alpha)}x^{\alpha-1}e^{-\frac{x}{\beta}}, & x>0,\\ 0, & x\leqslant 0,\end{cases}$$

其中 $\alpha>0,\beta>0$ 是常数，求 $E(X),D(X)$.

解：已知 X 的概率密度为 $f(x)$，则有

$$E(X)=\int_{-\infty}^{+\infty}xf(x)\mathrm{d}x=\int_0^{+\infty}x\cdot\frac{1}{\beta^\alpha\Gamma(\alpha)}x^{\alpha-1}e^{-\frac{x}{\beta}}\mathrm{d}x$$

$$\xlongequal{令u=\frac{x}{\beta}}\frac{\beta}{\Gamma(\alpha)}\int_0^{+\infty}u^\alpha e^{-u}\mathrm{d}u=\frac{\beta}{\Gamma(\alpha)}\Gamma(\alpha+1)=\frac{\beta}{\Gamma(\alpha)}\alpha\Gamma(\alpha)=\alpha\beta.$$

又可以求得

$$E(X^2)=\int_{-\infty}^{+\infty}x^2f(x)\mathrm{d}x=\int_0^{+\infty}\frac{x^2}{\beta^\alpha\Gamma(\alpha)}x^{\alpha-1}e^{-\frac{x}{\beta}}\mathrm{d}x$$

$$\xlongequal{令u=\frac{x}{\beta}}\frac{\beta^2}{\Gamma(\alpha)}\int_0^{+\infty}u^{\alpha+1}e^{-u}\mathrm{d}u=\frac{\beta^2}{\Gamma(\alpha)}\Gamma(\alpha+2)=\alpha(\alpha+1)\beta^2.$$

故 X 的方差 $D(X)=E(X^2)-[E(X)]^2=\alpha(\alpha+1)\beta^2-(\alpha\beta)^2=\alpha\beta^2$.

20. 设随机变量 X 服从几何分布，其分布律为

$$P\{X=k\}=p(1-p)^{k-1},\ k=1,2,\cdots,$$

其中 $0<p<1$ 是常数，求 $E(X),D(X)$.

解：$$E(X)=\sum_{k=1}^{+\infty}k\cdot p(1-p)^{k-1}=-p\Big[\sum_{k=1}^{+\infty}(1-p)^k\Big]'$$

$$=-p\cdot\Big(\frac{1-p}{p}\Big)'=-p\cdot\frac{-p-(1-p)}{p^2}=p\cdot\frac{1}{p^2}=\frac{1}{p}.$$

$$E(X^2)=\sum_{k=1}^{+\infty}k^2\cdot P\{X=k\}=\sum_{k=1}^{+\infty}k^2\cdot p(1-p)^{k-1}$$

$$=p\cdot\Big[\sum_{k=1}^{+\infty}k(k+1)(1-p)^{k-1}-\sum_{k=1}^{+\infty}k(1-p)^{k-1}\Big]$$

$$=p\cdot\Big(\sum_{k=1}^{+\infty}(1-p)^{k+1}\Big)''-\frac{1}{p}=p\cdot\frac{2}{p^3}-\frac{1}{p}=\frac{2-p}{p^2}.$$

故 X 的方差 $D(X)=E(X^2)-[E(X)]^2=\frac{2-p}{p^2}-\frac{1}{p^2}=\frac{1-p}{p^2}$.

21. 设长方形的高(以 m 记)$X\sim U(0,2)$，已知长方形的周长(以 m 记)为 20，求长方形面积 A 的数学期望和方差.

解：由题意知，长方形的高为 X，那么长方形的底为$\frac{20-2X}{2}=10-X$，

面积 $A=X\cdot(10-X)=10X-X^2$. 而 $X\sim U(0,2)$，则

$$E(X)=\frac{2+0}{2}=1,\quad D(X)=\frac{(2-0)^2}{12}=\frac{1}{3}.$$

$$E(A)=E(10X-X^2)=10E(X)-E(X^2)=10E(X)-\{D(X)+[E(X)]^2\}$$
$$=10-\left(\frac{1}{3}+1\right)=\frac{26}{3}\approx 8.67,$$

$$D(A)=D(10X-X^2)=10^2D(X)+D(X^2)-2\mathrm{Cov}(10X,X^2)$$
$$=100D(X)+E(X^4)-[E(X^2)]^2-20[E(X^3)-E(X)\cdot E(X^2)]$$
$$=100D(X)+E(X^4)-\{D(X)+[E(X)]^2\}^2-20E(X^3)+20E(X)\cdot\{D(X)+[E(X)]^2\}$$
$$=100\times\frac{1}{3}+\int_0^2\frac{1}{2}x^4\mathrm{d}x-\left(\frac{1}{3}+1\right)^2-20\int_0^2\frac{1}{2}x^3\mathrm{d}x+20\left(\frac{1}{3}+1\right)$$
$$=\frac{100}{3}+\frac{16}{5}-\frac{16}{9}-40+\frac{80}{3}\approx 21.42.$$

22. (1)设随机变量 X_1,X_2,X_3,X_4 相互独立，且有 $E(X_i)=i$，$D(X_i)=5-i$，$i=1,2,3,4$. 设 $Y=2X_1-X_2+3X_3-\frac{1}{2}X_4$. 求 $E(Y)$，$D(Y)$.

(2)设随机变量 X,Y 相互独立，且 $X\sim N(720,30^2)$，$Y\sim N(640,25^2)$，求 $Z_1=2X+Y$，$Z_2=X-Y$ 的分布，并求概率 $P\{X>Y\}$，$P\{X+Y>1\,400\}$.

解：(1)$E(Y)=E(2X_1-X_2+3X_3-\frac{1}{2}X_4)=2E(X_1)-E(X_2)+3E(X_3)-\frac{1}{2}E(X_4)$

$$=2\times1-2+3\times3-\frac{1}{2}\times4=7.$$

由于 X_1,X_2,X_3,X_4 相互独立，所以 $2X_1$，$-X_2$，$3X_3$，$-\frac{1}{2}X_4$ 也相互独立，那么

$$D(Y)=D(2X_1)+D(X_2)+D(3X_3)+D\left(\frac{1}{2}X_4\right)$$
$$=2^2D(X_1)+D(X_2)+3^2D(X_3)+\left(\frac{1}{2}\right)^2D(X_4)$$
$$=4\times(5-1)+(5-2)+9\times(5-3)+\frac{1}{4}\times(5-4)=37\frac{1}{4}.$$

(2)根据 X,Y 相互独立，$X\sim N(\mu_1,\sigma_1^2)$，$Y\sim N(\mu_1,\sigma_2^2)$，则

$$aX+bY\sim N(a\mu_1+b\mu_2,a^2\sigma_1^2+b^2\sigma_2^2).$$

那么 $Z_1=2X+Y\sim N(2\,080,4\,225)$，$Z_2=X-Y\sim N(80,1\,525)$.

$$P\{X>Y\}=P\{Z_2>0\}=1-P\{Z_2\leqslant 0\}=1-P\left\{\frac{Z_2-80}{\sqrt{1\,525}}\leqslant\frac{0-80}{\sqrt{1\,525}}\right\}$$
$$=1-\Phi\left(-\frac{80}{\sqrt{1\,525}}\right)\approx 1-[1-\Phi(2.05)]=0.979\,8.$$

而 $X+Y\sim N(1\ 360,1\ 525)$,

$$P\{X+Y>1\ 400\}=P\{X+Y-1\ 360>40\}=1-P\left\{\frac{X+Y-1\ 360}{\sqrt{1\ 525}}\leqslant\frac{40}{\sqrt{1\ 525}}\right\}$$

$$\approx 1-\Phi(1.024)=1-0.846\ 1=0.153\ 9.$$

23. 五家商店联营,它们每两周售出的某种农产品的数量(以 kg 计)分别为 X_1,X_2,X_3,X_4,X_5,已知 $X_1\sim N(200,225)$,$X_2\sim N(240,240)$,$X_3\sim N(180,225)$,$X_4\sim N(260,265)$,$X_5\sim N(320,270)$,X_1,X_2,X_3,X_4,X_5 相互独立.

(1)求五家商店两周的总销售量的均值和方差.

(2)商店每隔两周进货一次,为了使新的供货到达前商店不会脱销的概率大于 0.99,问商店的仓库应至少储存多少公斤该产品?

解:(1)设五家商店两周的总销售量为 Y,则 $Y=X_1+X_2+X_3+X_4+X_5$. 由题意知

$$E(Y)=E(X_1)+E(X_2)+E(X_3)+E(X_4)+E(X_5)$$
$$=200+240+180+260+320=1\ 200,$$
$$D(Y)=D(X_1)+D(X_2)+D(X_3)+D(X_4)+D(X_5)$$
$$=225+240+225+265+270=1\ 225,$$

且 $Y\sim N(1\ 200,1\ 225)$.

(2)设仓库储存 x 公斤该产品.

不脱销的概率为 $P\{Y\leqslant x\}=P\left\{\frac{Y-1\ 200}{\sqrt{1\ 225}}\leqslant\frac{x-1\ 200}{\sqrt{1\ 225}}\right\}=\Phi\left(\frac{x-1\ 200}{35}\right)$,

由题意知,若 $P\{Y\leqslant x\}>0.99$,即 $\Phi\left(\frac{x-1\ 200}{35}\right)>0.99$,

查表知 $\Phi(2.33)=0.990\ 1>0.99$,必须有 $\frac{x-1\ 200}{35}\geqslant 2.33\Rightarrow x\geqslant 1\ 281.55$,

故仓库中至少应储存 1 282 公斤该产品.

24. 卡车装运水泥,设每袋水泥的重量 X(以 kg 计)服从 $N(50,2.5^2)$,问最多装多少袋水泥使总重量超过 2 000 的概率不大于 0.05.

解:设装 n 袋水泥可符合要求,并设 $X_1,X_2,\cdots,X_n$ 分别是这 n 袋水泥的重量,由题设知 $X_i\sim N(50,2.5^2)$, $i=1,2,\cdots,n$,则 $\sum\limits_{i=1}^{n}X_i\sim N(50n,2.5^2n)$.

要使 $0.05\geqslant P\left\{\sum\limits_{i=1}^{n}X_i>2\ 000\right\}=1-\Phi\left(\frac{2\ 000-50n}{2.5\sqrt{n}}\right)$,即 $\Phi\left(\frac{4\ 000-100n}{5\sqrt{n}}\right)\geqslant 0.95$.

查表得 $\frac{4\ 000-100n}{5\sqrt{n}}\geqslant 1.645$,解得 $n=39.48$.

即最多装 39 袋水泥使总重量超过 2 000 的概率不大于 0.05.

25. 设随机变量 X,Y 相互独立,且都服从$(0,1)$上的均匀分布.

(1)求 $E(XY)$,$E\left(\frac{X}{Y}\right)$,$E[\ln(XY)]$,$E(|Y-X|)$.

(2)以 X,Y 为边长作一长方形,以 A,C 分别表示长方形的面积和周长,求 A 和

C 的相关系数.

解:(1) X,Y 的概率密度分别为 $f(x)=\begin{cases}1, & 0<x<1,\\0, & 其他,\end{cases}$ $f(y)=\begin{cases}1, & 0<y<1,\\0, & 其他.\end{cases}$

$$E(XY)=E(X)E(Y)=\frac{1}{2}\times\frac{1}{2}=\frac{1}{4}.$$

$$E\left(\frac{X}{Y}\right)不存在(因\int_0^1\int_0^1\frac{x}{y}\mathrm{d}x\mathrm{d}y 发散).$$

$$E[\ln(XY)]=\int_0^1\int_0^1 \ln x+\ln y\mathrm{d}x\mathrm{d}y=2\int_0^1\int_0^1 \ln x\mathrm{d}x\mathrm{d}y=-2.$$

$$E(|Y-X|)=\iint_D|y-x|\mathrm{d}x\mathrm{d}y \qquad (如图 4\text{-}1, D=D_1\cup D_2)$$

$$=2\iint_{D_1}(y-x)\mathrm{d}x\mathrm{d}y=2\int_0^1\int_x^1(y-x)\mathrm{d}y\mathrm{d}x=\frac{1}{3}.$$

(2)由题意可知 $A=XY, C=2(X+Y)$,且

$$\mathrm{Cov}(A,C)=E(AC)-E(A)E(C).$$

又因为 $AC=2X^2Y+2XY^2$,则

$$E(X^2)=E(Y^2)=D(X)+[E(X)]^2=\frac{1}{12}+\frac{1}{4}=\frac{1}{3}.$$

$$E(AC)=2E(X^2Y)+2E(XY^2)=2E(X^2)E(Y)+2E(X)E(Y^2)=2\times\frac{1}{3}\times\frac{1}{2}+2\times\frac{1}{2}\times\frac{1}{3}=\frac{2}{3}.$$

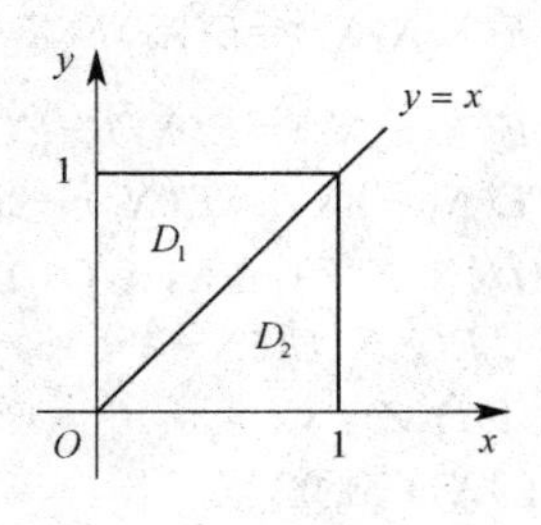

图 4-1

$$\mathrm{Cov}(A,C)=E(AC)-E(A)E(C)=\frac{2}{3}-\{E(X)E(Y)\times2[E(X)+E(Y)]\}$$

$$=\frac{2}{3}-\left[\frac{1}{2}\times\frac{1}{2}\times2\times\left(\frac{1}{2}+\frac{1}{2}\right)\right]=\frac{1}{6}.$$

$$D(A)=E(X^2Y^2)-[E(X)E(Y)]^2=E(X^2)E(Y^2)-[E(X)E(Y)]^2$$

$$=\left(\frac{1}{3}\right)^2-\left(\frac{1}{4}\right)^2=\frac{7}{144}.$$

$$D(C)=D(2X+2Y)=D(2X)+D(2Y)=4\times\frac{1}{12}+4\times\frac{1}{12}=\frac{2}{3}.$$

故 $$\rho_{AC}=\frac{\mathrm{Cov}(A,C)}{\sqrt{D(A)D(C)}}=\frac{\frac{1}{6}}{\sqrt{\frac{7}{144}\times\frac{2}{3}}}=\sqrt{\frac{6}{7}}.$$

26. (1)设随机变量 X_1,X_2,X_3 相互独立,且有 $X_1\sim B\left(4,\frac{1}{2}\right), X_2\sim B\left(6,\frac{1}{3}\right), X_3\sim$

$B\left(6,\frac{1}{3}\right)$,求 $P\{X_1=2,X_2=2,X_3=5\}$,$E(X_1X_2X_3)$,$E(X_1-X_2)$,$E(X_1-2X_2)$.

(2)设 X,Y 是随机变量,且有 $E(X)=3,E(Y)=1,D(X)=4,D(Y)=9$,令 $Z=5X-Y+15$,分别在下列 3 种情况下求 $E(Z)$和 $D(Z)$.

(ⅰ)X,Y 相互独立; (ⅱ)X,Y 不相关; (ⅲ)X 与 Y 的相关系数为 0.25.

解:(1)$P\{X_1=2,X_2=2,X_3=5\}=P\{X_1=2\}P\{X_2=2\}P\{X_3=5\}$.

因为$P\{X_1=2\}=C_4^2\left(\frac{1}{2}\right)^2\left(1-\frac{1}{2}\right)^{4-2}=C_4^2\left(\frac{1}{2}\right)^4$,

$$P\{X_2=2\}=C_6^2\left(\frac{1}{3}\right)^2\left(1-\frac{1}{3}\right)^{6-2}=C_6^2\left(\frac{1}{3}\right)^2\left(\frac{2}{3}\right)^4,$$

$$P\{X_3=5\}=C_6^5\left(\frac{1}{3}\right)^5\left(1-\frac{1}{3}\right)^{6-5}=C_6^5\left(\frac{1}{3}\right)^5\left(\frac{2}{3}\right),$$

则$P\{X_1=2,X_2=2,X_3=5\}=P\{X_1=2\}P\{X_2=2\}P\{X_3=5\}=0.002\ 03$.

$$E(X_1X_2X_3)=E(X_1)E(X_2)E(X_3)=\left(4\times\frac{1}{2}\right)\left(6\times\frac{1}{3}\right)\left(6\times\frac{1}{3}\right)=8.$$

$E(X_1-X_2)=E(X_1)-E(X_2)=2-2=0$.

$E(X_1-2X_2)=E(X_1)-2E(X_2)=-2$.

(2)对于 $E(Z)$:在(ⅰ),(ⅱ),(ⅲ)三种情形下都有

$$E(Z)=E(5X-Y+15)=5E(X)-E(Y)+15=15-1+15=29.$$

对于 $D(Z)$:

(ⅰ)X,Y 独立,则

$$D(5X-Y+15)=D(5X-Y)=D(5X)+D(-Y)=25D(X)+D(Y)$$
$$=25\times4+9=109.$$

(ⅱ)X,Y 不相关,即 $\mathrm{Cov}(X,Y)=0,D(Z)=109$.

(ⅲ)$\rho_{XY}=0.25$,则 $\mathrm{Cov}(X,Y)=\sqrt{D(X)}\sqrt{D(Y)}\rho_{XY}=2\times3\times0.25=1.5$,

$$D(5X-Y+15)=D(5X-Y)=25D(X)+D(Y)-10\mathrm{Cov}(X,Y)$$
$$=100+9-10\times1.5=94.$$

27. 下列各对随机变量 X 和 Y,问哪几对是相互独立的?哪几对是不相关的?

(1)$X\sim U(0,1),Y=X^2$.

(2)$X\sim U(-1,1),Y=X^2$.

(3)$X=\cos V,Y=\sin V,V\sim U(0,2\pi)$.

若(X,Y)的概率密度为 $f(x,y)$,

(4)$f(x,y)=\begin{cases}x+y, & 0<x<1,0<y<1,\\0, & 其他.\end{cases}$

(5)$f(x,y)=\begin{cases}2y, & 0<x<1,0<y<1,\\0, & 其他.\end{cases}$

解:(1)因为 $E(X)=\frac{1}{2}$,则有

$$E(Y)=E(X^2)=\int_0^1 x^2\mathrm{d}x=\frac{1}{3},E(XY)=E(X^3)=\int_0^1 x^3\mathrm{d}x=\frac{1}{4}.$$

$$\mathrm{Cov}(X,Y)=E(XY)-E(X)E(Y)=\frac{1}{4}-\frac{1}{2}\times\frac{1}{3}\neq 0.$$

故 X,Y 不相互独立,也不是不相关的.

(2)因为 $E(X)=0$,则有

$$E(Y)=E(X^2)=\int_{-1}^1 \frac{1}{2}x^2\mathrm{d}x=\frac{1}{3},E(XY)=E(X^3)=\int_{-1}^1 \frac{1}{2}x^3\mathrm{d}x=0.$$

$$\mathrm{Cov}(X,Y)=E(XY)-E(X)E(Y)=0-0=0.$$

故 X,Y 不相互独立,但不相关.

(3)因为 $E(X)=\int_0^{2\pi}\frac{1}{2\pi}\cos v\mathrm{d}v=0,E(Y)=\int_0^{2\pi}\frac{1}{2\pi}\sin v\mathrm{d}v=0$,则有

$$E(XY)=E(\sin V\cos V)=\frac{1}{2}E(\sin 2V)=\frac{1}{2}\int_0^{2\pi}\frac{1}{2\pi}\sin 2v\mathrm{d}v=0.$$

$$\mathrm{Cov}(X,Y)=E(XY)-E(X)E(Y)=0-0\times 0=0.$$

故 X,Y 不相互独立,但不相关.

(4)因为 $f(x,y)=\begin{cases}x+y, & 0<x<1,0<y<1,\\ 0, & \text{其他},\end{cases}$ 则可得到

$$f_X(x)=\begin{cases}\int_0^1(x+y)\mathrm{d}y=x+\frac{1}{2}, & 0<x<1,\\ 0, & \text{其他},\end{cases}$$

$$f_Y(y)=\begin{cases}y+\frac{1}{2}, & 0<y<1,\\ 0, & \text{其他},\end{cases}$$

由于 $f(x,y)$ 与 $f_X(x)f_Y(y)$ 在平面上不能处处相等,故 X,Y 不相互独立.

$$E(X)=\int_0^1 x\left(x+\frac{1}{2}\right)\mathrm{d}x=\frac{7}{12},E(Y)=\frac{7}{12},$$

$$E(XY)=\int_0^1\int_0^1 xy(x+y)\mathrm{d}x\mathrm{d}y=\frac{1}{3}.$$

$$\mathrm{Cov}(X,Y)=E(XY)-E(X)E(Y)\neq 0.$$

故 X,Y 不是不相关的,因而一定也是不相互独立的.

(5)因为 $f(x,y)=\begin{cases}2y, & 0<x<1,0<y<1,\\ 0, & \text{其他},\end{cases}$ 则可得到

$$f_X(x)=\begin{cases}1, & 0<x<1,\\ 0, & \text{其他},\end{cases}\quad f_Y(y)=\begin{cases}2y, & 0<y<1,\\ 0, & \text{其他},\end{cases}$$

则对于任意 x,y 有 $f(x,y)=f_X(x)f_Y(y)$ 成立.

故 X,Y 相互独立,因此,X,Y 也是不相关的.

28. 设二维随机变量 (X,Y) 的概率密度为

$$f(x,y)=\begin{cases}\dfrac{1}{\pi}, & x^2+y^2\leqslant 1,\\ 0, & 其他.\end{cases}$$

试验证 X 和 Y 是不相关的,但 X 和 Y 不是相互独立的.

解:由于

$$f_X(x)=\int_{-\infty}^{+\infty}f(x,y)\mathrm{d}y=\begin{cases}\dfrac{1}{\pi}\displaystyle\int_{-\sqrt{1-x^2}}^{\sqrt{1-x^2}}\mathrm{d}y=\dfrac{2}{\pi}\sqrt{1-x^2}, & -1\leqslant x\leqslant 1,\\ 0, & 其他.\end{cases}$$

由 X 和 Y 的对称性,同理可得

$$f_Y(y)=\begin{cases}\dfrac{2}{\pi}\sqrt{1-y^2}, & -1\leqslant y\leqslant 1,\\ 0, & 其他.\end{cases}$$

显然,$f(x,y)\neq f_X(x)f_Y(y)$,故 X 和 Y 不是相互独立的.

又因为 $E(X)=\int_{-\infty}^{+\infty}xf_X(x)\mathrm{d}x=\int_{-1}^{1}\frac{2}{\pi}x\sqrt{1-x^2}\mathrm{d}x=0$,同理 $E(Y)=0$.

$$E(XY)=\int_{-\infty}^{+\infty}\int_{-\infty}^{+\infty}xyf(x,y)\mathrm{d}x\mathrm{d}y=\frac{1}{\pi}\int_{-1}^{1}\mathrm{d}x\int_{-\sqrt{1-x^2}}^{\sqrt{1-x^2}}xy\mathrm{d}y=0,$$

从而 $\rho_{XY}=\dfrac{\mathrm{Cov}(X,Y)}{\sqrt{D(X)}\sqrt{D(Y)}}=\dfrac{E(XY)-E(X)E(Y)}{\sqrt{D(X)}\sqrt{D(Y)}}=0.$

故 X 与 Y 是不相关的.

29. 设随机变量 (X,Y) 的分布律为

Y \ X	−1	0	1
−1	$\frac{1}{8}$	$\frac{1}{8}$	$\frac{1}{8}$
0	$\frac{1}{8}$	0	$\frac{1}{8}$
1	$\frac{1}{8}$	$\frac{1}{8}$	$\frac{1}{8}$

验证 X 和 Y 是不相关的,但 X 和 Y 不是相互独立的.

证:由 (X,Y) 的分布律得 X 和 Y 的边缘分布分别为

X	−1	0	1
P	$\frac{3}{8}$	$\frac{2}{8}$	$\frac{3}{8}$

Y	−1	0	1
P	$\frac{3}{8}$	$\frac{2}{8}$	$\frac{3}{8}$

显然 $0=P\{X=0,Y=0\}\neq P\{X=0\}P\{Y=0\}=\frac{2}{8}\times\frac{2}{8}=\frac{1}{16}$，故 X 和 Y 不是相互独立的.

而 $E(X)=-1\times\frac{3}{8}+0\times\frac{2}{8}+1\times\frac{3}{8}=0$，$E(Y)=-1\times\frac{3}{8}+0\times\frac{2}{8}+1\times\frac{3}{8}=0$，

$$E(XY)=(-1)\times(-1)\times\frac{1}{8}+(-1)\times1\times\frac{1}{8}+1\times(-1)\times\frac{1}{8}+1\times1\times\frac{1}{8}=0,$$

所以 $\rho_{XY}=\frac{E(XY)-E(X)E(Y)}{\sqrt{D(X)}\sqrt{D(Y)}}=0$. 从而 X 与 Y 是不相关的.

30. 设 A 和 B 是试验 E 的两个事件，且 $P(A)>0$，$P(B)>0$，并定义随机变量 X,Y 如下：

$$X=\begin{cases}1, & A\text{发生},\\0, & A\text{不发生},\end{cases}\qquad Y=\begin{cases}1, & B\text{发生},\\0, & B\text{不发生}.\end{cases}$$

证明：若 $\rho_{XY}=0$，则 X 和 Y 必定相互独立.

证：X 和 Y 的分布律分别为

X	1	0
P	$P(A)$	$P(\overline{A})$

Y	1	0
P	$P(B)$	$P(\overline{B})$

则 XY 的分布律为

XY	1	0
P	$P(AB)$	$1-P(AB)$

从而 $E(X)=P(A)$，$E(Y)=P(B)$，$E(XY)=P(AB)$.

若 $\rho_{XY}=0$，有 $E(XY)=E(X)E(Y)$，即 $P(AB)=P(A)P(B)$，所以事件 A 与 B 是相互独立的. 由此事件 A 与 $\overline{B}$，$\overline{A}$ 与 $\overline{B}$，$\overline{A}$ 与 B 都是相互独立的. 故得

$$P\{X=1,Y=1\}=P(AB)=P(A)P(B)=P\{X=1\}P\{Y=1\},$$
$$P\{X=1,Y=0\}=P(A\overline{B})=P(A)P(\overline{B})=P\{X=1\}P\{Y=0\},$$
$$P\{X=0,Y=1\}=P(\overline{A}B)=P(\overline{A})P(B)=P\{X=0\}P\{Y=1\},$$
$$P\{X=0,Y=0\}=P(\overline{A}\,\overline{B})=P(\overline{A})P(\overline{B})=P\{X=0\}P\{Y=0\},$$

因此 X 与 Y 是相互独立的.

31. 设随机变量 (X,Y) 的概率密度为 $f(x,y)=\begin{cases}1, & |y|<x,0<x<1,\\0, & \text{其他}.\end{cases}$

求 $E(X)$，$E(Y)$，$\mathrm{Cov}(X,Y)$.

解：$E(X)=\int_{-\infty}^{+\infty}\int_{-\infty}^{+\infty}xf(x,y)\mathrm{d}x\mathrm{d}y=\int_0^1\mathrm{d}x\int_{-x}^{x}x\mathrm{d}y=\int_0^1 2x^2\mathrm{d}x=\frac{2}{3}$，

$E(Y)=\int_{-\infty}^{+\infty}\int_{-\infty}^{+\infty}yf(x,y)\mathrm{d}x\mathrm{d}y=\int_0^1\mathrm{d}x\int_{-x}^{x}y\mathrm{d}y=0$，

$E(XY)=\int_{-\infty}^{+\infty}\int_{-\infty}^{+\infty}xyf(x,y)\mathrm{d}x\mathrm{d}y=\int_0^1\mathrm{d}x\int_{-x}^{x}xy\mathrm{d}y=0$，

所以 $\mathrm{Cov}(X,Y)=E(XY)-E(X)E(Y)=0$.

32. 设随机变量(X,Y)具有概率密度函数

$$f(x,y)=\begin{cases}\frac{1}{8}(x+y), & 0\leqslant x\leqslant 2,\ 0\leqslant y\leqslant 2,\\ 0, & \text{其他}.\end{cases}$$

求 $E(X)$，$E(Y)$，$\mathrm{Cov}(X,Y)$，ρ_{XY}，$D(X+Y)$.

解：由于$E(X)=\int_{-\infty}^{+\infty}\int_{-\infty}^{+\infty}xf(x,y)\mathrm{d}x\mathrm{d}y=\int_0^2\mathrm{d}x\int_0^2\frac{1}{8}x(x+y)\mathrm{d}y=\frac{7}{6}$，

$E(Y)=\int_{-\infty}^{+\infty}\int_{-\infty}^{+\infty}yf(x,y)\mathrm{d}x\mathrm{d}y=\int_0^2\mathrm{d}x\int_0^2\frac{1}{8}y(x+y)\mathrm{d}y=\frac{7}{6}$，

$E(X^2)=\int_{-\infty}^{+\infty}\int_{-\infty}^{+\infty}x^2f(x,y)\mathrm{d}x\mathrm{d}y=\int_0^2\mathrm{d}x\int_0^2\frac{1}{8}x^2(x+y)\mathrm{d}y=\frac{5}{3}$，

同理 $E(Y^2)=\frac{5}{3}$，故 $D(X)=E(X^2)-[E(X)]^2=\frac{5}{3}-\left(\frac{7}{6}\right)^2=\frac{11}{36}$. 同理 $D(Y)=\frac{11}{36}$. 又由于

$$E(XY)=\int_{-\infty}^{+\infty}\int_{-\infty}^{+\infty}xyf(x,y)\mathrm{d}x\mathrm{d}y=\int_0^2\mathrm{d}x\int_0^2\frac{1}{8}xy(x+y)\mathrm{d}y=\frac{8}{6},$$

故 $\mathrm{Cov}(X,Y)=E(XY)-E(X)E(Y)=\frac{8}{6}-\frac{49}{36}=-\frac{1}{36}$，

$$\rho_{XY}=\frac{\mathrm{Cov}(X,Y)}{\sqrt{D(X)}\sqrt{D(Y)}}=-\frac{\frac{1}{36}}{\sqrt{\frac{11}{36}\times\frac{11}{36}}}=-\frac{1}{11},$$

$$D(X+Y)=D(X)+D(Y)+2\mathrm{Cov}(X,Y)=\frac{11}{36}+\frac{11}{36}-\frac{2}{36}=\frac{5}{9}.$$

33. 设随机变量 $X\sim N(\mu,\sigma^2)$，$Y\sim N(\mu,\sigma^2)$，且设 X,Y 相互独立，试求 $Z_1=\alpha X+\beta Y$ 和 $Z_2=\alpha X-\beta Y$ 的相关系数(其中 α,β 是不为零的常数).

解：由 $X,Y\sim N(\mu,\sigma^2)$，可得 $E(X)=E(Y)=\mu$，$D(X)=D(Y)=\sigma^2$.

Z_1 和 Z_2 的相关系数：

$$\rho_{Z_1Z_2}=\frac{E(Z_1Z_2)-E(Z_1)E(Z_2)}{\sqrt{D(Z_1)}\sqrt{D(Z_2)}},$$

由 $E(Z_1)=E(\alpha X+\beta Y)=\alpha E(X)+\beta E(Y)=(\alpha+\beta)\mu$，

$E(Z_2)=E(\alpha X-\beta Y)=\alpha E(X)-\beta E(Y)=(\alpha-\beta)\mu$，

又 $E(Z_1Z_2)=E[(\alpha X+\beta Y)(\alpha X-\beta Y)]=E(\alpha^2X^2-\beta^2Y^2)=\alpha^2E(X^2)-\beta^2E(Y^2)$

$$=(\alpha^2-\beta^2)(\sigma^2+\mu^2),$$

$$D(Z_1)=D(\alpha X+\beta Y)=\alpha^2 D(X)+\beta^2 D(Y)=(\alpha^2+\beta^2)\sigma^2,$$

$$D(Z_2)=D(\alpha X-\beta Y)=(\alpha^2+\beta^2)\sigma^2.$$

于是

$$\rho_{Z_1Z_2}=\frac{(\alpha^2-\beta^2)(\sigma^2+\mu^2)-(\alpha+\beta)\mu(\alpha-\beta)\mu}{\sqrt{(\alpha^2+\beta^2)\sigma^2}\cdot\sqrt{(\alpha^2+\beta^2)\sigma^2}}=\frac{(\alpha^2-\beta^2)\sigma^2}{(\alpha^2+\beta^2)\sigma^2}=\frac{\alpha^2-\beta^2}{\alpha^2+\beta^2}.$$

34. (1)设 $W=(aX+3Y)^2$，$E(X)=E(Y)=0$，$D(X)=4$，$D(Y)=16$，$\rho_{XY}=-0.5$. 求常数 a 使 $E(W)$ 为最小，并求 $E(W)$ 的最小值.

(2)设随机变量 (X,Y) 服从二维正态分布，且有 $D(X)=\sigma_X^2$，$D(Y)=\sigma_Y^2$，证明当 $a^2=\dfrac{\sigma_X^2}{\sigma_Y^2}$ 时，随机变量 $W=X-aY$ 与 $V=X+aY$ 相互独立.

解：(1)根据 $D(X)=E(X^2)-[E(X)]^2$，$D(Y)=E(Y^2)-[E(Y)]^2$，

$$\mathrm{Cov}(X,Y)=E(XY)-E(X)E(Y),\rho_{XY}=\frac{\mathrm{Cov}(X,Y)}{\sqrt{D(X)}\sqrt{D(Y)}},$$

有 $E(W)=E[(aX+3Y)^2]=D(aX+3Y)+[E(aX+3Y)]^2$

$$=a^2D(X)+9D(Y)+2\mathrm{Cov}(aX,3Y)+[aE(X)+3E(Y)]^2$$

$$=a^2D(X)+9D(Y)+6a\rho_{XY}\sqrt{D(X)D(Y)}$$

$$=4a^2+9\times16+6a\cdot(-0.5)\cdot\sqrt{4\times16}=4a^2-24a+144$$

$$=(2a-6)^2+108\geqslant108.$$

因此当 $a=3$ 时，$E(W)$ 最小，且最小值为 108.

(2) $E(W)=E(X)-aE(Y)=\mu_X-a\mu_Y$，$E(V)=E(X)+aE(Y)=\mu_X+a\mu_Y$，

$$D(W)=D(X)+a^2D(Y)-2a\mathrm{Cov}(X,Y)=\sigma_X^2+a^2\sigma_Y^2-2a\rho_{XY}\sigma_X\sigma_Y,$$

$$D(V)=D(X)+a^2D(Y)+2a\mathrm{Cov}(X,Y)=\sigma_X^2+a^2\sigma_Y^2+2a\rho_{XY}\sigma_X\sigma_Y,$$

$$E(WV)=E(X^2-a^2Y^2)=E(X^2)-a^2E(Y^2)=D(X)+\mu_X^2-a^2[D(Y)+\mu_Y^2]$$

$$=\sigma_X^2+\mu_X^2-a^2\sigma_Y^2-a^2\mu_Y^2,$$

$$\mathrm{Cov}(W,V)=E(WV)-E(W)E(V)$$

$$=\sigma_X^2+\mu_X^2-a^2\sigma_Y^2-a^2\mu_Y^2-(\mu_X-a\mu_Y)(\mu_X+a\mu_Y)=\sigma_X^2-a^2\sigma_Y^2.$$

由于随机变量 (W,V) 服从二维正态分布，W 与 V 相互独立的充要条件是 W 与 V 不相关，即 $\mathrm{Cov}(W,V)=0$，则 $\sigma_X^2-a^2\sigma_Y^2=0$，即 $a^2=\dfrac{\sigma_X^2}{\sigma_Y^2}$.

35. 设随机变量 (X,Y) 服从二维正态分布，且 $X\sim N(0,3)$，$Y\sim N(0,4)$，相关系数 $\rho_{XY}=-\dfrac{1}{4}$，试写出 X 和 Y 的联合概率密度.

解：$(X,Y)\sim N(\mu_1,\sigma_1^2;\mu_2,\sigma_2^2;\rho)$，则 X,Y 的联合概率密度为

$$f(x,y)=\frac{1}{2\pi\sigma_1\sigma_2\sqrt{1-\rho^2}}\exp\left\{\frac{-1}{2(1-\rho^2)}\left[\frac{(x-\mu_1)^2}{\sigma_1^2}-2\rho\frac{(x-\mu_1)(y-\mu_2)}{\sigma_1\sigma_2}+\frac{(y-\mu_2)^2}{\sigma_2^2}\right]\right\},$$

在题中 $\mu_1=0$，$\mu_2=0$，$\sigma_1=\sqrt{3}$，$\sigma_2=2$，$\rho=-\dfrac{1}{4}$. 则

$$f(x,y)=\frac{1}{3\sqrt{5}\pi}\exp\left[-\frac{8}{15}\left(\frac{x^2}{3}+\frac{xy}{4\sqrt{3}}+\frac{y^2}{4}\right)\right].$$

36. 已知正常男性成人血液中，每一毫升白细胞数平均是 7 300，均方差是 700，利用切比雪夫不等式估计每毫升血液含白细胞数在 5 200～9 400 之间的概率 p.

解：假设正常男性成人血液中每毫升白细胞数为 X，依题设 $E(X)=7\ 300$，

$D(X)=700^2$，于是 $P\{5\ 200<X<9\ 400\}=P\{|X-7\ 300|<2\ 100\}\geqslant 1-\frac{700^2}{2\ 100^2}=\frac{8}{9}$.

即每毫升血液含白细胞数在 5 200～9 400 之间的概率不小于 $\frac{8}{9}$.

37. 对于两个随机变量 V,W，若 $E(V^2)$，$E(W^2)$ 存在. 证明 $[E(VW)]^2\leqslant E(V^2)E(W^2)$，这一不等式称为柯西—施瓦茨(Cauchy—Schwarz)不等式.

提示：考虑实变量 t 的函数 $q(t)=E[(V+tW)^2]=E(V^2)+2tE(VW)+t^2E(W^2)$.

证：考虑变量 t 的二次函数 $q(t)=E[(V+tW)^2]=E(V^2)+2tE(VW)+t^2E(W^2)$，因为对一切 t，有 $(V+tW)^2\geqslant 0$，所以 $q(t)\geqslant 0$，从而二次方程 $q(t)=0$ 或者没有实根，或者只有重根，因此二次方程 $q(t)=0$ 的判别式

$$4[E(VW)]^2-4E(V^2)E(W^2)\leqslant 0$$

即 $[E(VW)]^2\leqslant E(V^2)E(W^2)$.

38. 分位数(分位点).

定义 设连续型随机变量 X 的分布函数为 $F(x)$，概率密度函数为 $f(x)$，

$1°$ 对于任意正数 $\alpha(0<\alpha<1)$，称满足条件 $P\{X\leqslant x_{\underline{\alpha}}\}=F(x_{\underline{\alpha}})=\int_{-\infty}^{x_{\underline{\alpha}}}f(x)\mathrm{d}x=\alpha$ 的数 $x_{\underline{\alpha}}$ 为此分布的 α **分位数或下 α 分位数**.

$2°$ 对于任意正数 $\alpha(0<\alpha<1)$，称满足条件 $P\{X>x_\alpha\}=1-F(x_\alpha)=\int_{x_{\underline{\alpha}}}^{\infty}f(x)\mathrm{d}x=\alpha$ 的数 x_α 为此分布的**上 α 分位数**.

特别，当 $\alpha=0.5$ 时，$F(x_{0.5})=F(x_{\underline{0.5}})=\int_{0.5}^{\infty}f(x)\mathrm{d}x=0.5$，$x_{0.5}$ 称为此分布的**中位数**.

下 α 分位数 $x_{\underline{\alpha}}$ 将概率密度曲线下的面积分为两部分，左侧的面积恰为 α，如图 4-2. 上 α 分位数 x_α 也将概率密度曲线下的面积分为两部分，右侧的面积恰为 α，如图 4-3.

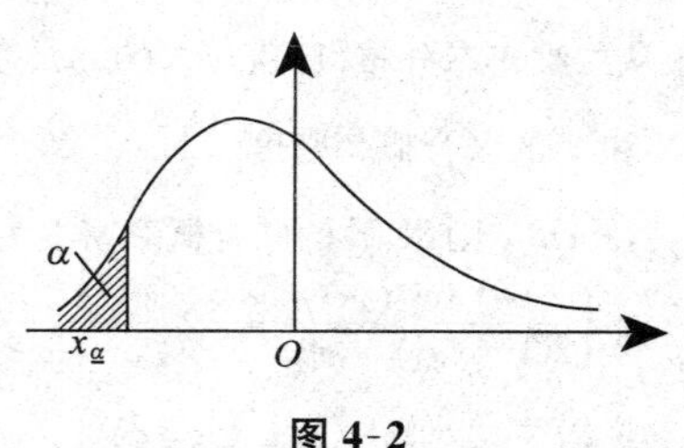

图 4-2

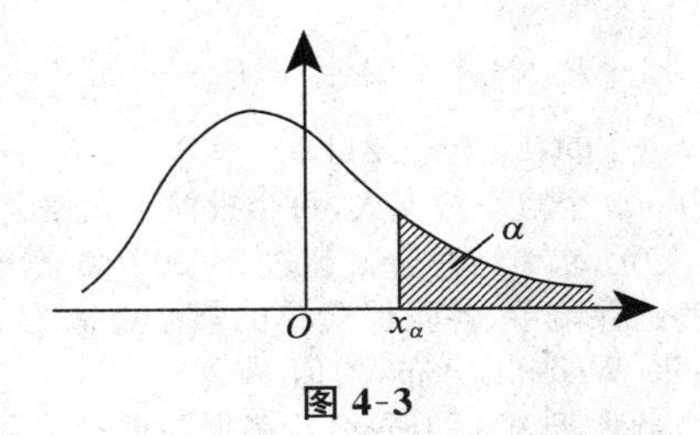

图 4-3

下 α 分位数与上 α 分位数有以下的关系：

$$x_\alpha = x_{\underline{1-\alpha}},\ x_{\underline{\alpha}} = x_{1-\alpha}.$$

类似地，可定义离散型随机变量 X 的分位数.

定义　对于任意正数 $\alpha(0<\alpha<1)$，称满足条件 $P\{X<x_{\underline{\alpha}}\}\leqslant\alpha$ 且 $P\{X<x_{\underline{\alpha}}\}\geqslant\alpha$ 的数 $x_{\underline{\alpha}}$ 为此分布的 α **分位数或下** α **分位数**.

[**例**]设 X 的概率密度为

$$f(x)=\begin{cases}2\mathrm{e}^{-2x}, & x\geqslant 0,\\ 0, & \text{其他}.\end{cases}$$

试求 X 的中位数 M.

解：设 $F(x)$ 为分布函数. M 应满足 $F(M)=\dfrac{1}{2}$. 即

$$\frac{1}{2}=F(M)=P\{X\leqslant M\}=\int_0^M 2\mathrm{e}^{-2x}\,\mathrm{d}x=-\mathrm{e}^{-2x}\Big|_0^M=1-\mathrm{e}^{-2M},$$

故 $\mathrm{e}^{-2M}=\dfrac{1}{2}$，$\mathrm{e}^{2M}=2$，得 $M=\dfrac{1}{2}\ln 2$. 此即为所求的中位数.

第五章　大数定律及中心极限定理

1. 据以往经验，某种电气元件的寿命服从均值为 100 h 的指数分布，现随机地取 16 只，设它们的寿命是相互独立的，求这 16 只元件的寿命的总和大于 1 920 h 的概率.

解：记 16 只电气元件的寿命分别为 $X_1, X_2, \cdots, X_{16}$，则这 16 只元件的寿命之和为 $X=\sum\limits_{i=1}^{16} X_i$，依题意，$E(X_i)=100$，$D(X_i)=100^2$，根据独立同分布的中心极限定理

$$Z=\frac{\sum\limits_{i=1}^{16} X_i - 16\times 100}{4\times 100}=\frac{X-1\,600}{400},$$

近似地服从 $N(0,1)$，于是

$$P\{X>1\ 920\}=1-P\{X\leqslant 1\ 920\}=1-P\left\{\frac{X-1\ 600}{400}\leqslant\frac{1\ 920-1\ 600}{400}\right\}$$
$$\approx 1-\Phi(0.8)=0.211\ 9.$$

2. (1)一保险公司有 10 000 个汽车投保人，每个投保人索赔金额的数学期望为 280 美元，标准差为 800 美元，求索赔总金额超过 2 700 000 美元的概率.

(2)一公司有 50 张签约保险单，各张保险单的索赔金额为 $X_i, i=1,2,\cdots,50$(以千美元计)服从韦布尔(Weibull)分布，均值 $E(X_i)=5$，方差 $D(X_i)=6$，求 50 张保险单索赔的合计金额大于 300 的概率(设各保险单索赔金额是相互独立的).

解:(1)记第 i 人的索赔金额为 X_i，则由已知条件
$$E(X_i)=280, D(X_i)=800^2.$$

要计算 $p_1=P\left\{\sum_{i=1}^{10\ 000}X_i>2\ 700\ 000\right\}=P\left\{\frac{1}{10\ 000}\sum_{i=1}^{10\ 000}X_i>270\right\}$，因各投保人索赔金额是相互独立的，$n=10\ 000$ 很大. 故由中心极限定理，近似地有
$$\overline{X}=\frac{1}{10\ 000}\sum_{i=1}^{10\ 000}X_i\sim N\left(280,\frac{800^2}{100^2}\right),$$

故 $p_1=P\{\overline{X}>270\}\approx 1-\Phi\left(\frac{270-280}{8}\right)=1-\Phi\left(-\frac{5}{4}\right)=\Phi\left(\frac{5}{4}\right)=\Phi(1.25)=0.894\ 4.$

(2)$E(X_i)=5, D(X_i)=6, n=50$. 故
$$p_2=P\left\{\sum_{i=1}^{50}X_i>300\right\}\approx 1-\Phi\left(\frac{300-50\times 5}{\sqrt{50\times 6}}\right)$$
$$=1-\Phi\left(\frac{50}{\sqrt{300}}\right)=1-\Phi(2.89)=0.001\ 9.$$

3. 计算器在进行加法时，将每个加数舍入最靠近它的整数. 设所有舍入误差是相互独立的且在$(-0.5,0.5)$上服从均匀分布.

(1)若将 1 500 个数相加，问误差总和的绝对值超过 15 的概率是多少？

(2)最多可有几个数相加使得误差总和的绝对值小于 10 的概率不少于 0.90？

解:设每个加数的舍入误差为 $X_i(i=1,2,\cdots,1\ 500)$，由题设知 X_i 独立同分布，且在$(-0.5,0.5)$上服从均匀分布，从而
$$E(X_i)=\frac{-0.5+0.5}{2}=0, D(X_i)=\frac{(0.5+0.5)^2}{12}=\frac{1}{12}.$$

(1)设 $X=\sum_{i=1}^{1\ 500}X_i$，由独立同分布的中心极限定理得 $\frac{X-1\ 500\times 0}{\sqrt{1\ 500}\times\sqrt{\frac{1}{12}}}$ 近似地服从 $N(0,1)$，从而
$$P\{|X|>15\}=1-P\{|X|\leqslant 15\}=1-P\left\{-\frac{15}{\sqrt{125}}\leqslant\frac{X}{\sqrt{125}}\leqslant\frac{15}{\sqrt{125}}\right\}$$
$$\approx 2-2\Phi(1.34)=0.180\ 2.$$

即误差总和的绝对值超过 15 的概率约为 0.180 2.

(2)记 $Y=\sum_{i=1}^{n}X_i$，要使 $P\{|Y|<10\}\geqslant 0.90$. 由独立同分布的中心极限定理，近

似地有

$$P\{|Y|<10\}=P\{-10<Y<10\}=P\left\{\frac{-10}{\sqrt{n/12}}<\frac{Y}{\sqrt{n/12}}<\frac{10}{\sqrt{n/12}}\right\}$$

$$\approx 2\Phi\left(\frac{10}{\sqrt{n/12}}\right)-1\geqslant 0.90,$$

即 $\Phi\left(\frac{10}{\sqrt{n/12}}\right)\geqslant 0.95$，查表得 $\frac{10}{\sqrt{n/12}}\geqslant 1.645$，故 $n\leqslant 443$. 即最多有 443 个数相加使得误差总和的绝对值小于 10 的概率不少于 0.90.

4. 设各零件的重量都是随机变量，它们相互独立，且服从相同的分布，其数学期望为 0.5kg，均方差为 0.1kg，问 5 000 只零件的总重量超过 2 510kg 的概率是多少？

解：设各零件的重量为 $X_i, i=1,2,\cdots,5\,000$，$X=\sum_{i=1}^{5\,000}X_i$，由独立同分布的中心极限定理知 $\frac{X-5\,000\times 0.5}{\sqrt{5\,000}\times 0.1}$ 近似地服从 $N(0,1)$，从而

$$P\{X>2\,510\}=1-P\{X\leqslant 2\,510\}=1-P\left\{\frac{X-5\,000\times 0.5}{\sqrt{5\,000}\times 0.1}\leqslant\frac{2\,510-5\,000\times 0.5}{\sqrt{5\,000}\times 0.1}\right\}$$

$$\approx 1-\Phi(1.414)=0.078\,6.$$

5. 有一批建筑房屋用的木柱，其中 80% 的长度不小于 3m，现在这批木柱中随机地取出 100 根，问其中至少有 30 根短于 3m 的概率是多少？

解：记 X 为 100 根木柱中长度小于 3m 的木柱根数，则 $X\sim B(100,0.2)$. 由棣莫弗—拉普拉斯中心极限定理知

$$P\{X\geqslant 30\}=1-P\{X<30\}=1-P\left\{\frac{X-100\times 0.2}{\sqrt{100\times 0.2\times 0.8}}\leqslant\frac{30-100\times 0.2}{\sqrt{100\times 0.2\times 0.8}}\right\}$$

$$\approx 1-\Phi\left(\frac{30-20}{10\times 0.4}\right)=1-\Phi(2.5)=1-0.993\,8=0.006\,2.$$

6. 一工人修理一台机器需两个阶段，第一阶段所需时间（小时）服从均值为 0.2 的指数分布，第二阶段服从均值为 0.3 的指数分布，且与第一阶段独立. 现有 20 台机器需要修理. 求他在 8 小时内完成的概率.

解：设修理第 $i(i=1,2,\cdots,20)$ 台机器，第一阶段耗时 X_i，第二阶段为 Y_i，则共耗时 $Z_i=X_i+Y_i$. 今已知 $E(X_i)=0.2, E(Y_i)=0.3$，故

$$E(Z_i)=0.5, D(Z_i)=D(X_i)+D(Y_i)=0.2^2+0.3^2=0.13.$$

20 台机器需要修理的时间可认为近似服从正态分布，即有

$$\sum_{i=1}^{20}Z_i\sim N(20\times 0.5,20\times 0.13)=N(10,2.6),$$

所求概率

$$p=P\left\{\sum_{i=1}^{20}Z_i\leqslant 8\right\}\approx\Phi\left(\frac{8-20\times 0.5}{\sqrt{20\times 0.13}}\right)$$
$$=\Phi\left(-\frac{2}{1.612\ 5}\right)=\Phi(-1.24)=0.107\ 5,$$

即不大可能在 8 小时内完成全部工作.

7. 一食品店有三种蛋糕出售,由于售出哪一种蛋糕是随机的,因而售出一只蛋糕的价格是一个随机变量,它取 1 元、1.2 元、1.5 元各个值的概率分别为 0.3、0.2、0.5. 某天售出 300 多只蛋糕.

(1)求这天的收入至少 400 元的概率;

(2)求这天售价为 1.2 元的蛋糕多于 60 只的概率.

解:(1)令 X_i 为售出第 i 只蛋糕的价格,$i=1,2,\cdots,300$,

$$P\{X_i=1\}=0.3,\ P\{X_i=1.2\}=0.2,\ P\{X_i=1.5\}=0.5,$$

则 $$E(X_i)=1\times 0.3+1.2\times 0.2+1.5\times 0.5=1.29,$$
$$D(X_i)=EX_i^2-[E(X_i)]^2=1.713-1.29^2=0.048\ 9,$$

由独立同分布的中心极限定理有

$$P\left\{\sum_{i=1}^{300}X_i\geqslant 400\right\}=P\left\{\frac{\sum_{i=1}^{300}X_i-300\times 1.29}{\sqrt{300\times 0.048\ 9}}\geqslant\frac{400-300\times 1.29}{\sqrt{300\times 0.048\ 9}}\right\}$$
$$\approx 1-\Phi(3.39)=0.000\ 3.$$

(2)设 Y 为这天售出的 1.2 元的蛋糕只数,则 $Y\sim B(300,0.2)$,由棣莫弗—拉普拉斯定理,Y 近似服从 $N(300\times 0.2,300\times 0.2\times 0.8)$,故

$$P\{Y\geqslant 60\}=P\left\{\frac{Y-300\times 0.2}{\sqrt{300\times 0.16}}\geqslant\frac{60-300\times 0.2}{\sqrt{300\times 0.16}}\right\}\approx 1-\Phi(0)=0.5.$$

8. 一复杂的系统由 100 个相互独立起作用的部件所组成. 在整个运行期间每个部件损坏的概率为 0.10. 为了使整个系统起作用,至少必须有 85 个部件正常工作,求整个系统起作用的概率.

解:记 X 为正常工作的部件数,显然 $X\sim B(100,0.9)$,由棣莫弗—拉普拉斯定理知 $\frac{X-100\times 0.9}{\sqrt{100\times 0.9\times 0.1}}$ 近似地服从 $N(0,1)$,从而

$$P\{X>85\}=1-P\{X\leqslant 85\}=1-P\left\{\frac{X-100\times 0.90}{\sqrt{100\times 0.9\times 0.1}}\leqslant\frac{85-100\times 0.9}{\sqrt{100\times 0.9\times 0.1}}\right\}$$
$$\approx 1-\Phi\left(-\frac{5}{3}\right)=\Phi\left(\frac{5}{3}\right)=0.952\ 5,$$

即整个系统起作用的概率为 0.952 5.

9. 已知在某十字路口,一周事故发生数的数学期望为 2.2,标准差为 1.4.

(1)以 $\overline{X}$ 表示一年(以 52 周计)此十字路口事故发生数的算数平均,试用中心极限定理求 $\overline{X}$ 的近似分布,并求 $P\{\overline{X}<2\}$.

(2)求一年事故发生数小于 100 的概率.

解:(1)$E(\overline{X})=E(X)=2.2$,$D(\overline{X})=\dfrac{D(X)}{52}=\dfrac{1.4^2}{52}$,

由中心极限定理，可认为 $\overline{X}\sim N(2.2,\frac{1.4^2}{52})$.

$$P\{\overline{X}<2\}=\Phi\left(\frac{2-2.2}{\frac{1.4}{\sqrt{52}}}\right)=\Phi\left(\frac{-0.2\times\sqrt{52}}{1.4}\right)=\Phi(-1.030).$$

$$=1-\Phi(1.030)=1-0.848\ 5=0.151\ 5.$$

(2) 一年52周，设各周事故发生数为 $X_1,X_2,\cdots,X_{52}$，则需计算 $p=P\left\{\sum_{i=1}^{52}X_i<100\right\}$，即 $P\{52\overline{X}<100\}$. 用中心极限定理可知所求概率为

$$p=P\{52\overline{X}<100\}=P\left\{\overline{X}<\frac{100}{52}\right\}\approx\Phi\left(\frac{\left(\frac{100}{52}-2.2\right)\times\sqrt{52}}{1.4}\right)$$

$$=\Phi(-1.426)=1-0.923\ 0=0.077\ 0.$$

10. 某种小汽车氧化氮排放量的数学期望为 0.9g/km，标准差为 1.9g/km，某汽车公司有这种小汽车 100 辆，以 $\overline{X}$ 表示这些车辆氧化氮排放量的算数平均，问当 L 为何值时 $\overline{X}>L$ 的概率不超过 0.01.

解：设以 $X_i(i=1,2,\cdots,100)$ 表示第 i 辆小汽车氧化氮的排放量，则

$$\overline{X}=\frac{1}{100}\sum_{i=1}^{100}X_i.$$

由已知条件 $E(X_i)=0.9$，$D(X_i)=1.9^2$，得

$$E(\overline{X})=0.9,D(\overline{X})=\frac{1.9^2}{100}.$$

各辆汽车氧化氮的排放量相互独立，故可认为近似地有

$$\overline{X}\sim N\left(0.9,\frac{1.9^2}{100}\right).$$

需要计算的是满足 $P\{\overline{X}>L\}\leqslant 0.01$ 的最小值 L.

由中心极限定理

$$P\{\overline{X}>L\}=P\left\{\frac{\overline{X}-0.9}{0.19}>\frac{L-0.9}{0.19}\right\}\leqslant 0.01.$$

L 应为满足 $1-\Phi\left(\frac{L-0.9}{0.19}\right)\leqslant 0.01$ 的最小值，即

$$\Phi\left(\frac{L-0.9}{0.19}\right)\geqslant 0.99=\Phi(2.33)，即\frac{L-0.9}{0.19}\geqslant 2.33,$$

故 $L\geqslant 0.9+0.19\times 2.33=1.342\ 7$，应取 $L=1.342\ 7$g/km.

11. 随机地选取两组学生，每组 80 人，分别在两个实验室里测量某种化合物的 pH 值. 各人测量的结果是随机变量，它们相互独立，且服从同一分布，其数学期望为 5，方差为 0.3，以 $\overline{X},\overline{Y}$ 分别表示第一组和第二组所得结果的算数平均：

(1)求 $P\{4.9<\overline{X}<5.1\}$.

(2)求 $P\{-0.1<\overline{X}-\overline{Y}<0.1\}$.

解：(1)令 X_i 表示第一组第 i 人测量结果，则 $EX_i=5$，$DX_i=0.3$，$i=1,2,\cdots,80$. 由

中心极限定理

$$P\{4.9<\overline{X}<5.1\}=P\left\{\frac{4.9-5}{\sqrt{\frac{0.3}{80}}}<\frac{\overline{X}-5}{\sqrt{\frac{0.3}{80}}}<\frac{5.1-5}{\sqrt{\frac{0.3}{80}}}\right\}\approx\Phi\left(\frac{4}{\sqrt{6}}\right)-\Phi\left(-\frac{4}{\sqrt{6}}\right)$$

$$=2\Phi(1.63)-1=0.896\ 8.$$

(2)令 Y_j 表示第二组第 j 人测量结果,则

$$E(Y_j)=5,D(Y_j)=0.3,j=1,2,\cdots,80,$$

$$E(\overline{X})=E(\overline{Y})=5,D(\overline{X})=D(\overline{Y})=\frac{0.3}{80}=\frac{3}{800},$$

$$E(\overline{X}-\overline{Y})=0,D(\overline{X}-\overline{Y})=D(\overline{X})+D(\overline{Y})=\frac{3}{400},$$

$$P\{-0.1<\overline{X}-\overline{Y}<0.1\}=P\left\{\frac{-0.1}{\sqrt{\frac{3}{400}}}<\frac{\overline{X}-\overline{Y}}{\sqrt{\frac{3}{400}}}<\frac{0.1}{\sqrt{\frac{3}{400}}}\right\}$$

$$\approx\Phi\left(\frac{2}{\sqrt{3}}\right)-\Phi\left(-\frac{2}{\sqrt{3}}\right)=2\Phi(1.15)-1=0.75.$$

12. 一公寓有 200 户住户,一户住户拥有汽车辆数 X 的分布律为

X	0	1	2
p_k	0.1	0.6	0.3

问需要多少车位,才能使每辆汽车都具有一个车位的概率至少为 0.95.

解:设需要车位数为 n,且设第 $i(i=1,2,\cdots,200)$户有车辆数为 X_i,则由 X_i 的分布律知

$$E(X_i)=0\times0.1+1\times0.6+2\times0.3=1.2,$$

$$E(X_i^2)=0^2\times0.1+1^2\times0.6+2^2\times0.3=1.8,$$

故 $$D(X_i)=E(X_i^2)-[E(X_i)]^2=1.8-1.2^2=0.36.$$

因共有 200 户,各户占有车位数相互独立.从而近似地有

$$\sum_{i=1}^{200}X_i\sim N(200\times1.2,200\times0.36).$$

今要求车位数 n 满足

$$P\left\{\sum_{i=1}^{200}X_i\leqslant n\right\}\geqslant0.95,$$

由正态近似知,上式中 n 应满足

$$\Phi\left(\frac{n-200\times1.2}{\sqrt{200\times0.36}}\right)=\Phi\left(\frac{n-240}{\sqrt{72}}\right)\geqslant0.95,$$

因 $0.95=\Phi(1.645)$,从而由 $\Phi(x)$的单调性知$\frac{n-240}{\sqrt{72}}\geqslant1.645$,故

$$n\geqslant240+1.645\times\sqrt{72}=253.96.$$

由此知至少需 254 个车位.

13. 某种电子器件的寿命(小时)具有数学期望μ(未知),方差$\sigma^2=400$. 为了估计μ,随机地取n只这种器件,在时刻$t=0$投入测试(设测试是相互独立的)直至失效,测得其寿命为$X_1,X_2,\cdots,X_n$,以$\overline{X}=\frac{1}{n}\sum\limits_{k=1}^{n}X_k$作为$\mu$的估计. 为了使$P\{|\overline{X}-\mu|<1\}\geqslant 0.95$,问$n$至少为多少?

解:X_k表示第k个器件寿命,$k=1,2,\cdots,n$.

$$E(X_k)=\mu,D(X_k)=400,E(\overline{X})=\mu,D(\overline{X})=\frac{D(X_k)}{n}=\frac{400}{n},$$

$$\text{故 }P\{|\overline{X}-\mu|<1\}=P\left\{\left|\frac{\overline{X}-\mu}{\sqrt{\frac{400}{n}}}\right|<\frac{1}{\sqrt{\frac{400}{n}}}\right\}\approx\Phi\left(\frac{\sqrt{n}}{20}\right)-\Phi\left(-\frac{\sqrt{n}}{20}\right)$$

$$=2\Phi\left(\frac{\sqrt{n}}{20}\right)-1\geqslant 0.95,$$

故$\Phi\left(\frac{\sqrt{n}}{20}\right)\geqslant 0.975=\Phi(1.96)$,有$\frac{\sqrt{n}}{20}\geqslant 1.96$,得$n\geqslant 1\,536.64$. 因此$n$至少为1 537.

14. 某药厂断言,该厂生产的某种药品对于医治一种血液病的治愈率为0.8,医院任意抽查100个服用此药品的病人,若其中多于75人治愈,就接受此断言,否则就拒绝此断言.

(1)若实际上此药品对该病治愈率是0.8,问接受这一断言的概率是多少?

(2)若实际上此药品对该病治愈率是0.7,问接受这一断言的概率是多少?

解:设100人中的治愈人数为X,则$X\sim B(100,0.8)$.

(1)$p=0.8$,即$X\sim B(100,0.8)$.

由中心极限定理,X近似服从正态分布,即$X\sim N(100\times 0.8,100\times 0.8\times 0.2)=N(80,4^2)$,则接受药厂断言的概率为

$$p_1=P\{X>75\}=1-P\{X\leqslant 75\}\approx 1-\Phi\left(\frac{75-80}{4}\right)$$

$$=1-\Phi\left(-\frac{5}{4}\right)=\Phi(1.25)=0.894\,4.$$

(2)$p=0.7$,即$X\sim B(100,0.7)$. 由中心极限定理,X近似服从正态分布,即$X\sim N(100\times 0.7,100\times 0.7\times 0.3)=N(70,21)$. 则接受药厂断言的概率为

$$p_2=P\{X>75\}=1-P\{X\leqslant 75\}\approx 1-\Phi\left(\frac{75-70}{\sqrt{21}}\right)$$

$$=1-\Phi(1.09)=1-0.862\,1=0.137\,9.$$

第六章　样本及抽样分布

1. 在总体 $N(52,6.3^2)$ 中随机抽一容量为 36 的样本，求样本均值 $\overline{X}$ 落在 50.8 到 53.8 之间的概率.

解：因 $\overline{X}\sim N(52,\frac{6.3^2}{36})$，所以

$$P\{50.8<\overline{X}<53.8\}=P\left\{\frac{50.8-52}{\frac{6.3}{6}}<\frac{\overline{X}-52}{\frac{6.3}{6}}<\frac{53.8-52}{\frac{6.3}{6}}\right\}$$

$$=P\left\{-\frac{8}{7}<\frac{\overline{X}-52}{\frac{6.3}{6}}<\frac{12}{7}\right\}$$

$$=\Phi\left(\frac{12}{7}\right)-\Phi\left(-\frac{8}{7}\right)=\Phi\left(\frac{12}{7}\right)+\Phi\left(\frac{8}{7}\right)-1$$

$$\approx 0.9564+0.8729-1=0.8293.$$

2. 在总体 $N(12,4)$ 中随机抽一容量为 5 的样本 X_1,X_2,X_3,X_4,X_5.

(1)求样本均值与总体均值之差的绝对值大于 1 的概率.

(2)求概率 $P\{\max(X_1,X_2,X_3,X_4,X_5)>15\}$；$P\{\min(X_1,X_2,X_3,X_4,X_5)<10\}$.

解：(1)因 $\overline{X}\sim N\left(12,\frac{4}{5}\right)$，所以

$$P\{|\overline{X}-12|>1\}=P\left\{\left|\frac{\overline{X}-12}{\sqrt{\frac{4}{5}}}\right|>\frac{\sqrt{5}}{2}\right\}=2-2\Phi\left(\frac{\sqrt{5}}{2}\right)$$

$$=2\times[1-\Phi(1.12)]=2\times(1-0.8686)=0.2628.$$

(2)

$$P\{\max(X_1,X_2,X_3,X_4,X_5)>15\}$$
$$=1-P\{X_1\leqslant 15,X_2\leqslant 15,X_3\leqslant 15,X_4\leqslant 15,X_5\leqslant 15\}$$
$$=1-\prod_{i=1}^{5}P\{X_i\leqslant 15\}=1-\prod_{i=1}^{5}P\left\{\frac{X_i-12}{2}\leqslant\frac{15-12}{2}\right\}$$
$$\approx 1-[\Phi(1.5)]^5=1-(0.9332)^5=0.2923.$$

$$P\{\min(X_1,X_2,X_3,X_4,X_5)<10\}$$
$$=1-P\{X_1\geqslant 10,X_2\geqslant 10,X_3\geqslant 10,X_4\geqslant 10,X_5\geqslant 10\}$$
$$=1-\prod_{i=1}^{5}P\{X_i\geqslant 10\}=1-\prod_{i=1}^{5}P\left\{\frac{X_i-12}{2}\geqslant\frac{10-12}{2}\right\}$$
$$\approx 1-[1-\Phi(-1)]^5=1-[\Phi(1)]^5=1-(0.8413)^5=0.5785.$$

【方法总结】 本题(2)也可利用第三章的公式：

$M=\max(X_1,X_2,X_3,X_4,X_5)$ 的分布函数为 $F_M(z)=[F(z)]^5$.

$N=\min(X_1,X_2,X_3,X_4,X_5)$ 的分布函数为 $F_N(z)=1-[1-F(z)]^5$.

则(2) $P\{M>15\}=1-F_M(15)$；$P\{N<10\}=F_N(10)$.

3. 求总体 $N(20,3)$ 的容量分别为 10,15 的两独立样本均值差的绝对值大于0.3 的概率.

解: 设 $X_1,X_2,\cdots,X_{10}$ 与 $Y_1,Y_2,\cdots,Y_{15}$ 分别是取自总体 $N(20,3)$ 的两个独立样本,记 $\overline{X}=\frac{1}{10}\sum_{i=1}^{10}X_i,\overline{Y}=\frac{1}{15}\sum_{i=1}^{15}Y_i$, $\overline{X}$ 与 $\overline{Y}$ 独立,且 $\overline{X}\sim N\left(20,\frac{3}{10}\right),\overline{Y}\sim N\left(20,\frac{3}{15}\right)$,则 $\overline{X}-\overline{Y}\sim N\left(0,\frac{1}{2}\right)$,于是

$$P\{|\overline{X}-\overline{Y}|>0.3\}=P\left\{\left|\frac{\overline{X}-\overline{Y}}{\frac{1}{\sqrt{2}}}\right|>0.3\times\sqrt{2}\right\}=2\times[1-\Phi(0.3\times\sqrt{2})]$$

$$\approx 2\times[1-\Phi(0.424\,3)]=2\times(1-0.662\,8)=0.674\,4.$$

4. (1)设样本 $X_1,X_2,\cdots,X_6$ 来自总体 $N(0,1)$,$Y=(X_1+X_2+X_3)^2+(X_4+X_5+X_6)^2$,试确定常数 C 使 CY 服从χ^2 分布.

(2)设样本 $X_1,X_2,\cdots,X_5$ 来自总体 $N(0,1)$,$Y=\frac{C(X_1+X_2)}{(X_3^2+X_4^2+X_5^2)^{\frac{1}{2}}}$,试确定常数 C 使 Y 服从 t 分布.

(3)已知 $X\sim t(n)$,求证 $X^2\sim F(1,n)$.

解: (1)因为 $X_1,X_2,\cdots,X_6$ 是总体 $N(0,1)$的样本,故

$$X_1+X_2+X_3\sim N(0,3),X_4+X_5+X_6\sim N(0,3),$$

$$\frac{X_1+X_2+X_3}{\sqrt{3}}\sim N(0,1),\frac{X_4+X_5+X_6}{\sqrt{3}}\sim N(0,1),$$

且两者相互独立,按χ^2 分布的定义

$$\frac{(X_1+X_2+X_3)^2}{3}+\frac{(X_4+X_5+X_6)^2}{3}\sim\chi^2(2),$$

则 $\frac{1}{3}Y\sim\chi^2(2)$,即知 $C=\frac{1}{3}$.

(2)因 $X_1,X_2,\cdots,X_5$ 是总体 $N(0,1)$的样本,故 $X_1+X_2\sim N(0,2)$,即有 $\frac{X_1+X_2}{\sqrt{2}}\sim N(0,1)$,而 $X_3^2+X_4^2+X_5^2\sim\chi^2(3)$,且 $\frac{X_1+X_2}{\sqrt{2}}$ 与 $X_3^2+X_4^2+X_5^2$ 相互独立,于是

$$\frac{\frac{X_1+X_2}{\sqrt{2}}}{\sqrt{\frac{X_3^2+X_4^2+X_5^2}{3}}}=\sqrt{\frac{3}{2}}\frac{X_1+X_2}{\sqrt{X_3^2+X_4^2+X_5^2}}\sim t(3),$$

因此所求的常数 $C=\sqrt{\frac{3}{2}}$.

(3)因 $X\sim t(n)$,所以 X 具有如下结构:$X=\frac{U}{\sqrt{\frac{Y}{n}}}$,其中 $U\sim N(0,1)$,$Y\sim\chi^2(n)$,且 U 与

Y相互独立.从而$X^2=\dfrac{U^2}{\frac{Y}{n}}$,而$U^2\sim\chi^2(1)$,且$U^2$与$Y$也相互独立,由定义$X^2\sim F(1,n)$.

5. (1)已知某种能力测试的得分服从正态分布$N(\mu,\sigma^2)$,随机取10个人参与这一测试.求他们得分的联合概率密度,并求这10个人得分的平均值小于μ的概率.

(2)在(1)中设$\mu=62,\sigma^2=25$,若得分超过70就能得奖,求至少有一人得奖的概率.

解:(1)10个人的得分分别记为$X_1,X_2,\cdots,X_{10}$.它们的联合概率密度为

$$f(x_1,x_2,\cdots,x_{10})=\prod_{i=1}^{10}\frac{1}{\sqrt{2\pi}\sigma}e^{\frac{-(x_i-\mu)^2}{2\sigma^2}},$$

$$\overline{X}=\frac{1}{10}\sum_{i=1}^{10}X_i\sim N\left(\mu,\frac{\sigma^2}{10}\right),$$

$$P\{\overline{X}<\mu\}=\Phi\left(\frac{\mu-\mu}{\frac{\sigma}{\sqrt{10}}}\right)=\Phi(0)=\frac{1}{2}.$$

(2)若一人得奖的概率为p,则得奖人数$Y\sim B(10,p)$.此处p是随机选取一人,其考分X在70分以上的概率.因为$X\sim N(62,25)$,故

$$p=P\{X>70\}=1-P(X\leqslant 70)=1-\Phi\left(\frac{70-62}{\sqrt{25}}\right)$$

$$=1-\Phi(1.6)=1-0.945\ 2=0.054\ 8.$$

至少一人得奖的概率为

$$P\{Y\geqslant 1\}=1-P\{Y<1\}=1-(1-p)^{10}=1-(0.945\ 2)^{10}=0.431.$$

6. 设总体$X\sim B(1,p)$,$X_1,X_2,\cdots,X_n$是来自X的样本.

(1)求$(X_1,X_2,\cdots,X_n)$的分布律.

(2)求$\sum\limits_{i=1}^{n}X_i$的分布律.

(3) 求$E(\overline{X}),D(\overline{X}),E(S^2)$.

解:(1) 由于$X_1,X_2,\cdots,X_n$是来自X的样本,因此它们相互独立,故

$$P\{X_1=x_1,X_2=x_2,\cdots,X_n=x_n\}=P\{X_1=x_1\}P\{X_2=x_2\}\cdot\cdots\cdot P\{X_n=x_n\}$$

$$=p^{\sum_{i=1}^{n}x_i}(1-p)^{n-\sum_{i=1}^{n}x_i},x_i=0,1;i=1,2,\cdots,n.$$

(2)$X_1,X_2,\cdots,X_n$独立同服从$B(1,p)$,则$X=\sum\limits_{i=1}^{n}X_i\sim B(n,p)$,因此

$$P\left\{\sum_{i=1}^{n}X_i=k\right\}=C_n^k p^k(1-p)^{n-k},k=0,1,2,\cdots,n.$$

(3) 由于$\sum\limits_{i=1}^{n}X_i\sim B(n,p)$,所以

$$E(\overline{X})=E\left(\frac{1}{n}\sum_{i=1}^{n}X_i\right)=\frac{1}{n}E\left(\sum_{i=1}^{n}X_i\right)=\frac{1}{n}\cdot np=p,$$

$$D(\overline{X})=D\left(\frac{1}{n}\sum_{i=1}^{n}X_i\right)=\frac{1}{n^2}D\left(\sum_{i=1}^{n}X_i\right)=\frac{1}{n^2}np(1-p)=\frac{p(1-p)}{n},$$

$$E(S^2)=E\left[\frac{1}{n-1}\sum_{i=1}^{n}(X_i-\overline{X})^2\right]=\frac{1}{n-1}E\left(\sum_{i=1}^{n}X_i^2-n\overline{X}^2\right)$$

$$=\frac{1}{n-1}\left[\sum_{i=1}^{n}E(X_i^2)-n(E\overline{X}^2)\right]$$

$$=\frac{1}{n-1}\left\{\sum_{i=1}^{n}[D(X_i)+(E(X_i))^2]-n[D(\overline{X})+(E(\overline{X}))^2]\right\}$$

$$=\frac{n}{n-1}\left[p(1-p)+p^2-\frac{p(1-p)}{n}-p^2\right]=p(1-p).$$

7. 设总体 $X\sim\chi^2(n)$，$X_1,X_2,\cdots,X_{10}$ 是来自 X 的样本，求 $E(\overline{X}),D(\overline{X}),E(S^2)$.

解：$E(X_i)=E(X)=n$，$D(X_i)=D(X)=2n$，则

$$E(\overline{X})=E\left(\frac{1}{10}\sum_{i=1}^{10}X_i\right)=\frac{1}{10}\sum_{i=1}^{10}E(X_i)=n.$$

$$D(\overline{X})=D\left(\frac{1}{10}\sum_{i=1}^{10}X_i\right)=\frac{1}{10^2}\sum_{i=1}^{10}D(X_i)=\frac{1}{100}\times10\times2n=\frac{n}{5}.$$

$$E(S^2)=\frac{1}{10-1}E\left(\sum_{i=1}^{10}X_i^2-10\overline{X}^2\right)=\frac{1}{9}\left[\sum_{i=1}^{10}E(X_i^2)-10E(\overline{X}^2)\right]$$

$$=\frac{1}{9}\left\{\sum_{i=1}^{10}[DX_i+(EX_i)^2]-10[D\overline{X}+(E\overline{X})^2]\right\}$$

$$=\frac{1}{9}\times\left[10\times(2n+n^2)-10\times\left(\frac{n}{5}+n^2\right)\right]=2n.$$

8. 设总体 $X\sim N(\mu,\sigma^2)$，$X_1,X_2,\cdots,X_{10}$ 是来自 X 的样本.

(1)写出 $X_1,X_2,\cdots,X_{10}$ 的联合概率密度.　　(2)写出 $\overline{X}$ 的概率密度.

解：$X_1,X_2,\cdots,X_n$ 独立同分布，且 $X_i\sim N(\mu,\sigma^2)$，$i=1,2,\cdots,n$.

(1) $f(x_1,x_2,\cdots,x_{10})=f_{X_1}(x_1)f_{X_2}(x_2)\cdot\cdots\cdot f_{X_{10}}(x_{10})$

$$=\left(\frac{1}{\sqrt{2\pi}\sigma}\right)^{10}e^{-\sum\limits_{i=1}^{10}\frac{(x_i-\mu)^2}{2\sigma^2}}.$$

(2) $\sum\limits_{i=1}^{n}X_i\sim N(n\mu,n\sigma^2)$，故 $\overline{X}=\frac{1}{n}\sum\limits_{i=1}^{n}X_i\sim N\left(\mu,\frac{\sigma^2}{n}\right)$，

因此 $f_{\overline{X}}(x)=\dfrac{1}{\sqrt{2\pi}\frac{\sigma}{\sqrt{n}}}e^{-\frac{(x-\mu)^2}{\frac{2\sigma^2}{n}}}=\dfrac{\sqrt{n}}{\sqrt{2\pi}\sigma}e^{-\frac{(x-\mu)^2n}{2\sigma^2}}$.

当 $n=10$ 时，$f_{\overline{X}}(x)=\dfrac{\sqrt{5}}{\sqrt{\pi}\sigma}e^{-\frac{5}{\sigma^2}(x-\mu)^2}$.

9. 设在总体 $N(\mu,\sigma^2)$ 中抽取一容量为 16 的样本. 这里 μ,σ^2 均为未知.

(1)求 $P\left\{\frac{S^2}{\sigma^2}\leqslant2.041\right\}$，其中 S^2 为样本方差.　　(2)求 $D(S^2)$.

解：(1)由样本来自总体 $N(\mu,\sigma^2)$ 知，$\frac{(16-1)S^2}{\sigma^2}\sim\chi^2(16-1)$. 从而

$$P\left\{\frac{S^2}{\sigma^2}\leqslant 2.041\right\}=P\left\{\frac{15S^2}{\sigma^2}\leqslant 15\times 2.041\right\}=1-P\left\{\frac{15S^2}{\sigma^2}>30.615\right\}$$

$$=1-P\{\chi^2(15)>30.615\}=1-0.01=0.99.$$

(2)由$(n-1)\frac{S^2}{\sigma^2}\sim\chi^2(n-1)$，有$D\left[(n-1)\frac{S^2}{\sigma^2}\right]=2(n-1)$，

即$\frac{(n-1)^2}{\sigma^4}D(S^2)=2(n-1)$，从而$D(S^2)=\frac{2\sigma^4}{n-1}$，

当$n=16$时，$D(S^2)=\frac{2}{15}\sigma^4$.

10. 下面列出了30个美国NBA球员的体重(以磅计，1磅=0.454kg)数据. 这些数据是从美国NBA球队1990—1991赛季的花名册中抽样得到的.

225	232	232	245	235	245	270	225	240	240
217	195	225	185	200	220	200	210	271	240
220	230	215	252	225	220	206	185	227	236

(1)画出这些数据的频率直方图(提示:最大和最小观察值分别为271和185，区间[184.5,271.5]包含所有数据，将整个区间分为5等份，为计算方便，将区间调整为(179.5,279.5)).

(2)作出这些数据的箱线图.

解:最大和最小观察值分别为271和185，考虑到这些数据是将实测数据经四舍五入后得到的，取区间$I=[184.5,271.5]$使得所有实测数据都落在I上. 将区间I等分为若干小区间，小区间的个数与数据个数n有关，取$\sqrt{n}$左右为佳. 现在取小区间的个数为5，于是小区间的长度为$\frac{271.5-184.5}{5}=17.4$. 这一长度使用起来不方便. 为此，将区间$I$的下限延伸至179.5，上限延伸至279.5，这样小区间的长度调整为

$$\Delta=\frac{279.5-179.5}{5}=20.$$

数出落在每小区间内的数据的个数f_i，$i=1,2,3,4,5$，算出数据落在各个小区间的频率$\frac{f_i}{n}$ ($n=30$，$i=1,2,3,4,5$)，所得结果列表如下：

组　　限	频数f_i	频率$\frac{f_i}{n}$	累积频率
179.5～199.5	3	0.1	0.10
199.5～219.5	6	0.2	0.30
219.5～239.5	13	0.43	0.73
239.5～259.5	6	0.2	0.93
259.5～279.5	2	0.07	1

在每个小区间上作以对应的频率除以Δ为高(即以$(f_i/n)/\Delta$为高)，以小区间

为底的小长方形.小长方形的面积就是$[(f_i/n)/\Delta]\times\Delta=\frac{f_i}{n}$.画出图形,这就是所求的频率直方图(如图 6-1).

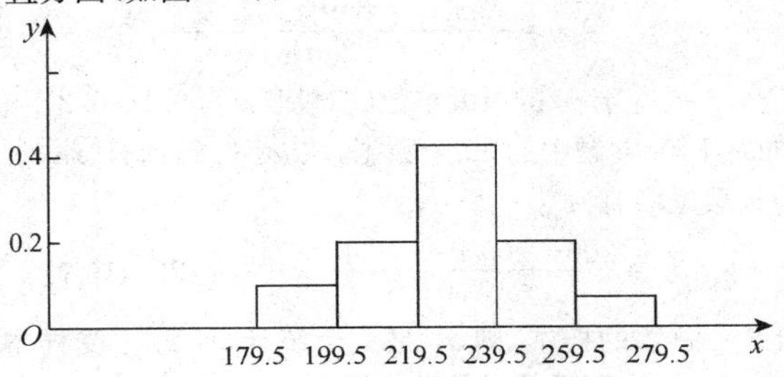

图 6-1

(2)将 $n=30$ 个数据按自小到大的次序排序得到

185	185	195	200	200	206	210	215	217	220
220	220	225	225	225	225	227	230	232	232
235	236	240	240	240	245	245	252	270	271

下面来求第一四分位数 Q_1,中位数 M,第三四分位数 Q_3.

当 $p=0.25$ 时,因 $np=30\times0.25=7.5$,故 Q_1 位于左起第$[7.5]+1=8$ 处,即有 $Q_1=215$.

当 $p=0.5$ 时,因 $np=30\times0.5=15$,故 $M=Q_2$ 是这 30 个数最中间两个数的平均值,即有 $Q_2=M=\frac{1}{2}(225+225)=225$.

当 $p=0.75$ 时,因 $np=30\times0.75=22.5$,故 Q_3 位于左起第$[22.5]+1=23$ 处,即有 $Q_3=240$.又 $\min=185$,$\max=271$.

根据 $\min,Q_1,M,Q_3,\max$ 这 5 点作出箱线图,如图 6-2 所示.从上述两个图能看出数据的分布关于中心线比较对称.

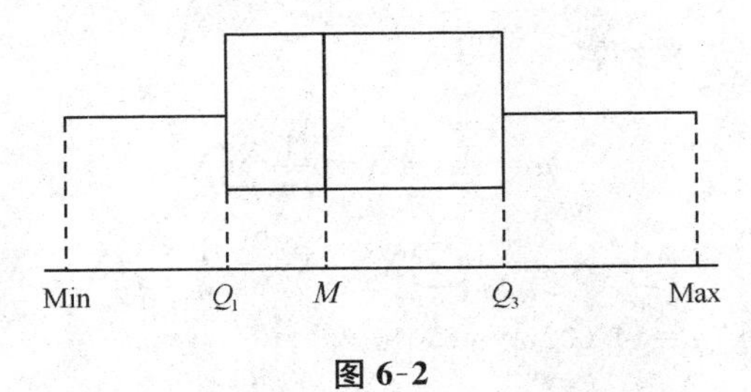

图 6-2

11. 截尾均值　设数据集包含 n 个数据,将这些数据自小到大排序为

$$x_{(1)}\leqslant x_{(2)}\leqslant\cdots\leqslant x_{(n)},$$

删去 $100\alpha\%$ 个数值小的数,同时删去 $100\alpha\%$ 个数值大的数,将留下的数据取算术平均,记为 $\overline{x}_\alpha$,即

$$\overline{x}_\alpha=\frac{x_{([n\alpha]+1)}+\cdots+x_{(n-[n\alpha])}}{n-2[n\alpha]},$$

其中,$[n\alpha]$是小于或等于 $n\alpha$ 的最大整数(一般取 α 为 0.1~0.2). $\overline{x}_\alpha$ 称为 $100\alpha\%$ 截尾均值. 例如对于第 10 题中的 30 个数据,取 $\alpha=0.1$,则有$[n\alpha]=[30\times0.1]=3$,得 $100\times0.1\%$ 截尾均值为

$$\overline{x}_\alpha=\frac{200+200+\cdots+245+245}{30-6}=225.416\ 7.$$

若数据来自某一总体的样本,则 $\overline{x}_\alpha$ 是一个统计量. $\overline{x}_\alpha$ 不受样本的极端值的影响,截尾均值在实际应用问题中是常会用到的.

试求第 10 题的数据 $\alpha=0.2$ 的截尾均值.

解:$\alpha=0.2$,$[n\alpha]=[30\times0.2]=6$,$100\times0.2\%$ 截尾均值为

$$\overline{x}_\alpha=\frac{210+215+\cdots+240+240}{30-12}=226.333\ 3.$$

第七章　参数估计

1. 随机地取 8 只活塞环,测得它们的直径为(单位:mm):

74.001　74.005　74.003　74.001　74.000　73.998　74.006　74.002

试求总体均值 μ 及方差 σ^2 的矩估计值,并求样本方差 s^2.

解:由矩法估计知

$$\begin{cases}E(X)=\mu,\\E(X^2)=D(X)+[E(X)]^2=\sigma^2+\mu^2.\end{cases}$$

令 $\begin{cases}\mu=A_1,\\\sigma^2+\mu^2=A_2,\end{cases}$ 解之得

$$\hat{\mu}=A_1=\overline{X}=\frac{1}{n}\sum_{i=1}^{n}X_i,$$

$$\hat{\sigma}^2=A_2-A_1^2=\frac{1}{n}\sum_{i=1}^{n}X_i^2-\overline{X}^2=\frac{1}{n}\sum_{i=1}^{n}(X_i-\overline{X})^2.$$

由题中数据得　$\hat{\mu}=74.002$,$\hat{\sigma}^2=6\times10^{-6}$.

样本方差　$s^2=\dfrac{1}{n-1}\sum_{i=1}^{n}(x_i-\overline{x})^2=6.86\times10^{-6}$.

2. 设 $X_1,X_2,\cdots,X_n$ 为总体的一个样本,求下列各总体的密度函数或分布律中的未知参数的矩估计量和矩估计值.

(1) $f(x)=\begin{cases}\theta c^{\theta}x^{-(\theta+1)}, & x>c,\\ 0, & \text{其他},\end{cases}$ 其中 $c>0$ 为已知,$\theta>1$,θ 为未知参数.

(2) $f(x)=\begin{cases}\sqrt{\theta}x^{\sqrt{\theta}-1}, & 0\leqslant x\leqslant 1,\\ 0, & \text{其他},\end{cases}$ 其中 $\theta>0$,θ 为未知参数.

(3) $P\{X=x\}=C_m^x p^x(1-p)^{m-x}$, $x=0,1,2,\cdots,m$, $0<p<1$, p 为未知参数.

解:(1) 令 $\bar{x}=\frac{1}{n}\sum_{i=1}^{n}x_i$ 为观测值的均值.

$$E(X)=\int_c^{+\infty}x\theta c^{\theta}x^{-(\theta+1)}\,\mathrm{d}x=\int_c^{+\infty}\theta c^{\theta}x^{-\theta}\,\mathrm{d}x=\theta\,c^{\theta}\int_c^{+\infty}x^{-\theta}\,\mathrm{d}x$$

$$=\frac{\theta\,c^{\theta}}{-\theta+1}\cdot x^{-\theta+1}\Big|_c^{+\infty}=\frac{\theta\,c}{\theta-1}.$$

由矩估计的定义知: $\frac{\theta\,c}{\theta-1}=\overline{X}=\frac{1}{n}\sum_{i=1}^{n}X_i$,

解之得$\hat{\theta}=\frac{\overline{X}}{\overline{X}-c}$为 θ 的矩估计量,相应地 $\hat{\theta}=\frac{\bar{x}}{\bar{x}-c}$为 θ 的矩估计值.

(2) $E(X)=\int_0^1 x\cdot\sqrt{\theta}x^{\sqrt{\theta}-1}\,\mathrm{d}x=\int_0^1\sqrt{\theta}x^{\sqrt{\theta}}\,\mathrm{d}x=\frac{\sqrt{\theta}}{\sqrt{\theta}+1}x^{\sqrt{\theta}+1}\Big|_0^1=\frac{\sqrt{\theta}}{\sqrt{\theta}+1}.$

由矩估计的定义知: $\frac{\sqrt{\theta}}{\sqrt{\theta}+1}=\overline{X}=\frac{1}{n}\sum_{i=1}^{n}X_i$,解之得$\hat{\theta}=\left(\frac{\overline{X}}{1-\overline{X}}\right)^2$ 为 θ 的矩估计量,相应地 $\hat{\theta}=\left(\frac{\bar{x}}{1-\bar{x}}\right)^2$ 为 θ 的矩估计值.

$$(3)\ E(X)=\sum_{i=1}^{n}xC_m^x p^x(1-p)^{m-x}$$

$$=\sum_{i=1}^{n}\frac{m\cdot(m-1)!}{(x-1)!(m-x)!}\cdot p\cdot p^{x-1}\cdot(1-p)^{m-x}$$

$$=mp\sum_{i=1}^{n}\frac{(m-1)!}{(x-1)!(m-x)!}p^{x-1}(1-p)^{m-x}=mp,$$

所以 $m\hat{p}=\overline{X}$, $\hat{p}=\frac{\overline{X}}{m}$.

3. 求上题中各未知参数的最大似然估计值和估计量.

解:(1)样本 $X_1,X_2,\cdots,X_n$ 的似然函数为

$$L(\theta)=\prod_{i=1}^{n}\theta\cdot c^{\theta}x_i^{-(\theta+1)}=\theta^n c^{n\theta}\prod_{i=1}^{n}x_i^{-(\theta+1)},$$

而 $\ln L(\theta)=n\ln\theta+n\theta\ln c-(\theta+1)\sum_{i=1}^{n}\ln x_i$,

令 $\frac{\mathrm{d}}{\mathrm{d}\theta}\ln L(\theta)=\frac{n}{\theta}+n\ln c-\sum_{i=1}^{n}\ln x_i=0$,解得 θ 的最大似然估计值为

$$\hat{\theta}=\frac{n}{\sum_{i=1}^{n}\ln x_i-n\ln c},$$

最大似然估计量为 $\hat{\theta}=\dfrac{n}{\sum\limits_{i=1}^{n}\ln X_i-n\ln c}$.

(2)样本 $X_1,X_2,\cdots,X_n$ 的似然函数 $L(\theta)=\prod\limits_{i=1}^{n}\sqrt{\theta}x_i^{\sqrt{\theta}-1}=\theta^{\frac{n}{2}}\prod\limits_{i=1}^{n}x_i^{\sqrt{\theta}-1}$，而

$$\ln L(\theta)=\frac{n}{2}\ln\theta+(\sqrt{\theta}-1)\sum_{i=1}^{n}\ln x_i,$$

令 $\dfrac{\mathrm{d}}{\mathrm{d}\theta}\ln L(\theta)=\dfrac{n}{2\theta}+\dfrac{\sum\limits_{i=1}^{n}\ln x_i}{2\sqrt{\theta}}=0$，解得 θ 的最大似然估计值为

$$\hat{\theta}=\frac{n^2}{\left(\sum\limits_{i=1}^{n}\ln x_i\right)^2},$$

最大似然估计量为$\hat{\theta}=\dfrac{n^2}{\left(\sum\limits_{i=1}^{n}\ln X_i\right)^2}$.

(3)样本 $X_1,X_2,\cdots,X_n$ 的似然函数为

$$L(p)=\prod_{i=1}^{n}\mathrm{C}_m^{x_i}p^{x_i}(1-p)^{m-x_i}=p^{\sum\limits_{i=1}^{n}x_i}(1-p)^{nm-\sum\limits_{i=1}^{n}x_i}\prod_{i=1}^{n}\mathrm{C}_m^{x_i},$$

$$\ln L(p)=\sum_{i=1}^{n}x_i\ln p+\left(nm-\sum_{i=1}^{n}x_i\right)\ln(1-p)+\sum_{i=1}^{n}\ln\mathrm{C}_m^{x_i},$$

令 $\dfrac{\mathrm{d}}{\mathrm{d}p}\ln L(p)=\dfrac{\sum\limits_{i=1}^{n}x_i}{p}+\dfrac{nm-\sum\limits_{i=1}^{n}x_i}{1-p}\cdot(-1)=0$.

解得 p 的最大似然估计值为$\hat{p}=\dfrac{\bar{x}}{m}$，最大似然估计量为$\hat{p}=\dfrac{\overline{X}}{m}$.

4. (1)设总体 X 具有分布律

X	1	2	3
p_k	θ^2	$2\theta(1-\theta)$	$(1-\theta)^2$

其中 $\theta(0<\theta<1)$ 为未知参数. 已知取得了样本值 $x_1=1,x_2=2,x_3=1$. 试求 θ 的矩估计值和最大似然估计值.

(2)设 $X_1,X_2,\cdots,X_n$ 是来自参数为 λ 的泊松分布总体的一个样本，试求 λ 的最大似然估计量及矩估计量.

(3)设随机变量 X 服从以 r,p 为参数的负二项分布，其分布律为

$$P\{X=x_k\}=\mathrm{C}_{x_k-1}^{r-1}p^r(1-p)^{x_k-r},\quad x_k=r,r+1,\cdots,$$

其中 r 已知，p 未知. 设有样本值 $x_1,x_2,\cdots,x_n$，试求 p 的最大似然估计值.

解:(1)矩估计:

$$E(X)=1\times\theta^2+2\times2\theta(1-\theta)+3(1-\theta)^2=3-2\theta,$$

令 $E(X)=\overline{X}$，则有$\hat{\theta}=\dfrac{3-\overline{X}}{2}$，

矩估计值为$\hat{\theta}=\dfrac{3-\overline{x}}{2}=\dfrac{3-\dfrac{1}{3}\times(1+2+1)}{2}=\dfrac{5}{6}$.

最大似然估计：

样本值 $x_1=1,x_2=2,x_3=1$，似然函数为

$$L(\theta)=\theta^2\cdot 2\theta(1-\theta)\cdot\theta^2=2\theta^5(1-\theta),$$

$$\ln L(\theta)=5\ln\theta+\ln(1-\theta)+\ln 2,$$

$$\frac{\mathrm{d}\ln L(\theta)}{\mathrm{d}\theta}=\frac{5}{\theta}-\frac{1}{1-\theta}\overset{令}{=\!=}0,$$

得最大似然估计值为$\hat{\theta}=\dfrac{5}{6}$.

(2)总体 X 的分布律为 $P\{X=x\}=\dfrac{\lambda^x\mathrm{e}^{-\lambda}}{x!}$，$x=0,1,\cdots$.

样本 $X_1,X_2,\cdots,X_n$ 的似然函数为

$$L(\lambda)=\prod_{i=1}^{n}\frac{\lambda^{x_i}\mathrm{e}^{-\lambda}}{x_i!}=\frac{\lambda^{\sum\limits_{i=1}^{n}x_i}\mathrm{e}^{-n\lambda}}{\prod\limits_{i=1}^{n}x_i!},$$

$$\ln L(\lambda)=\sum_{i=1}^{n}x_i\ln\lambda-n\lambda-\sum_{i=1}^{n}\ln(x_i!),$$

令 $\dfrac{\mathrm{d}}{\mathrm{d}\lambda}\ln L(\lambda)=\dfrac{\sum\limits_{i=1}^{n}x_i}{\lambda}-n=0$，解得 λ 的最大似然估计量为

$$\hat{\lambda}=\frac{1}{n}\sum_{i=1}^{n}X_i=\overline{X}.$$

又因为 $E(X)=\lambda$，所以由矩估计的定义得 λ 的矩估计量为$\hat{\lambda}=\overline{X}$.

(3)似然函数为

$$L(p)=\prod_{k=1}^{n}P\{X=x_k\}=\prod_{k=1}^{n}\mathrm{C}_{x_k-1}^{r-1}p^r(1-p)^{x_k-r}$$

$$=\Big(\prod_{k=1}^{n}\mathrm{C}_{x_k-1}^{r-1}\Big)p^{nr}(1-p)^{\sum\limits_{k=1}^{n}x_k-nr}$$

$$\ln L=\ln C+nr\ln p+\Big(\sum_{k=1}^{n}x_k-nr\Big)\ln(1-p),\ C\text{ 为常数}.$$

令$\dfrac{\mathrm{d}}{\mathrm{d}p}(\ln L)=\dfrac{nr}{p}-\dfrac{1}{1-p}\Big(\sum\limits_{k=1}^{n}x_k-nr\Big)=0$，得 p 的最大似然估计值为 $\hat{p}=\dfrac{r}{\overline{x}}$.

5. 设某种电子器件的寿命(以小时计)T 服从双参数的指数分布，其概率密度为

$$f(t)=\begin{cases}\dfrac{1}{\theta}\mathrm{e}^{-\frac{t-c}{\theta}}, & t\geqslant c,\\ 0, & 其他,\end{cases}$$

其中 $c,\theta(c,\theta>0)$ 为未知参数. 自一批这种器件中随机地取 n 件进行寿命试验. 设它们的失效时间依次为 $x_1\leqslant x_2\leqslant\cdots\leqslant x_n$.

(1)求 θ 与 c 的最大似然估计值.

(2)求 θ 与 c 的矩估计量.

解:(1) $L(\theta,c)=\dfrac{1}{\theta^n}e^{-\frac{1}{\theta}\sum\limits_{i=1}^{n}(x_i-c)}, x_i\geqslant c$,

$$\ln L(\theta,c)=-n\ln\theta-\frac{1}{\theta}\sum_{i=1}^{n}(x_i-c),$$

$\dfrac{\partial\ln L}{\partial c}=\dfrac{n}{\theta}\neq 0$,因此 $c=\min(x_1,x_2,\cdots,x_n)=x_1$ 使 L 取最大值,按最大似然估计的定义,故 c 的最大似然估计值为 $\hat{c}=x_1$.

$$\frac{\partial\ln L}{\partial\theta}=-\frac{n}{\theta}+\frac{\sum\limits_{i=1}^{n}(x_i-c)}{\theta^2}\xlongequal{\text{令}}0,$$

得 θ 的最大似然估计值为 $\hat{\theta}=\overline{x}-\hat{c}=\overline{x}-x_1$.

(2) $E(X)=\displaystyle\int_{-\infty}^{+\infty}xf(x)\mathrm{d}x=\int_{c}^{+\infty}\frac{x}{\theta}e^{-\frac{x-c}{\theta}}\mathrm{d}x=\theta+c$,

$E(X^2)=\displaystyle\int_{c}^{+\infty}\frac{x^2}{\theta}e^{-\frac{x-c}{\theta}}\mathrm{d}x=\theta^2+(\theta+c)^2$,

令 $E(X)=\overline{X}, E(X^2)=\dfrac{1}{n}\sum\limits_{i=1}^{n}X_i^2$,那么 θ 和 c 的矩估计量分别为

$$\hat{\theta}=\sqrt{\frac{1}{n}\sum_{i=1}^{n}(X_i-\overline{X})^2},\hat{c}=\overline{X}-\sqrt{\frac{1}{n}\sum_{i=1}^{n}(X_i-\overline{X})^2}.$$

6. 一地质学家为研究密歇根湖湖滩地区的岩石成分,随机地自该地区取 100 个样品,每个样品有 10 块石子,记录了每个样品中属石灰石的石子数,假设这 100 次观察相互独立,并且由过去经验知,它们都服从参数为 $m=10,p$ 的二项分布,p 是这地区一块石子是石灰石的概率,求 p 的最大似然估计值. 该地质学家所得的数据如下:

样品中属石灰石的石子数 i	0	1	2	3	4	5	6	7	8	9	10
观察到 i 块石灰石的样品个数	0	1	6	7	23	26	21	12	3	1	0

解:二项分布的分布律为 $P\{X=k\}=C_m^k p^k q^{m-k}$, $k=0,1,\cdots,m$,

由前面第 3 题的(3)知,p 的最大似然估计量为 $\hat{p}=\dfrac{\overline{X}}{m}$.

这里 $m=10,\overline{x}=\dfrac{1}{n}\sum\limits_{i=1}^{n}x_i=\dfrac{1}{100}(1\times1+2\times6+3\times7+\cdots+10\times0)=4.99$,

则 p 的最大似然估计值为 $\hat{p}=\dfrac{4.99}{10}=0.499$.

7. (1)设 $X_1,X_2,\cdots,X_n$ 是来自总体 X 的一个样本,且 $X\sim\pi(\lambda)$. 求 $P\{X=0\}$ 的最大似然估计值.

(2)某铁路局证实一个扳道员在5年内所引起的严重事故的次数服从泊松分布. 求一个扳道员在5年内未引起严重事故的概率 p 的最大似然估计. 使用下面122个观察值. 下表中, r 表示一扳道员某5年中引起严重事故的次数, s 表示观察到的扳道员人数.

r	0	1	2	3	4	5
s	44	42	21	9	4	2

解:(1)由前面第4题知泊松分布的最大似然估计值 $\hat{\lambda}=\overline{x}$,

而 $P\{X=0\}=\dfrac{\lambda^0 e^{-\lambda}}{0!}=e^{-\lambda}$,因而 $\hat{p}=e^{-\overline{x}}$.

(2)在这里　$\overline{x}=\dfrac{1}{n}\sum\limits_{i=1}^{n}x_i=\dfrac{1}{222}(44\times0+42\times1+\cdots+2\times5)=1.123$.

则扳道员在5年内未引起严重事故的概率 p 的最大似然估计

$$\hat{p}=e^{-1.123}\approx0.3253.$$

8. (1)设 $X_1,X_2,\cdots,X_n$ 是来自概率密度为

$$f(x;\theta)=\begin{cases}\theta x^{\theta-1}, & 0<x<1,\\ 0, & \text{其他}\end{cases}$$

的总体的样本, θ 未知,求 $U=e^{-\frac{1}{\theta}}$ 的最大似然估计值.

(2)设 $X_1,X_2,\cdots,X_n$ 是来自正态总体 $N(\mu,1)$ 的样本, μ 未知,求 $\theta=P\{X>2\}$ 的最大似然估计值.

(3)设 $x_1,x_2,\cdots,x_n$ 是来自总体 $B(m,\theta)$ 的样本值,又 $\theta=\dfrac{1}{3}(1+\beta)$,求 β 的最大似然估计值.

解:(1)先求 θ 的最大似然估计. 似然函数为

$$L(\theta)=\prod_{i=1}^{n}\theta x_i^{\theta-1}=\theta^n\Big(\prod_{i=1}^{n}x_i\Big)^{\theta-1},$$

$$\ln L(\theta)=n\ln\theta+(\theta-1)\ln\Big(\prod_{i=1}^{n}x_i\Big).$$

令 $\dfrac{d\ln L(\theta)}{d\theta}=\dfrac{n}{\theta}+\sum\limits_{i=1}^{n}\ln x_i=0$,得 θ 的最大似然估计值为

$$\hat{\theta}=\frac{-n}{\sum\limits_{i=1}^{n}\ln x_i}. \qquad (*)$$

$U=e^{-\frac{1}{\theta}}$ 具有单调反函数,故由最大似然估计的不变性知, U 的最大似然估计值为

$$\hat{U}=e^{-\frac{1}{\hat{\theta}}},\text{其中}\hat{\theta}\text{由}(*)\text{所确定}.$$

(2)已知 μ 的最大似然估计为 $\hat{\mu}=\overline{x}$，而 $\theta=P\{X>2\}=1-P\{X\leqslant 2\}=1-\Phi(2-\mu)$ 具有单调反函数. 由最大似然估计的不变性得 $\theta=P\{X>2\}$ 的最大似然估计值为

$$\hat{\theta}=1-\Phi(2-\hat{\mu})=1-\Phi(2-\overline{x}).$$

(3)由本章习题第 3 题知，二项分布 $X\sim B(m,\theta)$ 的参数 θ 的最大似然估计为 $\hat{\theta}=\frac{\overline{x}}{m}$. 由最大似然估计的不变性得 $\beta=3\theta-1$ 的最大似然估计值为

$$\hat{\beta}=3\hat{\theta}-1=\frac{3\overline{x}}{m}-1.$$

9. (1)验证教材第六章 §3 定理四中的统计量

$$S_w^2=\frac{n_1-1}{n_1+n_2-2}S_1^2+\frac{n_2-1}{n_1+n_2-2}S_2^2=\frac{(n_1-1)S_1^2+(n_2-1)S_2^2}{n_1+n_2-2}$$

是两总体公共方差 σ^2 的无偏估计量(S_w^2 称为 σ^2 的合并估计).

(2)设总体 X 的数学期望为 μ，$X_1,X_2,\cdots,X_n$ 是来自 X 的样本，$a_1,a_2,\cdots,a_n$ 是任意常数，验证

$$\left(\sum_{i=1}^{n}a_iX_i\right)\Big/\sum_{i=1}^{n}a_i \quad \left(\text{其中}\sum_{i=1}^{n}a_i\neq 0\right)$$

是 μ 的无偏估计量.

证：(1) $S_1^2=\frac{1}{n_1-1}\sum\limits_{i=1}^{n_1}(X_i-\overline{X})^2$，$S_2^2=\frac{1}{n_2-1}\sum\limits_{i=1}^{n_2}(Y_i-\overline{Y})^2$，

则有 $E(S_1^2)=E(S_2^2)=\sigma^2$. 那么

$$\begin{aligned}E(S_w^2)&=\frac{1}{n_1+n_2-2}E[(n_1-1)S_1^2+(n_2-1)S_2^2]\\&=\frac{1}{n_1+n_2-2}[(n_1-1)E(S_1^2)+(n_2-1)E(S_2^2)]\\&=\frac{1}{n_1+n_2-2}[(n_1-1)\sigma^2+(n_2-1)\sigma^2]=\sigma^2,\end{aligned}$$

即 S_w^2 为 σ^2 的无偏估计.

(2)因 $E(X_i)=E(X)=\mu$，$i=1,2,\cdots,n$，

$$E\left[\left(\sum_{i=1}^{n}a_iX_i\right)\Big/\sum_{i=1}^{n}a_i\right]=\frac{1}{\sum\limits_{i=1}^{n}a_i}\sum_{i=1}^{n}a_iE(X_i)=\frac{1}{\sum\limits_{i=1}^{n}a_i}\sum_{i=1}^{n}(a_i\mu)=\mu.$$

即 $\left(\sum\limits_{i=1}^{n}a_iX_i\right)\Big/\sum\limits_{i=1}^{n}a_i$ 为 μ 的无偏估计量.

10. 设 $X_1,X_2,\cdots,X_n$ 是来自总体 X 的一个样本，设 $E(X)=\mu$，$D(X)=\sigma^2$.

(1)确定常数 c，使 $c\sum\limits_{i=1}^{n-1}(X_{i+1}-X_i)^2$ 为 σ^2 的无偏估计.

(2)确定常数 c，使 $(\overline{X})^2-cS^2$ 是 μ^2 的无偏估计($\overline{X}$，S^2 是样本均值和样本方差).

解：(1) $E\left[c\sum_{i=1}^{n-1}(X_{i+1}-X_i)^2\right]=c\sum_{i=1}^{n-1}E[(X_{i+1}-X_i)^2]$，因为

$$E[(X_{i+1}-X_i)^2]=D(X_{i+1}-X_i)+[E(X_{i+1}-X_i)]^2$$
$$=D(X_{i+1})+D(X_i)=2\sigma^2,$$

所以 $E[c\sum_{i=1}^{n-1}(X_{i+1}-X_i)^2]=c(n-1)\cdot 2\sigma^2$，

当 $2c(n-1)\sigma^2=\sigma^2$ 时，$c=\frac{1}{2(n-1)}$.

(2)$E[(\overline{X})^2-c\cdot S^2]=E(\overline{X})^2-c\cdot E(S^2)=\frac{\sigma^2}{n}+\mu^2-c\cdot\sigma^2$

当 $E[(\overline{X})^2-c\cdot S^2]=\mu^2$ 时，$\frac{\sigma^2}{n}+\mu^2-c\cdot\sigma^2=\mu^2$，得 $c=\frac{1}{n}$.

11. 设总体 X 的概率密度为

$$f(x;\theta)=\begin{cases}\frac{1}{\theta}x^{\frac{1-\theta}{\theta}}, & 0<x<1,\\ 0, & 其他,\end{cases}\quad 0<\theta<\infty,$$

$X_1,X_2,\cdots,X_n$ 是来自总体 X 的样本.

(1)验证 θ 的最大似然估计量是 $\hat{\theta}=-\frac{1}{n}\sum_{i=1}^{n}\ln X_i$，

(2)证明 $\hat{\theta}$ 是 θ 的无偏估计量.

解：(1)似然函数为

$$L(\theta)=\frac{1}{\theta^n}\prod_{i=1}^{n}x_i^{\frac{1-\theta}{\theta}},$$

$$\ln L(\theta)=-n\ln\theta+\frac{1-\theta}{\theta}\ln\prod_{i=1}^{n}x_i.$$

令 $\frac{\mathrm{d}}{\mathrm{d}\theta}\ln L(\theta)=-\frac{n}{\theta}+\left(\sum_{i=1}^{n}\ln x_i\right)\left(\frac{-1}{\theta^2}\right)=0$，得

$$-n\theta=\sum_{i=1}^{n}\ln x_i.$$

于是得到 θ 的最大似然估计量为

$$\hat{\theta}=\frac{-1}{n}\sum_{i=1}^{n}\ln X_i.$$

(2)因 $E(-\ln X)=\int_0^1(-\ln x)\cdot\frac{1}{\theta}x^{\frac{1}{\theta}-1}\mathrm{d}x=-x^{\frac{1}{\theta}}\ln x\Big|_0^1+\int_0^1\frac{1}{x}x^{\frac{1}{\theta}}\mathrm{d}x=\theta.$

从而知 $E(\hat{\theta})=\frac{1}{n}\sum_{i=1}^{n}E(-\ln X_i)=\frac{1}{n}\cdot n\theta=\theta$，故 $\hat{\theta}$ 为 θ 的无偏估计.

12. 设 X_1,X_2,X_3,X_4 是来自均值为 θ 的指数分布总体的样本，其中 θ 未知. 设有估计量

$$T_1=\frac{1}{6}(X_1+X_2)+\frac{1}{3}(X_3+X_4),\ T_2=\frac{X_1+2X_2+3X_3+4X_4}{5},$$
$$T_3=\frac{X_1+X_2+X_3+X_4}{4}.$$

(1)指出 T_1,T_2,T_3 中哪几个是 θ 的无偏估计量.

(2)在上述 θ 的无偏估计中指出哪一个较为有效.

解:(1)$E(T_1)=\frac{1}{6}[E(X_1)+E(X_2)]+\frac{1}{3}[E(X_3)+E(X_4)]$

$$=\frac{1}{6}(\theta+\theta)+\frac{1}{3}(\theta+\theta)=\theta,$$

$$E(T_2)=\frac{1}{5}[E(X_1)+2E(X_2)+3E(X_3)+4E(X_4)]$$

$$=\frac{1}{5}(\theta+2\theta+3\theta+4\theta)=2\theta,$$

$$E(T_3)=\frac{1}{4}[E(X_1)+E(X_2)+E(X_3)+E(X_4)]=\frac{1}{4}(\theta+\theta+\theta+\theta)=\theta.$$

故 T_1,T_3 为 θ 的无偏估计量.

(2)$D(T_1)=\frac{1}{36}[D(X_1)+D(X_2)]+\frac{1}{9}[D(X_3)+D(X_4)]$

$$=\frac{1}{36}(\theta^2+\theta^2)+\frac{1}{9}(\theta^2+\theta^2)=\frac{5}{18}\theta^2,$$

$$D(T_3)=\frac{1}{16}[D(X_1)+D(X_2)+D(X_3)+D(X_4)]=\frac{1}{16}(\theta^2+\theta^2+\theta^2+\theta^2)=\frac{1}{4}\theta^2,$$

$D(T_1)>D(T_3)$,故 T_3 较 T_1 更有效.

13. (1)设$\hat{\theta}$是参数 θ 的无偏估计,且有 $D(\hat{\theta})>0$,试证$\hat{\theta^2}=(\hat{\theta})^2$ 不是θ^2 的无偏估计.

(2)试证明均匀分布 $f(x)=\begin{cases}\frac{1}{\theta}, & 0<x\leqslant\theta,\\ 0, & 其他\end{cases}$ 中未知参数 θ 的最大似然估计量不是无偏的.

证:(1)因为 $D(\hat{\theta})=E(\hat{\theta})^2-[E(\hat{\theta})]^2=E(\hat{\theta})^2-\theta^2>0$,

所以 $E(\hat{\theta})^2-\theta^2\neq0$,即 $E(\hat{\theta})^2\neq\theta^2$,则$(\hat{\theta})^2$ 不是 θ^2 的无偏估计.

(2)设 $x_1,x_2,\cdots,x_n$ 是总体 X 的样本值,其样本似然函数为

$$L(\theta)=\prod_{i=1}^{n}f(x_i)=\frac{1}{\theta^n},\ 0<x_i\leqslant\theta,i=1,2,\cdots,n.$$

因为 $L'(\theta)=-\frac{n}{\theta^{n+1}}<0$,故 $L(\theta)$单调减少.

则要使 $L(\theta)$最大,θ 必须取最小,所以$\hat{\theta}=\max\limits_{1\leqslant i\leqslant n}X_i$ 为 θ 的最大似然估计.

由于$\hat{\theta}$的分布函数为$[F(x)]^n$,其中 $F(x)$为总体的分布函数.

则$\hat{\theta}$的密度函数 $f_{\hat{\theta}}(x)=n\cdot\frac{x^{n-1}}{\theta^n}$, $0<x\leqslant\theta$,

$$E(\hat{\theta})=\int_0^\theta x\cdot n\cdot\frac{x^{n-1}}{\theta^n}\mathrm{d}x=\int_0^\theta n\cdot\frac{x^n}{\theta^n}\mathrm{d}x=\frac{n}{n+1}\theta,$$

可见,$\hat{\theta}$ 不是 θ 的无偏估计.

14. 设从均值为 μ,方差为 $\sigma^2>0$ 的总体中,分别抽取容量为 n_1,n_2 的两独立样本,$\overline{X}_1$ 和 $\overline{X}_2$ 分别是两样本的均值.试证:对于任意常数 $a,b(a+b=1)$,$Y=a\overline{X}_1+b\overline{X}_2$都是 μ 的无偏估计,并确定常数 a,b 使 $D(Y)$达到最小.

证:因为 $\overline{X}_1,\overline{X}_2$ 都是样本均值,则

$$E(\overline{X}_1)=\mu,\ E(\overline{X}_2)=\mu,$$

$$E(Y)=E(a\,\overline{X}_1+b\,\overline{X}_2)=aE(\overline{X}_1)+bE(\overline{X}_2)=a\mu+b\mu=\mu(a+b)=\mu,$$

即 $Y=a\,\overline{X}_1+b\,\overline{X}_2$ 是 μ 的无偏估计.

由于 $D(\overline{X}_1)=\dfrac{\sigma^2}{n_1}$，$D(\overline{X}_2)=\dfrac{\sigma^2}{n_2}$，且 $\overline{X}_1$ 与 $\overline{X}_2$ 相互独立.

所以 $D(Y)=D(a\,\overline{X}_1+b\,\overline{X}_2)=a^2D(\overline{X}_1)+b^2D(\overline{X}_2)=\dfrac{a^2\sigma^2}{n_1}+\dfrac{b^2\sigma^2}{n_2}$.

利用拉格朗日乘数法解决极值问题，可得当 $a=\dfrac{n_1}{n_1+n_2}$，$b=\dfrac{n_2}{n_1+n_2}$ 时，$D(Y)$ 取最小值 $\dfrac{\sigma^2}{n_1+n_2}$.

15. 设有 k 台仪器，已知用第 i 台仪器测量时，测定值总体的标准差为 σ_i $(i=1,2,\cdots,k)$. 用这些仪器独立地对某一物理量 θ 各观察一次，分别得到 $X_1,X_2,\cdots,X_k$. 设仪器都没有系统误差，即 $E(X_i)=\theta$ $(i=1,2,\cdots,k)$. 问：$a_1,a_2,\cdots,a_k$ 应取何值，方能使用 $\hat{\theta}=\sum\limits_{i=1}^{k}a_iX_i$ 估计 θ 时，$\hat{\theta}$ 是无偏的，并且 $D(\hat{\theta})$ 最小？

解：$E(\hat{\theta})=E\left(\sum\limits_{i=1}^{k}a_iX_i\right)=\sum\limits_{i=1}^{k}a_iE(X_i)=\sum\limits_{i=1}^{k}a_i\theta=\theta\sum\limits_{i=1}^{k}a_i$，

要使 $\hat{\theta}$ 是 θ 的无偏估计，即 $\theta\sum\limits_{i=1}^{k}a_i=\theta$，则须 $\sum\limits_{i=1}^{k}a_i=1$.

$$D(\hat{\theta})=D\left(\sum_{i=1}^{k}a_iX_i\right)=\sum_{i=1}^{k}a_i^2D(X_i)=\sum_{i=1}^{k}a_i^2\cdot\sigma_i^2,$$

要求 $D(\hat{\theta})$ 的最小值，根据拉格朗日乘数法，设

$$F(a_1,\cdots,a_k,\lambda)=\sum_{i=1}^{k}a_i^2\sigma_i^2-\lambda\left(\sum_{i=1}^{k}a_i-1\right),$$

令
$$\begin{cases}\dfrac{\partial F}{\partial a_1}=2a_1\sigma_1^2-\lambda=0,\\ \cdots\\ \dfrac{\partial F}{\partial a_k}=2a_k\sigma_k^2-\lambda=0,\\ \dfrac{\partial F}{\partial \lambda}=\sum\limits_{i=1}^{k}a_i-1=0,\end{cases}$$

解之得，当 $a_i=\dfrac{\sigma_0^2}{\sigma_i^2}$，$\dfrac{1}{\sigma_0^2}=\sum\limits_{i=1}^{k}\dfrac{1}{\sigma_i^2}$，$i=1,\cdots,k$ 时，$D(\hat{\theta})$ 取最小值.

16. 设某种清漆的 9 个样品，其干燥时间(单位：h)分别为

6.0　5.7　5.8　6.5　7.0　6.3　5.6　6.1　5.0

设干燥时间总体服从正态分布 $N(\mu,\sigma^2)$，求 μ 的置信度为 0.95 的置信区间.

(1)若由以往经验知 $\sigma=0.6$(h).　(2)若 σ 为未知.

解：(1)当方差 σ^2 已知时，μ 的置信度为 0.95 的置信区间为

$$\left(\overline{X}-\frac{\sigma}{\sqrt{n}}u_{\frac{\alpha}{2}},\overline{X}+\frac{\sigma}{\sqrt{n}}u_{\frac{\alpha}{2}}\right),$$

这里，$1-\alpha=0.95$，$\alpha=0.05$，$\dfrac{\alpha}{2}=0.025$，$n=9$，$\sigma=0.6$，

$$\bar{x}=\frac{1}{9}(6.0+5.7+\cdots+5.0)=6,$$

查正态分布表得 $u_{\frac{\alpha}{2}}=1.96$，将这些值代入区间公式得[5.608,6.392].

(2)当方差 σ^2 未知时，μ 的置信度为 0.95 的置信区间为

$$\left[\overline{X}-\frac{S}{\sqrt{n}}t_{\frac{\alpha}{2}}(n-1),\overline{X}+\frac{S}{\sqrt{n}}t_{\frac{\alpha}{2}}(n-1)\right],$$

这里，$1-\alpha=0.95,\alpha=0.05,\frac{\alpha}{2}=0.025,n-1=8$.

查表得 $t_{\frac{\alpha}{2}}(n-1)=2.3060$，

$$\bar{x}=\frac{1}{9}(6.0+5.7+\cdots+5.0)=6,s^2=\frac{1}{n-1}\sum_{i=1}^{n}(x_i-\bar{x})^2=0.33.$$

将这些值代入区间公式得[5.558,6.442].

17. 分别使用金球和铂球测定引力常数(单位：$10^{-11}\text{m}^3\cdot\text{kg}^{-1}\cdot\text{s}^{-2}$).

(1)用金球测定观察值为 6.683，6.681，6.676，6.678，6.679，6.672.

(2)用铂球测定观察值为 6.661，6.661，6.667，6.667，6.664.

设测定值总体为 $N(\mu,\sigma^2)$，μ,σ^2 均为未知，试就(1)，(2)两种情况分别求 μ 的置信度为 0.9 的置信区间，并求 σ^2 的置信度为 0.9 的置信区间.

解：(1)μ,σ^2 均未知时，μ 的置信度为 0.9 的置信区间为

$$\left(\overline{X}-\frac{S}{\sqrt{n}}t_{\frac{\alpha}{2}}(n-1),\overline{X}+\frac{S}{\sqrt{n}}t_{\frac{\alpha}{2}}(n-1)\right),$$

这里　$1-\alpha=0.9,\alpha=0.1,\frac{\alpha}{2}=0.05;n_1=6,n_2=5,n_1-1=5,n_2-1=4$.

$$\bar{x}_1=\frac{1}{6}\sum_{i=1}^{6}x_i=\frac{1}{6}(6.683+\cdots+6.672)=6.678,$$

$$s_1^2=\frac{1}{5}\sum_{i=1}^{6}(x_i-\bar{x}_1)^2=0.15\times10^{-4},$$

$$\bar{x}_2=\frac{1}{5}\sum_{i=1}^{5}x_i=\frac{1}{5}(6.661+\cdots+6.664)=6.664,$$

$$s_2^2=\frac{1}{4}\sum_{i=1}^{5}(x_i-\bar{x}_2)^2=0.9\times10^{-5},$$

$$t_{\frac{\alpha}{2}}(5)=2.0150,\ t_{\frac{\alpha}{2}}(4)=2.1318.$$

代入得，用金球测定时，μ 的置信区间是[6.675,6.681].

　　　用铂球测定时，μ 的置信区间为[6.661,6.667].

(2)μ,σ^2 均未知时，σ^2 的置信度为 0.9 的置信区间为

$$\left(\frac{(n-1)S^2}{\chi^2_{\frac{\alpha}{2}}(n-1)},\frac{(n-1)S^2}{\chi^2_{1-\frac{\alpha}{2}}(n-1)}\right),$$

这里 $n_1-1=5,n_2-1=4,\frac{\alpha}{2}=0.05$.

查表得：$\chi^2_{\frac{\alpha}{2}}(5)=11.071,\chi^2_{\frac{\alpha}{2}}(4)=9.488$，

$$\chi^2_{1-\frac{\alpha}{2}}(5)=1.145,\chi^2_{1-\frac{\alpha}{2}}(4)=0.711.$$

将这些值以及上面(1)中算得的 s_1^2,s_2^2 代入上区间得：

用金球测定时，σ^2 的置信区间是$(6.774\times10^{-6},6.550\times10^{-5})$.

用铂球测定时，σ^2 的置信区间是$(3.794\times10^{-6},5.063\times10^{-5})$.

18. 随机地取某种炮弹 9 发做试验，得炮口速度的样本标准差 $s=11(\mathrm{m/s})$，设炮口速度服从正态分布，求这种炮弹的炮口速度的标准差 σ 的置信度为0.95的置信区间.

解：σ 的置信度为 0.95 的置信区间为

$$\left(\frac{\sqrt{n-1}S}{\sqrt{\chi^2_{\frac{\alpha}{2}}(n-1)}},\quad \frac{\sqrt{n-1}S}{\sqrt{\chi^2_{1-\frac{\alpha}{2}}(n-1)}}\right).$$

在这里 $s=11,n-1=8,1-\alpha=0.95,\alpha=0.05,\frac{\alpha}{2}=0.025$.

查表得$\chi^2_{\frac{\alpha}{2}}(8)=17.535,\chi^2_{1-\frac{\alpha}{2}}(8)=2.180$，将这些值代入上区间中得到的置信区间是$[7.43,21.07]$.

19. 设 $X_1,X_2,\cdots,X_n$ 是来自分布 $N(\mu,\sigma^2)$的样本，μ 已知，σ 未知.

(1)验证 $\sum\limits_{i=1}^{n}\frac{(X_i-\mu)^2}{\sigma^2}\sim\chi^2(n)$. 利用这一结果构造 σ^2 的置信度为 $1-\alpha$ 的置信区间.

(2)设 $\mu=6.5$，且有样本值 7.5，2.0，12.1，8.8，9.4，7.3，1.9，2.8，7.0，7.3. 试求 σ 的置信度为 0.95 的置信区间.

解：(1)因 $X_i\sim N(\mu,\sigma^2)$，故 $\frac{X_i-\mu}{\sigma}\sim N(0,1),i=1,2,\cdots,n$.

由$\frac{X_1-\mu}{\sigma},\frac{X_2-\mu}{\sigma},\cdots,\frac{X_n-\mu}{\sigma}$相互独立，得

$$\sum_{i=1}^{n}\left(\frac{X_i-\mu}{\sigma}\right)^2\sim\chi^2(n).$$

于是有 $P\left\{\chi^2_{1-\frac{\alpha}{2}}(n)<\sum\limits_{i=1}^{n}\frac{(X_i-\mu)^2}{\sigma^2}<\chi^2_{\frac{\alpha}{2}}(n)\right\}=1-\alpha$，即有

$$P\left\{\frac{\sum\limits_{i=1}^{n}(X_i-\mu)^2}{\chi^2_{\frac{\alpha}{2}}(n)}<\sigma^2<\frac{\sum\limits_{i=1}^{n}(X_i-\mu)^2}{\chi^2_{1-\frac{\alpha}{2}}(n)}\right\}=1-\alpha.$$

得 σ^2 的置信水平为 $1-\alpha$ 的置信区间为

$$\left(\frac{\sum\limits_{i=1}^{n}(X_i-\mu)^2}{\chi^2_{\frac{\alpha}{2}(n)}},\quad\frac{\sum\limits_{i=1}^{n}(X_i-\mu)^2}{\chi^2_{1-\frac{\alpha}{2}(n)}}\right).$$

(2)现在 $n=10,\mu=6.5,1-\alpha=0.95,\alpha=0.05$,

由样本值经计算得 $\sum\limits_{i=1}^{10}(X_i-\mu)^2=102.69$,

查表知，$\chi^2_{0.025}(10)=20.483,\chi^2_{0.975}(10)=3.247$.

于是 σ^2 的置信度为 0.95 的置信区间为$(5.013,31.626)$. σ 的置信度为 0.95 的置信区间为$(2.239,5.624)$.

20. 在第 17 题中，设用金球和铂球测定时测定值总体的方差相等，求两个测定值总体均值差的置信度为 0.90 的置信区间.

解：由题意知：总体均值差的置信度为 0.90 的置信区间为

$$\left(\overline{X}_1-\overline{X}_2-t_{\frac{\alpha}{2}}(n_1+n_2-2)S_w\sqrt{\frac{1}{n_1}+\frac{1}{n_2}},\overline{X}_1-\overline{X}_2+t_{\frac{\alpha}{2}}(n_1+n_2-2)S_w\sqrt{\frac{1}{n_1}+\frac{1}{n_2}}\right),$$

这里 $S_w^2=\dfrac{(n_1-1)S_1^2+(n_2-1)S_2^2}{n_1+n_2-2}$，

此题中 $1-\alpha=0.90,\alpha=0.10,\dfrac{\alpha}{2}=0.05;n_1=6,n_2=5,n_1+n_2-2=9$.

查表得 $t_{\frac{\alpha}{2}}=1.833\ 1$.

$$S_w^2=1.233\times10^{-5},S_w=\sqrt{S_w^2}=3.512\times10^{-3},$$

代入公式得总体均值差的置信度为 0.90 的置信区间为(0.01,0.018).

21. 随机地从 A 批导线中抽取 4 根，又从 B 批导线中抽取 5 根，测得电阻（单位：Ω）为

A 批导线：0.143　0.142　0.143　0.137

B 批导线：0.140　0.142　0.136　0.138　0.140

设测定数据分别来自分布 $N(\mu_1,\sigma^2)$，$N(\mu_2,\sigma^2)$，且两样本相互独立，又 μ_1,μ_2,σ^2 均为未知，试求 $\mu_1-\mu_2$ 的置信度为 0.95 的置信区间.

解：$\mu_1-\mu_2$ 的置信区间为

$$\left(\overline{X}-\overline{Y}-t_{\frac{\alpha}{2}}(n_1+n_2-2)S_w\sqrt{\frac{1}{n_1}+\frac{1}{n_2}},\overline{X}-\overline{Y}+t_{\frac{\alpha}{2}}(n_1+n_2-2)S_w\sqrt{\frac{1}{n_1}+\frac{1}{n_2}}\right),$$

在这里 $\overline{x}=\dfrac{1}{4}\sum\limits_{i=1}^{4}x_i=\dfrac{1}{4}\times(0.143+\cdots+0.137)=0.141\ 3$，

$$\overline{y}=\frac{1}{5}\times(0.140+\cdots+0.140)=0.139\ 2,$$

$$n_1=4,n_2=5,n_1+n_2-2=7;1-\alpha=0.95,\alpha=0.05,\frac{\alpha}{2}=0.025.$$

查表得 $t_{\frac{\alpha}{2}}(7)=2.364\ 6$，

$$S_w^2=\frac{(n_1-1)s_1^2+(n_2-1)s_2^2}{n_1+n_2-2}=6.509\times10^{-6},$$

$$S_w=\sqrt{6.509\times10^{-6}}=2.551\times10^{-3}.$$

将这些值代入上区间得 $\mu_1-\mu_2$ 的置信区间为(−0.002,0.006).

22. 研究两种固体燃料火箭推进器的燃烧率，设两者都服从正态分布，并且已知燃烧率的标准差均近似地为 0.05cm/s，取样本容量为 $n_1=n_2=20$，得燃烧率的样本均值分别为 $\overline{x}_1=18$cm/s，$\overline{x}_2=24$cm/s，设两样本独立，求两燃烧率总体均值差 $\mu_1-\mu_2$ 的置信度为 0.99 的置信区间.

解：在此题中，$\sigma_1=\sigma_2=0.05$，因此，$\mu_1-\mu_2$ 的置信度为 0.99 的置信区间为

$$\left(\overline{X}_1-\overline{X}_2-t_{\frac{\alpha}{2}}(n_1+n_2-2)\sigma\sqrt{\frac{1}{n_1}+\frac{1}{n_2}},\overline{X}_1-\overline{X}_2+t_{\frac{\alpha}{2}}(n_1+n_2-2)\sigma\sqrt{\frac{1}{n_1}+\frac{1}{n_2}}\right),$$

这里 $n_1=n_2=20$；$\alpha=0.01$，$\frac{\alpha}{2}=0.005$.

查表得 $t_{\frac{\alpha}{2}}(38)=2.7116$. 代入上区间得 $\mu_1-\mu_2$ 的置信区间为$(-6.04,-5.96)$.

23. 设两位化验员 A,B 独立地对某种聚合物含氯量用相同的方法各作 10 次测定，其测定值的样本方差依次为 $s_A^2=0.5419$，$s_B^2=0.6065$. 设 σ_A^2，σ_B^2 分别为 A,B 所测定的测定值总体的方差，设总体均为正态分布，且两样本独立，求方差比$\frac{\sigma_A^2}{\sigma_B^2}$的置信度为 0.95 的置信区间.

解：$\frac{\sigma_A^2}{\sigma_B^2}$的置信区间为　$\left(\frac{s_A^2}{s_B^2}\frac{1}{F_{\frac{\alpha}{2}}(n_1-1,n_2-1)},\ \frac{s_A^2}{s_B^2}\frac{1}{F_{1-\frac{\alpha}{2}}(n_1-1,n_2-1)}\right)$，

这里 $1-\alpha=0.95$，$\alpha=0.05$，$\frac{\alpha}{2}=0.025$. 查表得

$$F_{\frac{\alpha}{2}}(9,9)=4.03,F_{1-\frac{\alpha}{2}}(9,9)=\frac{1}{4.03}.$$

代入上式得$\frac{\sigma_A^2}{\sigma_B^2}$的置信区间为$(0.222,3.601)$.

24. 在一批货物的容量为 100 的样本中，经检验发现有 16 只次品，试求这批货物次品率的置信度为 0.95 的置信区间.

解：次品率 p 是$(0-1)$分布的参数，p 的近似置信度为 0.95 的置信区间为

$$\left(\frac{1}{2a}(-b-\sqrt{b^2-4ac}),\frac{1}{2a}(-b+\sqrt{b^2-4ac})\right),$$

此处 $n=100$，$\bar{x}=\frac{16}{100}=0.16$，$1-\alpha=0.95$，$\alpha=0.05$，$\frac{\alpha}{2}=0.025$.

查表得　$u_{\frac{\alpha}{2}}=1.96$. $a=n+u_{\frac{\alpha}{2}}^2=100+1.96^2=103.84$，

$b=-(2n\bar{x}+u_{\frac{\alpha}{2}}^2)=-(2\times100\times0.16+1.96^2)=-35.84$，

$c=n\bar{x}^2=100\times0.16^2=2.56$，　$\sqrt{b^2-4ac}=14.89$.

将这些值代入上区间得 p 的置信度为 0.95 的近似置信区间为$(0.101,0.244)$.

25. (1)求 16 题中 μ 的置信度为 0.95 的单侧置信上限；

(2)求 21 题中 $\mu_1-\mu_2$ 的置信度为 0.95 的单侧置信下限；

(3)求 23 题中方差比$\frac{\sigma_A^2}{\sigma_B^2}$的置信度为 0.95 的单侧置信上限.

解：(1)方差 σ^2 已知，此时$\frac{\overline{X}-\mu}{\frac{\sigma}{\sqrt{n}}}\sim N(0,1)$，

于是　$P\left\{\frac{\overline{X}-\mu}{\frac{\sigma}{\sqrt{n}}}>u_{1-\alpha}\right\}=1-\alpha$，则 $P\left\{\frac{\overline{X}-\mu}{\frac{\sigma}{\sqrt{n}}}>-u_\alpha\right\}=1-\alpha$.

于是，μ 的置信度为 $1-\alpha$ 的单侧置信区间为$\left(-\infty,\overline{X}+u_\alpha\cdot\frac{\sigma}{\sqrt{n}}\right)$.

则 $\overline{X}+u_\alpha\cdot\frac{\sigma}{\sqrt{n}}$为其单侧置信上限，此时 $\alpha=0.05$，查表得 $u_\alpha=1.65$，$\bar{x}=6$，$\sigma=0.6$，$n=9$. 代入上式得 $\bar{x}+u_\alpha\cdot\frac{\sigma}{\sqrt{n}}=6.33$.

方差 σ^2 未知，此时 $\dfrac{\overline{X}-\mu}{S/\sqrt{n}}\sim t(n-1)$. 于是 $P\left\{\dfrac{\overline{X}-\mu}{S/\sqrt{n}}>t_{1-\alpha}(n-1)\right\}=1-\alpha$，得

$$\frac{\overline{X}-\mu}{\frac{S}{\sqrt{n}}}>t_{1-\alpha}(n-1),\mu<\overline{X}-t_{1-\alpha}(n-1)\frac{S}{\sqrt{n}}=\overline{X}+t_{\alpha}(n-1)\frac{S}{\sqrt{n}}.$$

此处 $\overline{x}=6, s^2=0.33, n=9$. 查表得 $t_{0.05}(8)=1.8595$，

代入上式得 $\overline{x}+t_{\alpha}(n-1)\cdot\dfrac{s}{\sqrt{n}}=6.356$.

(2)σ 未知，此时 $\dfrac{\overline{X}-\overline{Y}-(\mu_1-\mu_2)}{S_w\sqrt{\dfrac{1}{n_1}+\dfrac{1}{n_2}}}\sim t(n_1+n_2-2)$，

$$P\left\{\frac{\overline{X}-\overline{Y}-(\mu_1-\mu_2)}{S_w\sqrt{\dfrac{1}{n_1}+\dfrac{1}{n_2}}}<t_{\alpha}(n_1+n_2-2)\right\}=1-\alpha=0.95,$$

由此得 $\mu_1-\mu_2$ 的置信度为 0.95 的单侧置信下限为

$$\overline{X}-\overline{Y}-S_w\sqrt{\frac{1}{n_1}+\frac{1}{n_2}}\cdot t_{\alpha}(n_1+n_2-2).$$

将 21 题中的 $\overline{x},\overline{y},S_w$ 代入上式，其中 $t_{\alpha}(n_1+n_2-2)=1.8946$，则

$$\overline{x}-\overline{y}-S_w\sqrt{\frac{1}{n_1}+\frac{1}{n_2}}\cdot t_{\alpha}(n_1+n_2-2)=-0.0012.$$

(3)此时 $\dfrac{S_A^2/\sigma_A^2}{S_B^2/\sigma_B^2}\sim F(n_1-1,n_2-1)$，于是

$$P\left\{\frac{S_A^2/\sigma_A^2}{S_B^2/\sigma_B^2}>F_{1-\alpha}(n_1-1,n_2-1)\right\}=1-\alpha,$$

由此得 $\dfrac{\sigma_A^2}{\sigma_B^2}$ 的置信度为 0.95 的单侧置信上限为

$$\frac{S_A^2}{S_B^2}\cdot F_{\alpha}(n_2-1,n_1-1),$$

查表得 $F_{\alpha}(n_2-1,n_1-1)=3.18$，将 23 题中的 s_A^2, s_B^2 值及 $F_{\alpha}(n_2-1,n_1-1)$ 代入上式得上限为 2.84.

26. 为研究某种汽车轮胎的磨损特性，随机地选择 16 只轮胎，每只轮胎行驶到磨坏为止，记录所行驶路径(以公里计)如下：

41 250　40 187　43 175　41 010　39 265　41 872　42 654　41 287

38 970　40 200　42 550　41 095　40 680　43 500　39 775　40 400

假设这些数据来自正态总体 $N(\mu,\sigma^2)$，其中 μ,σ^2 未知，试求 μ 的置信度为 0.95 的单侧置信下限.

解：σ 未知，此时

$$\frac{\overline{X}-\mu}{S/\sqrt{n}}\sim t(n-1),\quad P\left\{\frac{\overline{X}-\mu}{S/\sqrt{n}}<t_{\alpha}(n-1)\right\}=1-\alpha,$$

由此得 μ 的置信度为 $1-\alpha$ 的单侧置信下限为 $\overline{X}-t_{\alpha}(n-1)\cdot\dfrac{S}{\sqrt{n}}$，这里

$$\bar{x}=\frac{1}{16}(41\ 250+\cdots+40\ 400)=41\ 117, s=1\ 347,$$

查表得 $t_{0.05}(15)=1.753\ 1$，代入上式得 $\bar{x}-t_{\alpha}(n-1)\cdot\frac{s}{\sqrt{n}}=40\ 526.$

27. 科学上的重大发现往往是由年轻人做出的．下面列出了自16世纪中叶至20世纪早期的12项重大发现的发现者和他们发现时的年龄．

发现内容	发现者	发现时期/年	年龄/岁
1. 地球绕太阳运转	哥白尼(Copernicus)	1543	40
2. 望远镜、天文学的基本定律	伽利略(Galileo)	1600	36
3. 运动原理、重力、微积分	牛顿(Newton)	1665	23
4. 电的本质	富兰克林(Franklin)	1746	40
5. 燃烧是与氧气联系着的	拉瓦锡(Lavoisier)	1774	31
6. 地球是渐进过程演化成的	莱尔(Lyell)	1830	33
7. 自然选择控制演化的证据	达尔文(Darwin)	1858	49
8. 光的场方程	麦克斯韦(Maxwell)	1864	33
9. 放射性	居里(Curie)	1896	34
10. 量子论	普朗克(Planck)	1901	43
11. 狭义相对论，$E=mc^2$	爱因斯坦(Einstein)	1905	26
12. 量子论的数学基础	薛定谔(Schrodinger)	1926	39

设样本来自正态总体，试求发现者的平均年龄 μ 的置信度为0.95的单侧置信上限．

解：样本服从正态分布，方差 σ^2 未知，因而

$$\frac{\overline{X}-\mu}{S/\sqrt{n}}\sim t(n-1), P\left\{\frac{\overline{X}-\mu}{S/\sqrt{n}}>t_{1-\alpha}(n-1)\right\}=1-\alpha,$$

由此解得 μ 的置信度为0.95的单侧置信上限为 $\overline{X}+\frac{S}{\sqrt{n}}t_{\alpha}(n-1)$.

这里 $\bar{x}=35.4$，$s=7.23$．查表得 $t_{0.05}(n-1)=1.795\ 9$，

故平均年龄的置信上限为 $\bar{x}+\frac{s}{\sqrt{n}}t_{\alpha}(n-1)=39.32$.

第八章　假设检验

1. 某批矿砂的5个样品中的镍含量，经测定为(%)　3.25　3.27　3.24　3.26　3.24.
设测定值总体服从正态分布，但参数均未知，问在 $\alpha=0.01$ 下能否接受假设：这批

矿砂的镍含量的均值为 3.25.

解:1° 按题意需检验 $H_0:\mu=3.25$, $H_1:\mu\neq3.25$.

2° 此题 σ^2 未知,此检验问题的拒绝域为 $|t|=\left|\dfrac{\bar{x}-3.25}{S/\sqrt{n}}\right|\geqslant t_{\frac{\alpha}{2}}(n-1)$.

3° 这里 $n=5,\alpha=0.01,\dfrac{\alpha}{2}=0.005$,查表得 $t_{\frac{\alpha}{2}}(n-1)=4.604\ 1$,

计算得 $\bar{x}=3.252,s^2=170\times10^{-6},s=0.013$,

$$|t|=\left|\frac{3.252-3.25}{\frac{0.013}{\sqrt{n}}}\right|=0.343<4.604\ 1.$$

4° t 不落在拒绝域中,故接受 H_0,即认为这批矿砂的镍含量的均值为 3.25.

2. 如果一个矩形的宽度 w 与长度 l 的比 $\dfrac{w}{l}=\dfrac{1}{2}(\sqrt{5}-1)\approx0.618$,这样的矩形称为黄金矩形,这种尺寸的矩形使人们看上去有良好的感觉.现代的建筑构件(如窗架)、工艺品(如图片镜框),甚至司机的执照、商业的信用卡等常常都是采用黄金矩形.下面列出某工艺品工厂随机取的 20 个矩形的宽度与长度的比值:

0.693 0.749 0.654 0.670 0.662 0.672 0.615 0.606 0.690 0.628

0.668 0.611 0.606 0.609 0.601 0.553 0.570 0.844 0.576 0.933

设这一工厂生产的矩形的宽度与长度的比值总体服从正态分布,其均值为 μ,方差为 σ^2,μ,σ^2 均未知.试检验假设(取 $\alpha=0.05$)$H_0:\mu=0.618$, $H_1:\mu\neq0.618$.

解:1° $H_0:\mu=0.618$, $H_1:\mu\neq0.618$.

2° 此题方差 σ^2 未知,因此检验问题的拒绝域为 $|t|=\left|\dfrac{\bar{x}-\mu_0}{S/\sqrt{n}}\right|\geqslant t_{\frac{\alpha}{2}}(n-1)$.

3° $n=20,\alpha=0.05,\dfrac{\alpha}{2}=0.025$,查表得 $t_{\frac{\alpha}{2}}(n-1)=2.093\ 0$.

计算得 $\bar{x}=0.660\ 5,s^2=85.58\times10^{-4},s=0.092\ 5$,

$$|t|=\left|\frac{0.660\ 5-0.618}{0.092\ 5/\sqrt{20}}\right|=2.054\ 8<2.093\ 0.$$

4° t 不落在拒绝域之内,故接受 H_0.

3. 要求一种元件使用寿命不得低于 1 000 h,生产者从一批这种元件中随机抽取 25 件,测量其寿命的平均值为 950 h,已知该种元件寿命服从标准差为 $\sigma=100$ h 的正态分布,试在显著性水平 $\alpha=0.05$ 下判断这批元件是否合格?设总体均值为 μ,μ 未知,即需检验假设 $H_0:\mu\geqslant1\ 000,H_1:\mu<1\ 000$.

解:1° $H_0:\mu\geqslant1\ 000$, $H_1:\mu<1\ 000$.

2° 此题中,$\sigma^2=10\ 000$ 为已知,因此此检验问题的拒绝域为

$$U=\frac{\bar{x}-\mu_0}{\sigma/\sqrt{n}}\leqslant-u_\alpha \quad (\text{单边检验},\alpha\text{ 不分半}).$$

3° 计算 $\alpha=0.05,\bar{x}=950,\sigma=100,n=25,u_{0.05}=1.645$.

$$u=\frac{950-1\ 000}{\frac{100}{\sqrt{25}}}=-2.5<-1.645.$$

4° u 落在拒绝域中，所以拒绝 H_0，即认为这批元件不合格.

4. 下面列出的是某厂随机选取的 20 只部件的装配时间(分)：

9.8　10.4　10.6　9.6　9.7　9.9　10.9　11.1　9.6　10.2

10.3　9.6　9.9　11.2　10.6　9.8　10.5　10.1　10.5　9.7

设装配时间的总体服从正态分布 $N(\mu,\sigma^2)$，μ,σ^2 均未知，是否可以认为装配时间的均值显著大于 10(取 $\alpha=0.05$)？

解：1° 需要检验的假设为 $H_0:\mu\leqslant 10$，$H_1:\mu>10$.

2° σ^2 未知，因此，拒绝域的形式为 $t=\dfrac{\overline{x}-\mu_0}{\dfrac{s}{\sqrt{n}}}\geqslant t_\alpha(n-1)$，

现在 $n=20$，$\alpha=0.05$，查表得 $t_\alpha(n-1)=1.7291$.

3° 算得 $\overline{x}=10.2$，$s^2=0.26$，$s=0.51$.

$$t=\frac{10.2-10}{\dfrac{0.51}{\sqrt{20}}}=1.7537>1.7291.$$

4° 因为 t 落在拒绝域之内，故应拒绝 H_0，即认为装配时间的均值显著大于 10(分).

5. 按规定，100g 罐头番茄汁中的平均维生素 C 含量不得少于 21mg/g. 现从工厂的产品中抽取 17 个罐头，其 100g 番茄汁中，测得维生素 C 含量(mg/g)记录如下：

16　25　21　20　23　21　19　15　13　23　17　20　29　18　22　16　22

设维生素含量服从正态分布 $N(\mu,\sigma^2)$，μ,σ^2 均未知，问这批罐头是否符合要求(取显著性水平 $\alpha=0.05$).

解：1° 本题需检验假设：$H_0:\mu\geqslant 21$，$H_1:\mu<21$.

2° σ^2 未知，因此拒绝域的形式为 $t=\dfrac{\overline{x}-\mu_0}{s/\sqrt{n}}<-t_\alpha(n-1)$.

3° 现在 $n=17$，$\overline{x}=20$，$s=3.984$，$t_{0.05}(16)=1.7459$，

$$t=\frac{20-21}{3.984/\sqrt{17}}=-1.035>-1.7459.$$

4° t 不落在拒绝域内，故接受 H_0，认为这批罐头是符合规定的.

6. 下表分别给出两位文学家马克・吐温(Mark Twain)的 8 篇小品文以及斯诺特格拉斯(Snodgrass)的 10 篇小品文中由 3 个字母组成的词的比例：

马克・吐温	0.225	0.262	0.217	0.240	0.230	0.229	0.235	0.217		
斯诺特格拉斯	0.209	0.205	0.196	0.210	0.202	0.207	0.224	0.223	0.220	0.201

设两组数据分别来自正态总体，且两总体方差相等，但参数均未知，两样本相互独立，问两位作家的小品文中包含由 3 个字母组成的词的比例是否有显著的差异(取 $\alpha=0.05$)？

解：1° 需要检验的假设为 $H_0:\mu_1-\mu_2=0$，$H_1:\mu_1-\mu_2\neq 0$.

2° 这里 $\sigma_1^2=\sigma_2^2$ 未知，该检验的拒绝域为

$$|t|=\left|\frac{\overline{x}-\overline{y}}{s_w\sqrt{\dfrac{1}{n_1}+\dfrac{1}{n_2}}}\right|\geqslant t_{\frac{\alpha}{2}}(n_1+n_2-2),$$

这里 $n_1=8, n_2=10, \alpha=0.05, \frac{\alpha}{2}=0.025$，查表知 $t_{\frac{\alpha}{2}}(n_1+n_2-2)=2.1199$.

3° 计算 $\bar{x}=0.232, \bar{y}=0.2097, s_1^2=0.000215, s_2^2=0.000094$,

$$s_w^2=\frac{(n_1-1)s_1^2+(n_2-1)s_2^2}{n_1+n_2-2}=145.32\times10^{-6}, s_w=0.0121,$$

即
$$|t|=\left|\frac{0.232-0.2097}{0.0121\sqrt{\frac{1}{8}+\frac{1}{10}}}\right|=3.918>2.1199.$$

4° t 落在拒绝域中，因而拒绝 H_0，即有显著差异.

7. 在 20 世纪 70 年代后期人们发现，在酿造啤酒时，在麦芽干燥过程中形成致癌物质亚硝基二甲胺(NDMA)，到了 20 世纪 80 年代初期开发了一种新的麦芽干燥过程. 下面给出分别在新老两种过程中形成 NDMA 含量(以 10 亿份中的份数计)：

老过程	6	4	5	5	6	5	5	6	4	6	7	4
新过程	2	1	2	2	1	0	3	2	1	0	1	3

设两样本分别来自正态总体，两总体方差相等，但参数均未知. 两样本独立，分别以 μ_1,μ_2 记对应于老、新过程的总体的均值，试检验假设(取 $\alpha=0.05$)：$H_0:\mu_1-\mu_2\leqslant2$, $H_1:\mu_1-\mu_2>2$.

解：1°需要检验的假设为 $H_0:\mu_1-\mu_2\leqslant2$, $H_1:\mu_1-\mu_2>2$.

2° σ_1^2,σ_2^2 未知，该检验的拒绝域为

$$t=\frac{\bar{x}-\bar{y}-2}{s_w\sqrt{\frac{1}{n_1}+\frac{1}{n_2}}}\geqslant t_\alpha(n_1+n_2-2),$$

$n_1=12, n_2=12, \alpha=0.05$. 查表知 $t_\alpha(n_1+n_2-2)=1.7171$.

3° 计算得 $\bar{x}=5.25, \bar{y}=1.5$,

$$s_w^2=\frac{(n_1-1)s_1^2+(n_2-1)s_2^2}{n_1+n_2-2}=\frac{10.252+11}{22}=(0.9828)^2,$$

$$t=\frac{5.25-1.5-2}{0.9828\sqrt{\frac{1}{12}+\frac{1}{12}}}=4.362>1.7171.$$

4° t 在拒绝域中，故应拒绝 H_0.

8. 随机地选 8 个人，分别测量了他们在早晨起床时和晚上就寝时的身高(cm)，得到以下的数据：

序号	1	2	3	4	5	6	7	8
早上(x_i)	172	168	180	181	160	163	165	177
晚上(y_i)	172	167	177	179	159	161	166	175

设各对数据的差 $D_i=X_i-Y_i(i=1,2,\cdots,8)$ 是来自正态总体 $N(\mu_D,\sigma_D^2)$ 的样本，μ_D, σ_D^2 均未知. 问是否可以认为早晨的身高比晚上的身高要高(取 $\alpha=0.05$)？

解：设总体 X 表示早晨起床时身高，Y 表示晚上就寝时身高，$D=X-Y, D_i=X_i-$

Y_i,$D \sim N(\mu_D,\sigma_D^2)$,$\sigma_D^2$ 未知,用 t—检验法.

1° 检验假设 $H_0:\mu_D \leqslant 0$, $H_1:\mu_D > 0$.

作差 $d_i = x_i - y_i$,得

序号	1	2	3	4	5	6	7	8
d	0	1	3	2	1	2	−1	2

H_0 为真时,$t = \dfrac{\overline{d}-0}{\dfrac{s_D}{\sqrt{n}}} \sim t(n-1)$.

2° 拒绝域为 $t \geqslant t_\alpha(n-1)$,而 $n=8$,$\alpha=0.05$, $t_{0.05}(7)=1.8946$.

3° 计算得 $\overline{d}=1.25$,

$$s^2 = \frac{1}{7}\left(\sum_{i=1}^{8} d_i^2 - 8\overline{d}^2\right) = \frac{1}{7}(24-12.5) = 1.643, s = 1.282,$$

$$t = \frac{1.25}{1.282/\sqrt{8}} = 2.758 > 1.8946.$$

4° t 落在拒绝域中,因而拒绝 H_0,故接受 H_1,即认为早晨的身高比晚上高.

9. 为了比较用来做鞋子后跟的两种材料的质量,选取了 15 个男子(他们的生活条件各不相同),每个人穿一双新鞋,其中一只是以材料 A 做后跟,另一只以材料 B 做后跟,其厚度均为 10mm. 过了一个月再测量厚度,得到数据如下:

男子	1	2	3	4	5	6	7	8	9	10	11	12	13	14	15
材料 A(x_i)	6.6	7.0	8.3	8.2	5.2	9.3	7.9	8.5	7.8	7.5	6.1	8.9	6.1	9.4	9.1
材料 B(y_i)	7.4	5.4	8.8	8.0	6.8	9.1	6.3	7.5	7.0	6.5	4.4	7.7	4.2	9.4	9.1

设 $D_i = X_i - Y_i (i=1,2,\cdots,15)$ 是来自正态总体 $N(\mu_D,\sigma_D^2)$ 的样本,μ_D,σ_D^2 均未知. 问是否可以认为用材料 A 制作的后跟比用材料 B 制作的耐穿(取 $\alpha=0.05$)?

解: 成对试验 $D = X - Y \sim N(\mu_D,\sigma_D^2)$,$D_i = X_i - Y_i$.

1° 检验假设 $H_0:\mu_D \leqslant 0$, $H_1:\mu_D > 0$.

2° 因 σ_D^2 未知,拒绝域为 $t = \dfrac{\overline{D}-0}{S_D/\sqrt{n}} \geqslant t_\alpha(n-1)$,

这里 $n=15$,$\alpha=0.05$,$t_{0.05}(14)=1.7613$.

3° 计算得 $\overline{D}=0.553$,$S_D^2=(1.0225)^2$,于是

$$t = \frac{0.553-0}{1.0225/\sqrt{15}} = 2.0958 > 1.7613.$$

4° t 落在拒绝域中,拒绝 H_0,认为 A 比 B 耐穿.

10. 为了试验两种不同的某谷物的种子的优劣,选取了 10 块土质不同的土地,并将每块土地分为面积相同的两部分,分别种植 A,B 这两种种子,设在每块土地的两部分人工管理等条件完全一样. 下面给出各块土地上的单位面积产量:

土地编号 i	1	2	3	4	5	6	7	8	9	10
种子 A(x_i)	23	35	29	42	39	29	37	34	35	28
种子 B(y_i)	26	39	35	40	38	24	36	27	41	27

设 $D_i=X_i-Y_i(i=1,2,\cdots,10)$ 是来自正态总体 $N(\mu_D,\sigma_D^2)$ 的样本，μ_D,σ_D^2 均未知. 问以这两种种子种植的谷物的产量是否有显著的差异(取 $\alpha=0.05$)?

解：设 $D=X-Y\sim N(\mu_D,\sigma_D^2)$，$D_i=X_i-Y_i$.

1° 检验假设 $H_0:\mu_D=0$，$H_1:\mu_D\neq 0$.

2° 该检验的拒绝域为 $|t|=\left|\dfrac{\overline{d}-0}{\dfrac{s}{\sqrt{n}}}\right|\geqslant t_{\frac{\alpha}{2}}(n-1)$，

此处 $\alpha=0.05$，$\dfrac{\alpha}{2}=0.025$，$n=10$，查表知 $t_{\frac{\alpha}{2}}(n-1)=2.262\ 2$.

3° 计算得 $\overline{d}=-0.2$，$s^2=19.822$，$s=4.45$，于是

$$|t|=\left|\frac{-0.2-0}{\frac{4.45}{\sqrt{10}}}\right|=0.142\ 4<2.262\ 2.$$

4° t 没落在拒绝域，故接受 H_0，认为没有显著差异.

11. 一种混杂的小麦品种，株高的标准差为 $\sigma_0=14$ cm，经提纯后随机抽取 10 株，它们的株高(以 cm 计)为

90　105　101　95　100　100　101　105　93　97

考察提纯后群体是否比原群体整齐？取显著性水平 $\alpha=0.01$，并设小麦株高服从 $N(\mu,\sigma^2)$.

解：1° 需假设检验($\alpha=0.01$)，$H_0:\sigma\geqslant\sigma_0$，$H_1:\sigma<\sigma_0$ ($\sigma_0=14$).

2° 采用 χ^2 检验法. 拒绝域为 $\chi^2=\dfrac{(n-1)s^2}{\sigma_0^2}\leqslant\chi_{1-\alpha}^2(9)$，

现在 $n=10$，$\chi_{1-0.01}^2(9)=2.088$，$s^2=24.233$，

3° $\chi^2=\dfrac{(n-1)s^2}{\sigma_0^2}=\dfrac{218.1}{14^2}=1.11<2.088$.

4° χ^2 落在拒绝域内，故拒绝 H_0，认为提纯后的群体比原群体整齐.

12. 某种导线，要求其电阻的标准差不得超过 0.005(单位：Ω). 今在生产的一批导线中取样品 9 根，测得 $s=0.007(\Omega)$. 设总体为正态分布，参数均未知，问在显著性水平 $\alpha=0.05$ 下能否认为这批导线的标准差显著地偏大?

解：1° 需检验的假设为 $H_0:\sigma\leqslant 0.005$，$H_1:\sigma>0.005$.

2° 该检验的拒绝域为 $\chi^2=\dfrac{(n-1)s^2}{\sigma_0^2}\geqslant\chi_\alpha^2(n-1)$，

这里 $\alpha=0.05$，$n=9$，查表得 $\chi_\alpha^2(n-1)=15.507$.

3° $\chi^2=\dfrac{8\times 0.007^2}{0.005^2}=15.68>15.507$.

4° χ^2 落在拒绝域内，故应拒绝 H_0. 即认为在水平 $\alpha=0.05$ 下这批导线的标准差显著偏大.

13. 在第 2 题中记总体的标准差为 σ，试检验假设(取 $\alpha=0.05$)

$$H_0:\sigma^2=0.11^2,\ H_1:\sigma^2\neq 0.11^2.$$

解：在第 2 题中，$X\sim N(\mu,\sigma^2)$，μ,σ^2 均未知，关于 σ^2 的检验要用 χ^2 一检验法.

1° 检验假设 $H_0:\sigma^2=\sigma_0^2$，$H_1:\sigma^2\neq\sigma_0^2$.

H_0 为真时，检验统计量：$\chi^2=\frac{(n-1)S^2}{\sigma_0^2}\sim\chi^2(n-1)$，

2° 拒绝域为：$\chi^2\geqslant\chi^2_{\frac{\alpha}{2}}(n-1)$或$\chi^2\leqslant\chi^2_{1-\frac{\alpha}{2}}(n-1)$.

3° 计算：$s^2=0.092\,5^2$，$n=20$，$\sigma_0^2=0.11^2$ 得 $\chi^2=13.435$，

查表：$\alpha=0.05\Rightarrow\chi^2_{\frac{\alpha}{2}}(n-1)=\chi^2_{0.025}(19)=32.852$，

$\chi^2_{1-\frac{\alpha}{2}}(n-1)=\chi^2_{0.975}(19)=8.907$.

4° 因为 $8.907<13.435<32.852$，χ^2 落在拒绝域之外，接受 H_0.

14. 测定某种溶液中的水分，它的 10 个测定值给出 $s=0.037\%$，设测定值总体为正态分布，σ^2 为总体方差，σ^2 未知. 试在显著性水平 $\alpha=0.05$ 下检验假设：$H_0:\sigma\geqslant 0.04\%$，$H_1:\sigma<0.04\%$.

解：1° $H_0:\sigma\geqslant 0.000\,4$，$H_1:\sigma<0.000\,4$.

2° 此题 μ 未知. 故拒绝域为$\chi^2=\frac{(n-1)S^2}{\sigma_0^2}\leqslant\chi^2_{1-\alpha}(n-1)$，

这里 $\alpha=0.05$，$n=10$，查表$\chi^2_{1-\alpha}(9)=\chi^2_{0.95}(9)=3.325$.

3° 计算$\chi^2=\frac{9\times(0.000\,37)^2}{(0.000\,4)^2}=7.700\,6>3.325$.

4° χ^2 没落在拒绝域内. 故应接受 H_0.

15. 在第 6 题中分别记两个总体的方差为 σ_1^2 和 σ_2^2，试检验假设(取 $\alpha=0.05$)

$$H_0:\sigma_1^2=\sigma_2^2,\ H_1:\sigma_1^2\neq\sigma_2^2.$$

以说明在第 6 题中我们假设 $\sigma_1^2=\sigma_2^2$ 是合理的.

解：1° $H_0:\sigma_1^2=\sigma_2^2$，$H_1:\sigma_1^2\neq\sigma_2^2$.

2° μ_1，μ_2 未知. H_0 为真时 $F=\frac{s_1^2}{s_2^2}\sim F(n_1-1,n_2-1)$，

拒绝域为 $F\geqslant F_{\frac{\alpha}{2}}(n_1-1,n_2-1)$或 $F\leqslant F_{1-\frac{\alpha}{2}}(n_1-1,n_2-1)$，

这里 $n_1=8$，$n_2=10$，$\alpha=0.05$，$F_{0.025}(7,9)=4.20$，

$$F_{0.975}(7,9)=\frac{1}{F_{0.025}(9,7)}=\frac{1}{4.82}=0.207,$$

由习题 6 知 $s_1^2=(0.014\,6)^2$，$s_2^2=(0.009\,7)^2$.

3° 计算得 $F=\frac{(0.014\,6)^2}{(0.009\,7)^2}=2.265$.

4° $0.207<F<4.20$，故应接受 H_0.

16. 在第 7 题中分别记两个总体的方差为 σ_1^2 和 σ_2^2，试检验假设(取 $\alpha=0.05$)

$$H_0:\sigma_1^2=\sigma_2^2,\ H_1:\sigma_1^2\neq\sigma_2^2.$$

以说明在第 7 题中我们假设 $\sigma_1^2=\sigma_2^2$ 是合理的.

解：1° $H_0:\sigma_1^2=\sigma_2^2$，$H_1:\sigma_1^2\neq\sigma_2^2$.

2° μ_1，μ_2 未知，H_0 为真时 $F=\frac{s_1^2}{s_2^2}\sim F(n_1-1,n_2-1)$，

拒绝域为 $F\geqslant F_{\frac{\alpha}{2}}(n_1-1,n_2-1)$或 $F\leqslant F_{1-\frac{\alpha}{2}}(n_1-1,n_2-1)$，

这里 $n_1=12$，$n_2=12$，$n_1-1=n_2-1=11$，$\alpha=0.05$，$\frac{\alpha}{2}=0.025$，

查表知　$F_{\frac{\alpha}{2}}(n_1-1,n_2-1)=3.48$，

$$F_{1-\frac{\alpha}{2}}(n_1-1,n_2-1)=\frac{1}{F_{\frac{\alpha}{2}}(n_2-1,n_1-1)}=\frac{1}{3.48}=0.287.$$

3° 计算得 $s_1^2=0.932$， $s_2^2=1$，

$$F=\frac{0.932}{1}=0.932\quad 0.287<0.932<3.48.$$

4° 因此 F 不在拒绝域中，故应接受 H_0.

17. 两种小麦品种从播种到抽穗所需的天数如下：

x	101	100	99	99	98	100	98	99	99	99
y	100	98	100	99	98	99	98	98	99	100

设两样本依次来自正态总体 $N(\mu_1,\sigma_1^2)$，$N(\mu_2,\sigma_2^2)$，$\mu_i,\sigma_i(i=1,2)$ 均未知，两样本相互独立.

(1)试检验假设 $H_0:\sigma_1^2=\sigma_2^2$，$H_1:\sigma_1^2\neq\sigma_2^2$(取 $\alpha=0.05$)；

(2)若能接受 H_0，接着检验假设 $H'_0:\mu_1=\mu_2$，$H'_1:\mu_1\neq\mu_2$(取 $\alpha=0.05$).

解：本题需检验

(1)$H_0:\sigma_1^2=\sigma_2^2$，$H_1:\sigma_1^2\neq\sigma_2^2(\alpha=0.05)$；

(2)$H'_0:\mu_1=\mu_2$，$H'_1:\mu_1\neq\mu_2(\alpha=0.05)$.

令 $n_1=10,n_2=10,\bar{x}_1=99.2,s_1^2=0.84,\bar{x}_2=98.9,s_2^2=0.77$.

(1)$\frac{s_1^2}{s_2^2}=1.09$，而 $F_{0.025}(9,9)=4.03,F_{0.975}(9,9)=\frac{1}{4.03},\frac{1}{4.03}<1.09<4.03$.

故接受 H_0，认为两者方差相等.

(2) $s_w^2=\frac{9\times0.84+9\times0.77}{18}=0.805$，

$$|t|=\frac{99.2-98.9}{\sqrt{0.805}\left(\sqrt{\frac{1}{10}+\frac{1}{10}}\right)}=0.748<t_{0.025}(18)=2.1009.$$

故接受 H'_0，认为所需天数相同.

18. 用一种叫“混乱指标”的尺度去衡量工程师的英语文章的可理解性，对混乱指标的打分越低表示可理解性越高. 分别随机地选取13篇刊载在工程杂志上的论文，以及10篇未出版的学术报告，对它们的打分列于下表：

工程杂志上的论文(数据Ⅰ)	1.79	1.75	1.67	1.65	1.87	1.74	1.94
	1.62	2.06	1.33	1.96	1.69	1.70	
未出版的学术报告(数据Ⅱ)	2.39	2.51	2.86	2.56	2.29	2.49	2.36
	2.58	2.62	2.41				

设数据Ⅰ，Ⅱ分别来自正态总体 $N(\mu_1,\sigma_1^2)$，$N(\mu_2,\sigma_2^2)$，$\mu_1,\mu_2,\sigma_1^2,\sigma_2^2$ 均未知，两样本独立.

(1)试检验假设 $H_0:\sigma_1^2=\sigma_2^2$，$H_1:\sigma_1^2\neq\sigma_2^2$(取 $\alpha=0.1$).

(2)若能接受 H_0，接着检验假设 $H'_0:\mu_1=\mu_2$，$H'_1:\mu_1\neq\mu_2$(取 $\alpha=0.1$).

解：(1) $n_1=13,n_2=10,s_1^2=0.034,s_2^2=0.0264,\alpha=0.1,F_{0.05}(12,9)=3.07$，

$$F_{1-0.05}(12,9)=\frac{1}{F_{0.05}(9,12)}=\frac{1}{2.80}=0.357,\ \frac{s_1^2}{s_2^2}=1.288.$$

由于 $0.357<\frac{s_1^2}{s_2^2}<3.07$，故接受 H_0，认为两总体方差相等.

(2)由(1)可认为 $\sigma_1^2=\sigma_2^2$，接着来检验 $H'_0:\mu_1=\mu_2$，$H'_1:\mu_1\neq\mu_2$.

经计算 $\overline{x}_1=1.752$，$\overline{x}_2=2.507$，

$$s_w^2=\frac{12\times0.034+9\times0.0264}{13+10-2}=0.0307,$$

$$|t|=\left|\frac{1.752-2.507}{\sqrt{0.0307}\left(\sqrt{\frac{1}{13}+\frac{1}{10}}\right)}\right|=10.244.$$

而 $t_{0.05}(13+10-2)=t_{0.05}(21)=1.7207$，故拒绝 H'_0，认为杂志上刊载的论文与未出版的学术报告的可理解性有显著差异.

【方法点击】 在采用 t 检验法检验有关两个正态总体均值差的假设时，先要检查一下两总体的方差是否相等. 若在题目中未指明两总体方差相等时，需先用 F 检验法来检验方差齐性，只有当经 F 检验认为两总体方差相等时，才能用 t 检验法来检验有关均值差的假设，如 17，18 题所示.

19. 有两台机器生产金属部件. 分别在两台机器所生产的部件中各取一容量 $n_1=60$，$n_2=40$ 的样本，测得部件重量(以 kg 计)的样本方差分别为 $s_1^2=15.46$，$s_2^2=9.66$. 设两样本相互独立，两总体分别服从 $N(\mu_1,\sigma_1^2)$，$N(\mu_2,\sigma_2^2)$分布，$\mu_i,\sigma_i^2(i=1,2)$均未知. 试在显著性水平 $\alpha=0.05$ 下检验假设 $H_0:\sigma_1^2\leqslant\sigma_2^2$，$H_1:\sigma_1^2>\sigma_2^2$.

解：1° 检验假设 $H_0:\sigma_1^2\leqslant\sigma_2^2$，$H_1:\sigma_1^2>\sigma_2^2$.

2° 由于两总体均服从正态分布，又 $\mu_1,\sigma_1^2,\mu_2,\sigma_2^2$ 未知，H_0 为真时检验统计量

$$F=\frac{S_1^2}{S_2^2}\sim F(n_1-1,n_2-1),$$

拒绝域为$F\geqslant F_\alpha(n_1-1,n_2-1)$，

$$n_1=60,n_2=40,F_\alpha(n_1-1,n_2-1)=F_{0.05}(59,39)=1.64.$$

3° 计算 $F=\frac{15.46}{9.66}=1.60$.

4° 因为 $F=1.60<1.64$，故应接受 H_0，可以认为 $\sigma_1^2\leqslant\sigma_2^2$.

20. 设需要对某一正态总体的均值进行假设检验 $H_0:\mu\geqslant15$，$H_1:\mu<15$. 已知 $\sigma^2=2.5$，取 $\alpha=0.05$. 若要求当 H_1 中的 $\mu\leqslant13$ 时犯第Ⅱ类错误的概率不超过 $\beta=0.05$，求所需的样本容量.

解：该检验的接受域为$\frac{\overline{X}-\mu_0}{\sigma/\sqrt{n}}>-u_\alpha$. 在数学期望为 μ 条件下，该事件的概率

$$P(\mu)=P_\mu\left\{\frac{\overline{X}-\mu_0}{\sigma/\sqrt{n}}>-u_\alpha\right\}=P_\mu\left\{\overline{X}>-u_\alpha\frac{\sigma}{\sqrt{n}}+\mu_0\right\}$$

$$=P_\mu\left\{\frac{\overline{X}-\mu}{\sigma/\sqrt{n}}>-u_\alpha+\frac{\mu_0-\mu}{\sigma/\sqrt{n}}\right\}\leqslant\beta,$$

则$-u_\alpha+\frac{\mu_0-\mu}{\sigma/\sqrt{n}}\geqslant u_\beta$，　$(\mu_0-\mu)\sqrt{n}\geqslant(u_\beta+u_\alpha)\sigma$，　$\sqrt{n}\geqslant\frac{u_\beta+u_\alpha}{\mu_0-\mu}\sigma$，

代入计算$\sqrt{n}\geqslant\frac{1.645+1.645}{15-13}\sqrt{2.5}$，即$n\geqslant6.765$. 取$n\geqslant7$即可.

21. 电池在货架上滞留的时间不能太长. 下面给出某商店随机选取的 8 只电池的货架滞留时间(以天计)：108　124　124　106　138　163　159　134.

设数据来自正态总体$N(\mu,\sigma^2)$，μ,σ^2未知.

(1)试检验假设$H_0:\mu\leqslant125$，$H_1:\mu>125$，取$\alpha=0.05$.

(2)若要求在上述H_1中$\frac{\mu-125}{\sigma}\geqslant1.4$时，犯第Ⅱ类错误的概率不超过$\beta=0.1$，求所需的样本容量.

解：(1)1° $H_0:\mu\leqslant125$；$H_1:\mu>125$.

2° 拒绝域为$\frac{\bar{x}-\mu_0}{s/\sqrt{n}}\geqslant t_\alpha(n-1)$，这里$\alpha=0.05$，查表知$t_\alpha(n-1)=1.895$.

3° 算得$\bar{x}=132$，$s^2=444.286$，$S=21.08$，

$$t=\frac{132-125}{21.08/\sqrt{8}}=0.939<t_\alpha(n-1)=1.895.$$

4° 因此t没落在否定域之内，故应接受H_0.

(2)此题中$\alpha=0.05$，$\beta=0.1$，$\delta=\frac{\mu-\mu_0}{\sigma}=1.4$，

查表可得$n=7$. 故所需样本容量$n\geqslant7$.

22. 一药厂生产一种新的止痛片，厂方希望验证服用新药片后至开始起作用的时间间隔较原有止痛片至少缩短一半，因此厂方提出需检验假设

$$H_0:\mu_1\leqslant2\mu_2，H_1:\mu_1>2\mu_2.$$

此处μ_1,μ_2分别是服用原有止痛片和服用新止痛片后至起作用的时间间隔的总体的均值. 设两总体均为正态分布且方差分别为已知值σ_1^2,σ_2^2，现分别在两总体中各取一样本$X_1,X_2,\cdots,X_{n_1}$和$Y_1,Y_2,\cdots,Y_{n_2}$，设两个样本独立，试给出上述假设H_0的拒绝域，取显著性水平α.

解：$X\sim N(\mu_1,\sigma_1^2)$，$Y\sim N(\mu_2,\sigma_2^2)$表示原药与新药起作用时间，且相互独立，$\sigma_1^2,\sigma_2^2$已知. 则

$$\overline{X}\sim N\left(\mu_1,\frac{\sigma_1^2}{n_1}\right),\overline{Y}\sim N\left(\mu_2,\frac{\sigma_2^2}{n_2}\right),\overline{X}-2\overline{Y}\sim N\left(\mu_1-2\mu_2,\frac{\sigma_1^2}{n_1}+\frac{4\sigma_2^2}{n_2}\right),$$

故$\frac{\overline{X}-2\overline{Y}-(\mu_1-2\mu_2)}{\sqrt{\frac{\sigma_1^2}{n_1}+\frac{4\sigma_2^2}{n_2}}}\sim N(0,1)$，$H_0$为真时，

$$U=\frac{\overline{X}-\overline{Y}}{\sqrt{\frac{\sigma_1^2}{n_1}+\frac{4\sigma_2^2}{n_2}}}\sim N(0,1),$$

由样本观察值计算 U，H_0 的拒绝域为 $u \geqslant u_\alpha$.

23. 检查了一本书的 100 页，记录各页中印刷错误的个数，其结果如下：

错误个数 f_i	0	1	2	3	4	5	6	$\geqslant 7$
含 f_i 个错误的页数	36	40	19	2	0	2	1	0

问能否认为一页的印刷错误的个数服从泊松分布(取 $\alpha=0.05$).

解：由题意，需检验假设 H_0：总体 X 服从泊松分布 $P\{X=i\}=\dfrac{e^{-\lambda}\lambda^i}{i!}$.

因在 H_0 中参数 λ 未具体给出，所以先估计 λ 值，由极大似然估计法得 $\hat{\lambda}=\overline{X}=1$，

则 $P\{X=i\}$ 有估计 $\hat{p}_i=\hat{P}\{X=i\}=\dfrac{e^{-1}1}{i!}=\dfrac{e^{-1}}{i!}$，$i=0,1,\cdots$，此检验的拒绝域为

$$\chi^2=\sum_{i=1}^{k}\frac{(f_i-np_i)^2}{n\hat{p}_i}\geqslant\chi_\alpha^2(k-r-1)$$

算得 $\hat{p}_0=\hat{P}\{X=0\}=\dfrac{1}{e}=0.367\,879$，$\hat{p}_1=\hat{P}\{X=1\}=\dfrac{1}{e}=0.367\,879$，

$\hat{p}_2=\hat{P}\{X=2\}=\dfrac{1}{2!\,e}=0.183\,94$，$\cdots$，$\hat{p}_7=\hat{P}\{X\geqslant 7\}=1-\sum\limits_{i=0}^{6}\hat{p}_i=0.000\,083$.

列 χ^2 检验计算表如下：

错误个数	页数 f_i	$\hat{p}_i$	$n\hat{p}_i$		$f_i-\hat{p}_i$	$\dfrac{(f_i-n\hat{p}_i)^2}{np_i}$
0	36	0.367 879	36.787 9		−0.787 9	0.016 87
1	40	0.367 879	36.787 9		3.212 1	0.280 46
2	19	0.183 94	18.394		0.606	0.019 96
3	2	0.061 3	6.13		−4.13	2.782 5
4	0	0.015 328	1.532 8	1.898 8	1.101 2	0.638 6
5	2	0.030 66	0.306 6			
6	1	0.000 511	0.051 1			
$\geqslant 7$	0	0.000 083	0.008 3			
						$\sum=3.738\,3$

查表 $\chi^2_{0.05}(k-r-1)=\chi^2_{0.05}(3)=7.815>3.738\,3$.

χ^2 没落在拒绝域中，故接受 H_0，认为 X 服从泊松分布.

24. 在一批灯泡中抽取 300 只作寿命试验，其结果如下：

寿命 t/h	$0\leqslant t\leqslant 100$	$100<t\leqslant 200$	$200<t\leqslant 300$	$t>300$
灯泡数/只	121	78	43	58

取 $\alpha=0.05$,试检验假设 H_0:灯泡寿命服从指数分布

$$f(t)=\begin{cases}0.005e^{-0.005t}, & t\geqslant 0,\\ 0, & t<0.\end{cases}$$

解:在这里 t 为连续型随机变量,将 t 可能取值的区间$[0,\infty)$分为 $k=4$ 个互不重叠的子区间$[a_i,a_{i+1}]$, $i=1,2,3,4$. 取 $A_i=\{a_i<t\leqslant a_{i+1}\}$, $i=1,\cdots,4$,在 H_0 为真条件下,变量的分布函数 $F(t)=\begin{cases}1-e^{-0.005t}, & t\geqslant 0,\\ 0, & t<0,\end{cases}$

$$P\{0<t\leqslant 100\}=1-e^{-0.5}=0.393\,469,$$
$$P\{100<t\leqslant 200\}=e^{-0.5}-e^{-1}=0.238\,65,$$
$$\cdots$$

将计算结果列表如下:

A_i	f_i	p_i	np_i	f_i-np_i	$\frac{(nf_i-f_i)^2}{np_i}$
$0\leqslant t\leqslant 100$	121	0.393 5	118.05	2.95	0.073 7
$100<t\leqslant 200$	78	0.238 7	71.61	6.39	0.570 2
$200<t\leqslant 300$	43	0.144 7	43.41	−0.41	0.003 9
$t>300$	58	0.223 1	66.93	−8.93	1.191 5
Σ					1.839 3

因为$\chi^2_{0.05}(k-1)=\chi^2_{0.05}(3)=7.815>1.839\,3$,故在 $\alpha=0.05$ 下接受 H_0,认为服从指数分布.

25. 下面给出了随机选取的某大学一年级学生(200 名)一次数学考试的成绩.

(1)画出数据的直方图.

(2)试取 $\alpha=0.1$,检验数据来自正态总体 $N(60,15^2)$.

分数 x	$20\leqslant x\leqslant 30$	$30<x\leqslant 40$	$40<x\leqslant 50$	$50<x\leqslant 60$
学生数	5	15	30	51

分数 x	$60<x\leqslant 70$	$70<x\leqslant 80$	$80<x\leqslant 90$	$90<x\leqslant 100$
学生数	60	23	10	6

解:(1)由已知即可得频率分别为

0.025 0.075 0.015 0.255 0.30 0.115 0.05 0.03.

直方图如图 8-1.

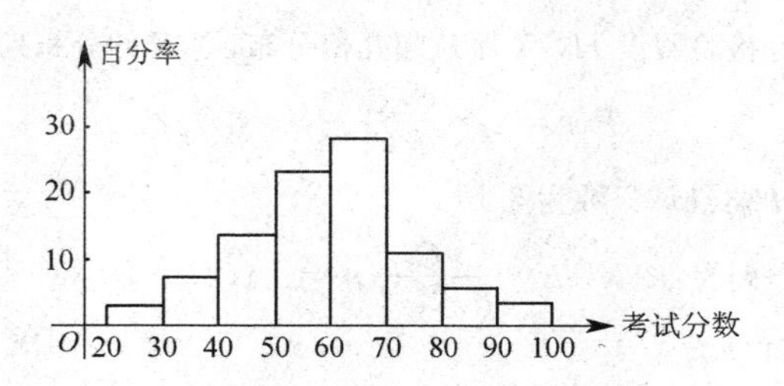

图 8-1

(2)检验 $H_0:X\sim N(60,15^2)$

作χ^2 检验表：

A_i	f_i	$\hat{p}_i$	$n\hat{p}_i$	$\dfrac{f_i^2}{n\hat{p}_i}$
$A_1:-\infty<x\leqslant 30$	5	0.022 8	4.56	5.482 5
$A_2:30<x\leqslant 40$	15	0.069 0	13.80	16.304 3
$A_3:40<x\leqslant 50$	30	0.159 6	31.92	28.195 5
$A_4:50<x\leqslant 60$	51	0.248 6	49.72	52.313 0
$A_5:60<x\leqslant 70$	60	0.248 6	49.72	72.405 5
$A_6:70<x\leqslant 80$	23	0.159 6	31.92	16.572 7
$A_7:80<x\leqslant 90$	10	0.069 0	13.80	7.246 4
$A_8:90<x\leqslant +\infty$	6	0.228	4.56	7.894 7
$\sum$				206.414 6

其中 $\hat{p}_1=P\{-\infty<X\leqslant 30\}=\Phi\left(\dfrac{30-60}{15}\right)=0.022\ 8$,

$$\hat{p}_2=P\{30<X\leqslant 40\}=\Phi\left(\frac{40-60}{15}\right)-\Phi\left(\frac{30-60}{15}\right)=0.069\ 0,$$

$\hat{p}_3=0.159\ 6, \hat{p}_4=0.248\ 6$,

$\hat{p}_5=p\hat{p}_4, \hat{p}_6=p\hat{p}_3, \hat{p}_7=p\hat{p}_2, \hat{p}_8=p\hat{p}_1$.

从而$\chi^2=206.414\ 6-200=6.414\ 6$,

因为$\chi^2_{0.1}(k-r-1)=\chi^2_{0.1}(8-0-1)=\chi^2_{0.1}(7)=12.017>6.414\ 6$,

故在 $\alpha=0.1$ 水平下接受 H_0,即认为数据来自正态总体 $N(60,15^2)$.

26. 袋中装有 8 只球,其中红球数未知,在其中任取 3 只,记录红球的只数 X,然后放回,再任取 3 只,记录红球的个数,然后放回,如此重复进行 112 次,其结果如下：

x/只	0	1	2	3
次数	1	31	55	25

试取 $\alpha=0.05$ 检验假设 H_0:X 服从超几何分布,则 X 的分布列为

$$P\{X=k\}=\frac{C_5^k C_3^{3-k}}{C_8^3},k=0,1,2,3.$$

即检验假设 H_0:红球只数为 5.

解:H_0:X 的分布列为:$P\{X=k\}=\dfrac{C_5^k C_3^{3-k}}{C_8^3},k=0,1,2,3.$

即 H_0:袋中红球为 5 只.

以 $A=$"$X=i$",$i=0,1,2,3$.将试验可能的结果全体分成 $k=4$ 个两两不相容事件,作χ^2 检验表:

A_i	f_i	p_i	np_i	np_i-f_i	$\frac{(np_i-f_i)^2}{np_i}$
A_0	1	$\frac{1}{56}$	2	1	$\frac{1}{2}$
A_1	31	$\frac{15}{56}$	30	-1	$\frac{1}{30}$
A_2	55	$\frac{30}{56}$	60	5	$\frac{25}{60}$
A_3	25	$\frac{10}{56}$	20	-5	$\frac{25}{20}$
$\sum$					2.2

因为$\chi_\alpha^2(k-1)=\chi_{0.05}^2(3)=7.815>2.2$,故在水平 0.05 下接受 H_0,可以认为红球只数为 5.

27. 一农场 10 年前在一鱼塘中按比例 20∶15∶40∶25 投放了四种鱼:鲑鱼、鲈鱼、竹夹鱼和鲇鱼的鱼苗,现在在鱼塘里获得一样本如下:

序号	1	2	3	4	
种类	鲑鱼	鲈鱼	竹夹鱼	鲇鱼	
数量(条)	132	100	200	168	$\sum=600$

试取 $\alpha=0.05$,检验各类鱼数量的比例较 10 年前是否有显著的改变.

解:以 X 记鱼种类的序号,按题意需检验假设 H_0:X 的分布律为

X	1	2	3	4
p_k	0.20	0.15	0.40	0.25

X	1	2	3	4	
种类	鲑鱼	鲈鱼	竹夹鱼	鲇鱼	
数量(条)	132	100	200	168	$\sum=600$
A_i	A_1	A_2	A_3	A_4	

将在 H_0 下,X 可能取值的全体分成 4 个两两不相交的子集 A_1,A_2,A_3,A_4(以一鱼种作为一个子集).所需计算列表如下(下表中 $n=600$):

A_i	f_i	p_i	np_i	$\frac{f_i^2}{np_i}$
A_1	132	0.20	120	145.20
A_2	100	0.15	90	111.11
A_3	200	0.40	240	166.67
A_4	168	0.25	150	188.13
$\sum$				611.14

现在$\chi^2=611.14-600=11.14$, $k=4$, $r=0$, $\chi_{0.05}^2(k-r-1)=\chi_{0.05}^2(3)=7.815<11.14$.故拒绝 H_0,认为各鱼类数量之比相对于 10 年前有显著的改变.

28. 某种鸟在起飞前,双足齐跳的次数 X 服从几何分布,其分布律为

$$P\{X=x\}=p^{x-1}(1-p),\ x=1,2,\cdots.$$

今获得一样本如下:

x	1	2	3	4	5	6	7	8	9	10	11	12	$\geqslant 13$
观察到 x 的次数	48	31	20	9	6	5	4	2	1	1	2	1	0

(1)求 p 的最大似然估计值.

(2)取 $\alpha=0.05$,检验假设:

$$H_0:数据来自总体\ P\{X=x\}=p^{x-1}(1-p),\ x=1,2,\cdots.$$

解:(1)设 $x_1,x_2,\cdots,x_n$ 是一个样本值,似然函数为

$$L=L(x_1,x_2,\cdots,x_n;p)=\prod_{i=1}^{n}[p^{x_i-1}(1-p)]=(1-p)^n p^{\sum_{i=1}^{n}x_i-n},$$

$$\ln L=n\ln n(1-p)+\left(\sum_{i=1}^{n}x_i-n\right)\ln p,$$

令 $\frac{\mathrm{d}}{\mathrm{d}p}\ln L=\frac{-n}{1-p}+\frac{\sum_{i=1}^{n}x_i-n}{p}=0$,得 p 的最大似然估计值为

$$\hat{p}=\frac{\sum_{i=1}^{n}x_i-n}{\sum_{i=1}^{k}x_i}=1-\frac{1}{\bar{x}}.$$

本题中 $n=48+31+20+9+6+5+4+2+1+1+2+1=130$,

$$\sum_{i=1}^{k} x_i = 1\times48+2\times31+3\times20+4\times9+5\times6+6\times5+7\times4+8\times2+9\times1+10\times1+11\times2+12\times1=363.$$

$\overline{x}=\frac{363}{130}$. 得 p 的最大似然估计值为

$$\hat{p}=1-\frac{1}{\overline{x}}=1-\frac{130}{363}=0.6419.$$

(2)检验假设($\alpha=0.05$)

H_0:数据来自总体

$$P\{X=x\}=p^{x-1}(1-p),\ x=1,2,\cdots,$$

在 X 服从几何分布的假设下,X 的所有可能取值为 $\Omega=\{1,2,\cdots\}$,将 Ω 分成两两不相交的 7 个部分:$A_1=\{1\}$,$A_2=\{2\}$,$\cdots$,$A_6=\{6\}$,$A_7=\{7,8,\cdots\}$,利用估计式

$$\hat{P}_i=\{X=i\}=\hat{p}^{i-1}(1-\hat{p}),\ i=1,2,\cdots,6.$$

来计算有关概率的估计,得到

$$\hat{p}_1=0.3581,\hat{p}_2=0.2299,\hat{p}_3=0.1475,\hat{p}_4=0.0947,$$

$$\hat{p}_5=0.0608,\hat{p}_6=0.0390,\hat{p}_7=1-\sum_{i=1}^{6}\hat{p}_i=0.0700.$$

所需计算列表如下(下表中 $n=130$):

A_i	f_i	$\hat{p}_i$	$n\hat{p}_i$	$f_i^2/n\hat{p}_i$
A_1	48	0.358 1	46.553	49.492
A_2	31	0.229 9	29.887	32.154
A_3	20	0.147 5	19.175	20.860
A_4	9	0.094 7	12.311	6.579
A_5	6	0.060 8	7.904	4.555
A_6	5	0.039 0	5.07	4.931
A_7	11	0.070 0	9.1	13.297
$\sum$				131.868

于是 $\chi^2=131.868-130=1.868$,因为 $\chi^2_{0.05}(k-r-1)=\chi^2_{0.05}(7-1-1)=\chi^2_{0.05}(5)$,查表 $\chi^2_{0.05}(5)=11.071>1.868$,从而接受 H_0.

29. 分别抽查了两个球队部分队员行李的重量(千克)为:

1 队	34	39	41	28	33	
2 队	36	40	35	31	39	36

设两样本独立且 1,2 两队队员行李重量总体的概率密度至多差一个平移,记两

总体的均值分别为 μ_1,μ_2，且 μ_1,μ_2 均未知. 试检验假设 $H_0:\mu_1=\mu_2$，$H_1:\mu_1<\mu_2$ $(\alpha=0.05)$.

解：$H_0:\mu_1=\mu_2$，$H_1:\mu_1<\mu_2$.

在这里，$n_1=5$，$n_2=6$，$\alpha=0.05$. 先计算对应于 $n_1=5$ 的一组观察值的秩和 R_1 $(R_2=66-R_1$ 自然确定). 将两组数据放在一起，按自小到大的次序排列，对来自第一个总体的数据上面加"□"表示.

数据	[28]	31	[33]	[34]	35	36	36	[39]	39	40	[41]
秩	[1]	2	[3]	[4]	5	6.5	6.5	[8.5]	8.5	10	[11]

由此可以看出，R_1 观察值 $r_1=1+3+4+8.5+11=27.5$，

查课本 396 页附表 9 知 $C_u(0.05)=20$，即拒绝域为 $r_1\leqslant 20$.

而现在 $r_1=27.5>20$，故接受 H_0.

30. 下面给出两种型号的计算器充电以后所能使用的时间(单位：小时)：

型号 A	5.5	5.6	6.3	4.6	5.3	5.0	6.2	5.8	5.1	5.2	5.9	
型号 B	3.8	4.3	4.2	4.0	4.9	4.5	5.2	4.8	4.5	3.9	3.7	4.6

设两样本独立且数据所属的两总体的密度至多差一个平移，试问能否认为型号 A 的计算器平均使用时间比型号 B 来得长 $(\alpha=0.01)$？

解：由题意，设两总体的平均值分别为 μ_1,μ_2，则所需检验的假设为

$$H_0:\mu_1=\mu_2,\ H_1:\mu_1>\mu_2.$$

先将数据按次序从小到大排列：

数据	3.7	3.8	3.9	4.0	4.2	4.3	4.5	4.5	4.6	[4.6]	4.8	4.9
秩	1	2	3	4	5	6	7.5	7.5	9.5	[9.5]	11	12
数据	[5.0]	[5.1]	5.2	[5.2]	[5.3]	[5.5]	[5.6]	[5.8]	[5.9]	[6.2]	[6.3]	
秩	[13]	[14]	15.5	[15.5]	[17]	[18]	[19]	[20]	[21]	[22]	[23]	

得到对应于 $n_1=11$ 的样本的秩和为

$$r_1=9.5+13+14+15.5+17+18+19+20+21+22+23=192.$$

又当 H_0 为真时，

$$E(R_1)=\frac{n_1(n_1+n_2+1)}{2}=\frac{11\times(11+12+1)}{2}=132,$$

$$D(R_1)=\frac{1}{12}\cdot\frac{n_1n_2\left[n(n^2-1)-\sum_{i=1}^{k}t_i(t_i^2-1)\right]}{n(n-1)}=263.6.$$

故知当 H_0 为真时近似地有 $R_1 \sim N(132,263.6)$，拒绝域为 $\frac{R_1-132}{\sqrt{263.6}} \geqslant u_\alpha$，

查表知 $u_\alpha = u_{0.01} = 2.33$，$\frac{R_1-132}{12\sqrt{263.6}} = \frac{192-132}{\sqrt{263.6}} = 3.696 > 2.33$，

值落在拒绝域中，应拒绝 H_0，即认为型号 A 的计算器平均使用时间大于型号 B.

31. 下面给出两个工人 5 天生产同一种产品每天生产的件数：

工人 A	49	52	53	47	50
工人 B	56	48	58	46	55

设两样本独立且数据所属的两总体的概率密度至多差一个平移，问能否认为工人 A、工人 B 平均每天完成的件数没有显著差异(取 $\alpha=0.1$).

解：设两总体的均值分别为 μ_A，μ_B，则所需检验的假设是 $H_0: \mu_A=\mu_B$，$H_1: \mu_A \neq \mu_B$. 将 A、B 两组数据混合，并按自小到大次序排列，并求出各个元素的秩和如下：

数据	46	[47]	48	[49]	[50]	[52]	[53]	55	56	58
秩	1	[2]	3	[4]	[5]	[6]	[7]	8	9	10

R_1 的观察值为 $r_1=2+4+5+6+7=24$，$n_1=n_2=5$，$\alpha=0.01$，查课本 396 页附表 9 知 $C_U(0.05)=19$，$C_L(0.05)=36$，即拒绝域为 $R_1 \leqslant 19$ 或 $R_1 \geqslant 36$，这里 $19 < r_1 < 36$ 未落在拒绝域中，故接受 H_0，即认为没有显著性差异.

32. (1)设总体服从 $N(\mu,100)$，μ 未知，现有样本：$n=16$，$\overline{x}=13.5$，试检验假设 H_0：$\mu \leqslant 10$，$H_1: \mu > 10$. ①取 $\alpha=0.05$，②取 $\alpha=0.10$，③求 H_0 可被拒绝的最小显著性水平.

(2)考察生长在老鼠身上的肿块的大小. 以 X 表示在老鼠身上生长了 15 天的肿块的直径(以 mm 计)，设 $X \sim N(\mu,\sigma^2)$，μ,σ^2 均未知. 今随机地取 9 只老鼠(在它们身上的肿块都长了 15 天)，测得 $\overline{x}=4.3$，$s=1.2$. 试取 $\alpha=0.05$，用 p 值检验法检验假设 $H_0: \mu=4.0$，$H_1: \mu \neq 4.0$，求出 p 值.

(3)用 p 值检验法检验 §2 例 4 的检验问题.

(4)用 p 值检验法检验第 27 题中的检验问题.

解：(1)用 Z 检验法. 检验问题的拒绝域为 $Z=\frac{\overline{X}-\mu_0}{\frac{\sigma}{\sqrt{n}}} \geqslant z_\alpha$.

现在 $n=16$，$\mu_0=10$，$\overline{x}=13.5$，$\sigma=10$，得拒绝域为 $z=\frac{\overline{x}-\mu_0}{\sigma/\sqrt{n}}=1.4 \geqslant z_\alpha$.

①当 $\alpha=0.05$ 时，$z_\alpha=1.645>1.4$，故接受 H_0.

②当 $\alpha=0.1$ 时，$z_\alpha=1.28<1.4$，故拒绝 H_0.

③p 值 $=P\{Z \geqslant 1.4\}=1-\Phi(1.4)=1-0.9192=0.0808$.

因而拒绝 H_0 的最小显著性水平为 0.080 8.

(2)用 t 检验法,检验统计量为 $t=\dfrac{\overline{X}-\mu_0}{S/\sqrt{n}}$.

当 H_0 为真时,$t\sim t(n-1)$,现在 $n=9$, $\overline{x}=4.3$, $s=1.2$,得检验统计量的观察值为

$$t_0=\frac{4.3-4}{1.2/\sqrt{9}}=0.75.$$

此为双边检验,计算得

$$p\text{ 值}=2\times P\{t>0.75\}=0.474\ 7>\alpha=0.05,$$

故接受 H_0.

(3)用 t 检验法,检验统计量为 $t=\dfrac{\overline{D}-0}{s_D/\sqrt{n}}$.

当 H_0 为真时,$t\sim t(n-1)$,现在 $n=8$, $\overline{d}=-0.062\ 5$, $s_d=0.076\ 5$,得统计量的观察值为

$$t_0=-2.311.$$

此为单边检验,计算得

$$p\text{ 值}=P\{t<-2.311\}=P\{t>2.311\}=0.027\ 1<\alpha=0.05.$$

故拒绝 H_0.

(4)用 χ^2 检验法,检验统计量为 $\chi^2=\sum\limits_{i=1}^{k}\dfrac{f_i^2}{np_i}-n$.

当 H_0 为真时,$\chi^2\sim\chi^2(3)$. 数据代入检验统计量的观察值为

$$\chi_0^2=11.14.$$

此为右边检验,计算得

$$p\text{ 值}=P\{\chi^2\geqslant 11.14\}=0.011\ 0<\alpha=0.05.$$

故拒绝 H_0.